大数据应用与技术丛书

数据仓库工具箱(第 3 版)
——维度建模权威指南

[美] Ralph Kimball
Margy Ross 著

王念滨 周连科 韦正现 译

清华大学出版社

北 京

Ralph Kimball, Margy Ross

The Data Warehouse Toolkit: The Definitive Guide to Dimensional Modeling, Third Edition

EISBN: 978-1-118-53080-1

Copyright © 2013 by Ralph Kimball and Margy Ross

All Rights Reserved. This translation published under license.

图书在版编目(CIP)数据

数据仓库工具箱(第 3 版)——维度建模权威指南 /(美)金博尔(Kimball, R.)，(美)罗斯(Ross, M.) 著；王念滨，周连科，韦正现 译. —北京：清华大学出版社，2015(2022.9重印)

(大数据应用与技术丛书)

书名原文：The Data Warehouse Toolkit: The Definitive Guide to Dimensional Modeling, Third Edition

ISBN 978-7-302-38553-0

Ⅰ．①数… Ⅱ．①金… ②罗… ③王… ④周… ⑤韦… Ⅲ．①数据库系统 Ⅳ．①TP311.13

中国版本图书馆 CIP 数据核字(2014)第 273663 号

责任编辑：王　军　刘伟琴
装帧设计：牛艳敏
责任校对：邱晓玉
责任印制：杨　艳

出版发行：清华大学出版社
　　　　　网　　　址：http://www.tup.com.cn，http://www.wqbook.com
　　　　　地　　　址：北京清华大学学研大厦 A 座　　　　邮　　编：100084
　　　　　社 总 机：010-83470000　　　　　　　　　　邮　　购：010-62786544
　　　　　投稿与读者服务：010-62776969，c-service@tup.tsinghua.edu.cn
　　　　　质 量 反 馈：010-62772015，zhiliang@tup.tsinghua.edu.cn
印 刷 者：北京富博印刷有限公司
装 订 者：北京市密云县京文制本装订厂
经　　销：全国新华书店
开　　本：185mm×260mm　　　　　印　　张：25.5　　　字　　数：621 千字
版　　次：2015 年 1 月第 1 版　　　　印　　次：2022 年 9 月第 15 次印刷
定　　价：79.00 元

产品编号：056621-02

译 者 序

围绕 Kimball 与 Inmon 先生有关数据仓库体系架构的论战已持续多年，Kimball 数据仓库架构并非唯一选择。正如作者在书中所述：“我们承认许多成功构建数据仓库/商业智能系统的组织采用其他架构方法。”但论战的结果是提出了大量促使数据仓库研究和应用得以快速发展的新技术和新方法。

本书就是这些新技术、新方法的集大成者。书中对许多技术的探讨来源于实际需求。因此，本书的写作是以案例研究为本体，根据应用的需求提出解决方案。针对应用中反映出来的问题，适时提出相关技术和方法。许多问题对于应用开发者来说都似曾相识，例如对于缓慢变化维度的探讨。实际上，我们往往认为，数据仓库中的数据主要应用于分析工作，因此不太关注个别数据的变化对整体带来的影响。本书却从实际业务需求出发，提出了从类型 0～类型 7 等 8 种方法，给人以“于无声处听惊雷”的感觉。

Kimball 先生是数据仓库业界的翘楚之一。本书提出的许多技术贴近应用，对技术的讨论深入浅出，便于读者学习和应用。例如维度属性层次、桥接表、支架表、无事实的事实表等都是解决在实际工作中经常遇到的棘手问题的良好方法。

对于这本经典之作，译者本着“诚惶诚恐”的态度，在翻译过程中力求“信、达、雅”，但是鉴于译者水平有限，错误和不当之处在所难免，恳请读者批评指正。

参加本书翻译工作的还有博士研究生祝官文、王瑛琪、何鸣、张爽等，在此一并致谢。

译者

作者简介

Ralph Kimball 是 Kimball 集团的创建者。从 20 世纪 80 年代中期以来,他一直是数据仓库和商业智能行业维度建模方法的思想开拓者。大量 IT 专业人士接受过其教育。自 1996 年以来,由他及其同事们所撰写的工具箱系列书籍一直是最受读者青睐的书籍。Ralph Kimball 曾就职于 Metaphor 并建立了 Red Brick 系统,他在施乐 Palo Alto 研究中心(PARC)工作期间,与他人一起共同发明了星型工作站,这是首个利用视窗、图标和鼠标的商业产品。Ralph Kimball 毕业于斯坦福大学电子工程系并获得博士学位。

Margy Ross 是 Kimball 集团总裁。自 1982 年以来,她主要关注数据仓库和商业智能,强调业务需求和维度建模的重要性。与 Ralph Kimball 一样,Margy Ross 也为许多学生讲授过维度设计最佳实践,她与 Ralph Kimball 合作,共同撰写了 5 本工具箱序列书籍。Margy Ross 曾工作于 Metaphor 并与他人共同创立了 DecisionWorks 咨询公司。她毕业于美国西北大学工业工程系并获得硕士学位。

致 谢

首先，请让我对成千上万阅读过我们出版的工具箱系列书籍的读者、参加过我们开设的课程的学员以及参与我们项目咨询的客户表示感谢。我们为你们教授的与从你们那里学到的一样多。一句话，你们对数据仓库和商业智能行业的发展产生了深远的积极影响，祝贺大家！

Kimball 集团的同事 Bob Becker、Joy Mundy 和 Warren Thornthwaite 等，在将近 30 年的时间里，与我们一起将本书所描述的技术应用过差不多上千次。本书所讲述的每种技术都经历了实践的检验。非常感谢他们对本书的投入和反馈——更重要的是，与 Julie Kimball 一道，作为商业合作者所经历的这些岁月。

John Wiley & Sons 出版公司的执行编辑 Bob Elliott、项目编辑 Maureen Spears，以及 Wiley公司出版小组的工作人员对本书的出版投入了极大的热情并开展了出色的工作。与你们一起工作非常愉快。

感谢我们的家庭，感谢你们对我们职业生涯一如既往的无条件的支持。亲爱的Julie Kimball 与 Scott Ross 以及孩子们 Sara Hayden Smith、Brian Kimball 和 Katie Ross，你们都以各种方式为本书的出版做出了贡献。

前　言

　　自 Ralph Kimball 于 1996 年首次出版 *The Data Warehouse Toolkit*(Wiley)一书以来，数据仓库和商业智能(Data Warehousing and Business Intelligence，DW/BI)行业渐趋成熟。尽管初期仅有部分大型公司采用，但从那时起，DW/BI 逐渐为各种规模的公司所青睐。业界已建立了数以千计的 DW/BI 系统。随着数据仓库原子数据的不断增加以及更新越来越频繁，数据容量不断增长。在我们的职业生涯中，我们见证了数据库容量从 MB 到 GB 再到 TB 甚至 PB 的发展过程，但是，DW/BI 系统面临的基本挑战并未发生重大变化。我们的工作就是管理组织中的数据并将其用于业务用户的决策制定过程中。总的来说，您必须实现这一目标，确保商务人士制定更好的决策，并从他们的 DW/BI 投资中获得回报。

　　自 *The Data Warehouse Toolkit* 第 1 版出版以来，维度建模作为一种主要的 DW/BI 展现技术受到广泛认可。从业者与学者都认识到数据展现要获得成功，就必须建立在简单性的基础之上。简单性是使用户能够方便地理解数据库，使软件能够方便地访问数据库的基础性的关键要素。许多情况下，维度建模就是时刻考虑如何能够提供简单性。坚定不移地回到业务驱动的场景，坚持以用户的可理解性和查询性能为目标，才能建立始终如一地服务于组织的分析需求的设计。维度建模框架将成为 BI 的平台。基于我们多年来积累的经验以及大量实践者的反馈，我们相信维度建模是 DW/BI 项目成功的关键。

　　维度建模还是建立集成化的 DW/BI 系统的主导结构。当您使用维度模型的一致性维度和一致性事实时，可以增量式地建立具有可实践的、可预测的、分布式的复杂 DW/BI 系统的框架。

　　尽管业界的一切始终在变化，但 Ralph Kimball 于 17 年前提出的核心维度建模技术经受住了时间的考验。诸如一致性维度、缓慢变化维度、异构产品、无事实的事实表以及企业数据仓库总线矩阵等概念仍然是全球范围内设计论坛所讨论的问题。最初的概念通过新的和互补的技术被逐渐完善并强化。我们决定对 Kimball 的书籍发行第 3 版，因为我们感到有必要将我们所收集到的维度建模经验汇集到一本书中。我们每个人都具有 30 年以上的关注决策支持、数据仓库和业务智能的经历。我们希望分享在职业生涯中反复利用的维度建模模式。本书还包含基于现实场景的特定的实践性的设计建议。

　　本书的目标是提供维度建模技术的一站式商店。正如书名所体现的那样，本书是一本维度设计原则和技术的工具箱。本书既能满足那些刚刚进入维度DW/BI行业的新手的需要，也描述了许多高级概念以满足那些长期战斗在这一行业的老手的需要。我们相信本书在维度建模主题方面所涵盖内容的深度是独一无二的。本书是权威性的指南。

预期读者

本书面向数据仓库和商业智能设计人员、实践人员和管理人员。此外,积极参与 DW/BI 项目的业务分析人员和数据管理者也会发现本书内容对他们来说是非常有益的。

即使您并未直接负责维度模型的开发工作,但我们相信熟悉维度建模的概念对项目组所有成员都是非常重要的。维度模型对 DW/BI 实现的许多方面都有影响,从业务需求的转换开始,通过获取、转换和加载(ETL)过程,最后到通过商业智能应用发布数据仓库的整个过程。由于涉及内容的广泛性,无论您是主要负责项目管理、业务分析、数据结构、数据库设计、ETL 和 BI 应用,还是教育和支持,都需要熟悉维度建模。本书适合于方方面面的读者。

对那些已经阅读过本书前期版本的读者来说,在本书中将发现一些熟悉的案例研究,然而,这些案例都被更新了,增加了更丰富的内容,几乎每个案例都包括样例企业数据仓库总线矩阵。我们为新的主题区域(包括大数据分析)提供了相应内容。

本书内容偏向对技术的讨论。主要从关系数据库环境出发讨论维度建模,这一环境与联机分析处理(OLAP)存在的细微差别在适当之处都进行了说明。本书假定读者对关系数据库概念有一定的了解,例如表、行、键和连接等。鉴于我们在讨论维度模型时不采用某一特定的方法,所以不会就某一特定数据库管理系统具体的物理设计和调整指导展开深入的讨论。

各章预览

本书将围绕一系列商业场景或案例研究进行组织。我们相信通过实例来研究设计技术是最有效的方法,因为这样做可以使我们分享非常实际的指导以及现实世界的适用经验。尽管未提供完整的应用或业界解决方案,但这些案例可用来讨论出现在维度建模中的模式。据我们的经验来看,通过远离自己所熟悉的复杂问题,更容易抓住设计技术的要素。阅读过本书以前各版本的读者对这一方法的反应非常积极。

请注意我们在第 2 章未采用案例研究方法。鉴于 Kimball 集团所发明的维度建模技术得到行业的广泛认可,我们整理出了这些技术,并简短地进行了描述。尽管并不指望读者会像阅读其他章节那样从头到尾仔细阅读,但我们觉得这一以技术为中心的章节对读者来说是一种有益的参考。

除第 2 章以外,本书其他章节相互关联。我们以基本概念开始,随着内容的展开,介绍了更高级的内容。读者应该顺序阅读各章。例如,除非您阅读了第 16 章之前有关零售、采购、订单管理和客户关系管理的那几章的内容,否则很难理解第 16 章的相关内容。

对那些已经阅读过本书以前版本的读者来说,可能会忽略前面几章。尽管对前面的事实和维度比较熟悉,但不希望读者跳过太多的章节,否则可能会错过一些已经更新的基本概念。

第 1 章：数据仓库、商业智能及维度建模初步

本书以数据仓库、商业智能及维度建模入门开始，探讨了整个 DW/BI 结构的所有组件并建立了本书其他章节所用到的核心词汇。消除了一些有关维度建模的神化和误解。

第 2 章：Kimball 维度建模技术概述

本章描述了超过 75 个维度建模技术以及模式。

第 3 章：零售业务

零售是用于描述维度建模的经典实例。我们之所以从该行业开始讨论是因为该行业为大众所熟悉。并不需要大家都对该行业有非常深入的了解，因为我们主要是希望通过该章的学习使大家能够关注核心的维度建模概念。该章以设计维度模型常用的 4 步过程开始，对维度表开展了深入的研究，包括贯穿全书反复使用的日期维度。同时，我们还讨论了退化维度、雪花维度以及代理键。即使您并不从事零售行业的工作，也需要仔细阅读这一章，因为该章是其他各章的基础。

第 4 章：库存

该章是对第 3 章零售业讨论的延伸，讨论了零售业的另一个案例，但请将注意力转移到零售业的另一个业务过程上。该章介绍了企业数据仓库总线架构以及具有一致性维度的总线矩阵。这些概念对那些希望建立集成的、可扩展的 DW/BI 架构的人来说是非常关键的一章。我们还讨论了三种基础类型的事实表：事务、周期快照和累积快照。

第 5 章：采购

该章强调了在构思 DW/BI 环境时，企业组织的价值链的重要性。我们还探讨了用于处理缓慢变化维度属性的一系列基础的和高级的技术；讨论了基本的类型 1(重写)、类型 2(增加行)和类型 3(增加列)，并在此基础上介绍了类型 0，以及类型 4～类型 7。

第 6 章：订单管理

在研究该案例时，我们考察了在 DW/BI 系统中常常需要首先考虑实现的业务过程，因为这些过程支持核心业务性能度量——我们将哪些商品以何种价格卖给哪些顾客？讨论了在模式中扮演多种角色的维度。还讨论了在处理订单管理信息时，建模人员将会面对的常见挑战，例如，表头/列表项考虑、多币种或多种度量单位，以及五花八门的事务标识符的杂项维度等。

第 7 章：会计

该章主要讨论了建模数据仓库中的总账信息。描述了处理年度-日期(year-to-date)事实和多种财政日历，以及将多个业务过程中的数据合并到事实表的适当方法。还对维度属性

层次提供了详细的指导，从简单的规范的固定深度层次到包含参差不齐的可变深度层次的桥接表。

第8章：客户关系管理

大量的 DW/BI 系统建立在需要更好地理解客户并向其提供服务的前提下。该章讨论了客户维度，包括标准化地址和处理多值维度属性的桥接表。该章还讨论了对复杂的客户行为建模的模式，以及如何从多个数据源中合并客户数据的方法。

第9章：人力资源管理

该章讨论了人力资源维度模型具有的几种特性，包括那些维度表行为类似事实表的情况。该章讨论了分析方案软件包，以及对递归管理层次及调查问卷的处理方法。对几种处理多值技能关键词属性的方法进行了比较。

第10章：金融服务

银行案例研究探讨了那些每个业务列表项具有特定描述性属性和性能度量的异构产品的超类和子类模式的概念。显然，并不是只有金融服务行业需要处理异构产品。该章还讨论了账户、客户和家庭之间所存在的复杂关系。

第11章：电信

该章从结构上来看与前几章有一些差别，主要是为了鼓励读者在执行维度模型设计评审时辩证地考虑问题。该章从乍看似乎是合理的维度设计开始。您能够从中发现什么问题？此外，该章还讨论了地理位置维度的特性。

第12章：交通运输

该章的案例考察了不同粒度级别的相关事实表，指出描述旅程或网络中区段的事实表的特性。进一步深入考察了日期和时间维度，包括特定国家日历和跨多个时区的同步问题。

第13章：教育

该章考察了几类无事实的事实表。此外，探讨了处理学生应用和研究基金申请流水线的累积快照事实表。该章为读者提供了了解教育团体中各种各样业务过程的机会。

第14章：医疗卫生

我们所遇见的最复杂的模型来自医疗卫生行业。该章描述了处理此类复杂性的方法，包括使用桥接表建模多项诊断以及与病人治疗事件相关的提供商。

第 15 章：电子商务

该章主要关注点击流 Web 数据的细节，包括其独有的多维性。该章还介绍了用于更好地理解包含顺序步骤的任何过程的步骤维度。

第 16 章：保险业务

作为本书提供的最后一个案例研究，我们将书中前述的各个模式关联到一起。可将该章看成是对以前各个章节的总结，因为这些建模技术按层次划分。

第 17 章：Kimball DW/BI 生命周期概述

通过前述章节的介绍，您已经熟悉了维度模型的设计方法，该章概述了在典型的 DW/BI 项目生命周期中将会遇到的活动。该章是对由我们与 Bob Becker、Joy Mundy 和 Warren Thornthwaite 共同编写的 *The Data Warehouse Lifecycle Toolkit, Second Edition*(Wiley, 2008)一书的简短概述。

第 18 章：维度建模过程与任务

该章对处理 Kimball 生命周期中的维度建模任务提出了具体的建议。本书的前 16 章包含维度建模技术和设计模式；该章描述责任、操作方式，以及维度建模设计活动的发布物。

第 19 章：ETL 子系统与技术

在构建 DW/BI 环境时，ETL(获取、转换、加载)系统将会消耗大量的时间和精力，与其他部分工作比较，几乎不成比例。仔细考虑的最佳实践揭示了在几乎所有维度数据仓库后端都将发现的 34 个子系统。该章首先讨论了在设计 ETL 系统之前必须考虑的需求和约束，然后描述了 34 个与获取、清洗、一致性、发布和管理有关的子系统。

第 20 章：ETL 系统设计与开发过程和任务

该章深入探讨了与 ETL 设计和开发活动有关或无关的具体技术。那些对 ETL 负有责任的读者都应该阅读本章。

第 21 章：大数据分析

最后一章主要关注大数据这一正在流行的主题。我们认为，大数据是对 DW/BI 系统的自然扩展。首先讨论了几种可选的结构，包括 MapReduce 和 Hadoop，描述了这些可选系统如何与当前的 DW/BI 结构共存的问题。接着讨论了针对大数据的管理、结构、数据建模和数据治理的最佳实践。

Web 资源

Kimball 集团网站 www.kimballgroup.com 包含许多补充的维度建模内容和资源:

● 注册 Kimball Design Tips 可收到有关维度建模和 DW/BI 主题的实践指导。

● 访问目录可获得 300 个设计技巧和文章。

● 通过学习 Kimball 大学公开的和现场的课程,可获得高质量、独立于提供商的教育,并分享我们的经验和文章。

● 获得 Kimball 集团咨询服务以利用我们几十年积累的有关 DW/BI 的宝贵经验。

● 向 Kimball 论坛的其他维度设计参与者提问。

小结

本书的写作目标是基于作者 60 多年来从实际业务环境中获得的经验和来之不易的教训,为读者提供正式的维度设计和开发技术。DW/BI 系统必须以业务用户的需求来驱动,如此才能真正从维度角度设计和展现。我们坚信,如果您能够接受这一前提,将会朝建立成功的 DW/BI 系统迈出巨大的一步。

既然知道从何开始,请开始仔细阅读本书。在第 1 章中将讨论 DW/BI 和维度建模的基本内容,确保每个人对关键术语和结构性概念具有统一的认识。

目　　录

第1章　数据仓库、商业智能及
　　　　维度建模初步 ················ 1
1.1　数据获取与数据分析的区别 ······· 1
1.2　数据仓库与商业智能的目标 ······· 2
1.3　维度建模简介 ···················· 5
　　1.3.1　星型模式与OLAP多维
　　　　　　数据库 ···················· 6
　　1.3.2　用于度量的事实表 ·········· 7
　　1.3.3　用于描述环境的维度表 ······ 9
　　1.3.4　星型模式中维度与事实的
　　　　　　连接 ····················· 11
1.4　Kimball的DW/BI架构 ·········· 14
　　1.4.1　操作型源系统 ············· 14
　　1.4.2　获取-转换-加载(ETL)系统 ··· 14
　　1.4.3　用于支持商业智能决策的
　　　　　　展现区 ·················· 16
　　1.4.4　商业智能应用 ············· 17
　　1.4.5　以餐厅为例描述Kimball
　　　　　　架构 ···················· 17
1.5　其他DW/BI架构 ··············· 19
　　1.5.1　独立数据集市架构 ········· 19
　　1.5.2　辐射状企业信息工厂
　　　　　　Inmon架构 ·············· 20
　　1.5.3　混合辐射状架构与
　　　　　　Kimball架构 ············· 22
1.6　维度建模神话 ·················· 22
　　1.6.1　神话1：维度模型仅包含
　　　　　　汇总数据 ················ 23
　　1.6.2　神话2：维度模型是部门级而
　　　　　　不是企业级的 ··········· 23

　　1.6.3　神话3：维度模型是
　　　　　　不可扩展的 ·············· 23
　　1.6.4　神话4：维度模型仅用于
　　　　　　预测 ···················· 23
　　1.6.5　神话5：维度模型不能被
　　　　　　集成 ···················· 24
1.7　考虑使用维度模型的
　　　更多理由 ····················· 24
1.8　本章小结 ······················ 25

第2章　Kimball维度建模技术概述 ······27
2.1　基本概念 ······················ 27
　　2.1.1　收集业务需求与数据实现 ···27
　　2.1.2　协作维度建模研讨 ········· 27
　　2.1.3　4步骤维度设计过程 ········ 28
　　2.1.4　业务过程 ················· 28
　　2.1.5　粒度 ····················· 28
　　2.1.6　描述环境的维度 ··········· 28
　　2.1.7　用于度量的事实 ··········· 29
　　2.1.8　星型模式与OLAP多维
　　　　　　数据库 ·················· 29
　　2.1.9　方便地扩展到维度模型 ·····29
2.2　事实表技术基础 ················ 29
　　2.2.1　事实表结构 ··············· 29
　　2.2.2　可加、半可加、不可加
　　　　　　事实 ···················· 29
　　2.2.3　事实表中的空值 ··········· 30
　　2.2.4　一致性事实 ··············· 30
　　2.2.5　事务事实表 ··············· 30

2.2.6 周期快照事实表 ········ 30

2.2.7 累积快照事实表 ········ 30

2.2.8 无事实的事实表 ········ 31

2.2.9 聚集事实表或 OLAP
多维数据库 ············ 31

2.2.10 合并事实表 ········· 31

2.3 维度表技术基础 ············· 31

2.3.1 维度表结构 ············ 31

2.3.2 维度代理键 ············ 32

2.3.3 自然键、持久键和
超自然键 ··············· 32

2.3.4 下钻 ···················· 32

2.3.5 退化维度 ·············· 32

2.3.6 非规范化扁平维度 ···· 32

2.3.7 多层次维度 ············ 32

2.3.8 文档属性的标识与指示器 ··· 33

2.3.9 维度表中的空值属性 ···· 33

2.3.10 日历日期维度 ········ 33

2.3.11 扮演角色的维度 ····· 33

2.3.12 杂项维度 ············· 33

2.3.13 雪花维度 ············· 33

2.3.14 支架维度 ············· 34

2.4 使用一致性维度集成 ······· 34

2.4.1 一致性维度 ············ 34

2.4.2 缩减维度 ·············· 34

2.4.3 跨表钻取 ·············· 34

2.4.4 价值链 ················· 34

2.4.5 企业数据仓库总线架构 ··· 35

2.4.6 企业数据仓库总线矩阵 ··· 35

2.4.7 总线矩阵实现细节 ····· 35

2.4.8 机会/利益相关方矩阵 ··· 35

2.5 处理缓慢变化维度属性 ······ 35

2.5.1 类型 0：原样保留 ···· 35

2.5.2 类型 1：重写 ········· 35

2.5.3 类型 2：增加新行 ···· 36

2.5.4 类型 3：增加新属性 ·· 36

2.5.5 类型 4：增加微型维度 ··· 36

2.5.6 类型 5：增加微型维度及
类型 1 支架 ············ 36

2.5.7 类型 6：增加类型 1 属性到
类型 2 维度 ··········· 36

2.5.8 类型 7：双类型 1 和
类型 2 维度 ··········· 36

2.6 处理维度层次关系 ··········· 37

2.6.1 固定深度位置的层次 ·· 37

2.6.2 轻微参差不齐/可变
深度层次 ··············· 37

2.6.3 具有层次桥接表的参差不齐/
可变深度层次 ········· 37

2.6.4 具有路径字符属性的可变
深度层次 ··············· 37

2.7 高级事实表技术 ············· 37

2.7.1 事实表代理键 ········· 37

2.7.2 蜈蚣事实表 ············ 38

2.7.3 属性或事实的数字值 ·· 38

2.7.4 日志/持续时间事实 ···· 38

2.7.5 头/行事实表 ··········· 38

2.7.6 分配的事实 ············ 38

2.7.7 利用分配建立利润与
损失事实表 ············ 38

2.7.8 多种货币事实 ········· 39

2.7.9 多种度量事实单位 ···· 39

2.7.10 年-日事实 ············· 39

2.7.11 多遍 SQL 以避免事实表间的
连接 ··················· 39

2.7.12 针对事实表的时间跟踪 ·· 39

2.7.13 迟到的事实 ··········· 40

2.8 高级维度技术 ··············· 40

2.8.1 维度表连接 ············ 40

2.8.2 多值维度与桥接表 ···· 40

2.8.3 随时间变化的多值桥接表 ·· 40

2.8.4 标签的时间序列行为 ·· 40

2.8.5 行为研究分组 ········· 40

2.8.6 聚集事实作为维度属性 ·· 41

2.8.7 动态值范围 ············ 41

2.8.8 文本注释维度 ········· 41

2.8.9 多时区 ················· 41

2.8.10 度量类型维度 ·········41

2.8.11　步骤维度 ················ 41
2.8.12　热交换维度 ············ 42
2.8.13　抽象通用维度 ········· 42
2.8.14　审计维度 ················ 42
2.8.15　最后产生的维度 ······ 42
2.9　特殊目的模式 ····················· 42
2.9.1　异构产品的超类与
子类模式 ·················· 43
2.9.2　实时事实表 ············· 43
2.9.3　错误事件模式 ········· 43

第3章　零售业务 ······················· 45
3.1　维度模型设计的4步过程 ···· 46
3.1.1　第1步：选择业务过程 ···· 46
3.1.2　第2步：声明粒度 ······· 46
3.1.3　第3步：确定维度 ······· 47
3.1.4　第4步：确定事实 ······· 47
3.2　零售业务案例研究 ············· 47
3.2.1　第1步：选择业务过程 ···· 49
3.2.2　第2步：声明粒度 ······· 49
3.2.3　第3步：确定维度 ······· 50
3.2.4　第4步：确定事实 ······· 50
3.3　维度表设计细节 ················ 53
3.3.1　日期维度 ················ 53
3.3.2　产品维度 ················ 56
3.3.3　商店维度 ················ 59
3.3.4　促销维度 ················ 60
3.3.5　其他零售业维度 ······· 62
3.3.6　事务号码的退化维度 ··· 63
3.4　实际的销售模式 ················ 63
3.5　零售模式的扩展能力 ·········· 64
3.6　无事实的事实表 ················ 65
3.7　维度与事实表键 ················ 66
3.7.1　维度表代理键 ··········· 66
3.7.2　维度中自然和持久的
超自然键 ·················· 68
3.7.3　退化维度的代理键 ······ 68
3.7.4　日期维度的智能键 ······ 68
3.7.5　事实表的代理键 ········· 69

3.8　抵制规范化的冲动 ············· 70
3.8.1　具有规范化维度的
雪花模式 ·················· 70
3.8.2　支架表 ··················· 72
3.8.3　包含大量维度的蜈蚣
事实表 ····················· 72
3.9　本章小结 ·························· 74

第4章　库存 ····························· 75
4.1　价值链简介 ······················ 75
4.2　库存模型 ·························· 76
4.2.1　库存周期快照 ··········· 76
4.2.2　库存事务 ················ 79
4.2.3　库存累积快照 ··········· 80
4.3　事实表类型 ······················ 81
4.3.1　事务事实表 ·············· 81
4.3.2　周期快照事实表 ········· 82
4.3.3　累积快照事实表 ········· 82
4.3.4　辅助事实表类型 ········· 83
4.4　价值链集成 ······················ 83
4.5　企业数据仓库总线架构 ········ 84
4.5.1　理解总线架构 ··········· 84
4.5.2　企业数据仓库总线矩阵 ··· 85
4.6　一致性维度 ······················ 89
4.6.1　多事实表钻取 ··········· 89
4.6.2　相同的一致性维度 ······ 89
4.6.3　包含属性子集的缩减上卷
一致性维度 ··············· 90
4.6.4　包含行子集的缩减
一致性维度 ··············· 91
4.6.5　总线矩阵的缩减一致性
维度 ······················· 91
4.6.6　有限一致性 ·············· 92
4.6.7　数据治理与管理的重要性 ··· 92
4.6.8　一致性维度与敏捷开发 ··· 94
4.7　一致性事实 ······················ 94
4.8　本章小结 ·························· 95

第5章　采购 ····························· 97
5.1　采购案例研究 ··················· 97

5.2 采购事务与总线矩阵 ············ 98
　　5.2.1 单一事务事实表与多事务
　　　　　事实表 ··············· 98
　　5.2.2 辅助采购快照 ·········· 101
5.3 缓慢变化维度(SCD)基础 ······· 101
　　5.3.1 类型 0:保留原始值 ···· 102
　　5.3.2 类型 1:重写 ········· 102
　　5.3.3 类型 2:增加新行 ····· 104
　　5.3.4 类型 3:增加新属性 ··· 106
　　5.3.5 类型 4:增加微型维度 · 108
5.4 混合缓慢变化维度技术 ······· 110
　　5.4.1 类型 5:微型维度与类型 1
　　　　　支架表 ············· 110
　　5.4.2 类型 6:将类型 1 属性增加到
　　　　　类型 2 维度 ········· 111
　　5.4.3 类型 7:双重类型 1 与
　　　　　类型 2 维度 ········· 112
5.5 缓慢变化维度总结 ·········· 113
5.6 本章小结 ················ 114

第 6 章　订单管理 ············· 115
6.1 订单管理总线矩阵 ·········· 116
6.2 订单事务 ················ 116
　　6.2.1 事实表规范化 ········ 117
　　6.2.2 维度角色扮演 ········ 117
　　6.2.3 重新审视产品维度 ···· 119
　　6.2.4 客户维度 ··········· 120
　　6.2.5 交易维度 ··········· 122
　　6.2.6 针对订单号的退化维度 · 123
　　6.2.7 杂项维度 ··········· 124
　　6.2.8 应该避免的表头/明细模式 ··· 125
　　6.2.9 多币种 ············· 126
　　6.2.10 不同粒度的事务事实 ·· 128
　　6.2.11 另外一种需要避免的
　　　　　表头/明细模式 ······· 129
6.3 发票事务 ················ 130
　　6.3.1 作为事实、维度或两者
　　　　　兼顾的服务级性能 ····· 131
　　6.3.2 利润与损益事实 ······ 131

6.3.3 审计维度 ············· 133
6.4 用于订单整个流水线的
　　累积快照 ················ 134
　　6.4.1 延迟计算 ··········· 136
　　6.4.2 多种度量单位 ········ 137
　　6.4.3 超越后视镜 ········· 138
6.5 本章小结 ················ 138

第 7 章　会计 ················ 139
7.1 会计案例研究与总线矩阵 ····· 139
7.2 总账数据 ················ 141
　　7.2.1 总账周期快照 ········ 141
　　7.2.2 会计科目表 ········· 141
　　7.2.3 结账 ·············· 141
　　7.2.4 年度-日期事实 ······· 143
　　7.2.5 再次讨论多币种问题 ··· 143
　　7.2.6 总账日记账事务 ······ 143
　　7.2.7 多种财务会计日历 ···· 144
　　7.2.8 多级别层次下钻 ······ 145
　　7.2.9 财务报表 ··········· 145
7.3 预算编制过程 ············· 146
7.4 维度属性层次 ············· 148
　　7.4.1 固定深度的位置层次 ··· 148
　　7.4.2 具有轻微不整齐的可变
　　　　　深度层次 ··········· 149
　　7.4.3 不整齐可变深度层次 ··· 149
　　7.4.4 不规则层次中的共享
　　　　　所有权 ············· 152
　　7.4.5 随时间变化的不规则层次 ··· 153
　　7.4.6 修改不规则层次 ······ 153
　　7.4.7 其他不规则层次的
　　　　　建模方法 ··········· 154
　　7.4.8 应用于不规则层次的桥接表
　　　　　方法的优点 ········· 156
7.5 合并事实表 ·············· 156
7.6 OLAP 角色及分析方案包 ····· 157
7.7 本章小结 ················ 158

第 8 章　客户关系管理 ········· 159
8.1 客户关系管理概述 ·········· 160

8.2 客户维度属性 ················· 162
　8.2.1 名字与地址的语法分析···· 162
　8.2.2 国际姓名和地址的考虑···· 164
　8.2.3 客户为中心的日期·········· 165
　8.2.4 作为维度属性的聚集事实···· 166
　8.2.5 分段属性与记分·········· 166
　8.2.6 包含类型 2 维度变化的
　　　　计算 ················· 169
　8.2.7 低粒度属性集合的支架表···· 169
　8.2.8 客户层次的考虑·········· 170
8.3 应用于多值维度的桥接表···· 171
　8.3.1 稀疏属性的桥接表········ 172
　8.3.2 应用于客户多种联系方式的
　　　　桥接表 ·············· 173
8.4 复杂的客户行为 ·············· 173
　8.4.1 客户队列的行为研究分组···· 173
　8.4.2 连续行为的步骤维度········ 175
　8.4.3 时间范围事实表·········· 176
　8.4.4 使用满意度指标标记
　　　　事实表 ·············· 177
　8.4.5 使用异常情景指标标记
　　　　事实表 ·············· 178
8.5 客户数据集成方法 ·············· 178
　8.5.1 建立单一客户维度的
　　　　主数据管理·········· 179
　8.5.2 多客户维度的局部
　　　　一致性 ·············· 180
　8.5.3 避免对应事实表的连接···· 180
8.6 低延迟的实现检查 ·············· 181
8.7 本章小结 ··················· 182

第 9 章　人力资源管理 ··········· **183**
9.1 雇员档案跟踪 ·············· 183
　9.1.1 精确的有效和失效
　　　　时间范围·········· 184
　9.1.2 维度变化原因跟踪········ 185
　9.1.3 作为类型 2 属性或事实
　　　　事件的档案变化········ 185
9.2 雇员总数周期快照 ·············· 186

9.3 人力资源过程的总线矩阵 ······ 187
9.4 分析解决方案软件包与
　　数据模型 ················· 188
9.5 递归式雇员层次 ·············· 189
　9.5.1 针对嵌入式经理主键
　　　　变化的跟踪·········· 190
　9.5.2 上钻或下钻管理层次···· 190
9.6 多值技能关键字属性 ········ 191
　9.6.1 技能关键字桥接表········ 191
　9.6.2 技能关键字文本字符串···· 192
9.7 调查问卷数据 ·············· 193
9.8 本章小结 ··················· 194

第 10 章　金融服务 ···············**195**
10.1 银行案例研究与总线矩阵···· 195
10.2 分类维度以避免出现维度
　　　太少的情况 ·············· 196
　10.2.1 家庭维度 ·············· 199
　10.2.2 多值维度与权重因子···· 199
　10.2.3 再谈微型维度·········· 200
　10.2.4 在桥接表中增加
　　　　　微型维度·········· 202
　10.2.5 动态值范围事实···· 202
10.3 异构产品的超类和
　　　子类模式 ················· 203
10.4 热可交换维度 ·············· 205
10.5 本章小结 ················· 205

第 11 章　电信 ···············**207**
11.1 电信业案例研究与
　　　总线矩阵 ················· 207
11.2 设计评审的一般性考虑········ 209
　11.2.1 业务需求与实际可用
　　　　　资源的权衡 ········ 209
　11.2.2 关注业务过程········ 209
　11.2.3 粒度 ·············· 210
　11.2.4 统一的事实表粒度···· 210
　11.2.5 维度的粒度和层次···· 210
　11.2.6 日期维度·············211
　11.2.7 退化维度·············211

　　11.2.8 代理键 ·············· 212
　　11.2.9 维度解码与描述符 ········· 212
　　11.2.10 一致的承诺 ········· 212
11.3 设计评审指导 ············· 212
11.4 草案设计训练的讨论 ········· 214
11.5 重新建模已存在的数据
　　结构 ················· 215
11.6 地理位置维度 ············· 216
11.7 本章小结 ··············· 216

第12章 交通运输 ············· 217
12.1 航空案例研究与总线矩阵 ····· 217
　　12.1.1 多种事实表粒度 ······· 218
　　12.1.2 连接区段形成旅程 ······ 220
　　12.1.3 相关事实表 ········· 221
12.2 扩展至其他行业 ··········· 221
　　12.2.1 货物托运人 ········· 221
　　12.2.2 旅行服务 ··········· 222
12.3 相关维度合并 ············· 222
　　12.3.1 服务类别 ··········· 223
　　12.3.2 始发地与目的地 ······· 224
12.4 更多有关日期和时间的
　　考虑 ················· 225
　　12.4.1 用作支架表的特定国家
　　　日历 ·············· 225
　　12.4.2 多时区的日期和时间 ····· 226
12.5 本地化概要 ·············· 226
12.6 本章小结 ··············· 227

第13章 教育 ··············· 229
13.1 大学案例研究与总线矩阵 ····· 229
13.2 累积快照事实表 ··········· 231
　　13.2.1 申请流水线 ········· 231
　　13.2.2 科研资助项目流水线 ····· 232
13.3 无事实的事实表 ··········· 232
　　13.3.1 招生事件 ··········· 233
　　13.3.2 课程注册 ··········· 233
　　13.3.3 设施使用 ··········· 235
　　13.3.4 学生考勤 ··········· 236
13.4 更多关于教育分析的情况 ····· 237

13.5 本章小结 ··············· 237

第14章 医疗卫生 ············· 239
14.1 医疗卫生案例研究与
　　总线矩阵 ·············· 239
14.2 报销单据与支付 ··········· 241
　　14.2.1 日期维度角色扮演 ······ 243
　　14.2.2 多值诊断 ··········· 243
　　14.2.3 收费的超类与子类 ······ 245
14.3 电子医疗记录 ············· 246
　　14.3.1 度量稀疏事实的
　　　类型维度 ············ 246
　　14.3.2 自由文本注释 ········ 247
　　14.3.3 图像 ············· 247
14.4 设施/设备的库存利用 ········ 247
14.5 处理可追溯的变化 ·········· 248
14.6 本章小结 ··············· 248

第15章 电子商务 ············· 249
15.1 点击流源数据 ············· 249
15.2 点击流维度模型 ··········· 252
　　15.2.1 网页维度 ··········· 252
　　15.2.2 事件维度 ··········· 253
　　15.2.3 会话维度 ··········· 254
　　15.2.4 推荐维度 ··········· 254
　　15.2.5 点击流会话事实表 ······ 255
　　15.2.6 点击流网页事件事实表···· 256
　　15.2.7 步骤维度 ··········· 258
　　15.2.8 聚集点击流事实表 ······ 258
　　15.2.9 Google Analytics(GA) ····· 259
15.3 将点击流集成到Web零售商
　　总线矩阵中 ············· 259
15.4 包含Web的跨渠道
　　赢利能力 ·············· 261
15.5 本章小结 ··············· 263

第16章 保险业务 ············· 265
16.1 保险案例研究 ············· 266
　　16.1.1 保险业价值链 ········ 266
　　16.1.2 总线矩阵草案 ········ 267

16.2 保单事务 ················· 268
16.2.1 维度角色扮演 ········· 268
16.2.2 缓慢变化维度 ········· 268
16.2.3 针对大型和快速变化
维度的微型维度 ····· 269
16.2.4 多值维度属性 ········· 269
16.2.5 作为事实或维度的
数值属性 ··········· 270
16.2.6 退化维度 ············· 270
16.2.7 低粒度维度表 ········· 270
16.2.8 审计维度 ············· 270
16.2.9 保单事务事实表 ······· 270
16.2.10 异构的超类和
子类产品 ········· 271
16.2.11 辅助保险累积快照 ······· 272
16.3 保费周期快照 ·············· 272
16.3.1 一致性维度 ··········· 272
16.3.2 一致性事实 ··········· 273
16.3.3 预付事实 ············· 273
16.3.4 再谈异构超类与子类 ··· 273
16.3.5 再谈多值维度 ········· 274
16.4 更多保险案例研究背景 ····· 274
16.4.1 更新保险行业
总线矩阵 ··········· 275
16.4.2 总线矩阵实现细节 ····· 275
16.5 索赔事务 ················· 277
16.6 索赔累积快照 ············· 278
16.6.1 复杂工作流的累积快照 ·· 279
16.6.2 时间范围累积快照 ····· 279
16.6.3 周期而不是累积快照 ····· 280
16.7 保单/索赔合并的周期快照 ··· 280
16.8 无事实的意外事件 ········· 280
16.9 需要避免的常见维度
建模错误 ··········· 281
16.9.1 错误 10：在事实表中放入
文本属性 ··········· 281
16.9.2 错误 9：限制使用冗长的
描述符以节省空间 ······· 281

16.9.3 错误 8：将层次划分为
多个维度 ··········· 282
16.9.4 错误 7：忽略对维度变化
进行跟踪的需要 ····· 282
16.9.5 错误 6：使用更多的硬件
解决所有的性能问题 ····· 282
16.9.6 错误 5：使用操作型键
连接维度和事实 ····· 282
16.9.7 错误 4：忽视对事实粒度的
声明并混淆事实粒度 ··· 282
16.9.8 错误 3：使用报表设计
维度模型 ··········· 283
16.9.9 错误 2：希望用户查询
规范化的原子数据 ··· 283
16.9.10 错误 1：违反事实和
维度的一致性要求 ··· 283
16.10 本章小结 ················ 284

第 17 章 Kimball DW/BI 生命周期
概述 ·················· 285
17.1 生命周期路标 ············· 286
17.2 生命周期初始活动 ········· 287
17.2.1 程序/项目规划与管理 ···· 287
17.2.2 业务需求定义 ········· 290
17.3 生命周期技术路径 ········· 294
17.3.1 技术架构设计 ········· 294
17.3.2 产品选择与安装 ······· 296
17.4 生命周期数据路径 ········· 297
17.4.1 维度建模 ············· 297
17.4.2 物理设计 ············· 297
17.4.3 ETL 设计与开发 ······· 299
17.5 生命周期 BI 应用路径 ····· 299
17.5.1 BI 应用规范 ··········· 299
17.5.2 BI 应用开发 ··········· 299
17.6 生命周期总结活动 ········· 300
17.6.1 部署 ················· 300
17.6.2 维护和发展 ··········· 300
17.7 应当避免的常见错误 ········· 301
17.8 本章小结 ················· 302

第18章　维度建模过程与任务·········303
18.1　建模过程概述·············303
18.2　组织工作···············304
　18.2.1　确定参与人，特别是
　　　　　业务代表们·········304
　18.2.2　业务需求评审········305
　18.2.3　利用建模工具········305
　18.2.4　利用数据分析工具·····306
　18.2.5　利用或建立命名规则···306
　18.2.6　日历和设施的协调·····306
18.3　维度模型设计·············307
　18.3.1　统一对高层气泡图的
　　　　　理解···········307
　18.3.2　开发详细的维度模型·····308
　18.3.3　模型评审与验证·······311
　18.3.4　形成设计文档········312
18.4　本章小结···············312

第19章　ETL子系统与技术·········313
19.1　需求综合···············314
　19.1.1　业务需求··········314
　19.1.2　合规性···········314
　19.1.3　数据质量··········314
　19.1.4　安全性···········315
　19.1.5　数据集成··········315
　19.1.6　数据延迟··········316
　19.1.7　归档与世系·········316
　19.1.8　BI发布接口········316
　19.1.9　可用的技能·········317
　19.1.10　传统的许可证书·····317
19.2　ETL的34个子系统········317
19.3　获取：将数据插入到数据
　　　仓库中···············318
　19.3.1　子系统1：数据分析·····318
　19.3.2　子系统2：变化数据
　　　　　获取系统·········319
　19.3.3　子系统3：获取系统·····320
19.4　清洗与整合数据···········321
　19.4.1　提高数据质量文化与
　　　　　过程···········322

　19.4.2　子系统4：数据清洗
　　　　　系统···········323
　19.4.3　子系统5：错误事件
　　　　　模式···········324
　19.4.4　子系统6：审计维度
　　　　　装配器··········325
　19.4.5　子系统7：重复数据删除
　　　　　(deduplication)系统·······326
　19.4.6　子系统8：一致性系统···326
19.5　发布：准备展现···········328
　19.5.1　子系统9：缓慢变化维度
　　　　　管理器··········328
　19.5.2　子系统10：代理键
　　　　　产生器··········332
　19.5.3　子系统11：层次
　　　　　管理器··········332
　19.5.4　子系统12：特定维度
　　　　　管理器··········333
　19.5.5　子系统13：事实表
　　　　　建立器··········335
　19.5.6　子系统14：代理键
　　　　　流水线··········336
　19.5.7　子系统15：多值维度桥接表
　　　　　建立器··········337
　19.5.8　子系统16：迟到数据
　　　　　处理器··········338
　19.5.9　子系统17：维度管理器
　　　　　系统···········339
　19.5.10　子系统18：事实提供者
　　　　　系统···········339
　19.5.11　子系统19：聚集
　　　　　建立器··········340
　19.5.12　子系统20：OLAP多维
　　　　　数据库建立器·······340
　19.5.13　子系统21：数据
　　　　　传播管理器·······340
19.6　管理ETL环境···········341
　19.6.1　子系统22：任务
　　　　　调度器··········341

19.6.2 子系统 23：
备份系统·············342

19.6.3 子系统 24：恢复与
重启系统···········343

19.6.4 子系统 25：版本
控制系统···········344

19.6.5 子系统 26：版本
迁移系统···········345

19.6.6 子系统 27：工作流
监视器·············345

19.6.7 子系统 28：排序系统···346

19.6.8 子系统 29：世系及依赖
分析器·············346

19.6.9 子系统 30：问题提升
系统···············346

19.6.10 子系统 31：并行/流水线
系统···············347

19.6.11 子系统 32：安全系统···347

19.6.12 子系统 33：合规性
管理器·············348

19.6.13 子系统 34：元数据存储库
管理器·············350

19.7 本章小结···············350

第 20 章 ETL 系统设计与开发过程和
任务·····················351

20.1 ETL 过程概览···········351

20.2 ETL 开发规划···········351

20.2.1 第 1 步：设计高层规划·····352

20.2.2 第 2 步：选择 ETL 工具···352

20.2.3 第 3 步：开发默认策略·····353

20.2.4 第 4 步：按照目标表钻取
数据···············354

20.2.5 开发 ETL 规范文档·····355

20.3 开发一次性的历史
加载过程···············356

20.3.1 第 5 步：用历史数据
填充维度表·········356

20.3.2 第 6 步：完成事实表
历史加载···········360

20.4 开发增量式 ETL 过程·········363

20.4.1 第 7 步：维度表增量
处理过程···········363

20.4.2 第 8 步：事实表增量
处理过程···········365

20.4.3 第 9 步：聚集表与 OLAP
加载···············367

20.4.4 第 10 步：ETL 系统操作与
自动化·············368

20.5 实时的影响···············368

20.5.1 实时分类···········369

20.5.2 实时结构权衡········370

20.5.3 展现服务器上的
实时分区···········371

20.6 本章小结···············372

第 21 章 大数据分析·············373

21.1 大数据概览···············373

21.1.1 扩展的 RDBMS 结构······374

21.1.2 MapReduce/Hadoop
结构···············375

21.1.3 大数据结构比较·····376

21.2 推荐的应用于大数据的
最佳实践···············376

21.2.1 面向大数据管理的
最佳实践···········376

21.2.2 面向大数据结构的
最佳实践···········377

21.2.3 应用于大数据的数据建模
最佳实践···········381

21.2.4 大数据的数据治理
最佳实践···········383

21.3 本章小结···············384

第 **1** 章

数据仓库、商业智能及维度建模初步

本章是后续各章的基础。我们首先从宏观层面上考察数据仓库和商业智能(Data Warehousing and Business Intelligence，DW/BI)系统。您可能会对本书没有开门见山地讨论技术和工具感到有些失望，但 DW/BI 系统首先应该仔细考虑的问题是业务需求。本书将紧紧抓住业务需求这一要点，逐步深入探讨逻辑设计、物理设计以及采用有关技术和工具的决策等问题。

本章将详细考察数据仓库及商业智能的主要目标，辨析 DW/BI 管理者与杂志出版商各自责任中存在的不可思议的相似之处。

基于此背景，我们将探索维度建模核心概念并建立基本词汇表。在此基础上，本章将讨论 Kimball DW/BI 结构的主要组成部分，并与其他不同的结构方法进行比较，无论您倾向于使用何种结构，这些讨论对维度建模都有非常重要的意义。最后，我们将总结针对维度建模的诸多错误理解。本章最后将解释为什么在处理DW/BI项目时，既需要从数据库管理员的角度，也需要从商业分析师的角度考虑问题。

本章主要讨论下述概念：

- DW/BI 的业务驱动目标
- 发布 DW/BI 系统的隐喻
- 维度建模核心概念及涉及的主要词汇，包括事实表与维度表
- Kimball DW/BI 架构的组件与原则
- 不同 DW/BI 架构的比较研究，维度建模在不同架构中所扮演的角色
- 有关维度建模的误解

1.1 数据获取与数据分析的区别

对所有组织来说，信息都是其最重要的财富之一。信息几乎总是用作两个目的：操作型记录的保存和分析型决策的制定。简单来说，操作型系统保存数据，而 DW/BI 系统使用数据。

操作型系统的用户确保组织能正常运转。操作型系统获取订单、签订新客户、监视操作型活动的状态、记录问题及用户的抱怨。对操作型系统进行优化的目的是使其能够更快

地处理事务。操作型系统一般一次处理一个事务记录。它们按部就班,以可预测的方式完成同样的操作型任务,可预测地执行组织的业务过程。鉴于这种执行特点,操作型系统通常不必维护历史数据,只需修改数据以反映最新的状态。

另一方面,DW/BI 系统的用户研究分析企业的运转,并对其性能进行评估。DW/BI 系统计算新订单的数量,并与过去一周的订单进行比较,找寻签订新客户的原因,了解客户在抱怨什么。这些信息用于分析并判断操作型过程是否处于正确的工作状态。尽管也需要详细的数据来支持始终处于变化状态的问题,但 DW/BI 系统一般不会一次只处理一个事务。对 DW/BI 系统进行优化的目的是高性能地完成用户的查询,而回答用户的查询通常需要搜索成千上万条事务,并将查询结果放入一个查询集合中。为应对更复杂的问题,DW/BI 系统的用户通常要求保存历史环境,用于精确地评估组织在一段时间内的性能。

在本书第 1 版中,作者 Ralph Kimball 用一整章内容描述操作型处理和数据仓库之间存在的巨大差异。目前,DW/BI 系统与操作型系统有不同的需求、不同的客户、不同的结构以及不同的应用场景的观点已经为大众所接受。遗憾的是,我们仍会发现认为 DW/BI 系统是存储于不同硬件平台上的操作型系统的记录的拷贝这样的错误观点。尽管在这样的环境中,出于性能的考虑,将操作型系统和分析型系统进行了隔离,但并未仔细考虑这两类系统之间天然存在的其他差异。商业用户感觉不到由这些虚假数据仓库提供的可用性和性能。这些冒名顶替者对 DW/BI 系统造成了伤害,因为它没有考虑 DW/BI 系统用户与操作型系统用户在需求方面存在巨大的差异。

1.2 数据仓库与商业智能的目标

在开始深入研究维度建模的细节前,关注数据仓库与商业智能的基本目标是非常有益的。这些目标可通过深入到任何组织的工作场所中,倾听业务管理的问题而建立起来。以下同样的话题已经存在 30 多年了:

- 我们收集了海量的数据,但无法对其访问
- 我们需要以各种方式方便地对数据进行切片及切块
- 业务人员需要方便地获得数据
- 将最重要的事情展示给我
- 会议自始至终争论的是谁的数字正确,而不是制定决策
- 我们希望人们能够使用信息来支持更多的基于事实的决策制定

基于作者的经验,上述的关注仍然普遍存在,它们构成了 DW/BI 系统的基本需求。下面将上述引用的业务管理话题转换为业务需求:

- **DW/BI 系统要能方便地存取信息。**DW/BI 系统的内容必须是易于理解的。对业务用户来说,数据需要有直观性。直观性不能仅针对开发人员。数据结构与标识必须符合业务用户的思维过程和词汇。业务用户能以各种形式分割和合并分析数据。

访问数据的商业智能工具和应用要简单易用，同时能够在较短的时间内速将查询结果返回给用户。可以将上述这些需求描述为：简单、快捷。

- **DW/BI 系统必须以一致的形式展现信息。** DW/BI 系统的数据必须是可信的。精心组织不同来源的数据，实现数据清洗，确保质量，只有在数据真正适合用户的需要时发布。一致性也意味着表示 DW/BI 系统内容的公共标识和定义，可在不同数据源共用。如果两个关于性能度量的参数具有同样的名称，则它们一定是指同一个事情(同名同意性)。反之，如果两个度量参数被用于表示不同的事情，则它们应该具有不同的标记(异意异名性)。

- **DW/BI 系统必须能够适应变化。** 用户需求、业务环境、数据及技术都容易产生变化。设计 DW/BI 系统时要考虑使其能够方便地处理无法避免的变化，以便在变化发生时仍能处理现有的数据和应用。当业务问题发生变化或新数据增加到数据仓库中时，已经存在的数据和应用不应该被改变或破坏。最后，如果必须修改 DW/BI 系统中的描述性数据，要能以适当的方式描述变化，并使这些变化对用户来说是透明的。

- **DW/BI 系统必须能够及时展现信息。** 由于 DW/BI 系统主要用于操作型决策，原始数据需要在几小时、几分钟或几秒钟内被转换成可用的信息。当没有多少时间可用于清洗或验证数据时，DW/BI 团队和业务用户需要对发布数据意味着什么有现实的期望。

- **DW/BI 系统必须成为保护信息财富的安全堡垒。** 保存在数据仓库中的信息是组织的信息化财富。至少，数据仓库可能会包含有关将何种商品以什么样的价格卖给何种客户的信息，如果将这样的信息发送给错误的人，将给组织带来伤害。DW/BI 必须能有效控制对组织中机密信息的访问。

- **DW/BI 系统必须成为提高决策制定能力的权威和可信的基础。** 数据仓库需要正确的信息以支持决策制定。DW/BI 系统最重要的输出是基于分析证据所产生的决策。这些决策体现了数据仓库的影响和价值。早期用于表示 DW/BI 系统的称谓——决策支持系统，仍可作为开展系统设计的最好描述。

- **DW/BI 系统成功的标志是业务群体接受 DW/BI 系统。** 是否使用最佳组合产品或平台来构建您的体面的解决方案其实并不重要。如果业务群体不能接受 DW/BI 环境并积极使用它，就难言成功。对操作型系统来说，用户无法对其加以选择，只能使用新系统，而对 DW/BI 系统来说，与操作型系统不同的是，它是可选的。只有当 DW/BI 系统真正成为用于构建可付诸实现的信息的"简单快捷"的资源时，用户才会接受它。

尽管上述列表中的每一项都很重要，但我们认为最后两项至关重要。遗憾的是，通常这两项是最容易被忽略的。数据仓库和商业智能的成功需要更多的专业设计师、技术员、建模人员、数据库管理员。作为初涉 DW/BI 领域的您，一方面具有较好的信息技术基础，另一方面，对业务用户并不了解。您必须两方面兼顾，为适应 DW/BI 的独特需求，修改那些经过检验的技能。显然，需要一整套的技能，这些技能既包括数据库管理的技能，也包括商业分析师的技能，才能更好地适应 DW/BI 的商业盛筵。

以出版发行工作为例说明 DW/BI 管理者的职责

本小节将以 DW/BI 目标为背景,将 DW/BI 管理者的责任与出版社主编进行比较。作为一个高质量杂志的主编,应该有广阔的空间来管理杂志的内容、风格和发行。主编需要处理以下活动:

- 理解读者
  - 确定读者的人口统计学特征。
  - 发现读者希望杂志应该呈现的内容。
  - 识别那些将会续订杂志并购买杂志广告中产品的"最佳"读者。
  - 发现潜在的新读者并使他们意识到该杂志的存在。
- 确保杂志对读者具有吸引力
  - 杂志刊出的内容要有趣且引人入胜。
  - 杂志的布局和渲染要给读者带来最大的快乐。
  - 杂志要支持高质量的写作和编辑标准,同时采用一致的展现风格。
  - 不断地监控杂志中文章的准确性以及广告商的要求。
  - 根据读者和撰稿人网络的新情况适时改变读者信息及保证修改即时可用。
- 维持出版
  - 吸引广告商,为杂志带来更多利润。
  - 定期出版杂志。
  - 保持读者对杂志的信任。
  - 让投资人对杂志满意。

您也可以分辨出那些不是杂志主编目标的条目。例如,围绕特定的打印技术出版杂志,或为改进操作效率专门投入管理层的精力,例如,强制使用读者不易理解的技术写作风格,或者建立错综复杂的、拥挤不堪的、难以阅读的版面布局等。

基于有效服务读者这一理念构建发行业务,杂志获得成功的可能性增大。相反,浏览上述列表,并设想如果忽略了其中某项会发生什么情况,可以肯定,杂志将面临严重问题。

可以看出,作为一个传统的出版商与 DW/BI 管理者之间具有很强的相似性。按照业务需求的要求,DW/BI 管理者必须发布获取自不同数据源的数据,这些数据需要具备高质量和一致性。其主要责任是为数据的读者提供服务,或者称为为商业用户提供服务。出版发行这一比喻强调的是,要关注外部的客户而不是仅关注内部产品和过程。尽管在发布 DW/BI 系统时使用了技术方法,但技术充其量也就是达到目的的一种手段而已。因此,技术以及用于建立系统的技能不应该直接出现在顶层工作职责中。

下面重新考虑杂志出版商与 DW/BI 管理者的责任:

- 理解业务用户
  - 理解他们的工作责任、目标和任务。
  - 确定商业用户在制定哪些决策时需要 DW/BI 系统的帮助。
  - 识别出那些制定出高效率、高影响的决策的"最佳"用户。
  - 发现潜在的新用户,并让他们意识到 DW/BI 系统能够给他们带来什么能力。

- 对业务用户发布高质量、相关的、可访问的信息和分析
  - 选择最健壮的、可操作的数据放入 DW/BI 系统中，从组织机构的各种数据源中仔细选择。
  - 简化用户接口和应用，采用模板驱动方式，与用户的认知过程轮廓匹配。
  - 确保数据精确、可信，使其标识在整个企业具有一致性。
  - 不间断地监控数据和分析的准确性。
  - 适应用户不断变化的思维方式、需求和业务优先级，及新数据源的可用性。
- 维护 DW/BI 环境
  - 采用 DW/BI 系统制定的成功的业务决策，验证人员配置及要投入的开支。
  - 定期对 DW/BI 系统进行更新。
  - 保持业务用户的信任。
  - 保持业务用户、执行赞助商和 IT 管理层满意度。

完美地履行上述职责，您将成为一名优秀的 DW/BI 系统管理者！相反，不重视上述职责，忽略任何职责都会带来不良后果。现在将自己的工作描述与上述 DW/BI 管理者的任务比较，会发现上述职责更趋向用户和业务过程，看起来不像信息系统人员所涉及的工作，这正是数据仓库和商业智能让人感兴趣的地方。

1.3　维度建模简介

基于前述对 DW/BI 系统目标的介绍，本节开始介绍维度建模的基本概念。维度建模是展现分析数据的首选技术，这一观点之所以被广泛接受，主要基于以下两个需要同时满足的需求：

- 以商业用户可理解的方式发布数据。
- 提供高效的查询性能。

维度建模并不是一种新技术，早期主要用于简化数据库。50 多年来，经过大量案例的考验，IT 组织、行业顾问和商业用户自然而然地被这种以单一维度结构满足人们基本需求的简单性所吸引。简单性至关重要，因为它能够确保用户方便地理解数据，以及确保软件能够快速、有效地发现及发布结果。

假设某个业务经理描述其业务为："我们在各种各样的市场销售产品，并不断地对我们的表现进行度量。"维度设计者通过仔细倾听和分析，知道其业务强调的是产品、市场、时间。多数人发现其业务包含三维数据，即将其业务数据标识为产品、市场和时间。设想沿着上述三维进行切片和切块操作。多维数据库中的点表示度量结果，例如，销售额或利润，这一结果是满足特定产品、市场和时间的结果。将某些事情以具体、有形的方式抽象成数据集展示出来的能力是解决可理解能力的法宝。如果上述场景表现太简单，这正是我们的所需！从简单的数据模型开始是保持设计简单性的基础。如果从复杂的数据模型起步，那么最终会导致模型过度复杂，从而导致查询性能低下，最终使商业用户反感。爱因斯坦曾经说过"凡事应该尽量简单，直到不能再简单为止。"

尽管维度模型通常应用在关系数据库管理系统之上，但并不要求维度模型必须满足第3范式(3NF)。数据库中强调的3NF主要是为消除冗余。规范化的3NF将数据划分为多个不同的实体，每个实体构成一个关系表。一个销售订单数据库开始可能是每个订单中的一行表示一条记录，到后来为满足3NF变成蜘蛛网状图，也许会包含上百个规范化的表。

业界有时将3NF模型称为实体-关系模型。实体-关系图(ER图或ERD)表示了表间的交互关系。3NF模型及维度模型都可以用ERD表示，因为它们都包含可连接的关系表。主要差别在于规范化程度。因为两种模型都可以用ERD表示，我们强调不要将ER模型当成3NF模型，将3NF模型称为规范化模型以消除混淆。

规范化的3NF模型主要应用于操作型过程中，因为对事务的更新与插入仅触及数据库的单一地方。然而，对BI查询来说，规范化模型太复杂。用户难以理解、检索，难以记住类似洛杉矶地铁系统那样具有复杂网络的模型。而且，多数关系数据库管理系统不能有效地查询规范化模型，用户查询难以预测的复杂性将耗尽数据库优化器，产生灾难性的查询性能。在 DW/BI 这样的展现系统中使用规范化建模方法难以满足对数据的高性能检索需求。幸运的是，维度建模解决了模式过分复杂的问题。

注意:
维度模型包含的信息与规范化模型包含的信息相同，但将数据以一种用户可理解的、满足查询性能要求的、灵活多变的方式进行了包装。

1.3.1 星型模式与 OLAP 多维数据库

在关系数据库管理系统中实现的维度模型称为星型模式，因为其结构类似星型结构。在多维数据库环境中实现的维度模型通常称为联机分析处理(OnLine Analytical Processing，OLAP)多维数据库，如图1-1所示。

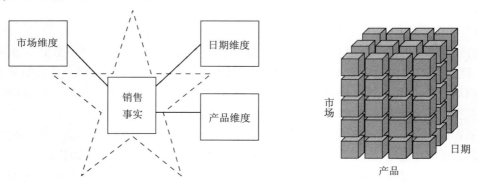

图1-1　星型模式与OLAP多维数据库

如果采用的DW/BI环境包括星型模式或者OLAP多维数据库，则可以说是利用了维度概念。星型模式和多维数据库对可识别的维度具有公共的逻辑设计，但是物理实现上存在差异。

当数据被加载到OLAP多维数据库时，对这些数据的存储和索引，采用了为维度数据设计的格式和技术。性能聚集或预计算汇总表通常由OLAP多维数据库引擎建立并管理。

由于采用预计算、索引策略和其他优化方法，多维数据库可实现高性能查询。业务用户可以通过增加或删除其查询中的属性，开展上钻和下钻操作，获得良好的分析性能，不需要提出新的查询。OLAP 多维数据库还提供大量健壮的分析函数，这些分析函数比那些 SQL 编写的函数更好，特别是针对大数据集合时，分析函数体现的优势更加明显。

幸运的是，本书的大多数描述适合两种模式。尽管 OLAP 技术不断得到改善，我们通常推荐将详细的、原子的信息加载到星型模式中，然后将 OLAP 多维数据库移植到星型模式上。出于这样的原因，本书多数维度建模技术都基于关系型的星型模式。

OLAP 部署的注意事项

如果要将数据部署到 OLAP 多维数据库中，必须注意以下一些问题。

- 构建于关系数据库之上的星型模式是建立 OLAP 多维数据库的良好物理基础。通常也被认为是备份与恢复的良好的、稳定的基础。
- 传统上，一般认为 OLAP 多维数据库比 RDBMS 具有更好的性能，但这一优越性随着计算机硬件(例如，设备以及内存数据库)和软件(例如，纵列数据库)的发展变得不那么重要。
- 由于供应商多，OLAP 多维数据库数据结构比关系数据库管理系统变化更大，因此，最终的部署细节通常与选择的提供商有关。通常在不同 OLAP 工具之间建立 BI 应用比在不同关系数据库之间建立 BI 更困难。
- OLAP 多维数据库通常比 RDBMS 提供更多的复杂安全选项。例如，限制访问细节数据，但对汇总数据往往能够提供更开放的接口。
- OLAP 多维数据库显然能够提供比 RDBMS 更加丰富的分析能力，因为后者受 SQL 的制约。这也可以作为选择 OLAP 产品的主要依据。
- OLAP 多维数据库方便地支持缓慢变化维度类型 2 变化(将在第 5 章讨论)，但当需要使用其他缓慢变化维度技术重写数据时，多维数据库通常需要被全部或部分地重新处理。
- OLAP 多维数据库方便地支持事务和周期性快照事实表,但是由于前一点所描述的重写数据的限制问题而无法处理累积快照事实表。
- OLAP 多维数据库通常支持具有层次不确定的复杂的不规则层次结构，例如，组织结构图或物料表等。使用自身查询语法比使用 RDBMS 的方法更优越。
- OLAP 多维数据库与关系数据库比较，能对实现下钻层次的维度关键词结构提供更详细的约束。
- 一些 OLAP 产品无法确保实现维度角色和别名，因此需要定义不同的物理维度。

以下将着手考虑星型模式的两个关键部件，以此回到基于关系平台的维度建模世界中。

1.3.2　用于度量的事实表

维度模型中的事实表存储组织机构业务过程事件的性能度量结果。应该尽量将来源于同一个业务过程的底层度量结果存储于一个维度模型中。因为度量的数据量巨大，所以不应该为满足多个组织功能的需要而将这些数据存放在多个地方。应该允许多个组织的业务用户访问同一个单一的集中式数据仓库，确保他们能在整个企业中使用一致的数据。

"事实"这一术语表示某个业务度量。从市场角度观察，记录销售的产品的数量单位，以及每种产品在每个销售事务中涉及的销售额。当产品被扫描时可以获取这些度量，如图 1-2 所示。

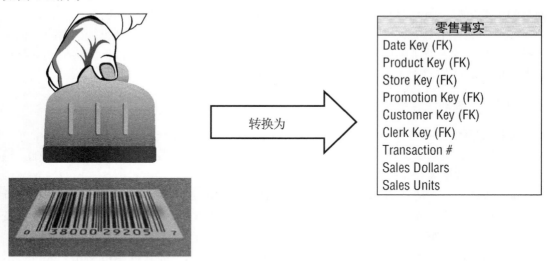

图 1-2　业务过程度量事件转换到事实表中

事实表中的每行对应一个度量事件。每行中的数据是一个特定级别的细节数据，称为粒度。例如，销售事务中用一行来表示每个卖出的产品。维度建模的核心原则之一是同一事实表中的所有度量行必须具有相同的粒度。牢记建立事实表时使用统一的细节级别这一原则可以确保不会出现重复计算度量的问题。

注意：
物理世界的每一个度量事件与对应的事实表行具有一对一的关系，这一思想是维度建模的基本原则。其他工作都是以此为基础建立的。

最实用的事实是数值类型和可加类型事实，例如，美元销售额。本书以美元作为标准货币单位，以使所有的实例更具有实际意义——如果您使用的不是美元，可以替换为本地货币。

可加性是至关重要的，因为 BI 应用不太可能仅检索事实表的单一行。常见的情况是，BI 应用往往一次需要检索成百上千，甚至百万级别的事实表行。处理如此多行数据的最有用的操作是将它们加到一起。无论用户如何分割图 1-2 中的数据，都会将销售数量和销售额度汇总为有效的合计。可能也会遇到一些半可加，甚至是不可加的事实。半可加事实(例如，账户节余)不能按时间维度执行汇总操作。不可加事实(例如，单位价格)不可相加。面对这种情况时，不得不进行计数或者取平均值操作，或者简化为一次输出一个事实行，当然当事实表包含海量数据行时，执行这种操作是不现实的。

事实通常以连续值描述，这样做有助于区分到底是事实还是维度属性的问题。在本书实例中，美元销售额事实是连续值，这样它可以在一定范围内表示实际可能存在的所有值。必须面向市场，研究度量，以确定其度量值到底应该是什么。

理论上，以文本方式表示度量事件是可行的。然而，很少采用这种方式。多数情况下，文本型度量是对某些事情的描述，来源于离散值列表。设计者应该尽最大可能将文本数据放入维度中，将它们有效地关联到其他文本维度属性上，以减少空间开销。不要在事实表中存储冗余的文本信息。除非对事实表中的每个行来说，其文本是唯一的，否则，应将其放入维度表中。准确的文本事实比较少见，因为文本事实存在不可预测性，例如，自由文本注释，几乎没有对其进行分析的可能性。

考虑图 1-2 表示的简单事实表，如果给定产品没有销售活动，则不要在表中插入任何行。不要试图以 0 表示没有活动发生来填充事实表，这些 0 将会占据大量的事实表。仅将发生的活动放入事实表中，事实表将变得非常稀疏。尽管存在稀疏特性，事实表仍然占据维度模型消耗空间的 90%甚至更多。从行的数量来看，事实表趋向于变长。从列的数量来看，事实表趋向于变短。鉴于事实表占据大量空间的实际情况，应该仔细考虑对事实表空间的利用问题。

通过对本书设计的实例的分析，您将发现所有事实表的粒度可划分为三类：事务、周期性快照和累积快照。事务粒度级别的事实表最常见。第 3 章将介绍事务性事实表。第 4 章将介绍周期快照和累积快照。

一般事实表具有两个或更多个外键(参考图1-2 中的外键概念)与维度表的主键关联。例如，事实表中的产品键始终与产品维度表中的特定产品键匹配。当事实表中所有键与对应维度表中各自的主键正确匹配时，这些表满足参照完整性。可以通过维度表使用连接操作来实现对事实表的访问。

事实表通常有包含外键集合的主键。事实表的主键常称为组合键，具有组合键的表称为事实表。事实表表示多对多关系。其他表称为维度表。

通常几个维度一起唯一标识每个事实表行。当确定了所有维度中唯一标识事实表行的子集后，其他维度使用事实表行的主键的单一值。换句话说，其他维度只是参与其中。

1.3.3　用于描述环境的维度表

维度表是事实表不可或缺的组成部分。维度表包含与业务过程度量事件有关的文本环境。它们用于描述与"谁、什么、哪里、何时、如何、为什么"有关的事件。

如图 1-3 所示，维度表通常有多列，或者说包含多个属性。有 50～100 个属性的维度表并不稀奇。尽管如此，也可能存在一些只包含少量属性的维度表。与事实表比较，维度表趋向于包含较少的行，但由于可能存在大量文本列而导致存在多列的情况。每个维度表由单一主键定义(参考图 1-3 的主键概念)，用于在与事实表连接操作时实现参照完整性的基础。

维度属性可作为查询约束、分组、报表标识的主要来源。对查询或报表请求来说，属性以词或词组加以区分。例如，当用户希望按照品牌来查看销售额时，要查看的品牌必须存在于维度属性中。

维度表属性在 DW/BI 系统中起着至关重要的作用。因为维度表的属性是所有查询约束和报表标识的来源。同时，维度属性对构建 DW/BI 系统的可用性和可理解性也起着非常重要的作用。属性应该包含真实使用的词汇而不是令人感到迷惑的缩写。应该尽量减少在维度表中使用代码，应该将代码替换为详细的文本属性。您可能已经训练业务用户，让他们记住操作型的代码，但为了提高效率，应尽量减少他们对代码转换注释的依赖。应该对那些操作型代码进行解码，以用于维度属性中，这样可以为查询、报表和 BI 应用提供具备一致性的标识。对那些不可避免会发生不一致情况的报表应用，应尽量使用解码值。

产品维度
Product Key (PK)
SKU Number (Natural Key)
Product Description
Brand Name
Category Name
Department Name
Package Type
Package Size
Abrasive Indicator
Weight
Weight Unit of Measure
Storage Type
Shelf Life Type
Shelf Width
Shelf Height
Shelf Depth
...

图 1-3　包含业务过程名词的描述性特征的维度表

某些情况下，操作码或标识符对用户具有确定的业务含义，或者需要利用这些操作码与后台的操作环境交互。在此情况下，代码应该以清晰的维度属性出现，辅以对应的用户友好的文本描述符。有时操作码中包含一些智能含义，例如，操作码头两位数字表示业务类别，3～4 位表示全球区域。与其强制用户查询或过滤操作码，不如将隐含的意思拆分，以不同的维度属性方式展现给用户，这样用户就能方便地开展过滤、分组和制作报表等工作。

多数情况下，数据仓库的好坏直接取决于维度属性的设置；DW/BI 环境的分析能力直接取决于维度属性的质量和深度。为维度属性提供详细的业务术语耗费的精力越多，效果就越好。为属性列填充领域值耗费的精力越多，效果就越好。为确保属性值的质量耗费的时间越多，效果就越好。强大的维度属性带来的回报是健壮的分片-分块分析能力。

注意:
维度提供数据的入口点，提供所有 DW/BI 分析的最终标识和分组。

在分析操作型源数据时，有时不清楚一个数值数据元素应该是事实属性还是维度属性。可以通过分析该列是否是一种包含多个值并作为计算的参与者的度量，这种情况下该列往往可能是事实；或者该列是对具体值的描述，是一个常量、某一约束和行标识的参与者，此时该属性往往是维度属性。例如，产品的标价看起来像一个产品的常量属性，但它经常会发生变化，因此它更可能是一种度量事实。偶尔，由于很难确定如何进行分类，需要根据设计者所处的环境以不同的方式建模数据元素。

注意:

一个数字量到底是事实还是维度属性,对设计者来说是一个两难的问题,很难做出决策。连续值数字基本上可以认为属于事实,来自于一个不太大的列表的离散数字基本可认为是维度属性。

图 1-4 表明维度表通常以层次关系表示。例如,产品抽象为品牌,然后抽象为类别。在产品维度的每行中,存储的是有关品牌和分类的描述。层次描述信息的存储存在冗余,这样做的目的主要是为了方便使用和提高查询性能。也许您会坚持在产品维度表中仅存储品牌代码,建立品牌分类查询表的方式,同样的方法可以建立单独的类别查询表,使数据规范化。这种规范化的方法构建的模式称为雪花模式。维度表通常不一定要满足第 3 范式,它常常是非规范化的,一个维度表中往往存在多对一的关系。由于与事实表比较,维度表通常要小得多,因此采用规范化或雪花模式实际上对数据库的总容量没有多大影响。一般对维度表存储空间的权衡往往需要关注简单性和可访问性。

产品链	产品描述	品牌名称	类别名称
1	PowerAll 20 oz	PowerClean	All Purpose Cleaner
2	PowerAll 32 oz	PowerClean	All Purpose Cleaner
3	PowerAll 48 oz	PowerClean	All Purpose Cleaner
4	PowerAll 64 oz	PowerClean	All Purpose Cleaner
5	ZipAll 20 oz	Zippy	All Purpose Cleaner
6	ZipAll 32 oz	Zippy	All Purpose Cleaner
7	ZipAll 48 oz	Zippy	All Purpose Cleaner
8	Shiny 20 oz	Clean Fast	Glass Cleaner
9	Shiny 32 oz	Clean Fast	Glass Cleaner
10	ZipGlass 20 oz	Zippy	Glass Cleaner
11	ZipGlass 32 oz	Zippy	Glass Cleaner

图 1-4　具有非规范化层次的维度表的示例行

比较流行的观点认为,事实和维度这两个术语并不是由 Ralph Kimball 首先提出的。目前大家比较能够接受的说法是,维度和事实这两个术语来自于 20 世纪 60 年代杰拉尔德·米勒和达特茅斯大学的一个联合研究项目。20 世纪 70 年代,AC Nielsen 和 IRI 使用这两个术语一致地描述他们的辛迪加企业联合组织的数据服务并趋向于使用维度模型,用于简化分析信息的表示。他们认识到,除非将这些数据打包,否则无法使用数据。可以确定地说,并不是由某个人发明了维度方法。当设计者需要将可理解性和性能作为最重要的目标时,维度模型是在设计数据库时必然产生的结果。

1.3.4　星型模式中维度与事实的连接

在对维度表与事实表有了简单了解后,可以开始将维度模型中的基本元素一起加以考虑了,如图 1-5 所示。维度模型表示每个业务过程包含事实表,事实表存储事件的数值化度量,围绕事实表的是多个维度表,维度表包含事件发生时实际存在的文本环境。这种类似星状的结构通常称为星型连接,这一个术语的采用可以追溯到关系数据库系统产生的初期。

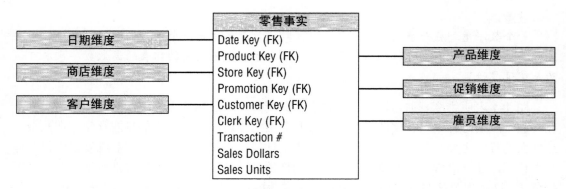

图 1-5 维度模型中的事实和维度表

对维度模式首先需要注意的是其简单性和对称性。显然，简单性对业务用户有利，因为数据易于理解和查询。图 1-5 所示的设计图表对用户来说非常易于理解。我们曾经建立了很多示例，用户看后立即认同，建立的维度模型符合他们的业务。此外，表数量的减少以及使用有实际意义的业务描述使表更容易被查询，减少了错误的发生。

维度模型的简单性也带来性能方面的好处。数据库优化器处理这些很少使用连接操作的简单模式会更高效。数据库引擎首先处理多重索引的维度表，然后将满足用户约束的维度表关键字与事实表通过笛卡尔积连接。令人惊讶的是，在使用上述方法时，优化器可以一遍扫描事实表索引，实现与事实表的多重连接查询评估。

最后，维度模型非常适于变化。维度模型可预测的框架可适应用户行为的变化。每个维度的地位都相同，所有维度在事实表中都存在对应的入口点。对期望的查询模式，维度模型没有任何偏见。对那些涉及本月或是下月业务问题的查询没有优先顺序。如果业务用户建议采用新的模式分析业务，您不需要调整模式。

本书反复强调，粒度最小的数据或原子数据具有最多的维度。尚未聚集的原子数据是最具有可表达性的数据。这些原子数据是构建能满足用户提出任意查询的事实表的设计基础。对维度模型来说，可以将全新维度增加到模式中，只要该维度的单一值被定义到已经存在的事实表行中。同样，可以将新的事实增加到事实表中，前提是其细节级别与当前事实表保持一致。可以向已存在的维度表添加新属性。对上述情况，可以通过简单增加数据行或通过执行 SQL ALTER TABLE 命令对当前表进行更新。不需要重新加载数据，已经建立的 BI 应用可不间断运行，不会产生不同的结果。第 3 章将对维度模型的这些可扩展性进行更详细的讨论。

另一种体会事实表与维度表互为补充的方式似乎可以考察将它们转化为报表。如图 1-6 所示，维度属性支持报表过滤和标识，事实表支持报表中的数字值。

可以方便地构建SQL用于建立该报表(或由BI工具构建)。

```
SELECT
    store.district_name,
    product.brand,
    sum(sales_facts.sales_dollars) AS "Sales Dollars"
FROM
    store,
```

```
        product,
        date,
        sales_facts
WHERE
        date.month_name="January" AND
        date.year=2013 AND

        store.store_key = sales_facts.store_key AND
        product.product_key = sales_facts.product_key AND
        date.date_key = sales_facts.date_key
GROUP BY
        store.district_name,
        product.brand
```

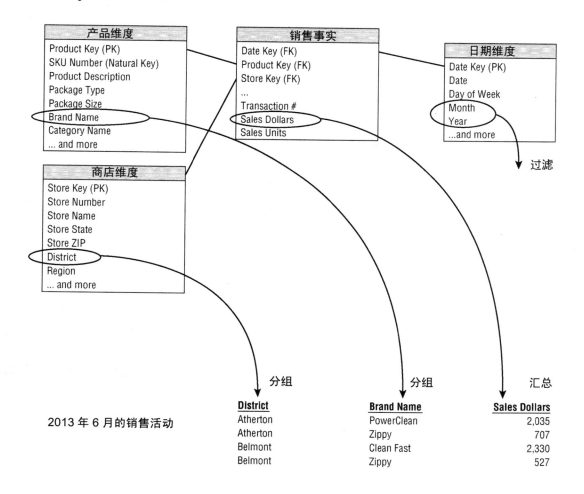

图 1-6　构成简单报表的维度属性和事实

逐行仔细研究这段代码可以看出，紧接 SELECT 语句后的两行来源于报表需要的维度属性，其后是来自于事实表的聚集矩阵。FROM 子句说明查询涉及的所有表，WHERE 子句的前两行定义了报表的过滤器，然后描述维度与事实表之间需要做的连接操作。最后，

GROUP BY 子句建立报表内的聚集。

1.4 Kimball 的 DW/BI 架构

本节将通过研究基于 Kimball 架构的 DW/BI 环境的组成，方便您理解系统及维度建模基础。需要学习每个组成部分的要点，避免混淆它们的作用和功能。

如图 1-7 所示，将 DW/BI 环境划分为 4 个不同的，各具特色的组成部分。它们分别是：操作型源系统、ETL 系统、数据展现和商业智能应用。

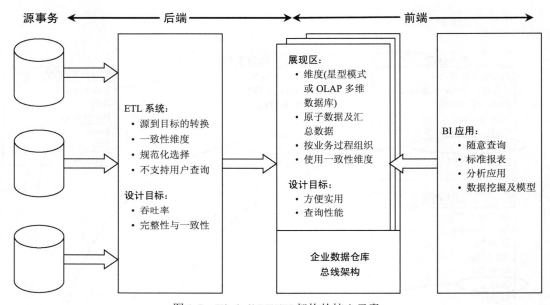

图 1-7 Kimball DW/BI 架构的核心元素

1.4.1 操作型源系统

它们是记录的操作型系统，用于获取业务事务。可以认为源系统处于数据仓库之外，因为您几乎不能控制这些操作型系统中数据的格式和内容。这些源系统主要关注的事情是处理性能和可用性。针对这些操作型系统的查询是浅显的，以一次一条记录的查询方式构成常见的事务流，这种方式严重制约了查询对操作型系统的需求。通常操作型系统不能实现类似 DW/BI 系统那样以广泛的、无法预料的查询方式查询的特点。源系统一般不维护历史信息。好的数据仓库可以更好地承担源系统表示过去情况的责任。多数情况下，源系统是一种针对特定意图的应用，并未承诺要与组织中其他操作型系统共享诸如产品、客户、区域、日期这样的公共数据。当然，适合于交叉应用的企业资源规划(Enterprise Resource Planning，ERP)系统或操作型主数据管理系统可用于解决这些问题。

1.4.2 获取-转换-加载(ETL)系统

DW/BI 环境中获取、转换、加载(Extract Transformation and Load，ETL)系统包括一个

工作区间、实例化的数据结构以及一个过程集合。ETL 系统是处于操作型源系统与 DW/BI 展现系统之间的区域。第 19 章将详细描述 ETL 系统的结构以及相关的技术。此处仅对 DW/BI 系统中的这一基础模块进行简单介绍。

获取是将数据从操作型系统导入数据仓库环境这一 ETL 过程的第 1 步。获取意味着读取并理解源数据并将需要的数据复制到 ETL 系统中以利于后续的处理操作。从这点来看，数据属于数据仓库。

数据获取到 ETL 系统后，需要进行多种转换操作，例如，清洗数据(消除拼写错误、解决领域冲突、处理错误的元素、解析为标准格式)，合并来自不同数据源的数据，复制数据等。ETL 系统通过增强或数据变换，采用清洗和整合上述任务的方法，增加数据的利用价值。另外，这些工作还可以建立诊断元数据，逐步建立业务过程再工程以改进源系统的数据质量。

ETL 最后的步骤是实际构建和加载数据到展现区域的目标维度模型中。由于 ETL 系统的主要任务是在交付过程中划分维度和事实，因此其所包含的子系统非常重要。此处定义的子系统关注维度表的处理，例如，代理键分配、查找代码以提供适当的描述、拆分或组合列以提供适当的数据值、连接满足第 3 范式的数据表成为扁平的不满足规范化要求的维度等。相比之下，事实表往往比较庞大，因此在加载时需要耗费大量时间，将其加载并导入到展现区是必须开展的工作。当维度模型中的维度表和事实表被更新、索引、适当聚集，并确保良好质量后，业务用户就可以开始使用这些数据了。

业界对是否需要将 ETL 系统保存的数据，在加载到展现区的维度结构(以供查询和报表)时，改变其物理规范化的结构存在争议。ETL 系统通常包含简单的排序和顺序化处理等工作。多数情况下，ETL 系统并不遵守关系技术，而主要是一种平面文件系统。在验证数据是否满足一对一或多对一规则后，在最后步骤中建立满足第 3 范式要求的数据库显得毫无意义，只需再次将数据转换为非规范化结构，放入 BI 展示区中。

当然，很多情况下，即将进行 ETL 处理的数据往往是满足第 3 范式的数据。此时，ETL 系统开发者在执行清洗和转换工作时使用规范化结构会更加方便。尽管在进行 ETL 处理时，规范化的数据库是可以被处理的，但我们对这一方法持保留意见。为 ETL 建立规范化结构和为展现而建立的维度模型意味着数据将会被获取、转换、加载两次——一次加载到规范化数据库中，然后加载到维度模型中。显然，对开发者来说，实现这两个过程需要投入更多的时间和投资。需要更多的时间实现周期性加载或更新数据，需要更多的空间用于存储数据的多个拷贝。最终，这种方式需要更多的开发管理、持续的支持、硬件平台更多的预算。一些失败的 DW/BI 工作，源于开发者过度关注构建规范化结构，而不是将其主要精力和资源投入到支持改进业务决策的维度展现区域中。尽管保持企业范围内数据的一致性是 DW/BI 环境的基本目标，但是与在 ETL 中建立规范化数据表的方法比较，在没有现成的结构时，存在一些更有效和成本更低的方法。

注意：
建立规范化结构支持 ETL 过程是可以采用的方法。然而，这不是最终的目标。不能在用户查询中使用规范化结构，因为规范化结构难以同时满足可理解性和性能这两个目标。

1.4.3 用于支持商业智能决策的展现区

DW/BI 展现区用于组织、存储数据,支持用户、报表制作者以及其他分析型商业智能(BI)应用的查询。由于展现区后端的 ETL 是不允许用户直接进行查询的,所以 DW/BI 环境中的展现区成为用户关注的区域。业务团队可以在此通过访问工具和 BI 应用浏览和观察业务。在 *The Data Warehouse Toolkit* 一书的第 1 版中,原先的题目是"获取数据"。获取数据实际上是包含维度模型的展现区的主要职责。

关于展现区,作者有一些必要的建议。首先,我们坚持认为,数据应该以维度模型来展现,要么采用星型模式,要么采用 OLAP 多维数据库。幸运的是,业界目前已经采用这一观点,对此方式不再存在争议。维度建模是为 DW/BI 用户发布数据的最可行的技术。

关于展现区,我们第二个主要的建议是必须包含详细的原子数据。为满足用户无法预期的、随意的查询,必须使用原子数据。尽管在展现区,为提高性能也会存储聚集数据,但若仅仅有这些汇总数据而没有形成这些汇总数据的细粒度数据,则这样的展现区是不够完整的。换句话说,在维度模型中仅有汇总数据而查询原子数据时必须访问规范化模型是完全不能被接受的。期望用户通过下钻维度数据到最细粒度的数据级别是不现实的,并且采用这样的方式将失去使用维度展现的意义。虽然 DW/BI 用户和应用对某个订单的单个条目的查询频度较低,但他们可能对上周产品订单的某种类型(或口味、包装类、供应商)感兴趣,期望找到那些在半年内首次进行购买活动(或具有某一指定状态或具有一定的信用)的用户。展现区中一定要包含最细粒度的数据,以便用户能够获得最准确的查询结果。由于用户需求是不可预知的、不断变化的,因此需要提供各种细节数据,方便用户上卷以解决实际问题。

展现区的数据可以围绕业务过程度量事件来构建。采用这一方法可以自然地裁剪操作型源数据获取系统。维度模型应该对应物理数据获取事件。不应该将它们设计为仅为完成每天的报表工作。企业业务过程往往会有部门或功能的交叉。换句话说,应该为原始销售矩阵建立单一事实表而不是仅仅从相似性来考虑问题。数据库的销售矩阵应该包含与销售、市场、部门和财务有关的项。

必须使用公共的、一致性的维度建立维度结构。这是实现第 4 章所描述的企业数据仓库总线结构的基础。遵守总线结构是对展现区的最后一个要求。如果没有一种可共享的、一致性的维度,维度模型将成为一种孤立的应用。无法实现交互的、隔离的烟筒型数据集合将导致企业的不兼容视图,是 DW/BI 系统的最大障碍。如果希望建立一种健壮的、集成的 DW/BI 环境,则必须采用企业总线结构。采用一致性维度思想设计维度模型,可以随意组合和共同使用它们。大企业 DW/BI 环境中的展现区最终包含一系列维度模型,该维度模型由事实表和多个关联的维度组成。

利用总线结构建立分布式 DW/BI 系统是成功的法宝。将总线结构作为基本框架,可采用敏捷的、分散的、范围合适的、迭代的方式建立企业数据仓库。

注意:
处于 DW/BI 系统的可查询展现区中的数据必须是维度化的、原子(辅以增强性能的聚集)的、以业务过程为中心的。坚持使用总线结构的企业数据仓库,数据不应该按照个别部门需要的数据来构建。

1.4.4　商业智能应用

Kimball DW/BI 架构的最后一个主要的部件是商业智能(Business Intelligence，BI)应用部件。"BI 应用"这一术语泛指为商业用户提供利用展现区制定分析决策的能力。根据定义，所有的 BI 应用的查询针对的是 DW/BI 展现区。显然，查询是使用数据提高决策能力的关键。

BI 应用可以简单，仅作为专用查询工具，也可以复杂，实现复杂的数据挖掘或建模应用。专用查询工具，具有足够强大的功能，仅能被少数潜在能够理解和有效使用它们的 DW/BI 业务用户使用。多数业务用户可能通过预先构建参数驱动的应用和模板访问数据，不需要用户直接构建查询。对那些更加复杂的应用，例如，建模或预测工具，可以将结果上传至操作型源系统、ETL 系统或展现区中。

1.4.5　以餐厅为例描述 Kimball 架构

将整个 DW/BI 环境划分为不同的组成部分，这一思想非常重要，为强调其重要性，我们将考察餐馆与 DW/BI 环境的相似性。

1. ETL 系统与餐馆后厨

ETL 系统类似餐馆的后厨。餐馆的后厨本身是自成体系的。多才多艺的大厨们获得原始食材，然后将它们烹调为令餐馆用餐者食欲大增的美味膳食。很久以前，商业厨房进入操作环节，大量的规划设计考虑厨房工作场所的布置和包含的子区间。

厨房设计包含几个设计目标。首先，布置要高效。餐厅管理者希望厨房有高的产出。当餐厅被塞满，客人都非常饥饿时，没有必要将时间浪费在运转方面。从餐厅厨房中得到同样质量的东西是另一个重要的目标。如果从厨房来的菜品无法满足期望的情况反复出现，餐厅注定要倒闭。为获得一致性，厨师将餐厅自制调味酱在厨房做好，而不是将构成调味酱的作料放到餐桌上，如果这样做，定会产生多种不同的口味。最后，厨房的输出，即端出给餐厅用餐者的菜品，应该具有很高的完整性。您不会希望有人在您的餐厅吃饭时发生中毒现象。因此，厨房设计要具有整体考虑，调拌沙拉的工作台面一定不能与处理鸡的工作台面处于同一个地方。

正如在厨房设计时，质量、一致性和完整性是主要的设计考虑因素一样，这些原则也是餐厅日常管理需要关注的要点。厨师努力获得最好的食材，做出的菜品必须满足质量标准，如果不能满足最低标准的要求，则会被拒绝推出。多数好的餐厅基于高品质材料来更新其菜单。

餐厅雇佣有技能的能够熟练应用专业工具的专业人士。厨师以难以置信和轻松的方式操作锋利的刀具。他们操作强力的设备，并工作于高热的工作台面上，不会出现什么意外问题。

考虑到环境的危险性，后厨通常与餐厅顾客隔离。厨房里发生问题，客人往往看不到，因为厨房是不安全的。专业厨师使用锋利的刀全神贯注工作时，不应该被用餐者的问询所打断。您也不会同意让客人进入厨房,将其手指伸到调味汁中,以确定是否要订某个主菜。为防止这些入侵行为,多数餐厅使用门将厨房与用餐地点分开。即使那些夸口采用开放厨房的餐厅也会使用屏蔽设施,例如,采用部分玻璃墙,将两个环境分开。用餐者可以看见厨房的工作但不能进入厨房。尽管某些厨房是可见的,但后厨总是有一些地方不在视野范围之内。

数据仓库的 ETL 系统与餐馆的厨房类似。在此,源数据被魔法般地转换为有意义的、可展现的信息。ETL 系统的后厨需要布置,以能够承载从数据源获得的大量数据。与厨房一样,ETL 系统被设计为能够具有足够的吞吐量。能够有效地、尽量减少移动地将原始源数据转换为目标模型。

显然,ETL 系统也需要高度关注数据质量、完整性、一致性。输入数据在进入时要检查其质量。不断地监视相关的环境以确保 ETL 输出的数据具有高度的完整性。一致地获取增值度量和属性的业务规则由 ETL 系统中有技能的专业人员应用,而不是由开发系统的顾客独立开发。当然,这样做会给 ETL 开发小组带来额外的负担,但这样做会给 ETL 用户发布一个更好的、保持一致性的产品。

注意:

设计适当的 DW/BI 环境将平衡前端 BI 应用以支撑后端 ETL 系统。前端的工作需要由商业用户多次反复实现,然而,后端工作由 ETL 人员一次实现。

最后,ETL 系统应该与业务用户和 BI 应用开发者保持一定的距离。正如您不希望餐厅顾客随意进入厨房并食用尚未成熟的食物一样,您不希望您的 ETL 专职人员由于来自 BI 用户的不可预测的询问所打扰。当数据准备工作尚未完成时,用户就参与其中,这如同餐厅食物尚处于烹制阶段,用户就将其手指伸入锅中品尝味道一样,结果不会令人满意。与餐厅厨房情况类似,发生在 ETL 系统中的活动不应该展示给 DW/BI 用户。当数据准备工作就绪,质量检查完成后,数据将进入 DW/BI 展现区。

2. 处于前端用餐区的数据展现与 BI

现在请将您的注意力转向餐厅就餐区。区分餐厅优劣的主要因素是什么? 按照一般的餐厅评价策略,判断其优劣主要有 4 个指标:

- 食物(质量、口味、色泽)
- 装饰风格(独具特色,舒适的用餐环境)
- 服务(上菜快捷,细致周到的餐厅服务人员,餐食与用餐者所需一致)
- 就餐的开销

在评价餐厅优劣时,多数客户最初主要关注食物。最重要的是,餐厅是否能够提供可口的食物。食物是餐厅主要的可交付产品。然而,装饰风格、服务、就餐的开销等因素也是影响用餐者是否选择就餐的主要因素。

当然,DW/BI 厨房所交付的主要产品是展现区的数据。什么数据是可用的?类似于餐厅,DW/BI 系统提供"菜单",通过元数据、发布报表、参数化分析应用等告诉用户什么数据可用。DW/BI 的用户希望获得一致的、良好的数据质量。展现区的数据应该根据要求准备停当并保证安全。

展现区的"装饰风格"应该让用户感觉舒服。应该按照 BI 使用者的口味而不是开发者的喜好进行设计。对 DW/BI 系统来说，服务也是至关重要的因素。发布的数据一定要满足需求，快速提供给业务用户或 BI 应用开发人员。

最后，开销也是 DW/BI 系统必须考虑的问题。厨房工作人员可以设想制作精美、昂贵的菜肴，如果价格不能为用户接受，则餐厅只能关门。

如果餐厅顾客对其就餐经历感觉良好，餐厅管理者会感觉非常轻松。餐厅总是人满为患，甚至会出现等待就餐的情况。餐厅管理者的业绩指标一片光明，就餐者数量庞大，餐桌流动率高，晚间利润高，而成员流动率低。前景一片光明，老板开始考虑扩张分店以应对客流。另一方面，如果就餐者对餐厅不满意，情形将快速变坏。由于用餐人数有限，餐厅无法做到收支平衡，员工开始骚动，餐厅很快就会关门大吉。

餐厅管理者通常积极主动地检查就餐者对菜肴和就餐体验的满意程度。如果某位顾客不满意，立即采取行动对涉及的问题加以纠正。同样，DW/BI 管理者应该积极主动地开展对满意度的监控工作。您不能被动地等待听顾客抱怨。通常，客户甚至没有表达他们的不满，就放弃就餐。一段时间后，管理者会发现不知什么原因，就餐人数下降。

同样，DW/BI 顾客将选择更适合他们需要或更符合他们喜好的"餐厅"，让您为设计、构建、人员投入大量资金建立的 DW/BI 系统成为废品。当然，应该通过像餐厅那样的主动管理方法防止产生这样不愉快的结局。保证厨房以适当的组织形式建立和使用，按照展现区需要的食物、装修风格、服务和开销，组织厨房的建立和使用。

1.5　其他 DW/BI 架构

以上简单描述了Kimball DW/BI 架构。本节将集中讨论其他的 DW/BI 架构方法。将从相同点和差别出发，简单描述两种与Kimball不同的架构。最后描述一种混合以上各种架构的方法。

幸运的是，多年以来，Kimball 架构与其他架构之间存在的差别变得不那么突出了。更为幸运的是，无论您趋向选择哪种架构，都会涉及维度建模。

我们承认许多成功构建 DW/BI 系统的组织采用其他的架构方法。我们坚信，与其花费更多的时间关注架构思想的差异，不如使发布的产品被制定决策的商业用户广泛接受，制定更多、更好的决策。架构仅仅作为实现这一目标的方法。

1.5.1　独立数据集市架构

采用独立数据集市架构，分析型数据以部门为基础来部署，不需要考虑企业级别的信息共享和集成，如图 1-8 所示。通常，由单一部门确定其针对操作型源数据的数据需求。部门利用信息技术人员或外部顾问构建数据库用于满足部门自己的需要，主要考虑本部门的业务规则和标识。独立地开展工作，部门数据集市主要用于解决部门内的信息需求。

同时，其他部门可能对同一数据源感兴趣。多个部门对同样的来自组织核心业务过程事件的性能度量感兴趣是比较常见的情况。但由于需要数据的某一部门不能访问由其他部门构建的数据集市，它将按照自己的情况处理类似的问题，数据可能稍微有些差别。当来自这两个业务部门的用户基于各自的数据集市产生的报表讨论组织的指标时，毫无疑问，由于存在不同的业务规则和标识，没有几个数值能够匹配。

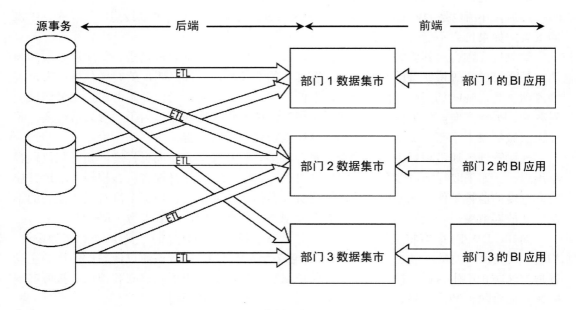

图 1-8　简化的独立数据集市架构描述

此类独立的分析仓库代表了一种 DW/BI 架构，这种架构实际上没有结构。尽管没有业界领导者提倡使用类似的独立数据集市，但这一方法却比较常见，在大型组织中尤其如此。它反映了许多组织构建其 IT 项目的方式，不需要考虑跨组织的数据控制和协调问题。至少从短期效果来看，它有利于以较低成本实现快速开发。当然，从长远来看，采用不同的方式从相同的操作型数据源获取数据，将由于分析数据的冗余存储造成浪费和低效。这种独立方法没有从全局考虑问题，因此导致大量不同的解决方案，这些方案掺杂了对组织指标的互不兼容的视图，将会导致企业无休止的争吵和不协调。

我们极力反对独立数据集市方法。然而，这些独立的数据集市往往采用维度建模方法，因为希望发布的数据能够方便业务人员理解，并适合快速响应查询。因此，我们有关维度建模的概念通常会被应用到这一架构中，尽管完全无视我们提出的一些核心原则，例如，关注细节数据，根据业务过程而不是部门构建系统，利用一致性维度实现一致性和集成。

1.5.2　辐射状企业信息工厂 Inmon 架构

辐射状企业信息工厂(Corporate Information Factory，CIF)方法由 Bill Inmon 及业界人士倡导。图 1-9 描述了关注核心元素和展开讨论有关的概念的简化版 CIF。

在 CIF 环境下，数据从操作型数据源中获取，在 ETL 系统中进行处理，有时将这一过程称为数据获取。从这一过程中获得的原子数据保存在满足第 3 范式的数据库中，这种规范化的、原子数据的仓库被称为 CIF 架构下的企业数据仓库(Enterprise Data Warehouse，EDW)。尽管 Kimball 架构也可以选择使用规范化以支持 ETL 处理，规范化的 EDW 是 CIF

中强制性的构件。与 Kimball 方法类似，CIF 提倡企业数据协调和集成。但 CIF 认为要利用规范化的 EDW 承担这一角色，而 Kimball 架构强调具有一致性维度的企业总线的重要作用。

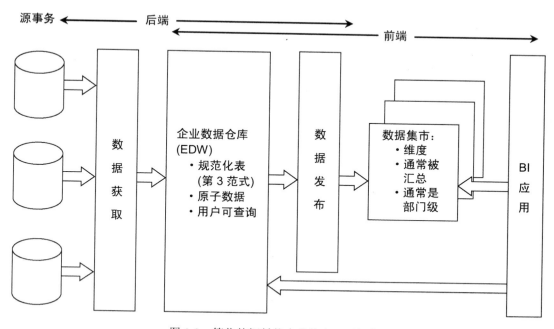

图 1-9　简化的辐射状企业信息工厂架构

注意：

规范化过程并未能够从技术上支持集成。规范化仅建立能够实现多对一关系的物理表。从另一方面看，集成需要解决由于多源所造成的不一致性。不兼容的数据库源可以完全被规范化，但并未解决集成的问题。基于一致性维度的 Kimball 架构颠覆了这一逻辑，关注解决数据不一致性，但并未明确提出需要规范化。

采用CIF方法的企业通常允许业务用户根据数据细节程度和数据可用性要求访问EDW仓库。然而，产生的 ETL 数据的发布过程包含下游的报表和分析环境以支持业务用户。虽然也采用维度结构，但结果分析数据库通常与 Kimball 架构的展现区存在差别，分析数据库通常以部门为中心(而不是围绕业务过程来组织)，而且包含聚集数据(不是原子级细节数据)。如果 ETL 过程中数据所应用的业务规则超越了基本概要，如部门重命名了列或其他类似计算，要将分析数据库与 EDW 原子数据联系起来将变得非常困难。

注意：

我们认为，纯 CIF 架构最极端的形式是不能实现数据仓库的功能。这样的架构将原子数据固定为难以查询的规范化结构，而将部门级的不兼容的数据集市发布到不同的业务用户组。有关这一观点的详细解释，请看 1.5.3 小节。

1.5.3 混合辐射状架构与 Kimball 架构

最后一种需要讨论的架构是将 Kimball 架构与 Inmon CFI 架构嫁接。如图 1-10 所示，这种架构利用了 CIF 中处于中心地位的 EDW，但是此处的 EDW 完全与分析和报表用户隔离。它仅作为 Kimball 风格的展现区的数据来源，其中的数据是维度的、原子的(辅以聚集数据)、以过程为中心的，与企业数据仓库总线结构保持一致。

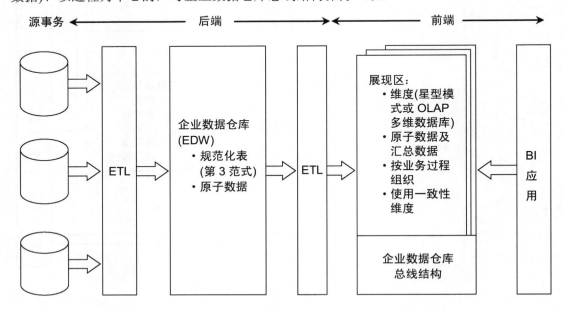

图 1-10　包含第 3 范式结构和维度 Kimball 展现区的混合架构

这一方法的一些支持者认为，该方式是结合两种架构的最好方式。的确，该方法是两种面向企业的方法的合并，可以利用构建集成数据仓库中已经开展的工作。为解决 EDW 第 3 范式性能和可用性的问题，可以离线加载查询到维度展现区，因为最终给业务用户和 BI 应用发布的产品是基于 Kimball 原则构建的。可能有人会质疑这一方法？

如果已经为建立满足第 3 范式的 EDW 进行了投资，但尚不能按照用户的期望更灵活地实现报表和分析，这种混合方法可能非常适合您的组织。如果您的组织什么也没有，混合方法可能需要更多的开销和时间，无论是在开发期间还是运行期间，因为数据需要多次移动，原子细节数据冗余存储。如果您存在使用的欲望和需求，最重要的是，预算没有问题以及具有足够的耐心将您的数据在加载到由 Kimball 方法构建的维度结构之前完全规范化及实例化，可以尝试采用此种方法。

1.6　维度建模神话

尽管维度建模方法被广泛采用，但仍有一些持续存在的误解。这些错误的断言会带来麻烦，特别是当您想要为团队提供一些最佳实践时。如果组织的某些伙计不断批评维度建模方法时，本节可以作为一种推荐的学习列表。他们的理解可能被这些常见的误解所玷污。

1.6.1　神话 1：维度模型仅包含汇总数据

神话 1 通常是设计有问题维度模型的根源。由于不可能预测业务用户提出的所有问题，因此必须向业务用户提供对细节数据的查询访问，这样业务用户才能基于其业务问题开展上卷操作。最细粒度的细节数据事实上不会受到意外变化的影响。汇总数据只是在针对公共查询时能够比粒度数据提供更好的性能，但它不能取代细节数据。

认同这一神话的必然结果是仅在维度结构中存储有限的历史数据。维度模型并不反对存储大量的历史数据。维度模型中可用的历史数据的数量，必须由业务需求来驱动。

1.6.2　神话 2：维度模型是部门级而不是企业级的

维度模型应该围绕业务过程组织，例如，订单、发货、服务调用等，而不是按照组织中部门的职责划分。多个业务部门往往需要分析来自同一业务过程的相同的度量。应该避免多次获取同一个数据源的数据，这样做会产生多个不一致的分析数据库。

1.6.3　神话 3：维度模型是不可扩展的

维度模型非常易于扩展。事实表通常包含海量的数据行，据报道存在包含 2 万亿行的事实表。数据库提供商全力支持 DW/BI，在其产品中不断增加各种能力以优化维度模型的可扩展性和性能。

规范化数据库和维度模型包含同样的信息和数据关系。在一种模型中表达的数据关系可以在另一个模型中被精确地表达。无论是规范化数据库或是维度模型都能够准确回答同样的问题，即使存在各种各样的困难。

1.6.4　神话 4：维度模型仅用于预测

不应将维度模型设计为仅仅关注预定义的报表或分析。设计应该以度量过程为中心。显然，考虑 BI 应用的过滤和标识需求非常重要。不应该建立前 10 个重要报表的名单，因为这样的报表非常容易发生变化，维度模型设计应该是适应变化的。关键是将注意力放到组织的度量事件上，因为与不断变化的分析比较，它们通常是比较稳定的。

与该神话类似的说法是维度模型无法适应业务需求的变化。恰恰相反，由于具有对称性，维度结构非常灵活，能够适应变化。实现查询灵活性的灵丹妙药是以最细粒度级别构建事实表。仅仅发布汇总数据的维度模型是有问题的，当用户在汇总表中无法获取细节数据时，他们有时会遇见分析屏障。当基于不成熟的汇总表，无法容易地适应新的维度、属性或事实时，开发者有时也会遇到分析屏障。维度模型中正确的做法是以最详细的粒度表达数据，这样可以获得最好的灵活性和可扩展性。若预先制定业务问题，则极易预先汇总数据，从长远来看，这样操作是非常危险的。

建筑师 Mies van der Rohe 曾经充满自信地说过"细节就是上帝"。构建维度模型时增加最细粒度的数据可以带来最大的灵活性和可扩展性。维度模型中没有这些细节信息将破坏构建具有健壮的业务智能的基本需求。

1.6.5 神话5: 维度模型不能被集成

如果遵守企业数据仓库总线结构,维度模型多数都能够被集成。一致性维度作为集中的、持久的主数据建立在 ETL 系统中,并进行维护,跨维度模型的重用能够实现数据集成和语义一致性。数据集成依赖于标准标识、值和定义。实现组织的一致性并实现其对应的 ETL 规则是非常困难的事情,但您决不能回避相关的困难,无论是否在处理规范化的或者维度模型。

展现区数据库如果不坚持采用具有共享一致性维度的总线结构,将会产生烟筒式的解决方案。不能将那些由于不满足基本原则造成的企业失败归罪于维度模型。

1.7 考虑使用维度模型的更多理由

本书主要关注在 DW/BI 展现区设计数据库的维度建模。但是维度建模概念超越了简单和快速的数据结构的设计。应该考虑 DW/BI 项目其他构建连接的维度。

当开始考虑 DW/BI 需求时,需要倾听并综合所发现的业务过程。有时小组关注一系列需要的报表和控制面板的度量。此时,您应该不断询问自己产生这些报表和控制面板度量的业务过程度量是什么?当确定项目的范围后,重点关注每个项目的单一业务过程,不要试图在一个迭代中就将多个业务过程覆盖。

尽管 DW/BI 小组将注意力放在业务过程是至关重要的,但同等重要的事情是同时开展 IT 和业务管理。从传统的 IT 基础策略来看,一般认为业务可能与部门数据部署更相似。需要改变他们有关 DW/BI 面向过程的思维方式。在确定优先级别和开发 DW/BI 路标时,业务过程是基本工作单元。幸运的是,业务管理通常采纳该方法,因为此方法反映了其对关键性能指标的思考。此外,小组还需要考虑不一致性问题,无休止的争论,以及由部门方法所带来的连绵不断的协调,因此,应该考虑采用新的策略方法。与企业领导层的合作者一起开展工作,按照业务价值和可行性排序业务过程,然后优先处理具有最大影响和可行性最高的业务过程。尽管优先级是业务的联合活动,但对组织业务过程的彻底理解是提高效率和随后的可执行性的基础。

开展规划 DW/BI 系统数据结构的工作,需要考虑组织的所有过程,以及相关的主要的描述维度数据。这一活动的主要成果是企业数据仓库总线矩阵,在第4章中会有详细的介绍。矩阵也可以作为一种有用工具,其潜在的好处是灵活且更加严谨的主数据管理平台。

数据管理或治理项目首先应该关注主维度集。处于不同的行业,可能包括数据、客户、产品、雇员、设施、提供商、学生、教员、账目等。考虑描述业务的中心名词,将其放入由来自业务团体的主题业务专家领导的数据管理项目列表中。建立针对这些主要名词的数据管理责任是最终开发出具有一致性,能够满足业务分析过滤、分组、标识等需求的维度的关键。健壮的维度是建立健壮的 DW/BI 系统的基础。

如您所见,维度建模的考虑应早于设计星型模式或 OLAP 多维数据库。同样,维度模型在后续的 ETL 系统和 BI 应用设计时也处于显著位置。维度建模概念将业务和技术团队联系到一起。第 17 章和第 18 章将详细讲解上述概念。希望这里的简述能够播下种子，以便能生根发芽。

敏捷性考虑

当前，DW/BI 行业内非常青睐敏捷开发实践。敏捷方法存在过度简化的风险，这种方法关注构建大小可管理的工作增量，这些工作增量可在合理时间框架下完成，例如，以周来度量，而不是跨越更大的范围(造成的风险也越大)，项目及发布物保证在数月或数年内完成，听起来很好，的确如此吗？

多数敏捷方法的核心原则与 Kimball 最佳实践契合，包括：

- 关注发布业务值。这是多年来 Kimball 广受赞誉的原则之一。
- 开发小组与业务相关方之间的值合作。类似敏捷小组，应该与业务构成紧密合作关系。
- 强调与业务相关方开展面对面的沟通、反馈、优化。
- 快速适应不可避免的需求变化。
- 以迭代、增量方式处理开发过程。

虽然上述方式引人注目，但对敏捷开发的主要批评在于该方法缺乏集合和结构，伴随持续的管理挑战。企业数据仓库总线矩阵是解决上述困难的强有力工具。总线矩阵为敏捷开发提供框架和主生产计划，对可用公共描述维度的标识，提供数据一致性并减少市场发布时间。采用正确的合作方法，业务及 IT 参与方共处，企业数据仓库总线矩阵可以在较短时间内建立。增量式方法工作可以不断地建立框架的部件，直到其具有足够的可用功能，并发布给业务团体。

一些客户和初学者痛苦地发现,尽管他们想要在其 DW/BI 环境中发布具有一致性定义的一致性维度，但往往是无法实现的。他们解释说，尽管总是希望这样做，但是由于敏捷开发技术的原因，他们不可能有足够的时间获得组织的一致意见建立一致性维度。我们认为，一致性维度能够确保敏捷 DW/BI 开发，以及敏捷性决策的制定。当具体化主一致性维度的多样性时，开发曲柄将调整得越来越快。当开发者重用已有的一致性维度时，新业务过程数据源的上市时间缩短。最后，新 ETL 开发几乎只关注分发更多的事实表，因为关联的维度表已经设置好。

如果没有类似企业数据仓库总线矩阵这样的框架，一些 DW/BI 开发小组将陷入凭空使用敏捷技术建立分析或报表方案的陷阱中。多数情况下，小组与少量用户合作获取有限数据源，并将其用于解决其特定的问题。输出往往成为独立的烟筒式数据系统，其他人不能利用。或者更糟的是，发布的数据不能与组织其他分析信息关联。我们鼓励适当情况下，采用敏捷性。然而，应该避免建立孤立的数据集合。与生活中多数情况一样，在极端情况下寻找适度和平衡总是明智之举。

1.8　本章小结

本章主要讨论 DW/BI 系统最重要的目标以及维度建模的基本概念。将 Kimball DW/BI

架构与其他几种架构方法进行了比较。本章最后对常见的、仍然存在于维度建模理解中的误解进行了剖析,尽管维度建模已经为业界广泛接受,但仍然应该树立维度建模而不是数据建模的思想。下一章将学习维度建模模式和技术,然后开始将这些概念应用于第 3 章提供的实际案例研究中。

Kimball 维度建模技术概述

始于 *The Data Warehouse Toolkit*(Wiley, 1996)第 1 版，Kimball 小组为采用维度方式建模数据定义了完整的技术集合。在本书的前两个版本中，作者感到技术的介绍应该通过涵盖各种行业的熟悉的用例展开。尽管我们仍然感到业务用例是基本的教学方法，但由于技术已经非常标准化，因此有些维度建模者对这一逻辑进行了改变，首先介绍技术，然后基于环境研究用例。不管使用哪种方法都是一个好事情。

Kimball 技术已经被业界所接受，成为最佳实践。实际上，一些早期 Kimball 大学毕业的学生已经出版了他们自己的维度建模书籍。这些书籍通常能非常准确地解释 Kimball 技术，但由于这些技术的健壮性，其他书籍并未显著地扩展技术库或提供了一些有争论的指导。

本章内容出自这些设计模式的发明者。我们并不期望您一开始就从头到尾阅读本章，但希望您能将本章作为所提供技术的参考。

2.1 基本概念

本节介绍的技术，在所有维度设计工作中都需要考虑。本书的每一章几乎都会涉及本节所介绍的概念。

2.1.1 收集业务需求与数据实现

开始维度建模工作前，项目组需要理解业务需求，以及作为基础的源数据的实际情况。通过与业务代表交流来发现需求，用于理解他们的基于关键性能指标、竞争性商业问题、决策制定过程、支持分析需求的目标。同时，数据实际情况可以通过与源系统专家交流，构建高层次数据分析访问数据可行性来揭示。

2.1.2 协作维度建模研讨

维度模型应该由主题专家与企业数据管理代表合作设计而成。工作由数据建模者负责，但模型应该通过与业务代表开展一系列高级别交互讨论获得。这些讨论组也为丰富业务需求提供了一种机会。维度模型不应该由那些不懂业务以及业务需求的人来设计，协作是成功的关键。

2.1.3　4 步骤维度设计过程

维度模型设计期间主要涉及 4 个主要的决策：
(1) 选择业务过程
(2) 声明粒度
(3) 确认维度
(4) 确认事实

要回答上述问题，需要考虑业务需求以及协作建模阶段涉及的底层数据源。按照业务过程、粒度、维度、事实声明的流程，设计组确定表名和列名、示例领域值以及业务规则。而业务数据管理代表必须参与详细的设计活动，以确保涵盖正确的业务。

2.1.4　业务过程

业务过程是组织完成的操作型活动，例如，获得订单、处理保险索赔、学生课程注册或每个月每个账单的快照等。业务过程事件建立或获取性能度量，并转换为事实表中的事实。多数事实表关注某一业务过程的结果。过程的选择是非常重要的，因为过程定义了特定的设计目标以及对粒度、维度、事实的定义。每个业务过程对应企业数据仓库总线矩阵的一行。

2.1.5　粒度

声明粒度是维度设计的重要步骤。粒度用于确定某一事实表中的行表示什么。粒度声明是设计必须履行的合同。在选择维度或事实前必须声明粒度，因为每个候选维度或事实必须与定义的粒度保持一致。在所有维度设计中强制实行一致性是保证 BI 应用性能和易用性的关键。在从给定的业务过程获取数据时，原子粒度是最低级别的粒度。我们强烈建议从关注原子级别粒度数据开始设计，因为原子粒度数据能够承受无法预期的用户查询。上卷汇总粒度对性能调整来说非常重要，但这样的粒度往往要猜测业务公共问题。针对不同的事实表粒度，要建立不同的物理表，在同一事实表中不要混用多种不同的粒度。

2.1.6　描述环境的维度

维度提供围绕某一业务过程事件所涉及的"谁、什么、何处、何时、为什么、如何"等背景。维度表包含 BI 应用所需要的用于过滤及分类事实的描述性属性。牢牢掌握事实表的粒度，就能够将所有可能存在的维度区分开。当与给定事实表行关联时，任何情况下都应使维度保持单一值。

维度表有时被称为数据仓库的"灵魂"，因为维度表包含确保 DW/BI 系统能够被用作业务分析的入口和描述性标识。主要的工作都放在数据管理与维度表的开发方面，因为它们是用户 BI 经验的驱动者。

2.1.7　用于度量的事实

事实涉及来自业务过程事件的度量，基本上都是以数量值表示。一个事实表行与按照事实表粒度描述的度量事件之间存在一对一关系，因此事实表对应一个物理可观察的事件。在事实表内，所有事实只允许与声明的粒度保持一致。例如，在零售事务中，销售产品的数量与其总额是良好的事实，然而商店经理的工资不允许存在于零售事务中。

2.1.8　星型模式与 OLAP 多维数据库

星型模式是部署在关系数据库管理系统(RDBMS)之上的多维结构。典型地，主要包含事实表，以及通过主键/外键关系与之关联的维度表。联机分析处理(OLAP)多维数据库是实现在多维数据库之上的多维结构，它与关系型星型模式内容等价，或者说来源于关系型星型模式。OLAP 多维数据库包含维度属性和事实表，但它能够使用比 SQL 语言具有更强的分析能力的语言访问，例如，XMLA 和 MDX 等。OLAP 多维数据库包含在基本技术的列表中，因为 OLAP 多维数据库通常是部署维度 DW/BI 系统的最后步骤，或者作为一种基于多个原子关系型星型模式的聚集结构。

2.1.9　方便地扩展到维度模型

维度模型对数据关系发生变化具有灵活的适应性。当发生以下所列举的变化时，不需要改变现存的 BI 查询或应用，就可以方便地适应，且查询结果不会有任何改变。

- 当事实与存在的事实表粒度一致时，可以创建新列。
- 通过建立新的外键列，可以将维度关联到已经存在的事实表上，前提是维度列与事实表粒度保持一致。
- 可以在维度表上通过建立新列添加属性。
- 可以使事实表的粒度更原子化，方法是在维度表上增加属性，然后以更细的粒度重置事实表，小心保存事实表及维度表的列名。

2.2　事实表技术基础

本节介绍的技术将应用于所有的事实表中。在几乎所有章节中都有对事实表的描述。

2.2.1　事实表结构

发生在现实世界中的操作型事件，其所产生的可度量数值，存储在事实表中。从最低的粒度级别来看，事实表行对应一个度量事件，反之亦然。因此，事实表的设计完全依赖于物理活动，不受可能产生的最终报表的影响。除数字度量外，事实表总是包含外键，用于关联与之相关的维度，也包含可选的退化维度健和日期/时间戳。查询请求的主要目标是基于事实表开展计算和聚集操作。

2.2.2　可加、半可加、不可加事实

事实表中的数字度量可划分为三类。最灵活、最有用的事实是完全可加，可加性度量

可以按照与事实表关联的任意维度汇总。半可加度量可以对某些维度汇总，但不能对所有维度汇总。差额是常见的半可加事实，除了时间维度外，它们可以跨所有维度进行加法操作。另外，一些度量是完全不可加的，例如，比率。对非可加事实，一种好的方法是，尽可能存储非可加度量的完全可加的分量，并在计算出最终的非可加事实前，将这些分量汇总到最终的结果集合中。最终计算通常发生在 BI 层或 OLAP 多维数据库层。

2.2.3　事实表中的空值

事实表中可以存在空值度量。所有聚集函数(SUM、COUNT、MIN、MAX、AVG)均可针对空值事实计算。然而，在事实表的外键中不能存在空值，否则会导致违反参照完整性的情况发生。关联的维度表必须用默认行(代理键)而不是空值外键表示未知的或无法应用的条件。

2.2.4　一致性事实

如果某些度量出现在不同的事实表中，需要注意，如果需要比较或计算不同事实表中的事实，应保证针对事实的技术定义是相同的。如果不同的事实表定义是一致的，则这些一致性事实应该具有相同的命名，如果它们不兼容，则应该有不同的命名用于告诫业务用户和 BI 应用。

2.2.5　事务事实表

事务事实表的一行对应空间或时间上某点的度量事件。原子事务粒度事实表是维度化及可表达的事实表，这类健壮的维度确保对事务数据的最大化分片和分块。事务事实表可以是稠密的，也可以是稀疏的，因为仅当存在度量时才会建立行。这些事实表总是包含一个与维度表关联的外键，也可能包含精确的时间戳和退化维度键。度量数字事实必须与事务粒度保持一致。

2.2.6　周期快照事实表

周期快照事实表中的每行汇总了发生在某一标准周期，如某一天、某周、某月的多个度量事件。粒度是周期性的，而不是个体的事务。周期快照事实表通常包含许多事实，因为任何与事实表粒度一致的度量事件都是被允许存在的。这些事实表其外键的密度是均匀的，因为即使周期内没有活动发生，也会在事实表中为每个事实插入包含 0 或空值的行。

2.2.7　累积快照事实表

累积快照事实表的行汇总了发生在过程开始和结束之间可预测步骤内的度量事件。管道或工作流过程(例如，履行订单或索赔过程)具有定义的开始点，标准中间过程，定义的结束点，它们在此类事实表中都可以被建模。通常在事实表中针对过程中的关键步骤都包含日期外键。累积快照事实表中的一行，对应某一具体的订单，当订单产生时会插入一行。当管道过程发生时，累积事实表行被访问并修改。这种对累积快照事实表行的一致性修改在三种类型事实表中具有特性，除了日期外键与每个关键过程步骤关联外，累积快照事实表包含其他维度和可选退化维度的外键。通常包含数字化的与粒度保持一致的，符合里程碑完成计数的滞后性度量。

2.2.8　无事实的事实表

尽管多数度量事件获取的结果是数字化的，但也存在某些事件仅仅记录一系列某一时刻发生的多维实体。例如，在给定的某一天中发生的学生参加课程的事件，可能没有可记录的数字化事实，但该事实行带有一个包含日历天、学生、教师、地点、课程等定义良好的外键。同样，客户交际也是一种事件，但没有相关的度量。利用无事实的事实表也可以分析发生了什么。这类查询总是包含两个部分：包含所有可能事件的无事实覆盖表，包含实际发生的事件的活动表。当活动从覆盖表中减除时，其结果是尚未发生的事件。

2.2.9　聚集事实表或 OLAP 多维数据库

聚集事实表是对原子粒度事实表数据进行简单的数字化上卷操作，目的是为了提高查询性能。这些聚集事实表以及原子事实表可以同时被 BI 层使用，这样 BI 工具在查询时可以平滑地选择适当的聚集层次。这一被称为聚集导航的过程是开放的，以便报表制作者、查询工具、BI 应用都能够获得同样的性能优势。适当设计的聚集集合应该类似数据库索引，能够提高查询性能，但不需要直接面对 BI 应用或商业用户。聚集事实表包含外键以缩小一致性维度，聚集事实的构建是通过对来自多个原子事实表的度量的汇总而获得的。最后，使用汇总而度量聚集 OLAP 多维数据库一般与关系类型的聚集方法类似，但是 OLAP 多维数据库可以被商业用户直接访问。

2.2.10　合并事实表

通常将来自多个过程的，以相同粒度表示的事实合并为一个单一的合并事实表，这样做能够带来方便。例如，现货销售可以与销售预测合并为一张事实表，与针对多个不同的事实表采用下钻应用比较，这样做可使对现货及预测任务的分析工作变得简单快捷。合并事实表会增加 ETL 处理过程的负担，但降低了 BI 应用的分析代价。合并事实表特别适合那些经常需要共同分析的多过程度量。

2.3　维度表技术基础

本节所介绍的技术应用于所有维度表。每一章都会讨论和描述维度表。

2.3.1　维度表结构

每个维度表都包含单一的主键列。维度表的主键可以作为与之关联的任何事实表的外键，当然，维度表行的描述环境应与事实表行完全对应。维度表通常比较宽，是扁平型非规范表，包含大量的低粒度的文本属性。操作代码与指示器可作为属性对待，最强有力的维度属性采用冗长的描述填充。维度表属性是查询及BI应用的约束和分组定义的主要目标。报表的描述性标识通常是维度表属性领域值。

2.3.2　维度代理键

维度表中会包含一个列，表示唯一主键。该主键不是操作型系统的自然键，由于需要跟踪变化，因此若采用自然键，将需要多个维度行表示。另外，维度的自然健可能由多个源系统建立，这些自然键将出现兼容性问题，难以管理。DW/BI 系统需要声明对所有维度的主键的控制，而无法采用单一的自然键或附加日期的自然键，可以为每个维度建立无语义的整型主键。这些维度代理键是按顺序分配的简单整数，以值 1 开始。每当需要新键时，键值自动加 1。日期维度不需要遵守代理键规则，日期维度是高度可预测的且稳定的维度，可以采用更有意义的主键。参见 2.3.10 小节。

2.3.3　自然键、持久键和超自然键

由操作型系统建立的自然键受业务规则影响，无法被 DW/BI 系统控制。例如，如果雇员辞职，然后重新工作，则雇员号码(自然键)可能会发生变化。数据仓库希望为该雇员创建单一键，这就需要建立新的持久键以确保在此种情况下，雇员号保持持久性不会发生变化。该键有时被称为持久性超自然键。最好的持久键其格式应该独立于原始的业务过程，并以整数 1 开始进行分配。多个代理键与某一个雇员关联时，若描述发生变化时，持久键不会变化。

2.3.4　下钻

下钻是商业用户分析数据的最基本的方法。下钻仅需要在查询上增加一个行头指针。新行的头指针是一个维度属性，附加了 SQL 语言的 GROUP BY 表达式。属性可以来自任何与查询使用的事实表关联的维度。下钻不需要预先存在层次的定义，或者是下钻路径。参见 2.4.3 小节。

2.3.5　退化维度

有时，维度除了主键外没有其他内容。例如，当某一发票包含多个数据项时，数据项事实行继承了发票的所有描述性维度外键，发票除了外键外无其他项。但发票数量仍然是在此数据项级别的合法维度键。这种退化维度被放入事实表中，清楚地表明没有关联的维度表。退化维度常见于交易和累计快照事实表中。

2.3.6　非规范化扁平维度

一般来说，维度设计者需要抵制由多年来操作型数据库设计所带来的对规范化设计的要求，并将非规范化的多对一固定深度层次引入扁平维度行的不同属性。非规范化维度能够实现维度建模的双重目标：简化及速度。

2.3.7　多层次维度

多数维度包含不止一个自然层次。例如，日历日期维度可以按照财务周期层次从天到周进行划分，也可能存在从天到月再到年的层次。位置密集型维度可能包含多个地理层次。所有这些情况下，在同一维度中可以存在不同的层次。

2.3.8　文档属性的标识与指示器

令人迷惑的缩写、真/假标识以及业务指标可以作为维度表中文本字词含义的补充解释。操作代码值所包含的意义应分解成不同的表示不同描述性维度属性的部分。

2.3.9　维度表中的空值属性

当给定维度行没有被全部填充时，或者当存在属性没有被应用到所有维度行时，将产生空值维度属性。上述两种情况下，我们推荐采用描述性字符串替代空值。例如，使用 Unknown 或 Not Applicable 替换空值。应该避免在维度属性中使用空值，因为不同的数据库系统在处理分组和约束时，针对空值的处理方法不一致。

2.3.10　日历日期维度

连接到实际事实表的日历日期维度，使得能够对事实表，按照熟悉的日期、月份、财务周期和日历上的特殊日期进行导航。不要指望能够用 SQL 计算复活节，但可以在日历日期维度上寻找复活节。日历日期维度通常包含许多描述，例如，周数、月份名称、财务周期、国家假日等属性。为方便划分，日期维度的主键可以更有意义，例如，用一个整数表示 YYYYMMDD，而不是用顺序分配的代理键。然而，日期维度表需要特定的行表示未知或待定的日期。若需要更详细的精确度，可以在事实表中增加不同的日期时间戳。日期时间戳并不是维度表的外健，但以单独列的形式存在。如果商业用户按照当天时间(time-of-day)属性进行约束或分组，例如，按当天时间或其他数字分组，则需要在事实表上增加一个"当天时间(time-of-day)"维度外键。

2.3.11　扮演角色的维度

单个物理维度可以被事实表多次引用，每个引用连接逻辑上存在差异的角色维度。例如，事实表可以有多个日期，每个日期通过外键表示不同的日期维度，原则上每个外键表示不同的日期维度视图，这样引用具有不同的含义。这些不同的维度视图(唯一的属性列名)被称为角色。

2.3.12　杂项维度

事务型商业过程通常产生一系列混杂的、低粒度的标识和指示器。与其为每个标识或属性定义不同的维度，不如建立单独的将不同维度合并到一起的杂项维度。这些维度，通常在一个模式中标记为事务型概要维度，不需要所有属性可能值的笛卡尔积，但应该只包含实际发生在源数据中的合并值。

2.3.13　雪花维度

当维度表中的层次关系是规范的时，低粒度属性作为辅助表通过属性键连接到基本维度表。当这一过程包含多重维度表层次时，建立的多级层次结构被称为雪花模式。尽管雪花模式可精确表示层次化的数据，但还是应该避免使用雪花模式，因为对商业用户来说，理解雪花模式并在其中查询是非常困难的。雪花模式还会影响查询性能。扁平化的、非规范的维度表完全能够获得与雪花模式相同的信息。

2.3.14　支架维度

维度可包含对其他维度的引用。例如，银行账户维度可以引用表示开户日期的维度。这些被引用的辅助维度称为支架维度。支架维度可以使用，但应该尽量少用。多数情况下，维度之间的关联应该由事实表来实现。在事实表中通过两个维度的不同外键相关联。

2.4　使用一致性维度集成

维度建模方法最成功的方面之一就是为集成来自不同商业过程的数据而定义了简单而强大的解决方案。

2.4.1　一致性维度

当不同的维度表的属性具有相同列名和领域内容时，称维度表具有一致性。利用一致性维度属性与每个事实表关联，可将来自不同事实表的信息合并到同一报表中。当一致性属性被用作行头(就是说，用作 SQL 查询中的分组列)时，来自不同事实表的结果可以排列到跨钻报表的同一行中。以上实现是集成企业 DW/BI 系统的基础。一致性维度一旦在与业务数据管理方共同定义后，就可以被所有事实表重用。该方法可获得分析一致性并减少未来开发的开销，因为不需要重新创建。

2.4.2　缩减维度

缩减维度是一种一致性维度，由基本维度的列与(或)行的子集构成。当构建聚集事实表时需要缩减上卷维度。当商业过程自然地获取粒度级别较高的数据时，也需要缩减维度，例如某个按月和品牌进行的预测(不需要与销售数据关联的更原子级别的数据和产品)。另外一种情况下，也就是当两个维度具有同样粒度级别的细节数据，但其中一个仅表示行的部分子集时，也需要一致性维度子集。

2.4.3　跨表钻取

简单地说，跨表钻取意思是当每个查询的行头包含相同的一致性属性时，使不同的查询能够针对两个或更多的事实表进行查询。来自两个查询的回答集合将针对公共维度属性行头，通过执行排序-融合操作实现排列。BI 工具提供商对这些功能有多种不同的命名方法，包括编织和多遍查询等。

2.4.4　价值链

价值链用于区分组织中主要业务过程的自然流程。例如，销售商的价值链可能包括购买、库存、零售额等。一般的分类账价值链可能包括预算编制、承付款项、付款等。操作型源系统通常为价值链上的每个步骤建立事务或快照。因为每个过程在特定时间间隔，采用特定的粒度和维度建立唯一的度量，所以每个过程通常至少建立一个原子事实表。

2.4.5　企业数据仓库总线架构

企业数据仓库总线架构提供一种建立企业 DW/BI 系统的增量式方法。这一架构通过关注业务过程将 DW/BI 规划过程分解为可管理的模块，通过重用跨不同过程的标准化一致性维度发布实现集成。企业数据仓库总线架构提供了一种架构性框架，同时也支持可管理敏捷实现对应企业数据仓库总线矩阵。总线架构中技术与数据库平台是独立的，无论是关系数据库或者是 OLAP 维度结构都能参与其中。

2.4.6　企业数据仓库总线矩阵

企业数据仓库总线矩阵是用于设计并与企业数据仓库总线架构交互的基本工具。矩阵的行表示业务过程，列表示维度。矩阵中的点表示维度与给定的业务过程是否存在关联关系。设计小组分析每一行，用于测试是否为业务过程定义好相关的候选维度，同时也能分析每个列，考虑某一维度需要跨多个业务过程并保持一致性。除技术设计细节外，当设计小组实现矩阵中的某行时，总线矩阵还可用作输入帮助确定优先处理 DW/BI 项目过程管理。

2.4.7　总线矩阵实现细节

总线矩阵实现细节是一个更加粒度化的总线矩阵，其中扩展每个业务过程行以展示特定事实表或 OLAP 多维数据库。在此细节粒度上，可以文档化精确的粒度描述以及事实列表。

2.4.8　机会/利益相关方矩阵

在确定了企业数据仓库总线矩阵行之后，可以通过替换包含业务功能(例如，市场、销售、财务等)的维度列规划不同的矩阵。通过确定矩阵点以表示哪些业务功能与哪些业务过程行相关。机会/利益相关方矩阵可用于区分哪些业务过程分组应该与过程中心行相关。

2.5　处理缓慢变化维度属性

本节描述处理缓慢变化维度(Slowly Changing Dimension，SCD)属性的基本方法。对同一维度表中属性的变化，采用不同的变化跟踪技术是比较常见的方法。

2.5.1　类型 0：原样保留

对类型 0，维度属性值不会发生变化，因此事实表以原始值分组。类型 0 适合属性标记为"原型"的情况。例如，客户原始的信用卡积分或持久型标识符。该类型也适用于日期维度的大多数属性。

2.5.2　类型 1：重写

对类型 1，维度行中原来的属性值被新值覆盖。类型 1 属性总是反映最近的工作，因此该技术破坏了历史情况。尽管该方法易于实现且不需要建立额外的维度行，但使用时需小心，因为受此影响的聚集事实表和 OLAP 多维数据库将会重复计算。

2.5.3 类型 2：增加新行

对类型 2，将在维度表中增加新行，新行中采用修改的属性值。要实现该方式需要维度主键更具有一般性，不能仅采用自然键或持久键，因为采用该方法时经常会出现多行描述同样成员的情况。在为维度成员建立新行时，将为其分配新的主代理键，在修改发生后，将其作为所有事实表的外键，直到后续变化产生新维度键并更新维度行。

当变化类型 2 发生时，最少需要在维度行中增加三个额外列：①行有效的日期/时间戳列；②行截止日期/时间戳列；③当前行标识。

2.5.4 类型 3：增加新属性

对类型 3，将在维度表上增加新属性以保存原来的属性值，新属性值以变化类型 1 方式重写主属性。这种类型 3 变化有时称为替换现实。商业用户可以利用当前值或替换现实来分组或过滤事实数据。此种缓慢变化维度技术不太常用。

2.5.5 类型 4：增加微型维度

对类型 4，当维度中的一组属性快速变化并划分为微型维度时采用。此种情况下的维度通常被称为快速变化魔鬼维度。通常在包含几百万行的维度表中使用的属性是微型维度设计的候选，即使它们并不经常变化。变化类型 4 微型维度需要自己的唯一主键，基维度和微型维度主键从相关的事实表中获取。

2.5.6 类型 5：增加微型维度及类型 1 支架

对类型 5，用于精确保存历史属性值，按照当前属性值，增加报表的历史事实。类型 5 建立在类型 4 微型维度之上，并嵌入当前类型 1 引用基维度中的微型维度。这样才能确保当前分配的微型维度属性能够与基维度上其他微型维度一起被访问，而不必通过事实表连接。逻辑上说，应该将基维度及微型维度支架表示为展现区域中的单一表。每当当前微型维度分配发生变化时，ETL 小组需要重写类型 1 微型维度引用。

2.5.7 类型 6：增加类型 1 属性到类型 2 维度

与类型 5 类似，类型 6 也保存历史和当前维度属性值。类型 6 建立在类型 2 的基础上，同时嵌入维度行属性的当前类型 1 版本，因此事实行可以被过滤或分组，要么按照当度量发生时有效的类型 2 属性值，要么按照属性的当前值。在此环境中，当属性发生变化时，类型 1 属性由系统自动重写与特定持久键关联的所有行。

2.5.8 类型 7：双类型 1 和类型 2 维度

类型 7 是用于支持过去和现在报表的最后一种混合技术。事实表可以被访问，通过被建模为类型 1 维度仅仅展示最新属性值，建模为类型 2 维度展示最新历史概要。同样的维度表确保实现两方面的观点。维度的持久键和主代理键同时存在事实表上。从类型 1 角度看，维度的当前标识被约束至当前，通过持久键与事实表连接。从类型 2 角度看，当前标识无约束，事实表通过代理键主键连接。此两种方法可以按照不同的视图部署到 BI 应用上。

2.6　处理维度层次关系

维度往往存在层次关系。本节描述处理层次关系的方法，从最基本的情况开始讨论。

2.6.1　固定深度位置的层次

固定深度层次是多对一关系的一种，例如，从产品到品牌，再到分类，到部门。当固定深度层次定义完成后，层次就具有商定的名字，层次级别作为维度表中的不同位置属性出现。只要满足上述条件，固定深度层次就是最容易理解和查询的层次关系，固定层次也能够提供可预测的、快速的查询性能。当层次不是多对一关系，或层次的深度不定，以致层次没有稳定的命名时，就需要接下来将描述的非固定层次技术。

2.6.2　轻微参差不齐/可变深度层次

轻微参差不齐层次没有固定的层次深度，但层次深度有限。地理层次深度通常包含 3 到 6 层。与其使用复杂的机制构建难以预测的可变深度层次，不如将其变换为固定深度位置设计，针对不同的维度属性确立最大深度，然后基于业务规则放置属性值。

2.6.3　具有层次桥接表的参差不齐/可变深度层次

在关系数据库中，深度不确定的可变深度层次非常难以建模。尽管 SQL 扩展和 OLAP 访问语言对递归父子关系提供了一些支持，但方法极为有限。采用 SQL 扩展，在查询时，不能替换参差不齐层次，不支持对自身层次结构的共享，同时也不支持随时间变化的参差不齐层次。以上所有问题可以通过在关系数据库中采用构建桥接表方式建模参差不齐层次来解决。这样的桥接表对每个可能的路径保留一行，确保能够遍历所有层次的形式，采用标准 SQL 而不是用特定语言扩展来实现。

2.6.4　具有路径字符属性的可变深度层次

可以在维度中采用路径字符属性，以避免使用桥接表表示可变深度层次。对维度中的每行，路径字符属性包含特定的嵌入文本字符，包含从层次最高节点到特定维度行所描述节点的完整路径描述。多数标准层次分析需求可以通过标准 SQL 处理，不必采用 SQL 语言扩展。然而，路径字符方法不能确保其他层次的快速替换，也无法保证共享自身层次。路径字符方法也难于构建可变路径层次的变化，可能需要重新标记整个层次。

2.7　高级事实表技术

本节讨论的这些技术涉及不太常见的事实表模式。

2.7.1　事实表代理键

代理键可用作所有维度表的主键。此外，可使用单列代理事实键，尽管不太需要。不与任何维度关联的事实表代理键，是在 ETL 加载过程中顺次分配的，可用于①作为事实表的唯一主键列；②在 ETL 中，用作事实表行的直接标识符，不必查询多个维度；③允许将事实表更新操作分解为风险更小的插入和删除操作。

2.7.2　蜈蚣事实表

一些设计者为多对一层次的每层建立不同的规范化维度，例如，日期维度、月份维度、季度维度和年维度等，并将所有外键包含在一个事实表中。这将产生蜈蚣事实表，包含与维度相关的多个维度。应该避免使用蜈蚣事实表。所有这些固定深度的、多对一层次化关联的维度都应该回到它们最细节的粒度上，例如，上例中提到的日期。当设计者将多个外键嵌入到单一低粒度维度表中，而不是建立杂项维度时，也会产生蜈蚣事实表。

2.7.3　属性或事实的数字值

设计者有时会遇到一些数字值，难以确定将这些数字值分类到维度表或是事实表的情况。典型的实例是产品的标准价格。如果该数字值主要用于计算目的，则可能属于事实表。如果该数字值主要用于确定分组或过滤，则应将其定义为维度属性，离散数字值用值范围属性进行补充(例如，$0～50)。某些情况下，将数字值既建模为维度又建模为属性是非常有益的，例如，定量准时交货度量以及定性文本描述符。

2.7.4　日志/持续时间事实

累积快照事实表获取多个过程里程碑，每个都包含日期外键并可能包含日期/时间戳。商业用户通常希望分析这些里程碑之间的滞后及延迟时间。有时这些延迟仅仅是日期上的差异，但某些情况下，延迟可能基于更复杂的业务规则。如果流水线包含大量的步骤，则可能存在上百个延迟。与其要求用户查询通过日期/时间戳或者日期维度外键计算每个可能存在的延迟，不如根据过程的开始时间点为每个度量步骤存储一个时间延迟。这样做可以方便地通过利用存储在事实表中的两个延迟，简单地用减法计算任何两个步骤间可能存在的延迟。

2.7.5　头/行事实表

操作型交易系统通常包括事务头指针行，头指针行与多个事务行关联。采用头/行模式(也称为父/子模式)，所有头指针级别维度外键与退化维度应该被包含在行级别事实表。

2.7.6　分配的事实

头指针/行事务数据与对应的事实具有不同粒度这样的情况经常发生，例如，头表示货运费用。应该尽量分配头指针事实，使其基于业务所提供的规则划分为行级别，分配的事实可以按照所有维度进行分片并上钻操作。多数情况下，可避免建立头指针级别的事实表，除非这样的聚集能够获得查询性能的改善。

2.7.7　利用分配建立利润与损失事实表

事实表揭示利润等价方程是企业 DW/BI 应用能够发布的最强大的结果。利润方程是：收入－开销＝利润。理想地实现利润方程的事实表应为原子收入事务粒度并包含许多开销项。

因为这些表处于原子粒度，才能实现数字化的上卷，包括客户利润，产品利润，促销利润，渠道利润等。然而，建立这些事实表存在一定难度，因为开销项必须从其原始来源划分到事实表粒度。这一分配步骤通常由 ETL 子系统完成，这一过程是一个与业务相关的步骤，需要高层经理的支持。出于以上原因，利润与损失事实表通常在 DW/BI 程序的早期实现阶段不会被处理。

2.7.8　多种货币事实

以多种货币单位记录财务事务的事实表行应该包含一对列。其中一列包含以真实币种表示的事实，另外一列包含同样的，但以整个事实表统一的单一标准币种表示的事实。标准币种值在 ETL 过程中按照规定的货币转换规则建立。该事实表也必须有一个货币维度用于区分事务的真正货币。

2.7.9　多种度量事实单位

某些业务过程需要事实同时以多种度量单位表示。例如，按照业务用户的观点，供应链可能需要对相同事实以平台、船运、零售以及单个扫描单元构建报表。如果事实表包含大量事实，而每个事实都必须以所有度量单位表示，此时较好的方法是将事实以公认的标准度量单位存储，同时存储标准度量与其他度量的转换系数。这种事实表可按照不同用户的观点部署，使用适当选择的转换系数。转换系数必须存储在事实表行中以确保计算简单正确，并尽量降低查询复杂性。

2.7.10　年-日事实

商业用户在事实表中通常需要年-日(year-to-date，YTD)值。很难反对单个请求，但是 YTD 请求很容易变换为"财务周期结束时的 YTD"或者"财务周期日"。一种更可靠、可扩展的处理这些请求的方法是在 BI 应用或 OLAP 多维数据库中计算 YTD 矩阵，而不是在事实表中查出 YTD 事实。

2.7.11　多遍 SQL 以避免事实表间的连接

BI 应用绝不应该跨事实表的外键处理两个事实表的连接操作。在关系数据库中，控制此类连接操作的回答集的基数是不可能的，将会产生不正确的结果。例如，如果两个事实表包含客户产品出货和返回，则这两个表不能按照客户和产品外键直接连接。要采用跨钻方式使用两个事实表，并对结果按照公共行头指针属性值，进行排序-融合操作以产生正确结果。

2.7.12　针对事实表的时间跟踪

存在三种基本事实表粒度：事务级别、周期快照和累积快照。个别情况下，在事实表中增加行有效时期、行截止日期和当前行标识是非常有用的，与采用类型 2 缓慢变化维度，在事实行有效时获取时间的方式类似。尽管不太常用，但该模型能够解决诸如缓慢变化库存平衡的场景，其中频繁周期快照可以在每个快照上加载同一行。

2.7.13　迟到的事实

迟到事实是指如果用于新事实行的多数当前维度内容无法匹配输入行的情况。这通常发生在当事实行延迟产生时。在此情况下，当迟到度量事件出现时，必须搜索相关维度以发现有效的维度键。

2.8　高级维度技术

本节介绍的技术涉及高级维度表模型。

2.8.1　维度表连接

维度表可以包含到其他维度表的引用。尽管此类关系可以采用支架维度建模实现，但某些情况下，存在于基本维度上的指向支架维度的外键的存在将导致基本维度爆炸性增长，因为支架表中的类型2变化强制需要在基本维度中对应处理类型2变化。如果通过将支架表中的外键放入事实表中而不是放置在基本维度表中，降低维度表之间的关联，则此类增长通常可被避免。该方法意味着发现维度之间的关联，仅需要通过遍历事实表，这是可以接受的，特别是当事实表示周期快照，其所有维度的所有键都会在每个报表周期内出现时。

2.8.2　多值维度与桥接表

经典维度模式中，每个与事实表关联的维度都有一个与事实表粒度一致的单一值。但是某些情况下，维度存在合理的多值。例如，某个病人接受了一次健康体检，可能同时出现多个诊断。在此情况下，多值维度必须通过一组维度键通过桥接表使一组中的每个诊断与事实表一行关联。

2.8.3　随时间变化的多值桥接表

多值桥接表可能需要基于缓慢变化类型2维度。例如，实现银行账户与单独客户的多对多关系的桥接表，通常必须基于类型2的账户与客户维度。在此情况下，为防止账户与客户之间的不正确连接，桥接表必须包含有效期和截止日期/时间戳，请求的应用必须约束桥接表，使其满足特定时刻以产生一致的快照。

2.8.4　标签的时间序列行为

数据仓库中几乎所有的文本都是维度表中的描述性文本。数据挖掘客户聚类分析通常产生文本化的行为标签，通常可以用作区分周期。在此情况下，跨时间范围的客户行为度量成为由这些行为标签构成的一种序列，该时间序列应该以位置属性被存储在客户维度中，包含可选文本串，构成完整的序列标签。行为标签在位置设计时建立，因为行为标签是复杂并发查询而不是数字计算的目标。

2.8.5　行为研究分组

有时可以通过执行多次迭代分析，来发现复杂的客户行为。在此情况下，将行为分析嵌入到 BI 应用，以约束所有客户维度的成员，获取复杂的行为，这样的做法是不现实的。复杂行为分析的结果，可以通过某些简单表获取，这些表称为研究分组，仅包含客户的持久键。在查询时，通过约束研究组表的列与目标模式中客户维度的持久键，该静态表可当成一种可应用于任何带有客户维度的维度模式过滤器。可以定义多个研究组，导出的研究组可以通过遍历、联合、设置差异等方式建立。

2.8.6　聚集事实作为维度属性

商业用户通常对基于聚集性能度量的客户维度感兴趣，例如，过滤去年或整个阶段所有花费超过一定数额的客户。选择聚集事实可以放入作为约束和作为行标识报表的目标维度。度量通常表示为维度表中的带状范围。维度属性表示聚集性能度量将增加 ETL 处理的负担，但是可以方便 BI 应用层的分析功能。

2.8.7　动态值范围

动态值范围报表由一系列报表行头组成，这些报表行头为目标数字化事实定义了范围不断变化的集合。例如，一个银行的公共值范围报表包含带有标签的多个行，例如，"从 0 到$10 的平账"，"从$10.01 到$25 的平账" 等等。此类报表是动态报表，因为每次查询时都定义了特定的行头，而不是在 ETL 过程中定义的。行定义可以通过在小值范围维度表实现，通过大于连接或小于连接而与事实表实现连接，定义可以仅存在于 SQL CASE 语句中。该值范围维度方法可能会获得更高的性能，特别是针对列数据库，因为 CASE 语句方法包含针对几乎所有事实表的无约束关系扫描。

2.8.8　文本注释维度

与其将自由注释作为事实表的文本度量，不如将它们存储于事实表之外的不同的注释维度(或作为维度属性，每个事务一行，但需要注释的粒度满足唯一事务的数目)，使该注释维度对应事实表中的一个外键。

2.8.9　多时区

为在多时区应用中获得通用标准时间以及本地时间，应该在受影响的事实表中设置双外键，用以连接两个不同角色的日期(和可能的当天时间(time-of-day))维度表。

2.8.10　度量类型维度

有时当事实表每行包含一长列稀疏存储的事实时，可以建立度量类型维度，通过度量类型维度将事实表行变成单一通用事实。我们一般不推荐采用该方法。尽管它消除了所有空的事实表列，但按照每行中占用列的平均数量，这增加了事实表大小，并且使内部列的计算更加困难。当潜在事实的数量达到极限(几百个)，但是没有多少需要应用到任何给定事实表行时，可以采用该技术。

2.8.11　步骤维度

序列过程(例如，Web 页事件)通常在事务事实表中用不同行表示过程中的每一步。为了告知哪个步骤满足整个会话,使用步骤维度展示当前步骤的步骤号以及完成该会话共有多少步骤。

2.8.12 热交换维度

当同一个事实表与相同维度的不同拷贝交替搭配时,可使用热交换维度。例如,某事实表包含股票行情,可以同时展示给不同的投资人,不同的投资人对不同的股票有不同的属性要求。

2.8.13 抽象通用维度

一些建模者喜欢使用抽象通用维度。例如,他们的模式包含单一通用位置维度而不是关于商店、仓库和客户维度的嵌入式的地理属性。类似地,其人员维度包含雇员、客户和供应商行,因为尽管每种类型都包含显然不同的属性,但他们都是人。在维度建模时应尽量避免使用抽象通用维度。与每种类型关联的属性集合通常存在差异。如果属性是通用的,例如,地理州,应将它们唯一标识以区分商店所在州与客户所在州。最后,将所有不同的位置、人员、产品放入单一维度将产生大型的维度表。数据抽象可以适当运用于操作型源系统或 ETL 处理,但对查询性能有负面影响,并会对维度模型的易读性带来负面影响。

2.8.14 审计维度

当事实表行是在 ETL 之后建立时,建立包含当时已知的 ETL 过程元数据的审计维度是很好的方法。简单的审计维度行可包含一个或多个数据质量的基本标识,也许来自对错误事件模式的检验,记录数据处理是发现的数据质量问题。另外,使用审计维度属性可以包含描述建立事实行或 ETL 执行时间戳的 ETL 代码版本环境变量。这些环境变量对审计意图特别有用,因为它们确保 BI 工具下钻以确定哪些行是由哪些 ETL 软件版本建立的。

2.8.15 最后产生的维度

有时来自操作型业务过程的事实在关联维度内容前,以分钟、小时、天或周产生。例如,在实时日期发布环境下,订单消耗行可能会到来,显示客户提交的购买特定商品的自然键。在实时 ETL 系统中,该行必须提交到 BI 层,即使客户或产品还不能立即确定下来。在此情况下,将建立特殊的维度行,包含作为属性的未分解的自然键。当然,这些维度行必须包含通用未知值,用于多数描述性列;推测适当的维度内容将会从源获得。当这些维度内容最后获得时,占位维度行用类型 1 重写。当采用类型 2 维度属性的追溯性变化发生后,最后达到的维度数据也会产生。在此情况下,新行需要插入维度表中,然后需要重新定义关联事实行。

2.9 特殊目的模式

下列设计模式适用于特定的用例。

2.9.1　异构产品的超类与子类模式

金融服务与其他商业通常提供不同业务类型的广泛的产品。例如，零售银行可以提供许多不同类型的账目，从支票账户到抵押贷款到商业贷款，但是所有这些都是账户的实例。试图建立单一的、固定的事实表，将所有可能的事实都包含在内，联系维度表包含所有不同产品的属性，是不会成功的，因为存在大量的不兼容事实和属性。解决方案是建立单一的超类事实表，该事实表遍历所有账户类型的事实表(以及包含公共属性的超类维度表)，然后系统化地为不同子类建立不同的事实表(与维度表关联)。超类与子类事实表也被称为核心或自定义事实表。

2.9.2　实时事实表

实时事实表需要比传统的夜间批处理过程更频繁地被更新。有许多技术可用于支持这一需求。采用何种技术要考虑最后部署到 BI 报表层的 DBMS 或 OLAP 多维数据库的能力。例如，"热分区"可以定义一个事实表占用专用物理内存。不用再在该分区上建立聚集和索引。其他 DBMS 或 OLAP 多维数据库可能支持延迟更新，允许已存在的运行完毕的查询，仍然可执行更新。

2.9.3　错误事件模式

数据仓库中数据质量的管理需要一个综合性系统，管理数据质量通过屏幕或过滤器来实现，用于测试从源系统到 BI 平台的数据。当数据质量屏幕检测到错误时，该事件将被记录在特殊的维度模式中，该维度模式仅能被 ETL 后端处理系统处理。这一模式包含错误事件事实表，其粒度为单独错误事件和相关错误事件详细事实表，相关错误事件详细事实表粒度为参与错误事件的每个表中的列。

零售业务

　　理解维度建模原理的最佳途径是研究一系列真实存在的案例。与抽象地讲述相比，通过考察实际案例来学习能够更好地掌握具体设计存在的困难以及解决之道。本书采用的案例来源广泛，可帮助您超越自身的特定环境，强化对维度建模最佳实践的理解。

　　要掌握维度建模，请阅读本书的所有章节，即使您并未管理某个零售商店或者工作于某家通信公司。本书包含的章节并未打算给出某个行业或业务功能的整体解决方案。每一章将介绍一系列适合所有行业的维度建模模式。大学、保险公司、银行以及航空公司等都确实需要本章有关零售行业所采用的相关技术。另外，研究考虑其他行业的情况也能给人耳目一新的感觉。当处理公司数据时，很容易被其历史复杂性所影响。跳出您所处的组织，并带回认真考虑而获得的某个(或两个)设计原则，这样当您面对纷繁复杂的业务细节时，仍能牢记设计原则的精髓。

　　本章将讨论以下概念：

- 维度模型设计的 4 步过程
- 事实表粒度
- 事务类型事实表
- 可加、不可加以及抽取的事实
- 维度属性，包括指标、数字化描述符以及多层次
- 日历日期维度，加上当天时间(time-of-day)维度
- 因果维度，例如，促销维度
- 退化维度，例如，交易收据号码
- 维度模型中的空值
- 维度模型的可扩展性
- 无事实的事实表
- 代理键、自然键与持久键
- 基于雪花模式的维度属性
- 包含"太多维度的"蜈蚣事实表

3.1 维度模型设计的4步过程

贯穿本书，将采用始终一致的4步设计方法来设计维度模型。以下各节将详细讨论。

3.1.1 第1步：选择业务过程

业务过程是由组织完成的微观活动，例如，获得订单、开具发票、接收付款、处理服务电话、注册学生、执行医疗程序、处理索赔等。业务过程包含以下公共特征，理解它们将有助于区分组织中不同的业务过程：

- 业务过程通常用行为动词表示，因为它们通常表示业务执行的活动。与之相关的维度描述与每个业务过程事件关联的描述性环境。
- 业务过程通常由某个操作型系统支撑，例如，账单或购买系统。
- 业务过程建立或获取关键性能度量。有时这些度量是业务过程的直接结果，度量从其他时间获得。分析人员总是想通过过滤器和约束的不同组合，来审查和评估这些度量。
- 业务过程通常由输入激活，产生输出度量。在许多组织中，包含一系列过程，它们既是某些过程的输出，也是某些过程的输入。用维度建模人员的话来说，一系列过程产生一系列事实表。

您需要仔细了解业务以区分组织的业务过程，因为商业用户难以快速回答下列问题，"您对何种业务过程感兴趣？"用户希望在DW/BI系统中分析来自于业务过程的性能度量。

有时业务用户谈论的是业务战略规划，而不是业务过程。这些规划往往是由管理层为提高竞争优势而制定的抽象企业规划。为将这些规划联系到DW/BI小组利用的表示项目工作单元的业务过程中，需要将业务规划分解到基本业务过程中。这意味着需要深入挖掘，理解数据和操作型系统，以支持对规划进行分析的需求。

我们也需要了解业务过程不是什么。企业业务部门或企业功能职责并不等于业务过程。将注意力放在业务过程，而不是放在功能化的部门，可以更方便地获得一致的企业信息。如果以部门为边界建立维度模型，则不可避免地会将不同标号的数据及数据值重复使用。确保一致性的最好方法是一次发布数据。

3.1.2 第2步：声明粒度

声明粒度意味着精确定义某个事实表的每一行表示什么。粒度传递的是与事实表度量有关的细节级别。它回答"如何描述事实表中每个行的内容？"这一问题。粒度由获取业务过程事件的操作型系统的物理实现确定。

典型的粒度声明如下：

- 客户销售事务上的每个产品扫描到一行中
- 医生开具的票据的列表内容项采用一行表示
- 机场登机口处理的每个登机牌采用一行表示
- 仓库中每种材料库存水平的每日快照采用一行表示
- 每个银行账户每月的情况采用一行表示

上述粒度声明以业务术语表示。也许您一直期望粒度由对事实表主键的传统声明描述。尽管最终的粒度与主键是等价的，但将维度集合列出，然后假定这一集合就是粒度声明的方法是不正确的。无论何时，都应该以业务术语表示粒度。

维度建模者有时会忽略声明粒度这一在 4 步设计过程中从表面上看起来可有可无的步骤。请不要这样做。声明粒度是不容忽视的关键步骤。多年来，从对大量维度设计调试的情况来看，最常见的错误就是在设计过程之初，没有为事实表声明粒度。如果不能清楚地定义粒度，整个设计就像建立在流沙之上，对候选维度的讨论处于兜圈子的状态，不适当的事实将隐藏在设计中。不适当的维度始终笼罩着 DW/BI 实现。设计组的每个人都要对事实表粒度达成共识，这一点非常重要。讨论到此，可能会发现第 3 步或第 4 步设计过程的粒度说明是错误的。尽管如此，您必须返回第 2 步，重新正确地定义粒度，然后考虑第 3 步或第 4 步的问题。

3.1.3 第 3 步：确定维度

维度要解决的问题是"业务人员如何描述来自业务过程度量事件的数据？"应当使用健壮的维度集合来装饰事实表，这些维度表示承担每个度量环境中所有可能的单值描述符。如果粒度清楚，维度通常易于区分，因为它们表示的是与"谁、什么、何处、何时、为何、如何"关联的事件。常见维度的实例包括日期、产品、客户、雇员、设备等。在选择每个维度时，应该列出所有具体的、文本类型的属性以充实每个维度表。

3.1.4 第 4 步：确定事实

可以通过回答"过程的度量是什么？"这一问题来确定事实。商业用户非常愿意分析这些性能度量。设计中的所有候选事实必须符合第 2 步的粒度定义。明显属于不同粒度的事实必须放在不同的事实表中。典型事实是可加性数值，例如，订货数量或以美元计的成本总额等。

需要综合考虑业务用户需求和数据来源的实际情况，并与 4 个步骤联系起来，如图 3-1 所示。我们强烈建议坚决抵制仅仅只考虑数据来源来建模数据。将注意力放在数据上可能不会像与商业用户交流那样复杂，但数据不能替代业务用户的输入。遗憾的是，许多组织仍然在采用这种看似最省力的数据驱动的方法，当然这样做基本不能取得成功。

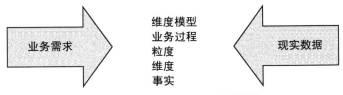

图 3-1　维度设计 4 步过程的关键输入

3.2 零售业务案例研究

以下首先简单描述需要研究的零售业务。之所以选择该行业，是因为零售行业是大家都比较熟悉的行业。但本案例研究中所讨论的模型与实际的所有维度模型有关，无论处于何种行业。

设想您在某个大型食品杂货连锁店总部工作。该连锁店由 100 个分布于 5 个不同州的分店组成。每个商店都有完整的部门,包括杂货、冷冻食品、日常生活用品、肉类、农产品、烘烤食品、花卉、保健/美容产品等。每个商店包含被称为产品统一编号(SKU)的 60 000 种不同的上架产品。

数据存放在商店的几个不同地方。最常用的数据来自顾客购买商品使用的收银机。销售点系统(POS)在每个收款台扫描产品条形码,计算顾客从收款台带走的商品,如图 3-2 所示为收银机发票。其他数据来自商店后端的供货商发货数据。

图 3-2 收银机票据样例

对零售商店来说,管理方面主要关注对订单、库存、销售产品的组织工作,目的是实现利润最大化。利润最终来源于赚取每种商品尽可能多的差价,降低获得产品的开销,提供具有较强竞争力的环境以吸引更多的顾客消费。显然,管理决策与价格和促销有关。商店管理层与总部市场部门将耗费大量时间考虑价格和促销。商店中的促销包括临时降价、报纸广告和广告插页、门店展示及礼券等。大幅降低商品价格是最直接、最有效的带来销售高潮的方法。纸巾价格降低 50 美分，特别是当辅以广告和展示的情况下，可以使纸巾销售上升 10 个百分点。遗憾的是，如此大的降价通常难以维持，因为纸巾可能是亏本销售。这些问题产生的结果是，所有形式的促销是分析零售商店经营的重要组成部分。

既然对将要研究的商业案例进行了描述，下面将开始讨论维度模型的设计问题。

3.2.1　第 1 步：选择业务过程

设计的第 1 步是通过对业务需求以及可用数据源的综合考虑，决定对哪种业务过程开展建模工作。

注意：
第 1 个 DW/BI 项目应该将注意力放在最为关键的、最易实现的用户业务过程。最易实现涉及一系列的考虑，包括数据可用性与质量，以及组织的准备工作等。

在此零售业务案例研究中，管理层希望更好地理解通过 POS 系统获得的客户购买情况。因此您将要建模的业务过程是 POS 零售交易。该数据保证商业用户能够分析被销售的产品，它们是在哪几天、在哪个商店、处于何种促销环境中被销售的。

3.2.2　第 2 步：声明粒度

业务过程确定后，设计小组将面临一系列有关粒度的决策。在维度模型中应该包含哪个级别的细节数据呢？

有许多理由要求以最低的原子粒度处理数据。原子粒度数据具有强大的多维性。事实度量越详细，就越能获得更确定的事实。将您所知的所有确定的事情转换成维度。在这点上，原子数据与多维方法能够实现最佳匹配。

原子数据能够提供最佳的分析灵活性，因为原子数据可以被约束并以某种可能的方式上卷。维度模型中的细节数据可以适应商业用户比较随意的查询请求。

注意：
设计开发的维度模型应该表示由业务过程获取的最详细的原子信息。

当然，也可以定义汇总粒度来表示对原子数据的聚集。然而，一旦选择了级别较高的粒度，就限制了建立更细节的维度的可能性。粒度较高的模型无法实现用户下钻细节的需求。如果用户不能访问原子数据，则不可避免会面临分析障碍。尽管聚集数据对性能调整有很好的效果，但这种效果的获得仍然不能替代允许用户访问最低粒度的细节。用户可以方便地通过细节数据获得汇总数据，但不能从汇总数据得到细节数据。遗憾的是，一些行业专家对这一问题始终模糊不清。他们认为维度模型仅适合汇总数据，因此批评维度建模方法，认为这种方法需要预先考虑业务问题。当详细的原子数据在维度模型中实际可用时，这种误解定会烟消云散。

在本案例研究中，最细粒度的数据是 POS 交易的单个产品，假设 POS 系统按照一个购物车中某种产品为单一项而上卷所有销售。尽管用户可能不会对分析与特定 POS 交易关联的单项感兴趣,但您能预测所有他们需要获得的数据的方法。例如,他们可能希望知道周一与周日的销售差别,或者他们希望评估是否值得备存大量的某品牌的商品,或者他们希望知道有多少购物者利用了洗发液50美分的降价促销,或者他们希望确定某个具有竞争性的苏打水产品大幅促销所带来的减价影响。尽管上述查询不需要某一特定交易的数据,但他们提出的查询请求需要以准确的方式对详细数据执行分片操作而获得。如果仅选择提供汇总数据,则无法获得这些问题的正确答案。

注意:

DW/BI系统几乎总是要求数据尽可能最细粒度来表示,不是因为需要查询单独的某行,而是因为查询需要以非常精确的方式对细节进行切分。

3.2.3 第3步:确定维度

事实表粒度选择完毕后,维度的选择就比较直接了。产品与事务立即呈现。在主维度框架内,可以考虑其他维度是否可以被属性化为POS度量。例如,销售日期、销售商店、哪种销售的产品被促销、处理销售的收款员、可能的支付方法等。我们将这些以另外的设计原则表达。

注意:

详细的粒度说明确定了事实表的主要维度。然后可以将更多维度增加到事实表上,只要这些额外的维度自然地承担主维度合并的某个值。如果附加的维度会产生与粒度不符的其他事实行,则取消该维度或重新考虑粒度声明。

以下的描述性维度应用于该案例中:日期、产品、门店、促销、收银员、支付方式。此外,POS交易票据数量作为一个特殊维度也包含在其中,如3.3.6小节所述。

在使用描述性属性填充维度表前,需要完成4步过程的最后一步。不希望在设计的这一阶段只见树木不见森林。

3.2.4 第4步:确定事实

设计的最后一步是确认应该将哪些事实放到事实表中。粒度声明有助于稳定相关的考虑。事实必须与粒度吻合:放入POS交易的单独产品线项。在考虑可能存在的事实时,可能会发现仍然需要调整早期的粒度声明或维度选择。

POS系统收集的事实包括销售数量(例如,鸡汤面的听数)、单价、折扣、净支付价格、扩展折扣、美元销售额等。扩展的美元销售额等于销售数量乘以净单位价格。同样地,扩展的销售折扣额等于销售数量乘以单位折扣额。某些复杂的POS系统也提供产品的标准美元成本,由供货商发布给商店。假设这些成本事实随时可用且不需要记述详细的基于活动的成本来源,则可以将扩展开销额包含在事实表中。图3-3展示了事实表雏形。

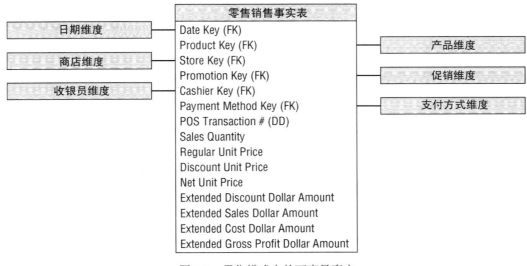

图 3-3 零售模式中的可度量事实

　　4类事实——涉及所有维度的销售数量、销售可扩展额、销售、成本额——均是完全可加的。可以对事实表按照维度属性不受限制地开展切片或切块操作。针对这 4 类事实开展的汇总工作都是合法正确的。

1. 计算获得的事实

　　可通过从扩展销售总额中减去扩展成本总额的方式获得总利润额，也称为收入。尽管是通过计算所得，但对所有维度来说，总利润额也是完全可加的。可以计算任意时间段内，所有商店所销售产品的任意组合的总利润额。维度建模者有时感到疑惑，是否应该将计算获得的事实放入数据库中。我们通常推荐将它们物理存储在数据库中。在本案例研究中，总利润额计算非常直接明了，但存储它就意味着其计算与 ETL 过程保持一致性，消除了用户计算错误产生的可能性。用户不正确表达总利润额的成本覆盖了少数增量存储成本。因此，存储总利润额也能确保所有用户和 BI 报表应用引用总利润额时能够保持一致性。因为总利润额可以通过计算单一事实表行的相邻数据而获得，因此某些人认为应该采用与表差别不大的视图来执行类似的计算。如果所有用户在访问数据时都通过视图且没有用户可以采用特别的查询工具绕过视图而直接访问物理表时，可以考虑使用这种方法。视图是减少用户错误且节省存储的一种合理适当的方法，但数据库管理员要保证通过视图访问数据的方式不会产生意外。同样，某些组织希望通过 BI 工具执行计算工作。再次强调，如果所有用户访问数据时使用公共工具，这样做也是可行的。但据我们的经验来看，这样的情况很难实现。然而，有时某一报表的不可加度量，例如，百分比或比率，则必须由 BI 工具计算，因为此类计算不能被预先计算出来并存储在事实表中。OLAP 多维数据库更适合这样的环境。

2. 不可加事实

　　利润率可通过利润总额除以扩展销售总额获得。利润率是非可加事实，因为它不能从任何维度被汇总。可以计算任意产品集合、商店或者日期的利润率，方法是分别记录收入汇总, 以及开销汇总, 然后作除法计算。

注意:
> 百分比和比率(例如, 利润率)是不可加的。应当将其分子分母分别存储在事实表中。比率可采用 BI 工具计算事实表的任意分片, 只需要记住计算的是汇总的比率, 而不是比率的汇总。

单价是另一种不可加事实。与事实表中的扩展额不同, 对所有维度汇总单价将会产生出毫无意义的、荒谬的数字。考虑以下的实例, 您以 1 美元的单价销售 1 个小器件, 而以 2 美元销售 4 个小器件(每个 50 美分)。您可以汇总销售数量以确定 5 个小器件被销售出。同样, 销售额也应该汇总(1 美元加 2 美元), 因此总的销售额度为 3 美元。然而, 您不能汇总单价(1 美元加 50 美分)并说总单价是 1.5 美元。类似地, 您不能说平均单价是 75 美分。适当的加权平均单价的计算可以通过利用整个销售额(3 美元)除以总的销售数量(5 件)得到平均单价为 60 美分。一般您不会使用这样的计算, 仅观察每个交易行的单价。为分析平均价格, 在计算总额与总销售数量的比值前, 必须增加销售额及销售数量。幸运的是, 多数 BI 工具能够正确执行此类函数。存在一些问题, 例如, 是否非可加事实应该物理存储在事实表中。此类问题是真实存在的, 并能够获得有限的分析值, 除了在报表中打印单独值或直接在事实表中应用过滤器, 它们都是非典型的, 不常见的。某些情况下, 基本的非可加事实(例如, 温度)通常是从其他源系统获得的。此类非可加事实需要通过多个记录求平均值来获得。如果业务分析师同意这样做, 将非可加事实存储在事实表中也是有意义的。

3. 事务事实表

事务型业务过程是最常见的业务过程。表示这些过程的事实表具有以下特征:

- 原子事务事实表的粒度可在事务环境下被简洁地描述, 例如, 每个事务一行或每个事务线一行。
- 由于这些事实表记录的是一个事务事件, 所以它们通常是比较稀疏的。在本章的案例研究中, 我们肯定不可能将所有产品放到一个购物车中。
- 即使事务事实表无法预测, 分布稀疏, 它们仍然可能非常庞大。数据仓库中多数包含数十亿、数万亿行的表往往都是事务事实表。
- 事务事实表趋向成为多维化。
- 事务事件返回的度量通常是可加的, 只要它们通过数量来扩展, 而不是获取单位度量。

在设计初期, 先估计一下最大的表的情况, 也就是估计事实表的行数是非常有必要的。在本案例中, 可以通过与源系统专家讨论, 理解在每个基本周期内产生多少 POS 事务行项。零售业每天的流量波动比较明显, 因此需要在合理的周期内理解事务活动。作为一种选择, 可以估计每年新增到事实表中的行数量, 方法是用每年收入总额除以平均每项的销售价格。假定销售总额为 40 亿美元, 客户票据中平均每项价格为 2 美元, 可以计算出每年大约有 20 亿事务项。这种估算方式是典型的工程化估计, 能够使您获得非常接近实际的设计。作为一个设计者, 应该始终通过多角度测量来确定您的计算是否合理。

3.3 维度表设计细节

以上我们已经对 4 步过程进行了研究，下面将返回维度表并关注如何为其设计健壮的属性的细节。

3.3.1 日期维度

日期维度是一种特殊的维度，因为它几乎出现在所有的维度模型中。实际上每个业务过程都需要获取时间序列的性能度量。事实上，日期通常是数据库分区模式下首先需要考虑的维度，连续的时间间隔数据加载被放置于磁盘上的新区中。

在 *The Data Warehouse Toolkit*(Wiley, 1996)第 1 版中，该维度被称为时间维度。然而，十多年后，我们使用"日期维度"表示粒度按天处理的维度表。这有助于区分日期维度和当天时间(time-of-day)维度。

与多数其他维度不同，可以提前建立日期维度表。可以在表中按行表示 10 年或 20 年的不同日期，因此可以涵盖存储的历史，也可以包含未来的几年。即使包括 20 年，日期行也仅仅大约有 7 300 行，因此是相对较小的维度表。对销售环境中的日期维度表，建议部分列可以如图 3-4 设计。

日期维度
Date Key (PK)
Date
Full Date Description
Day of Week
Day Number in Calendar Month
Day Number in Calendar Year
Day Number in Fiscal Month
Day Number in Fiscal Year
Last Day in Month Indicator
Calendar Week Ending Date
Calendar Week Number in Year
Calendar Month Name
Calendar Month Number in Year
Calendar Year-Month (YYYY-MM)
Calendar Quarter
Calendar Year-Quarter
Calendar Year
Fiscal Week
Fiscal Week Number in Year
Fiscal Month
Fiscal Month Number in Year
Fiscal Year-Month
Fiscal Quarter
Fiscal Year-Quarter
Fiscal Half Year
Fiscal Year
Holiday Indicator
Weekday Indicator
SQL Date Stamp
...

图 3-4 日期维度表

日期维度表中的每列由行表示的特定日期定义。周天列包含天的名称，如周一。使用该列可建立用于比较周一与周日业务的报表。日期数字是日历月列从每月 1 号开始，根据不同的月份以 28、29、30、31 日结束。该列用于比较每个月的相同一天的情况。类似地，可以用每年的月号码(1、…、12)。所有这些整数支持跨月或年的简单日期计算。

对于报表，需要增加长标识和缩写标识。例如，希望存在月名属性，包含如 1 月这样的值。此外，年-月(YYYY-MM)列作为报表的表头非常有效。也可能希望季度号码(Q1、…、Q4)，以及 2013-Q1 这样的年-季度属性。可以包括财务周期相同，但日历周期不同的列。图 3-5 所示的样例行包含几个日期维度列。

日期键	日期	完整日期描述	周天	日历月	日历季度	日历年	财务年-月	是否假日	周天标识
20130101	01/01/2013	January 1, 2013	Tuesday	January	Q1	2013	F2013-01	Holiday	Weekday
20130102	01/02/2013	January 2, 2013	Wednesday	January	Q1	2013	F2013-01	Non-Holiday	Weekday
20130103	01/03/2013	January 3, 2013	Thursday	January	Q1	2013	F2013-01	Non-Holiday	Weekday
20130104	01/04/2013	January 4, 2013	Friday	January	Q1	2013	F2013-01	Non-Holiday	Weekday
20130105	01/05/2013	January 5, 2013	Saturday	January	Q1	2013	F2013-01	Non-Holiday	Weekday
20130106	01/06/2013	January 6, 2013	Sunday	January	Q1	2013	F2013-01	Non-Holiday	Weekday
20130107	01/07/2013	January 7, 2013	Monday	January	Q1	2013	F2013-01	Non-Holiday	Weekday
20130108	01/08/2013	January 8, 2013	Tuesday	January	Q1	2013	F2013-01	Non-Holiday	Weekday

图 3-5　日期维度样例行

注意:

样例日期维度可以从 www.kimballgroup.com 标有本书英文书名的 Tools and Utilities 选项卡获得。

一些设计者在这一点上有疑问，为什么需要如此详尽的日期维度表？他们存在疑问的原因在于，如果事实表上的日期键是日期类型的列，则任何 SQL 查询可以直接约束事实表的这一日期键，利用 SQL 提供的日期语义按照月或年过滤，从而可避免据称是非常昂贵的连接操作。上述质疑不成立的原因在于：首先，如果关系数据库系统不能有效处理与日期维度表的连接，那您可有大麻烦；多数数据库优化器都能高效地处理多维查询；没必要将连接操作当成瘟疫一样对待。

因为商业用户都不大熟悉 SQL 日期语义，所以难以实现典型的日历分组。SQL 日期函数不支持以属性(例如，工作日与周末、假日、财务周期、季度)进行过滤。假定业务需要按照非标准的日期属性对日期分片，那么建立一个详尽的日期维度就是基本的需求。日历逻辑由维度表解决，而不是由应用代码来解决。

注意:

维度模型总是需要详尽的日期维度表。SQL 日期函数不支持范围广泛的日期属性，包括周、财务周期、季节、假日、周末等。与其试图将这些非标准日历计算放入查询中，不如放在日期维度表中，通过查询直接获得。

1. 文本属性的标识和标志

与大多数操作型标志与标识类似，日期维度的假日标识是一种简单的带有两个可能值的标识。由于维度表属性用于报表和下拉式查询过滤列表中的值,所以该标识应该用有意义的值,例如,假日或非假日,而不是用神秘的 Y/N、1/0 或真/假表示。如图 3-6 所示,设想某个报表需要比较假日与非假日的某产品销售情况。标识采用越有意义的领域值,就越能够转换为有意义的、能够自我解析的报表。与其在 BI 应用中将标识编码成难以理解的标识,不如将其编码为数据库中存储的可解释的值,这样它们能够对所有用户保持一致,无论是何种 BI 报表环境或工具。

月销售情况

期间:	June 2013
产品	Baked Well Sourdough

假日指示符	扩展销售美元额
N	1,009
Y	6,298

或

月销售情况

期间:	June 2013
产品	Baked Well Sourdough

假日指示符	扩展销售美元额
Holiday	6,298
Non-holiday	1,009

图 3-6　采用代码编码方式标识和文本方式标识的样例报表

类似的参数对工作日标识也是起作用的,可以包含工作日或周末。周六或周日显然可以分配到周末类型中。当然,多个日期表属性可以共同构建约束。可以方便地比较工作日假日与周末假日。

2. 当前与相对日期属性

大多数日期维度属性不应该更新。2013 年 6 月 1 日将始终上卷到 6 月、日历第 2 季度、2013 年。然而,某些属性可以增加到基本日期维度中,这些属性可随时间改变,包括 IsCurrentDay、IsCurrentMonth、IsPrior60Days 等。IsCurrentDay 显然每天都需要更新。该属性对建立总是指向当前天的报表有用。需要细致考虑的是日期 IsCurrentDay 所涉及的日期。大多数数据仓库按天加载数据,因此 IsCurrentDay 涉及昨天(或者更准确地说,是最近的加载日期)。可在日期维度中增加属性表示您的企业日历,例如 IsFiscalMonthEnd。

一些维度属性包括对滞后属性的更新。滞后日期列中值为 0 表示今天,-1 表示昨天,+1 表示明天等等。该属性易于成为可计算列而不是物理地存储。可用于为月、季度和年设置类似结构。许多 BI 工具包括实现前期计算的功能,因此这些滞后列可能没有存在的必要。

3. 将当天时间(time-of-day)作为维度或事实

尽管日期和时间可以合起来作为操作型日期/时间戳,当天时间通常从日期维度中分离出来,以避免在日期维度中执行行计算的复杂性。正如前文所提到的那样,20 年的日期维度历史记录大约包含 7 300 行。如果改变维度的粒度为每行表示每天的每分钟,则将会由每天的 1 440 分钟产生将近 1 000 万行。如果将时间跟踪到秒级别,则每年将产生 3 100 万行。由于日期维度可能是最常用的约束模式中的维度,因此应该尽量使其保持较小的容量,易于管理。

如果希望基于汇总日期部分分组来过滤或上卷时间周期,例如,15 分钟间隔、小时、换挡、午餐时间或黄金时间、当天时间等将被视为完整的维度表,每个固定时间周期一行,例如，24小时周期内每分钟一行，将在维度中产生1 440行。

如果不需要按照当天时间分组上卷或过滤，当天时间将按照简单日期/时间事实处理，放入事实表中。顺便说一下，商业用户通常对滞后时间更感兴趣。例如，事务的持续时间，而不是离散的开始时间和结束时间。滞后时间可方便地通过获得不同的时间戳来计算。这些日期/时间戳也允许应用程序确定两个不同事务之间的时间差别，即使这些事务存在于不同的日期、月份或年。

3.3.2 产品维度

产品维度描述仓库中存储的每个SKU(产品统一编码)。尽管典型的仓库可能保存有60 000个SKU，当您所负责的不同营销方案和历史产品不再有效时，产品维度可能有3 000 000行以上。产品维度几乎总是来源于操作型产品主文件。多数零售商在其总部管理其产品主文件，并将部分子集频繁地下载到每个商店的POS系统上。为每个新产品定义适当的产品主记录(唯一的SKU号)是管理层的职责。

1. 扁平化多对一层次

产品维度表示每个SKU的大多数描述性属性。商品层次是属性的主要分组之一。单个的SKU上卷到品牌，品牌上卷到类别，类别分类上卷到部门。每一不同层次都存在多对一关系。此类商品层次与其他属性参见图3-7所示的产品子集。

产品键	产品描述	品牌描述	子类描述	类别描述	部门描述	脂肪含量
1	Baked Well Light Sourdough Fresh Bread	Baked Well	Fresh	Bread	Bakery	Reduced Fat
2	Fluffy Sliced Whole Wheat	Fluffy	Pre-Packaged	Bread	Bakery	Regular Fat
3	Fluffy Light Sliced Whole Wheat	Fluffy	Pre-Packaged	Bread	Bakery	Reduced Fat
4	Light Mini Cinnamon Rolls	Light	Pre-Packaged	Sweeten Bread	Bakery	Non-Fat
5	Diet Lovers Vanilla 2 Gallon	Coldpack	Ice Cream	Frozen Desserts	Frozen Foods	Non-Fat
6	Light and Creamy Butter Pecan 1 Pint	Freshlike	Ice Cream	Frozen Desserts	Frozen Foods	Reduced Fat
7	Chocolate Lovers 1/2 Gallon	Frigid	Ice Cream	Frozen Desserts	Frozen Foods	Regular Fat
8	Strawberry Ice Creamy 1 Pint	Icy	Ice Cream	Frozen Desserts	Frozen Foods	Regular Fat
9	Icy Ice Cream Sandwiches	Icy	Novelties	Frozen Desserts	Frozen Foods	Regular Fat

图3-7 产品维度示例行

对每个SKU，商品层次的所有级别都被定义好。一些属性，例如，SKU描述，具有唯一性。在本例中，在SKU描述列中大约有300 000个不同的值。从另一个极端来看，在部门属性列中仅包含大约50种不同的值。因此，平均来看，部门属性中大约有6 000个重复值。这种情况是完全可以接受的。不需要将这些重复值分解到另一个规范化的表中以节省空间。记住与针对事实表空间的需求比较来说，维度表空间需求要简单得多。

注意：
将重复的低粒度值保存在主维度表中是一种基本的维度建模技术。规范化这些值将其放入不同的表将难以实现简单化与高性能的主要目标，正如3.8节所要讨论的那样。

产品维度表中的大多数属性并不是商品层次的组成部分。包装类型属性的值可能包括瓶、包、盒或听等。任何部门的任何SKU可能采用类型属性的某一个值。将该属性上的约束合并为对整个商品层次属性的约束,往往是比较有意义的。例如,可以在谷物类查找以包包装的所有 SKU。换句话说,可以针对维度属性浏览,无论它们是否属于商品层次。产品维度表通常包含多个明确的层次。

我们推荐的部分零售商店维度模型的产品维度如图 3-8 所示。

产品维度
Product Key (PK)
SKU Number (NK)
Product Description
Brand Description
Subcategory Description
Category Description
Department Number
Department Description
Package Type Description
Package Size
Fat Content
Diet Type
Weight
Weight Unit of Measure
Storage Type
Shelf Life Type
Shelf Width
Shelf Height
Shelf Depth
...

图 3-8 产品维度表

2. 具有内嵌含义的属性

在维度表中按照自然键概念确定的操作型产品代码通常情况下具有内嵌的含义,不同部分表示产品的不同特征。在此情况下,由多个部分组成的属性应该完整保存在维度表中,也可以分解到不同的组成部件上,将被当成不同属性处理。例如,操作型代码的第 5 到第 9 个字符表示制造商,则制造商的名称也应该被包含在维度表属性中。

3. 作为属性或事实的数字值

有时您可能会遇到某些数字值,很难判断应该将其归入维度属性分类,还是归入事实分类。经典的例子是产品的价格标准列表。产品价格很显然是一个数字值,因此初始的想法可能是将其当成事实来对待。但是通常标准价格变化缓慢,不像其他事实表中的数量值,对不同的度量事件产生不同的值。

如果某个数字值主要用于计算目的,则它可能应该属于事实表。因为标准价格是非可加的,可用它乘以数量获得扩展总额,这个值是可加的。另外,如果标准价格主要用于价格变化分析,也许变化度量应该被存储在事实表中。如果能预先定义稳定的数字值,用于过滤和分组,则它应该被当成产品维度属性对待。

有时，数字值可同时用于计算以及过滤/分组功能。在此情况下，应当在事实表和维度表中同时存储该值。也许事实表中的标准价格表示销售事务的价格，而维度属性则标记为指示其当前情况的标准价格。

注意：

可用于事实计算和维度约束、分组及标记的数据元素应该被保存在两个不同的位置，即使聪明的程序员可以编写应用程序来访问单一地址的这些数据元素。非常重要的是，维度模型应尽可能保持一致，应用开发应该简单且可预见。涉及计算的数据应该放入事实表中，涉及约束、分组和标记的数据应该放入维度表中。

4. 下钻维度属性

合理的产品维度表可包含大约 50 个左右的描述性属性。每个属性可作为约束和构建行头指针标识的来源。下钻只不过是从维度表中请求行头指针以提供更多信息。

假定您有一个简单报表，用于按部门汇总销售额。如图 3-9 所示，如果需要下钻，可从产品维度中拖曳任何属性，如品牌，放入报表，紧靠部门之后，可以自动下钻下一个层次的细节情况。可以根据脂肪含量属性下钻，即使该属性并不在需要上卷的商品层次上。

部门名称	销售美元总额
Bakery	12,331
Frozen Foods	31,776

按照品牌下钻：

部门名称	品牌名称	销售美元总额
Bakery	Baked Well	3,009
Bakery	Fluffy	3,024
Bakery	Light	6,298
Frozen Foods	Coldpack	5,321
Frozen Foods	Freshlike	10,476
Frozen Foods	Frigid	7,328
Frozen Foods	Icy	2,184
Frozen Foods	QuickFreeze	6,467

或按照脂肪含量下钻：

部门名称	脂肪含量	销售美元总额
Bakery	Nonfat	6,298
Bakery	Reduced fat	5,027
Bakery	Regular fat	1,006
Frozen Foods	Nonfat	5,321
Frozen Foods	Reduced fat	10,476
Frozen Foods	Regular fat	15,979

图 3-9　按照维度属性下钻

注意：

在维度模型上下钻只不过从维度表中增加了行头指针属性。上卷操作将移除行表头。可以根据属性从多个层次上卷或下钻，其中部分属性不是层次的组成部分。

产品维度是大多数维度模型中的常见维度。需要注意的是，构建该维度可能使用大量的描述性属性。健壮完整的维度属性集合将会转换为商业用户的健壮完整的分析能力。我们将在第 5 章中进一步探索产品维度，并将讨论如何处理产品属性发生变化的问题。

3.3.3 商店维度

商店维度描述零售连锁店的每个门店。与产品主文件在每个大型食品杂货连锁业都已经存在不同，一般没有一个全面完整的商店主文件。POS 系统可能仅仅支持交易记录上的商店号。在此情况下，项目组必须从多个操作型源汇集构建商店维度所需的各种元素。通常在总部都会存在一个商店的房产部门，利用该部门的信息可定义详细的商店主文件。

1. 多层次维度表

商店维度是本案例中主要的地理维度。每个商店可以被考虑为一个地址。可按任何地理属性对商店进行上卷操作，例如，邮编、国家、美国的各州等。按照一般的观点，美国的城市和州不在一个层次上。因为许多州都包含名称相同的城市，因此可能需要在商店维度中包含一个城市-州(City-State)属性。

商店也可能按照内部组织层次上卷，这种层次包含商店街区和地区。这两个不同的商店层次，用维度来表示都非常容易，因为用一行就可以方便地将组织层次和地理位置定义清楚。

注意：
在一个维度表中表示多个层次并不常见。跨多个层次的属性名称和值应该具有唯一性。

推荐的零售商店维度表见图 3-10。

商品维度
Store Key (PK)
Store Number (NK)
Store Name
Store Street Address
Store City
Store County
Store City-State
Store State
Store Zip Code
Store Manager
Store District
Store Region
Floor Plan Type
Photo Processing Type
Financial Service Type
Selling Square Footage
Total Square Footage
First Open Date
Last Remodel Date
...

图 3-10 商店维度表

图中的 Floor Plan 类型，Photo Processing 类型以及 Financial Services 类型都是短文本描述符，描述特定的商店。不要用一位字符代码描述它们，而应该采用 10～20 个字符的描述符，这样当使用下拉方式过滤列表时或使用报表标记时能够具有可理解的含义。

描述 Selling Square Footage 的列是数字并且理论上是跨商店可加的。可能您会试图将其放入事实表中，然而，很显然，它是商店的一种约束属性，用于约束或标记的可能比作为可加元素进行计算的可能大。出于该原因，将该属性放入商店维度表中。

2. 维度表中的日期

商店维度中的首次开店日期与最后改建日期是日期类型的列。然而，如果用户希望按照非标准的日历属性(如开店日的财务周期)分组和约束，则它们通常需要连接键以复制到日期维度表中。这些日期维度拷贝可通过视图结构用 SQL 描述，并与主要日期维度存在语义上的差别。视图定义如下所示：

```
create view first_open_date (first_open_day_number, first_open_month,
...)
    as select day_number, month, ...
    from date
```

构建该视图后，系统似乎建立了日期维度的另一个称为 FIRST_OPEN_DATE 的物理拷贝。该新日期数据表的约束与连接到事实表的主日期维度约束之间没有什么关系。建立的视图是商店维度允许的支架，有关支架的概念在本章后面有详细的描述。注意我们仔细地重新对视图中的所有列进行了标记，以便能与主日期维度的列区分开来。这些针对单一物理日期维度的不同逻辑视图是维度所扮演角色的实例，我们将在第 6 章更详细地讨论这一问题。

3.3.4 促销维度

促销维度可能是零售业模式中最有趣的维度。促销维度描述了销售商品的促销条件。促销条件包括临时降价、终端通道展示、报纸广告、礼券等。促销维度通常被认为是一种因果维度，因为它描述了认为可能导致产品销售发生改变的因素。

无论是总部还是商店的商业分析师都希望能够确定的是，某个促销是否有效。促销基于以下一个或多个因素来判断：

- 促销产品的销售是否在促销期间获得大幅增加，也称为提升。提升多少的度量可以根据未进行促销活动时，该产品的基本销售情况来定。基本销售情况可以从先前历史销售情况估计出来，某些情况下，可通过复杂模型获得。
- 促销产品在促销前或促销后的销售，与促销期间的销售比较，是否有降低，这种降低是否抵消了促销期间的销售增益。换句话说，您是否将常规价格产品的销售转换到降价销售产品上？
- 促销产品在销售方面表现良好，但是其他与其相邻的产品的销售却显著降低了。(销售侵蚀)。
- 促销分类中的所有产品是否都获得了销售方面的净总增益，将考虑促销前、促销期间、促销后的时间段(市场增大)。

- 促销是否有利可图。通常促销的利润考虑整个促销分类的利润与基本销售利润之比，当然需要考虑促销期间和销售侵蚀，以及促销开销的影响。

影响销售的潜在因果条件不需要由 POS 系统直接处理。事务系统跟踪降价。礼券的出现通常也通过交易获得，因为客户要么在销售时出示礼券，要么不出示。广告和橱窗展示条件可能需要其他源的介入。

各种可能存在的因果条件是高度关联的。临时降价通常与广告或终端通道展销相关。出于此类原因，在促销维度中为每个发生的促销条件的组合建立一行是具有实际意义的。在过去一年中，有 1 000 个广告，5 000 个临时降价，1 000 个终端通道展销，但仅有 10 000 次该三个条件的组合能够影响任何特定的产品。例如，对某次促销，多数门店同时采用上述三种促销机制。但一些商店可能没有布置终端通道展销。在此情况下，需要两个不同的促销条件行，一行包括通常的降价加广告加展示，另外一行包括降价加广告。推荐的促销维度表参见图 3-11。

促销维度
Promotion Key (PK)
Promotion Code
Promotion Name
Price Reduction Type
Promotion Media Type
Ad Type
Display Type
Coupon Type
Ad Media Name
Display Provider
Promotion Cost
Promotion Begin Date
Promotion End Date
...

图 3-11 促销维度表

纯粹从逻辑上考虑，通过将 4 个不同的因果机制(降价、广告、展示、礼券)区分开，建立不同的维度而不是将它们合并在一个维度中，这一方法将会记录与促销信息相似的信息。当然，最终如何选择是设计者的权利。赞成将 4 个维度放在一起的理由如下：

- 如果 4 个因果机制高度关联，合并而成的单一维度不会比任一个单个维度大很多。
- 合并成单一维度可方便浏览，观察降价、广告、展示、礼券的相互影响关系。然而，这样的浏览仅展示了可能的促销组合。对维度表的浏览无法揭示促销对哪个商店或产品有影响，此类信息显然需要浏览事实表方能获得。

赞成将 4 个因果机制划分到 4 个不同的维度中的原因如下：

- 对业务群体来说，当分别考虑不同的机制时，不同的维度可能更易于理解。在业务需求访谈期间，这一问题就会显露出来。
- 对不同维度的管理可能比对合并维度的管理更直接。

记住这两种选择在内容上没有差别。

注意:

应当仔细权衡包含在促销维度中的促销成本属性。该属性可用于约束和分组。然而，该成本没有出现在表示独立产品销售的 POS 事务事实表中，因为其粒度不符。成本应该驻留在粒度为整个促销的事实表中。

空外键、空属性和空事实

通常，许多销售事务包括未被促销的产品。客户并不会只将促销产品放入其购物车中，您当然希望他们的购物车中装满付全价购买的商品。促销维度必须包含一行，具有唯一键 0 或-1，用以表示这不含促销条件，避免事实表中出现空的促销键。如果将一个空值放在事实表中的已被声明为外键的列，则违背了参照完整性的要求。另外，参照完整性警告，包含空值的键是给用户带来困惑的主要原因，因为他们无法实现与空值的连接操作。

警告:

不要在事实表中使用空值键。正确的设计应在对应维度表中包括一行以表明该维度不可用于度量。

有时我们会遇到维度属性值是空值的情况。当某一给定的维度行未被完全填充时，或者有些属性未被应用到所有维度行时，就会导致出现空值。无论是哪种情况，我们建议用描述性字符串替换那些空值，例如，用 Unknown(未知)或 Not Applicable(不适用)等。空值基本不会出现在下拉菜单的属性值或报表的分组上，需要用特殊语法加以区分。如果用户按某个完整填充的维度属性分组，然后按带有空值的维度属性分组，查询结果会不一样。您将会接到用户电话，告诉您数据出现不一致性。与其让属性空值存在，不如用空白键或问号替换空值。最好标注上条件，用户能从他们的查询中排除那些带有 Unknown 或 Not Applicable 的行。值得注意的是某些 OLAP 产品禁止使用空值属性，因此这也是一个避免使用空值的理由。

最后，有时我们可能在事实表中也会遇见空值。让事实表非空的方法可通过聚集函数处理，如 SUM、MIN、MAX、COUNT 和 AVG 等。如果用零值替换可能会使聚集计算产生倾斜。

数据挖掘工具可能使用不同的技术处理空值。在建立数据挖掘观察集合时可能需要做些推荐之外的额外转换工作。

3.3.5　其他零售业维度

任何出现在事实表度量事件中的表示单一值的描述性属性是增加到一个已存在维度或自身维度的一个好的选择。有关某个维度是否应该与某个事实表关联的决策应该基于事实表声明的粒度来确定是或者不是。例如，可能由出纳员确定每个事务。对应的出纳员维度可能包含非专属于员工属性的子集。类似于促销维度，出纳员维度针对每个通过自助服务注册的事务可能没有对应的出纳员行。

一种展现支付方式的更棘手的情况是，也许商店有严格的规则，每个事务仅能接受一种支付方式。作为维度建模人员比较简单的方式是将一个简单的支付方式维度附加到销售模式中，该维度可能包括支付方式描述，以及将支付方式分组为现金等价物或信用卡支付类型。

现实生活中，支付方式通常呈现出更复杂的场景。如果单个 POS 交易可以接受多种支付方法，则支付方式可能不是以声明粒度的单一方式出现。与其将声明的粒度替换为非自然的，例如，每种产品每种支付方式一行这样的方式，不如将支付方式获取到不同的事实表中，其粒度要么是每个事务一行(各种支付方式选项可出现在不同事实表中)，要么是每个事务的每个支付方式一行(需要与每行关联的不同的支付方式维度)。

3.3.6　事务号码的退化维度

零售事实表的每个列表项行都包含 POS 事务号码。在某个操作型的父/子关系数据库中，POS 事务号码是事务头指针记录的键。包括所有将事务作为一个整体的有效信息。例如，事务日期和商店标识。然而，在维度模型中，已经从其他维度获得了该头指针信息。POS 事务号仍然有用，因为它可用于分组键，将购买的所有产品放在一个单一的市场购物篮事务中。还能确保与操作型系统的关联。

尽管 POS 事务号码看起来像事实表中的维度键，但是当 POS 事务维度被清空时，描述性项可能会出现错误。因为产生的维度是空的，我们将POS事务号码称为退化维度(本书的图中以 DD 标记区分)。自然存在的操作型发票号码，例如，POS 事务号码，处于本身的事实表中，没有连接到维度表中。当事实表粒度表示单一事务或事务列表时，退化维度是比较常见的，因为退化维度表示双亲的唯一标识符。订单号码、发票号码、提货单号码几乎总是出现在维度模型的退化维度中。

退化维度通常在事实表的主键中起着重要的作用。在本案例研究中，销售事实表主键包含退化 POS 事务号码以及产品键，假定扫描市场购物篮的相同产品将被分组到单一列表项中。

注意:

操作型事务控制号码，例如，订单号码、发票号码、提货单号码通常产生空的维度并且表示为事务事实表中的退化维度。退化维度是没有对应维度表的维度键。

如果出于某些原因，在所有其他维度建立后，一个或多个属性合理地留下，似乎属于头指针实体，则可以通过标准连接建立规范维度行。然而这样做就不会保留退化维度。

3.4　实际的销售模式

采用我们的销售 POS 模式设计，下面看看如何将它实际应用到查询环境中。某个商业用户可能对更好地理解 2013 年 1 月期间波士顿区通过促销快餐分类的周销售总量感兴趣。如图 3-12 所示，可以按日期维度中的月和年、商店维度中的区、产品维度中的分类加以约束。

如果查询工具按照周结束日期和促销分组汇总销售数量，SQL 查询结果看起来类似图 3-13 所示。可以清楚看到维度模型与关联查询之间的关系。高质量维度属性是至关重要的，因为它们是查询约束和报表标签的来源。如果使用具有更多功能的 BI 工具，结果出现为交叉"主元"报表，该报表对业务用户来说比按照 SQL 语句获得的按列排列数据更有吸引力。

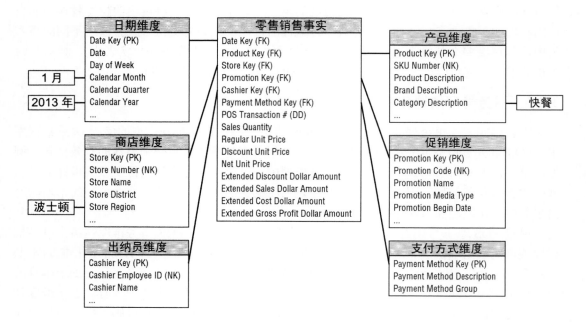

图 3-12　零售业销售模式查询

日历周结束日期	促销名称	扩展销售美元数额
January 6, 2013	No Promotion	2,647
January 13, 2013	No Promotion	4,851
January 20, 2013	Super Bowl Promotion	7,248
January 27, 2013	Super Bowl Promotion	13,798

部门名称	未促销扩展销售美元总额	Super Bowl 促销扩展销售美元总额
January 6, 2013	2,647	0
January 13, 2013	4,851	0
January 20, 2013	0	7,248
January 27, 2013	0	13,798

图 3-13　查询结果与交叉报表

3.5　零售模式的扩展能力

让我们将注意力转移到扩展初始维度设计方面。在首次推出零售模式几年后，零售商开发了频繁购物者程序。与其注意身份不明的购买者通过现金收款柜台购买了 26 件物品，还不如重视能够确定的特定购买人。简单地设想一下商业用户分析购物模式的兴趣，他们主要是对地理、人口统计学、行为以及购物者的其他不同特征感兴趣。

处理新出现的频繁购物者信息相对来说是比较直接的。建立新的频繁购物者维度表，并在事实表上增加一个外键。由于无法要求购物者拿着以往的收款机发票，以新的频繁购物者号记录历史销售事务，所以只能以默认购物维度代理键替代，对应先前的频繁者购物程序维度行到历史事实表行。同样，并不是每个在零售商店购物的人都有一个频繁购物者卡，因此希望在购物维度中包含一个频繁购物者的不确定行。正如在前面促销维度中讨论的那样，在事实表中不能存在空的频繁购物者键。

我们的原始模式方便地进行了扩展，以实现这一新维度，主要是因为 POS 事务数据在最初建模时就是以最细粒度级别构建的。增加的维度可方便地应用细粒度，不必改变维度键或事实，所有现存的 BI 应用不需要任何改变，仍然可以运行。如果最初定义的粒度是日零售销售(按天、商店、产品和促销汇总的事务)，而不是事务列表细节数据，则无法合并到频繁购买者维度上。过早地聚集和汇总限制了增加补充维度的能力，因为增加的维度通常无法在更高粒度级别上应用。

维度模型可预见的对称性确保它们能够承受一些源数据相当显著的变化，以及建模假设为无效的现有的 BI 应用，包括：

- **新维度属性**。如果发现了维度的新文本描述符，可以把这些属性作为新列增加进去。所有现存的应用将可以不受这些属性的影响而继续其工作。如果新属性仅在某特定时间点可用，则老的维度行中将插入不可用或类似的描述。要警告的是，如果商业用户想要根据新确定的属性跟踪历史数据变化，则该场景将更加复杂。在此情况下，特别需要注意第 5 章将要讨论的缓慢变化维度。
- **新维度**。如前所述，可在事实表上增加新维度，在事实表上增加新的外键列并将新维度的主键填写到该外键列上。
- **新可度量事实**。如果新的可度量事实可用，可以将它们方便地增加到事实表。最简单的实例是当新事实在同一个度量事件中可用，并与已经存在的事实粒度相同时。此时，事实表被改变，增加了新列，值被填充至表中。如果新事实仅在某个时间点可用，则将空值填充到旧事实表行中。更复杂的情况是，当新的可度量事实以不同粒度出现时，如果新事实不能分配或分派到事实表的原始粒度，新事实应有属于自己的事实表，因为在同一个事实表中出现不同的粒度是错误的。

3.6 无事实的事实表

前面介绍的零售模式无法解决的一个重要问题是：处于促销状态但尚未销售的产品包括哪些？销售事实表所记录的仅仅是实际卖出的 SKU。事实表行中不包括由于没有销售行为而 SKU 为零值的行，因为如果将包含零值的 SKU 都加到事实表中，则事实表将变得无比巨大。

在关系世界中，回答上述"关注什么未发生"这样的问题需要促销范围或事件事实表。促销范围事实表的键可以是研究案例中的日期、产品、商店、促销等。这看起来与您刚刚设计的销售事实表相似。然而，粒度存在显著差别。在促销范围事实表中，您将为每天(或每周，如果促销是以一周为持续期的话)每个商店中促销的产品加载一行，无论产品是否卖出。事实表能够确保看到被促销定义的键之间的关系，与其他事件例如产品销售无关。我们将其称为无事实的事实表，因为它没有度量结果，仅仅获得所包括的键之间的关系，如图 3-14 所示。为便于计算，可以包括虚拟事实，例如，本例中的促销计数，它始终包含常量值 1，这是一种包装方法，可使 BI 应用避免对外键计数。

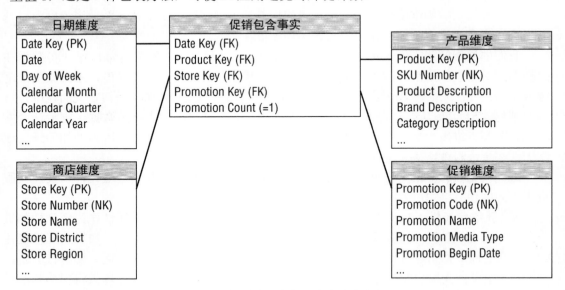

图 3-14　促销所包含的无事实的事实表

为确定当前促销的产品中哪些尚未卖出，需要两步过程：首先，查询促销无事实的事实表，确定给定时间内促销的产品。然后确定通过 POS 销售事实表哪些产品已经卖出去了。答案就是上述两个结果列表的差集。如果您的数据存储在 OLAP 多维数据库中，则回答类似"什么未发生？"这样的问题比较容易，因为多维数据库通常包含未发生行为的确切值。

3.7　维度与事实表键

到目前为止，已经设计完成了模式，下面将重点放到维度和事实表的主键以及其他行标识符上。

3.7.1　维度表代理键

维度表的唯一主键应该是代理键而不是来自于操作型系统的标识符，也就是所谓的自然键。代理键有许多其他的称谓：无意义键、整数键、非自然键、人工键和合成键等等。代理键简单地以按照顺序序列生成的整数表示。产品行的第1行代理键为 1，则下一产品行的键为 2，如此进行。实际的代理键值没有业务上的意义。代理键的作用仅仅就是连接维度表与事实表。通观本书，列名带有 Key 后缀的，表示该键是主键(PK)或外键(FK)，表示可能是代理键。

有时建模人员不愿意放弃使用自然键，因为他们希望基于操作型代码查询事实表，而不希望与维度表做连接操作。他们不希望失去包含由多个部分组成的具有业务含义的键。

然而，应该避免使用包含业务含义的智能多维键，因为您所做出的任何假设最终都可能会变得无效。同样，查询和数据访问应用不应该有任何与键的依赖关系，因为这些逻辑很容易失效。即使自然键看起开似乎是比较稳定的且毫无意义，也不要试图使用它们作为维度表的主键。

注意：

数据仓库中维度表与事实表的每个连接应该基于无实际含义的整数代理键。应该避免使用自然键作为维度表的主键。

最初，利用操作型自然键作为维度模型的主键实现起来可能比较便捷。但从长远来看，使用代理键的效果会更好。有时，我们把它们当成是数据仓库中的流感疫苗——类似于免疫，最初建立和管理代理键可能会带来一定的麻烦，但从长远来看，效果是巨大的。特别是考虑到可以避免大量返工的危险。下面列举其优点：

- **为数据仓库缓冲操作型系统的变化**。代理键确保仓库小组维持对 DW/BI 环境的控制，而不受制于生产代码的建立、更新、删除、循环、重用等操作型规则。在许多组织中，历史的操作型代码，例如，不活跃账户码或废弃的产品代码，在经过一段休眠期后，可能会被重新分配。如果账户号在不活跃 12 个月后重新使用，操作型系统不会停止运行，因为其业务规则禁止数据闲置如此长的时间。但是对 DW/BI 系统来说，可能需要保存数据许多年。代理键为数据仓库提供了一种机制，用于区分同一个操作型账号的两个不同的实例。如果仅仅依赖操作型代码，可能在获取或整理数据时遭遇键重叠的问题。
- **集成多个源系统**。代理键能够确保数据仓库小组从多个操作型源系统中集成数据，即使它们缺乏一致性的源键，通过后端整理，建立交叉引用映射表可将多个自然键连接成为一个公共的代理键。
- **改进性能**。代理键是尽可能小的一个整数，这样能够确保方便地适应未来预期的粒度变化(维度行的数量变化)。通常操作型代码是庞大的字母数字组合串，甚至是由一组字段构成。转换到越小的事实表中的代理键越小，事实表的索引就越小，则能够一次输入-输出更多的事实表行。通常，对大多数维度来说，4 字节整数足够了。4 字节整数是单一整数，不是 4 个十进制数字。它有 32 位能够处理大约 20 亿正数值(2^{32})或 40 亿正负数值($-2^{32} \sim +2^{32}$)。对任何维度来说，这一数量足够使用。如果您的事实表包含 10 亿数据行，事实表行中的每个字节可以转化为另外多个 GB 的存储。
- **处理空值或未知条件**。如前所述，特定的代理键值用于记录不涉及操作型代码的维度条件，例如，非促销条件或匿名客户。可分配一个代理键区分这些缺乏操作型代码的情况。类似地，事实表有时包含确定的日期。SQL 没有这类日期类型值用于确定的日期或不可应用的日期。
- **支持维度属性变化跟踪**。一种主要的处理维度属性变化的技术需要代理键处理单一自然键的多个轮廓。这实际上也是使用代理键的最重要的原因之一，我们将在第 5 章描述这一问题。伪代理键简单地将自然键粘接到一起，增加一个时间戳，这种方式存在危险。需要避免多个维度和事实表的连接。有时称为双筒连接，主要原因在于这样会降低性能和易用性。

当然，代理键需要分配和管理，但并未超出人们的预想。需要在ETL系统建立并维护交叉参考表，用于以代理键替代每个事实表和维度表行。在第19章中我们会设计一个管理代理键的过程。

3.7.2 维度中自然和持久的超自然键

类似代理键，由操作型源系统分配和使用的自然键使用其他名称，例如，业务键、产品键和操作键等。在本书中，它们用NK标识表示。自然键通常被建模为维度表的属性。如果自然键来自于多个源，可以使用字符日期类型作为源代码，例如，SAP|43251或CRM|6539152。如果同一个实体在两个操作型源系统中表示，则可能在维度中存在两个自然键属性，表示不同系统的实体。操作型自然键通常组成有意义的组合键，例如，产品的业务列表或来源国，这些组件应该被分开，当成不同的属性使用。

在跟踪维度表属性变化时，重要的是能够确定一个标识符用于唯一地和可靠地区分维度实体的属性变化。尽管操作型自然键适合做这一工作，有时出于不确定的业务规则(例如，组织合并)或要么处理重复条目要么从多源数据处理数据集成，自然键会发生变化。如果维度的自然键没有受到完全的保护和保存，ETL系统需要分配永久的持久性标识符，也被称为超自然键。持久的超自然键被DW/BI系统控制并在系统生命周期中保持不变。类似维度代理键，它是一种简单的整数序列分配方法。类似前期讨论的自然键，持久的超自然键被当成维度属性处理，它不能作为维度表的代理主键的替换方式。第9章也将讨论ETL系统处理这些持久性标识符的责任。

3.7.3 退化维度的代理键

尽管通常不会给退化维度分配代理键，但每种环境下仍然需要评估以确定是否需要。如果事务控制号在跨多个本地系统或重用时不是唯一的，则需要分配代理键。例如，销售商的POS系统可能不会为多个商店分配唯一的事务号。当得到其最大可分配号码后，系统可能会归零并重用先前使用过的控制号。事务控制号可能会大到24字节的字母数字列。最后，与BI工具的能力有关，需要分配代理键(建立关联维度表)以横向钻取事务号。显然，以此方式对应维度表建模的控制号维度不再退化。

3.7.4 日期维度的智能键

正如我们已经注意到的那样，日期维度具有特殊的特征和需求。日历日期是固定的预先可确定的，不需要担心删除日期或处理新的、未预见的日历上的日期。因为日期维度具有可预测性，因此可以在日期维度中使用更加智能的键。

如果序列整数作为日期维度的主键，则该键应该按照时间先后顺序分配。换句话说，第1年的1月1号代理键应该分配为1，1月2号为2。2月1号应该为32等等。

更具一般性的是，日期维度的主键是一个有意义的整数，其格式为YYYYMMDD。YYYYMMDD键并未打算提供给业务用户和他们的BI应用，而是采用整数键的格式，防止他们绕过日期维度直接查询事实表。事实表的YYYYMMDD键的过滤对可用性和性能具有决定性影响。对日历属性的过滤和分组发生在维度表，而不应该处于 BI 应用的代码中。

然而，YYYYMMDD 键可用于分区事实表。分区确保能够将表划分为更小的表。按照日期对一个大的事实表进行划分是可行的，因为可以移除旧数据，加载新数据，索引当前分区，而不需要操作事实表的其他内容，减少了加载、备份、归档以及查询响应的时间。如果日期键是有序的整数，年按照增量 1 到希望的年份，月从 1 到 12 等等，则可以直接用程序更新和维护分区。使用智能 YYYYMMDD 键提供代理，将使分区的管理更加方便。

尽管 YYYYMMDD 整数是日期维度键中最常用的方法，一些关系数据库优化器却愿意使用真正的日期类型列分区。在此情况下，优化器知道在 3 月 1 日至 4 月 1 日之间存在31 个值，而与 20130301 和 20130401 对应，则存在 100 个值(20130401-20130301=100)。同样，12 月 1 日到 1 月 1 日之间存在 31 个值，与之相对，20121201 到 20130101 之间存在8900 个整数值(20130103-20121201=8900)。这些知识将影响优化器的查询策略选择，并缩短查询时间。如果优化器包含日期类型的知识，应该考虑使用日期键。如果日期类型键的唯一合理性被 DBA 以管理为由简化了，那么您不会感觉有压力。

采用更多的智能日期键，无论是否周期性分配或采用更具有语义的 YYYYMMDD 整数或采用数据类型列，都需要保留特殊的日期键值以应对事实表刚刚加载时日期未知的情况。

3.7.5 事实表的代理键

尽管我们坚决主张在维度表中使用代理键，但并未要求在事实表中一定使用代理键。事实表中的代理键通常只是对后端 ETL 处理有帮助。如前文所述，事实表的主键通常包括表外键的子集以及退化维度。然而，事实表的单行代理键可以获得一些有意思的后端效益。

类似其维度副本，事实表代理键是一个简单整数，不包含任何业务含义，按照事实表行顺序分配。虽然事实表代理键不可能获得查询性能方面的改进，但它的确可以带来以下的利益：

- **直接的唯一标识**。单一事实表行可以由此键直接获得。在 ETL 处理过程中，不需要查询多个维度就可以识别出特定的行。
- **返回或恢复海量加载**。若某一加载涉及大量的行，这些行带有顺序分配的代理键，在完成前过程停止，则通过观察表中的最大键，数据库管理员能够准确地确定过程在何处停止。数据库管理员可以不执行完全加载，只定义一个需要加载的范围键，或从正确的点重新开启加载过程。
- **插入加删除的替换更新**。事实表代理键成为事实表中真正的物理键。不再是仅仅由一系列维度外键组合而成的事实表键，至少到目前为止与关系数据库管理系统有关。因此它可能采用插入加删除的方式替换事实表更新操作。第一步是将新行放入数据库中，并保留要替换行的所有业务外键。由于键实现仅仅依赖于外键，替换行具有新代理键，因此这一步是可以实现的。第二步是删除原始行，由此完成更新。对大数据集的更新，这样的步骤显然比真正采用的更新操作要好。查询的处理具有前文描述的返回和恢复能力。插入不需要采用全套的事务机制保护。最后的删除工作执行得非常安全，因为插入操作已经完成了。

● **使用事实表代理键作为父/子模式中的父节点。**一个事实表包含的行是另外粒度更细的事实表的父指针。父表中的事实表代理键也会暴露在子表中。使用事实表代理键而不使用自然父键与在维度表中使用代理键一样都存在争议。自然键是混乱且无法预测的，然而代理键是明确的整数并由 ETL 系统分配，而不是由源系统分配。当然，除了包括父事实表的代理键外，低粒度事实表包括父节点的维度外键，因此子事实表也包括父维度的外键，因此子事实不必遍历父事实表的代理键就可以被分片或分块。我们将在第 4 章中讨论，您不应当直接将事实表与其他事实表连接。

3.8 抵制规范化的冲动

本节将直接面对几个诱使具有规范化建模背景的建模者采用规范化建模的自然冲动。我们一直在有意识地打破传统建模规则，因为我们主要关注体现易用性和性能的价值，而不是关注事务处理的效率。

3.8.1 具有规范化维度的雪花模式

带有重复文本的扁平非规范化维度表使来自操作型世界的数据建模者非常不舒服。让我们回到案例研究的产品维度表。300 000 个产品上卷到 50 个不同的部门。不是冗余地存储 20 个字节的部门描述在产品维度表中，具有规范化阅历的建模者希望存储 2 字节部门代码，并为部门编码建立新的部门维度。事实上，如果原始设计中的所有描述符都被规范地放入不同的维度中，他们会感到更满意。他们认为这样的设计节省了空间，因为 300 000 行维度表仅包含代码，没有冗长的描述符。

此外，一些建模者主张，维度表越规范则越容易管理。如果部门描述符发生变化，他们只需要更新部门维度，而不需要在原始产品维度中执行 6 000 次重复工作。维护通常由规范化处理解决，但所有这些都发生在 ETL 系统后端，距离数据被加载到展现区的维度模式中已经有很长时间了。

规范化的维度表被称为雪花模式。冗余属性从扁平非规范化维度表中移除，放置于不同规范化的维度表中。图3-15 描述部分符合第 3 范式的产品维度的雪花模式。与图3-15 比较，图3-8 令人吃惊，多么复杂的雪花模式(我们的例子是最简单的)。设想将图3-12 的所有模式层次都规范化会是什么样呢？

雪花模式是维度建模的合法分支，然而，我们建议您抵制采用雪花模式的冲动主要出于设计动机：易用性和性能。

● 众多的雪花模式表构成了一个复杂的结果。业务用户不可避免地要与复杂性抗争。简单化是维度建模的主要目标之一。

● 多数数据库优化器也要考虑处理雪花模式的复杂性。大量的表和连接操作通常导致缓慢的查询性能。连接结果定义的复杂性增加了优化器选择错误策略的可能性。

● 与雪花模式维度表有关的磁盘空间节省问题并不是非常明显。如果将 300 000 行中的 20 字节的部门描述符替换为 2 字节描述，可节省 5.4MB(300 000*18 字节)。与此同时，您的事实表具有 10GB，维度表容量与事实表比较呈几何级数减少。为节省磁盘空间而规范化维度表的努力通常可以认为是浪费时间。

- 雪花模式对用户浏览维度的能力具有负面影响。浏览通常包含约束一个或多个维度属性并寻找其他属性基于约束属性的不同值。浏览允许用户理解维度属性值之间的关系。

- 显然，如果仅希望获得分类描述列表，雪花模式产品维度表非常不错。然而，如果想要浏览分类中的所有品牌，则需要遍历品牌和分类维度。如果还希望获得分类中每个品牌的包装类型，则需要遍历更多的表才行。执行这些看起来比较简单的查询所要采用的 SQL 语句相当复杂，需要获取其他维度或事实表。

- 最后，雪花模式无法实现位图索引。在索引低粒度的列(例如，产品维度表中的分类和部门属性)时，位图索引非常有用。位图索引能提高查询或针对问题中的单一列约束的性能。雪花模式不可避免地影响了利用这些性能的能力。

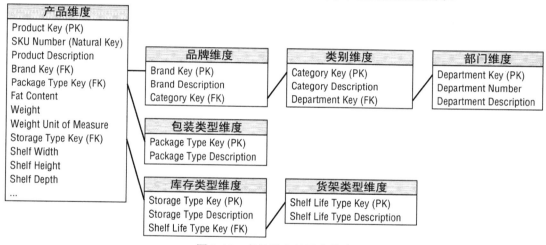

图 3-15　产品维度的雪花模式

注意：

固定深度层次在维度表中应该被扁平化。规范化雪花模式维度表不利于多属性浏览并妨碍了位图索引的使用。通过规范化维度表所节省的磁盘空间通常不会超过整个模式所需要空间的 1%。应该知道牺牲一些维度空间有利于改善性能和可用性。

一些数据库提供商认为他们的平台可以加速完全规范化维度模型的查询而不会带来性能问题。如果没有通过非规范化的方法获得性能的满足，是不错的选择。然而，我们仍然希望实现一种具有非规范化维度的逻辑上的维度模型，以获得易于被业务用户以及他们所使用的 BI 应用理解的模式。

过去，一些 BI 工具对雪花模式带有一种偏好，雪花模式解决了 BI 工具的特殊需求。同样，如果所有数据都通过 OLAP 多维数据库发布给商业用户(雪花模式用于装载多维数据库，但对用户来说是不可见的)，则采用雪花模式是可以接受的。然而，在上述环境下，需要考虑用户改变其 BI 工具时所造成的影响，以及未来迁移到其他工具的灵活性问题。

3.8.2 支架表

尽管我们一般不推荐使用雪花模式,但某些场景下是可以使用的,例如,为某个事实表范围之内的维度建立附加的支架维度,如图3-16所示。在该例中,"一旦删除"支架表示日期维度,该维度与主维度呈雪花模式。支架表日期属性具有描述性的独特的标记用于区分与业务过程有关的其他日期。只有当业务希望按照非标准的日历属性(例如,财务周期、商业日期指示或假日周期)过滤或分组日期时,针对主维度属性的日期属性构建支架才有意义。否则,只需要考虑将日期属性作为产品维度中的标准日期类型列对待。如果使用了日期支架,注意当标准日期维度表按照范围存储时,支架日期将发生错误。

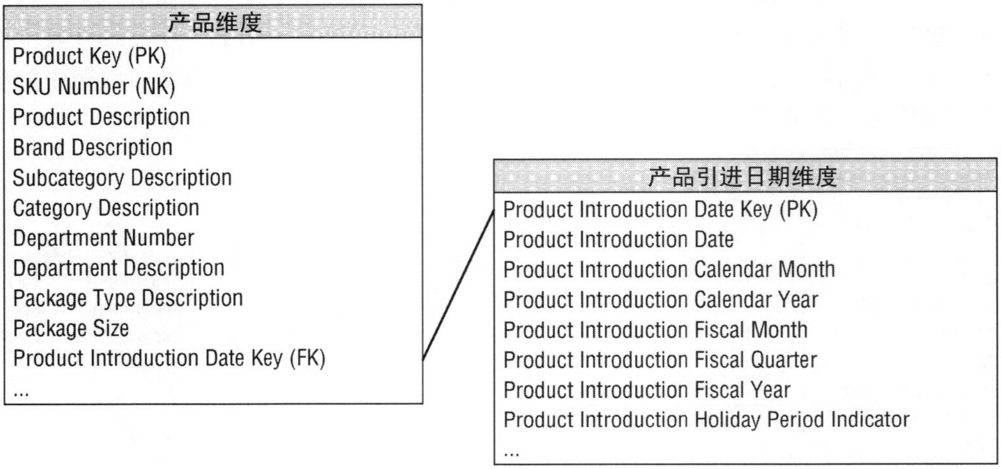

图3-16 允许使用支架的实例

在本书中您将学习到更多有关支架的实例,例如,第8章中有关处理客户的县级人口统计学属性的问题。

尽管支架表可以节省空间并能够确保相同的属性被一致地引用,但它仍然存在缺点。支架表引入了更多的连接,连接严重降低了系统的性能。更重要的是,支架表不易为商业用户理解,限制了用户在单一维度中浏览属性的能力。

警告:

尽管可以使用支架表,但出于对其潜在影响的考虑,维度模型尽量不要大量使用支架表。尽量不要使用支架表,纵然使用也是不得已,而不应该当成一条原则来使用。

3.8.3 包含大量维度的蜈蚣事实表

维度模式中的事实表自然地具有高度规范化和紧凑的特性。无法进一步规范化事实表键之间的极端复杂的多对多关系,因为维度之间不是相互关联的。每个商店每天都开门。迟早,促销的产品差不多会在每个商店被卖出。

有趣的是,尽管对非规范化维度表不太感冒,但某些建模者仍然试图非规范化事实表。尽管存在规范化维度层次的难以控制的期望,但是知道雪花模式是存在问题的。因此通过加入事实表消除了规范化表。不是在事实表上建立单一产品外键,他们将产品层次上频繁分析的元素也当成外键，例如，品牌、分类、部门等等。同样，日期键划分为一系列连接不同周、月、季度、年维度表的键。在您知道它以前，原先紧凑的事实表变成连接大量维度表的奇形怪状的怪物。我们将这样的设计称为蜈蚣事实表，因为它们可能会有 100 条腿，如图 3-17 所示。

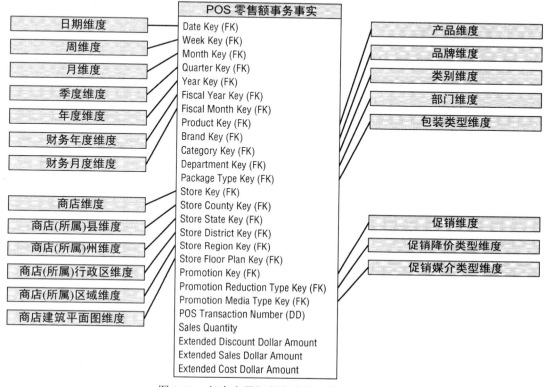

图 3-17　包含大量规范化维度的蜈蚣事实表

即使有紧凑的格式，事实表也是维度模型中的巨兽。包含太多维度表的事实表设计，将导致事实表需要更多磁盘空间。尽管非规范化维度表需要额外的空间，但事实表仍然是最大的问题，因为事实表是最大的表，维度表与之比较不是一个数量级的。在蜈蚣表实例中，无法实现对多部分构成的键构建有效的索引。大量的连接无论是对可用性还是对性能来说都是一个问题。

多数业务过程可以用不超过 20 个维度的事实表表示。如果某个设计有 25 个或更多维度，应该考虑采取措施合并关联的维度。具有良好关联的属性，例如，层次级别，以及具有统计相关性的属性，都应该放入一个维度中。在产生的新维度比不同维度的笛卡尔积小很多的情况下，可以考虑合并这些维度。

注意：

大量的维度通常表明某些维度不是完全独立的，应该合并为一个维度。将同一层次的元素表示为事实表中不同维度是维度建模常见的错误。

列数据库开发可以减少与蜈蚣事实表有关的查询和存储的负担。不是将表的每行都存储，列数据库将表列作为连续对象存储，表列建立了索引。即使基本的物理存储是按列存储的，在查询级别上，表仍按熟悉的行方式显示。在进行查询时，只有命名列从磁盘上被检索，而不是以传统的面向行的关系数据库那样检索整行。列数据库更有利于处理前面讨论的蜈蚣表。然而，浏览跨层次关联维度属性可能会受到一些影响。

3.9　本章小结

本章是您第一次接触维度模型的设计问题。无论处于那一行业，我们都鼓励在处理维度模型设计时采用 4 步过程方法。注意清楚地声明与维度模型关联的粒度是特别重要的。加载事实表时，获取原子数据将会带来最大的灵活性，因为可按任何可能的方式对数据进行汇总。若事实表存储的是汇总数据，那么在很多情况下，您将会遭遇无法有效实现汇总需求的情况。另一个至关重要的问题是，在构建维度表时使用详细的、健壮的描述性属性，以方便分析过滤和标识。

下一章将继续围绕零售行业，讨论处理组织内的第 2 个商业过程的技术。确保您以前的工作可被利用，并且避免出现烟筒式设计。

第 **4** 章

库　　存

在第 3 章中我们为大型连锁杂货商店开发了有关其销售事务的维度模型。本章仍然关注零售行业，但将重点放到处理库存过程。本章开发的设计广泛适用于库存流水线模式，不仅适用于零售行业，也适用于其他行业。

更为重要的是，本章全方位讨论了企业数据仓库总线架构。总线架构是构建集成的 DW/BI 系统的基础。它提供了规划整个环境的框架，虽然其构建是增量式地不断完善的。我们强调采用公共一致性维度和跨维度模型事实的重要性，最后，作为本章结束讨论了企业数据治理程序。

本章将讨论下列概念：

- 通过一系列维度模型表示组织的价值链
- 半可加事实
- 三种事实表类型：周期快照、事务和累计快照
- 企业数据仓库总线架构与总线矩阵
- 机会/利益相关方矩阵
- 一致性维度与事实，以及对敏捷方法的影响
- 数据治理的重要性

4.1　价值链简介

多数企业都存在关键业务过程的价值链。价值链标明了组织主要活动的自然的、逻辑的流程。例如，零售商向产品制造商发出购买订单。产品被发送到零售商的仓库，成为库存。然后发送到不同商店，产品再次成为库存直到消费者购买了该产品。图 4-1 描述了销售商价值链的部分子集。显然，产品来自制造商，若直接发送到商店，将避开仓储过程。

操作型源系统通常在价值链的每个步骤建立事务或快照。多数分析型 DW/BI 系统的主要目标是监控关键步骤的性能结果。因为每个步骤以唯一时间间隔，唯一的粒度和维度产生唯一的度量，所以每个过程通常包含一个或多个事实表。为此，价值链为企业 DW/BI 环境的整个数据结构提供高层知识。本章后文中，我们将花更多时间讨论"价值链集成"这一主题。

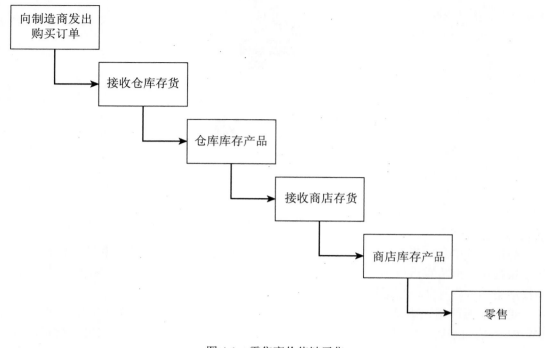

图 4-1　零售商价值链子集

4.2　库存模型

　　在讨论库存模型时，同时将讨论几种补充库存模型。首先讨论库存周期快照，库存产品以固定时间间隔度量，并放入事实表的不同行中。这些周期快照行随着时间的推移将构成维度模型中一系列的数据块。非常类似于泥沙长期累计形成的地理层。然后我们将讨论第 2 种库存模式，产品在仓库中的移动情况被记录下来形成的事务将会影响产品的库存情况。最后，讨论第 3 种模型，将描述库存累积快照，每次交付产品都将在其事实表行中插入一行，当产品移出仓库时进行修改。上述三种模式，每种模型都具有不同的应用背景。按照分析需求的要求，某个分析应用可能需要两个甚至三个模型。

4.2.1　库存周期快照

　　让我们回想一下零售案例研究。商店的库存优化水平对连锁店的获利将产生巨大的影响。确保正确的产品处于正确的商店中，在正确的时间尽量减少出现脱销的情况(产品缺货)并减少总的库存管理费用。零售商希望通过产品和商店分析每天保有商品的库存水平。

　　再次讨论 4 步骤维度设计过程。我们希望分析的业务过程是零售商店库存的周期快照。操作型库存系统提供的原子级别的细节是每家商店中每种产品的日库存。这些维度可以按照以下粒度定义来划分：日期、产品和商店。这通常发生在周期性快照事实表无法表达在事务环境下的粒度，因此需要维度列表替换。在本研究案例中，在此粒度上没有其他描述性维度。例如，促销维度通常与产品移动关联，如什么时候产品被订购、接收或销售，但是不涉及库存。

最简单的库存视图仅涉及一个事实：当前数量。这使得维度设计非常清晰，如图 4-2 所示。

日期维度
Date Key (PK)
...

商店维度
Store Key (PK)
...

商店库存快照事实
Date Key (FK)
Product Key (FK)
Store Key (FK)
Quantity on Hand

产品维度
Product Key (PK)
Storage Requirement Type
...

图 4-2 商店库存周期快照模式

本案例中的日期维度表与第 3 章设计的用于零售商店销售的表是相同的。产品和商店维度可能包含其他用于库存分析的属性。例如，产品维度可能增加了最小订货量或存储需求等列，假设它们是常量，每个产品有离散型的描述符。如果不同商店的最小订货量各有差异，则不能作为产品维度属性。在商店维度中，可以包含确定冷冻与冷藏存储面积的属性。

即使模式如图 4-2 那样简单，也是非常有用的。如果在不同位置的大多数产品的库存水平能够被频繁地获得，则可以从中获得大量知识。然而，与第 3 章的销售事务事实表不同，这样的周期快照事实表面对严峻的挑战。销售事实表相当稀疏，因为您不可能在一个购物车中放入所有的商品。另一方面，库存将产生稠密的快照表。因为零售商努力避免出现产品不可获得这样的脱销情况，在事实表中对每个产品，在每个商店，每天都会有一行。在此例中您应该清楚地包括零缺货度量。对某杂货零售商来说，有 60 000 种产品存储在 100 个商店中，差不多有将近 600 万行(60 000 种产品*100 个商店)将在夜间被插入到事实表中。然而，由于行宽度仅仅只有 14 个字节，所以每次加载事实表时仅增长 84MB。

尽管本例中数据量是可管理的，但某些周期快照的密度需要折中。也许最显然的方法是减少快照随时间发生的频率。通常可以接受的是在日级水平保存最后 60 天库存，然后回复到更细粒度的历史数据周快照。采用这样的方式，而不是在 3 年周期中保存 1 095 个快照，数量将减少到 208 个总的快照，60 天和 148 周快照将存储在两个具有不同周期的事实表中。

1. 半可加事实

第 3 章我们已经强调了可加事实的重要性。在库存快照模式中，当前数量可以按照产品或商店汇总，获得一个合理的总计。然而，库存水平对日期来说是非可加的，因为它们表示水平或某一个时间点均衡情况的快照。由于库存水平(所有形式的金融账户余额)对某些维度来说是可加的，但不是所有维度，我们将其称为半可加事实。

考虑支票账户余额问题，库存余额事实的半可加属性更容易被理解。假定周一时您的账户上有 50 美元。周二，余额没有发生变化。周三，存款 50 美元，余额变成 100 美元。直道周末账户没有其他活动。周五，不能将日余额累加到一起，认为这样做将使本周的余额为 400(50+50+100+100+100)美元。跨日期合并账户余额和库存水平最有用的方式是取平均值(在支票实例中，产生 80 美元的平均余额)。您可能很熟悉银行使用日平均余额实现月余额汇总。

注意：

记录静态水平(库存水平、金融账户余额，以及密度度量如房间温度)的所有度量针对日期维度以及其他可能维度天然具有非可加性。在此情况下，度量可以跨日期按照时间周期数求平均来聚集。

遗憾的是，不能使用 SQL 的 AVG 函数按照时间计算平均值。该函数将对通过查询获得的所有行求平均，而不仅仅是对日期数量求平均。例如，某个查询请求获得 4 个商店的 3 种产品在 7 天中的平均库存水平(例如，一周内某一地理区域内某个品牌的平均日库存水平)，SQL AVG 函数将除以总库存值 84(3 种产品×4 个商店×7 天)。显然，正确答案是除以总库存值 7，该值是时间周期数量。

OLAP 产品提供在多维数据库中定义聚集规则的能力，因此，如果数据是按照 OLAP 多维数据库部署的，类似余额这样的半可加度量就不会产生问题。

2. 增强型库存事实

周期库存快照事实表的简化视图能够保证浏览时间序列的库存水平。对多数库存分析来说，仅有现存数量是不够充分的。现存数量需要与其他事实协同以度量库存运动变化的情况，设计其他感兴趣的矩阵，例如，流转数量及日供货数量等。

若将卖出数量(等同于某一仓库运出的数量)增加到每个事实行中，就可以计算每天供应的数量变化。对日库存快照来说，每天对周转次数数量变化的度量可以按照卖出数量除以现存数量来计算。若扩大时间范围，例如，按年，则周转次数就等于整个卖出数量除以日平均库存数量。日供应数量计算与此类似。经过一段时间，每天供应数量是最终现存数量除以平均销售数量。

除销售数量外，库存分析人员也对库存成本的扩展价值以及最近销售价格值感兴趣。初始周期快照如图 4-3 所示。

图 4-3　增强型库存周期快照

需要注意的是，现存数量是半可加的，但增强型周期快照中其他度量是完全可加的。销售数量额上卷到快照的日期粒度。估值列被扩展为可加额。在一些周期快照库存模式中，存储初期余额、库存变化或增量以及期末余额是非常有用的。在本例中，余额仍然是半可加的，然而增量对所有维度来说都是完全可加的。

周期快照是最常见的库存模式。我们将简单地讨论用于辅助库存快照的两个其他场景。对变化来说，我们将提升价值链，讨论仓库中的库存定位，而不是在零售商店库存环境中描述这些模型。

4.2.2 库存事务

建模库存业务过程的第 2 种方式是记录影响库存的每个事务。仓库的库存事务可能包含以下各项：

- 接收产品
- 将产品放入检验区
- 将产品从检验区提出
- 若检验存在问题则将产品返回供应商
- 产品入库
- 从库中选择产品
- 包装产品
- 将产品运送给客户
- 从客户处接收产品
- 将客户返回的产品重新入库
- 从库存中删除产品

每个库存事务确定日期、产品、仓库、供应商、事务类型。多数情况下，简单的额度表示被事务影响的库存数量。假设事实表的粒度是每个库存事务一行，产生的模式如图 4-4 所示。

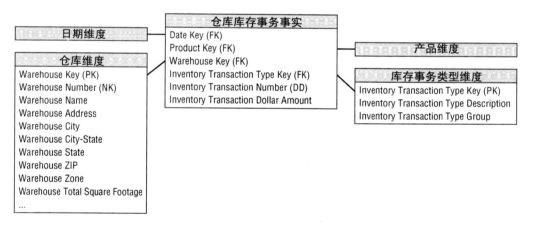

图 4-4　仓库库存事务模式

尽管事务事实表比较简单，但它包含了反应每个库存操作的详细信息。事务事实表可方便地度量频繁发生的特定时间事务类型，用于回答那些周期快照由于粒度问题而不能回答的问题。

即使如此，将事务事实表作为分析库存性能的唯一依据是不切实际的。尽管通过回滚所有可能发生的事务到某一已知库存位置，重新构建任何时间准确的库存形势，从理论上讲是可行的，但实现起来太困难，因为分析问题涉及日期、产品、仓库、供应商等多种因素。

注意：

记住生活中不单单只有事务。某些形式的快照表能够给出更多重要的过程视图，通常可以作为事务事实表的补充。

在结束对事务事实表的讨论前，实例中假定每个影响库存水平的事务类型，无论是有正面影响的，还是有负面影响的都有一致的维度：日期、产品、仓库、供应商和事务类型。我们认识到一些事务类型在现实世界中可能具有变化的维度。例如，托运人可能与仓库发票及托运有关；客户信息可能与托运和客户退货有关。如果事务维度根据时间变化，就应该设计一系列相关的事实表而不是在单一事实表中获取库存事务。

注意：

如果性能度量包含不同的自然粒度或维度，则可能需要为不同过程建立不同的事实表。

4.2.3　库存累积快照

最后一种库存模型是累积快照。累积快照事实表用于定义过程开始、结束以及期间的可区分的里程碑。在库存模型中，当仓库接受某个特定产品时，将在事实表中建立一行表示。被处理的产品用单一事实行跟踪，直到它离开仓库。在本例中，如果您想从在稍后获得的产品中随意识别出某个托运中接收的产品，那么累积快照模型是唯一能够完成此任务的模型。如果希望通过产品序列号或批号跟踪产品运动，可使用累积快照。

现在假设某产品批次的库存水平在通过仓库移动时获取了一系列定义良好的事件或里程碑，例如，接受、检验、打包、托运等。如图 4-5 所示，包含多个日期和事实的库存累积快照事实表看起来一点也不像事务或周期快照模式。

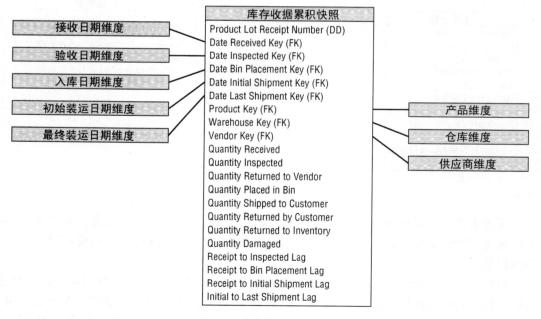

图 4-5　仓库库存累积快照

当批次通过由多个日期值外键表示的标准里程碑移动时，累积快照事实表提供批次的更新状态。每个累积快照事实表行可重复更新直到某个批次接收的产品从仓库完全耗尽。如图 4-6 所示。

接受到批次时插入事实行：

批次接收号	接受日期键	验收日期键	入库日期键	产品键	接收数量	接受检验延迟	接受到入库延迟
101	20130101	0	0	1	100		

批次验收时事实行更新：

批次接收号	接受日期键	验收日期键	入库日期键	产品键	接收数量	接受检验延迟	接受到入库延迟
101	20130101	20130103	0	1	100	2	

批次入库时事实行更新：

批次接收号	接受日期键	验收日期键	入库日期键	产品键	接收数量	接受检验延迟	接受到入库延迟
101	20130101	20130103	20130104	1	100	2	3

图 4-6　累积快照事实表中行的演进

4.3　事实表类型

事实表主要包含三种基本类型：事务、周期快照、累积快照。令人惊奇的是，这一简单的模型无论在哪个行业都适用。所有三种类型都可以使用，结合两个辅助事实表就可以获得整个业务全景。当然，同时应用三个事实表将会使管理工作非常困难。图 4-7 比较了不同方法之间的异同。

	事实	周期快照	累积快照
周期	离散事务时间点	以有规律的、可预测的间隔产生快照	用于时间跨度不确定的不断变化的流水线/工作流
粒度	每个事务或事务线一行	每个快照周期加上其他维度一行	每次管道事件一行
日期维度	事务日期	快照日期	管道的关键里程碑涉及的多个日期
事实	事务性能	时间间隔内的累积性能	管道事件性能
事实表稀疏性	稠密或稀疏，与活动有关	稠密	稠密或稀疏，与管道事件有关
事实表更新	不需要更新，除非有错误需修改	不需要更新，除非有错误需修改	管道活动发生时更新

图 4-7　不同事实表类型比较

4.3.1　事务事实表

业务操作最基本的视图是独立的事务或事务列表。这些事实表表示发生在某个时间点上的一个事件。如果某个事务事件发生，则将在事实表中建立有关客户或产品的一行。相反，给定客户或产品可能与事实表中的多行有关，因为客户或产品一般可能与多个事务有关。

事务数据与多维框架非常贴合。原子事务数据是最自然的多维数据，它能够实现您对细节行为的分析。在事务被保存在事实表中后，通常不需要重新访问它。

建立了具体的事例，了解了事务细节的魅力，您可能认为您所需要的是一个大的、快速的服务器，用于处理繁琐的事务细节，您的工作到此结束。非常遗憾的是，即使获得事务细节级别数据，也仍然有一些商业问题的回答仅用这些细节数据难以实现。如前所述，不能仅仅只有事务。

4.3.2   周期快照事实表

如果希望观察某个业务在某个固定的、可预测的事件间隔内的累积性能，可使用周期快照。与事务事实表为每个发生的事件用事实表中一行表示不同，利用周期快照，可以对一天、一周、一月结束时的活动拍照(因此采用快照这一术语)，每个周期结束时建立快照。周期快照顺序存储到事实表中。周期快照事实表通常是检索固定的、可预测视图纵向性能趋势的唯一方法。

当事务按照小步长增长时，可以方便地从独立事务转换为日快照，仅仅需要将这些事务按序增加。在此环境下，周期快照表示某段时间内事务活动的聚集，可以仅出于性能的理由建立一个周期快照。在本例中，快照表的设计与其相关的事务表紧密相关。事实表共享多个维度表，快照通常不涉及维度。相反，与事务表比较，汇总周期快照表中通常包含更多的事实，因为在周期内发生的所有活动是周期快照中有效的度量。

在许多业务中，用于表示管理性能矩阵的事务细节不易汇总。正如在库存案例研究中所看到的那样，仔细分析事务是非常耗时的，增加需要的逻辑来解释不同类型事务对库存水平的影响会极其复杂，而且还需要假定您能够访问需要的历史数据。周期快照能够为库存水平提供快速、灵活的管理。快照模式的数据直接来自处理这些复杂计算的操作型系统。如果不是这样，ETL 系统也必须实现这些复杂的逻辑以正确地解释每个事务类型的影响。

4.3.3   累积快照事实表

最后讨论并非最不重要的第三类事实表，即累积快照。与其他两种事实表相比，尽管累积快照不太常见，但具有深刻含义。累积快照表示具有确定的开始和结束以及在此期间所有中间过程步骤的过程。累积快照最适合处理业务用户开展对工作流或流水线的分析。

累积快照始终包含多个日期外键，表示可预期的主要事件或过程里程碑。有时使用额外的日期列以表示最新更新的快照行。我们将在第 6 章讨论，这些日期由带有角色的日期维度处理。由于在首次加载事实表行时，多数此类日期是未知的，因此使用默认代理日期键表示未定义日期。

1. 里程碑及里程碑计数的延迟

由于累积快照通常表示效率和工作流或流水线经过的时间，事实表通常包含表示关键里程碑的期间或经过时间的度量。使用事务事实表通常难以回答持续时间问题，因为需要关联行以计算持续时间。有时经过时间度量的仅仅是里程碑日期之间行的差异，或日期/

时间戳之间行的差异。其他一些环境中，如果要考虑工作日与假日，延迟计算会变得更加复杂。

累积快照事实表有时包括里程碑完成计数，其值要么是 0，要么是 1。最后，累积快照通常包含一个状态维度的外键，用于更新状态维度以反映流水线的最新状态。

2. 累积快照更新与 OLAP 多维数据库

与其他事实表类型形成鲜明的对比，您会重新审视累积快照事实表行以对其更新。累积快照与周期快照不同，周期快照保留了先前的快照，累积快照仅仅反映当前状态和度量。累积快照并不打算适合不经常发生的复杂场景。对这些孤立点的分析一般利用事务事实表来完成。

值得注意的是，对 OLAP 多维数据库来说，累积快照通常是存在问题的。因为对累积快照的更新需要同时改变事实和维度外键，多数多维数据库需要重新处理这些快照的更新，除非事实行是在流水线发生后加载的。

4.3.4 辅助事实表类型

有时同时采用累积快照和周期快照，例如，当通过增加每天事务的影响，回滚累积快照，同时在周期快照中存储了 36 个月的历史数据，希望增量式地建立月快照时。理想情况下，当到达当月的最后一天时，累积快照在时间周期上，变成了新的固定月，而新的一天到来时，重新开始累积快照。

事务和快照是维度设计的两个不同的方面。同时采用事务和快照事实表提供了业务的完整视图。事务和快照都应该使用，因为没法将这两种不同的场景合并到单一的事实表中。尽管理论上事务与快照表之间存在数据冗余，但作为DW/BI的发布者您不会反对使用它们，您的任务是发布数据，以便组织能够有效地对其进行分析。这些不同类型的事实表为完成同一个任务提供了各自的优势。令人惊奇的是，三类事实表也构成了所有本书描述的用例的事实表类型。

4.4 价值链集成

通过前述内容的学习，我们讨论了三种库存模型的设计。让我们回过头来，再次讨论有关价值链的问题。无论业务组织还是信息技术组织，通常都对价值链集成感兴趣。业务管理需要审视业务过程以更好地对性能进行评估。例如，很多 DW/BI 项目关注从端到端角度考虑问题，以便更好地理解客户行为。显然，实现这一目标需要有从多个过程一致地浏览客户信息的能力，例如，报价、订单、发票、支付以及客户服务等。同样，组织希望基于不同的过程，分析他们的产品，或者分析他们的雇员、学生、供应商等等。

IT 管理人员意识到要实现有关数据仓库和 BI 的承诺需要集成。许多人将集成看成是他们管理企业信息财富的责任。他们知道，如果允许存在独立的、非集成的数据库，则难以表明他们完成了这样的责任。除了解决商业需求，信息技术还能从集成中获益，因为集成允许组织更好地利用稀缺资源并通过重用赢得效益。

幸运的是，通常对集成最感兴趣的高级管理人员都具备组织影响力和经济意志力，因此会推进集成工作的开展。如果他们未将注意力放在集成上，将会面临非常严重的组织困难，或者更直接地说，集成项目将可能会失败。因此需要组织对涵盖价值链的集成达成一致是高级 DW/BI 经理的唯一责任。高层政策方面支持是非常重要的，集成将会消除障碍并消除高层领导肩负的重担。

在本书第 3 章和第 4 章中，我们从销售价值链的几个过程建模数据。尽管不同维度模式的不同的事实表表示来自每个过程的数据，但模型共享了几个公共业务维度：日期、产品和商店。图 4-8 从逻辑上表示该维度。使用共享公共维度对设计可以被集成的维度模型是至关重要的。

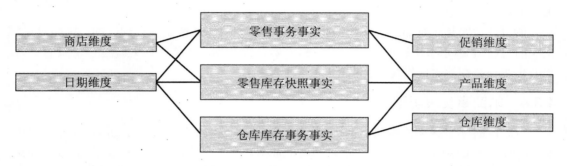

图 4-8 在业务过程间共享维度

4.5 企业数据仓库总线架构

显然，大众参与建立企业 DW/BI 系统是非常困难的事情，但分别单独建立却无法满足一致性目标。从长远来看，DW/BI 的成功，需要使用一种架构化的、增量式的方法构建企业数据仓库。我们提出的方法称为企业数据仓库总线架构。

4.5.1 理解总线架构

与流行的观点相反，总线(bus)这一词汇并不是商业(business)的速记，而是来源于电力行业的旧词，现在用于计算机行业。总线是一种常见的连接一切的公共结构，所有事情从总线获取能量。计算机所指的总线是一种标准接口规范，确保能够插拔磁盘驱动器、DVD或其他任何数量的专业卡或设备。正是由于计算机的总线标准，使得这些物理设备能够共同工作并有效地共存，即使它们由不同的供应商生产制造。

注意：

通过为 DW/BI 环境定义标准总线接口，不同组可以在不同时间实现不同的维度模型。如果采用同样的标准，则不同的业务过程主题区域汇集在一起并有效共存。

如果回头查阅图 4-1 的价值链图，您能想象出许多包含在企业数据仓库总线上的如图 4-9 所示的业务过程。最后，企业价值链上的所有过程建立了一个共享公共的一致性维度的包罗万象的集合的维度模型家族。

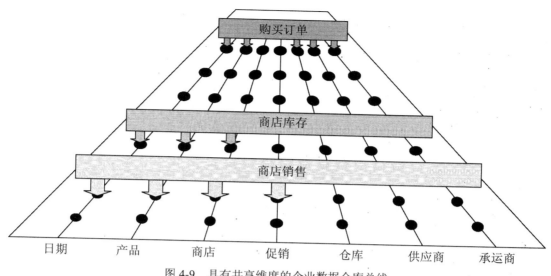

图 4-9 具有共享维度的企业数据仓库总线

企业数据仓库总线架构提供了一种分解企业 DW/BI 规划任务的合理方法。标准化维度和事实的主要套件在整个企业中有统一解释。通过它们建立数据结构框架，可以处理不同的以过程为中心的维度模型的实现，所有实现严格遵守公共结构。当不同维度模型实现完成后，它们之间能够默契地配合。某些时刻，充足的维度模型有利于兑现对集成化企业 DW/BI 环境的承诺。

总线架构保证 DW/BI 管理者在两个领域都能够获得好处。他们有结构框架指导总体设计，但将问题都划分为大小合适的业务过程块，可以在现实的时间框架内实现。不同开发小组遵循该结构，工作最终是异步独立开展的。

总线架构独立于技术和数据库平台。如果其设计遵循一致性维度和事实，则所有合理的以及基于 OLAP 维度模型的成分都可以参与到企业数据仓库总线架构上。DW/BI 系统针对不同操作系统或数据库管理系统不可避免地包含不同的机制。连贯的设计、共享一致性维度和事实的公共结构，使得它们能够融合到集成整体中。

4.5.2 企业数据仓库总线矩阵

我们推荐使用企业数据仓库总线矩阵来文档化总线架构并与此通信，如图 4-10 所示。其他也以总线矩阵重新命名，例如，一致性或事件矩阵，但这些只是 Kimball 在20世纪 90 年代首次提出的基本概念的同义词。

考虑表格方式，组织的业务过程被表示为矩阵行，重要的是记住通过矩阵识别的是业务过程，而不是组织的业务部门。矩阵行转换为维度模型表示组织的主要活动和事件，它们通常是按照操作型来源来识别的。在开始考虑 DW/BI 开发项目时，从简单的业务过程矩阵行开始，因为这样做可最小化以过度复杂的开始所带来的风险。大多数实现风险来自于想要实现太多的 ETL 系统设计和开发。关注单一过程所带来的好处，通常可以通过简单的基本源系统获取，减少了 ETL 开发的风险。

公共维度

业务过程	日期	产品	仓库	商店	促销	客户	雇员
提出购买订单	X	X	X				
接收仓库存货	X	X	X				X
仓库库存	X	X	X				
接收商店存货	X	X	X	X			X
商店库存	X	X		X			
零售	X	X		X	X	X	X
零售预测	X	X		X			
零售促销跟踪	X	X		X	X		
客户退货	X	X		X	X	X	
退货至供应商	X	X		X			X
常客注册	X			X		X	X

图 4-10　零售商的企业数据仓库总线矩阵示例

枚举独立业务过程后，可考虑识别复杂的复合过程。尽管跨过程的维度模型可以根据查询性能和易用性来识别，但它们通常难以实现，因为 ETL 工作随着将更多的主要来源集成到单一维度模型中而增加。关注独立过程，并将其作为处理复合任务的基础是比较谨慎的方法。收益率是合并过程的典型例子，其中不同的收入和成本因素从不同的过程中集成，提供一个有关收益率的完整视图。尽管构建细粒度的收益率维度模型是非常有用的，但它决不是应该首先考虑实现的维度模型，试图将所有收入和开销组件放在一起时，这会发生问题，导致失败。

总线矩阵列表示整个企业的公共维度，这样的列通常有助于创建核心维度列表，之后填充矩阵用于评价给定的维度是否应该与某个业务过程关联。不同的企业，其总线矩阵行与列的数量会有所变化。对多数企业来说，矩阵非常类似正方形，包含大约 25～50 行，以及大约数量相当的列。当然在某些行业，例如，金融行业，列的数量往往比行的数量要多。

核心过程和维度识别完成后，将矩阵中相应处画上“X”或将其阴影化以表明哪些列与哪一行有关。您马上就可以看到企业的一致性维度和关键业务过程的逻辑关系和相互作用。

1. 使用多矩阵

企业数据仓库总线矩阵的构建是 DW/BI 实现最重要的交付产物之一。它可用于多种目的的综合资源，包括结构规划、数据库设计、数据治理、协调、项目评估以及组织交互。

尽管设计矩阵行和矩阵列相对比较直接，但企业总线矩阵定义了 DW/BI 系统的总体数据结构。矩阵展现了总体远景，无论趋向采用何种数据库或技术。

矩阵列迎头解决了主数据管理和数据集成的需求。当核心维度参与到多个维度模型中并由数据管理责任人定义,由 DW/BI 小组建立后,您可以设想在多个过程中使用它们,而不是基于单一过程或者更糟糕的是基于单一部门来凭空定义。共享维度提供了潜在的粘合剂,使得业务人员可以跨过程钻取。

每个业务过程为中心的项目实现增量式地构建出整个结构。多个开发小组可以使用组件矩阵共同或异步工作,相互信任,共同适应。项目经理可以浏览过程行以快速确定每个维度模型的维度。建立这一制高点非常有效,因为他们可以测量项目工作量。具有较少维度的业务过程的项目需要的工作量不大,特别是如果当需要的维度已经存在的情况下。

矩阵使得您能够实现区域内或跨区域的 DW/BI 小组之间的通信。更为重要的是,能够利用矩阵实现在企业间对上或对外交流。矩阵是一个简洁的交互成果,以可视化的方式传达总体规划。IT 管理需要理解总体规划以协调各个项目组并抵制组织具有的快速部署部门级解决方案的想法。IT 管理还必须确保分布式 DW/BI 开发组致力于总线架构。业务管理也需要遵循整体计划,希望他们理解按照业务过程来展示 DW/BI 阶段。此外,矩阵描述了识别业务专家的重要性,业务专家作为公共维度数据治理的领导者,矩阵可以有效用于实现与开发者、架构师、建模人员、项目经理以及 IT 和业务高管的交互。

2. 机会/利益相关方矩阵

可以利用同一个业务过程行勾画出不同的矩阵,但需要用维度列替换业务功能,例如,销售规划、市场、商店操作以及金融等。按照不同功能的需要,包含不同的矩阵元素表明哪些业务过程(以及项目)对哪些业务功能有需求。如图 4-11 所示的机会/利益相关方矩阵变体。在以过程为中心的行被确定作为项目时,也可以用于识别需要哪些组参与更详细的需求、维度建模和 BI 应用规范工作。

业务过程	销售计划	市场	商店操作	后勤	财务
提出购买订单	X		X	X	X
接收仓库存货	X		X	X	X
仓库库存	X		X	X	X
接收商店存货	X		X	X	X
商店库存	X	X	X	X	X
零售	X	X	X	X	X
零售预测	X	X	X	X	X
零售促销跟踪	X	X	X	X	X
客户退货	X		X	X	X
退货至供应商	X		X	X	X
常客注册		X	X		X

图 4-11 机会/利益相关方矩阵

3. 常见总线矩阵错误

在绘制总线矩阵时，人们有时对每行表达的详细程度难以取舍，从而导致出现以下错误：

- **基于部门的或包含太多内容的行。** 矩阵行不应该对应表示功能组的企业组织机构图的各个部门。某些部门可能负责某个业务过程或对此感兴趣，但矩阵行不应该看起来像企业首席执行官的战略报告列表。

- **报表为中心或定义过于狭窄的行。** 从另一个极端来说，总线矩阵不能类似像针对需求的列表。单个业务过程支持多种分析活动。矩阵行应该关注引用业务过程，而不是派生报表或分析。

在定义矩阵列时，架构师自然会陷入类似的陷阱中，即将列定义得太宽或太窄。

- **过渡宽泛的列。** 总线矩阵中存在"人"这样的列可能会导致过分宽泛的对人的定义，其范围从内部员工到外部供应商和客户合同等。由于这些人几乎没有重叠的地方，将他们统统划入单一的、一般化的维度中将产生混乱。同样将内部和外部地址指代企业设施、雇员地址和客户地址，将其放入矩阵中的通用列也是没有好处的。

- **将层次中的每个级别放入不同列。** 总线矩阵的每个列应该表示最详细的粒度。某些业务过程行可能需要聚集细节维度，例如，周级别的库存快照。与其为每个日历层次建立不同的矩阵列，不如使用单一的日期列。为表示日级别粒度的细节层次，可以在矩阵元素上定义粒度。此外，可以细分日期列以指示与每个业务过程行关联的层次级别。重要的是保持对不同级别粒度的公共维度的总体区分。一些行业权威建议矩阵应该将每个维度表属性当成不同的、独立的列，这样会破坏维度的概念并导致不完整的，难以掌握的矩阵。

4. 改进现存模型成为总线矩阵

建立不同维度模型而不考虑关联它们的框架是难以接受的。孤立的、独立的维度模型会失去许多分析机会。它们会导致企业视图的矛盾，进一步导致报表之间无法比较。独立的维度模型成为遗留的实现，它们的存在将妨碍开发一致的 DW/BI 环境。

也许已经有几个维度模型，但没有考虑使用一致性维度。面对这样的遗留问题您该怎么办？我们能够消除烟筒式系统并将它们转换为总线架构吗？回答这一问题首先需要认真评估已经存在的非集成的多维结构。因此通常需要召开不同的项目组(包括业务机构内隐秘的及类似 IT 的项目组)会议，以确定当前环境与组织结构性目标之间的差距。了解了这些差距后，需要设计一种增量式的计划，将独立的维度模型转换为企业结构的维度模型。计划需要得到内部的认同。必须让高级 IT 及业务管理层意识到当前数据的混乱状态，不有所作为将会带来的风险，以及按照您制定的规划开展工作将带来的利益。让管理层理解实现这种转变需要的对资源、资金等方面的支持。

如果某个维度模型是基于良好的维度设计构建的，也许可以将已经存在的模型转换为标准版本。使用交叉引用映射方法重建原始维度表。同样，事实表也需要重新处理，使用一致性维度主键替换原始的多维主键。当然，如果原始的维度和一致性维度表包含不同的属性，则对先前存在的 BI 应用及查询进行返工是不可避免的。

更常见的情况是已经存在的维度模型充斥着维度建模的错误，因此很难将其转换到标准维度。在某些情况下，烟筒式维度模型已经使用多年。孤立维度模型通常是为实现特定功能而建立的。在试图利用这些数据时，会发现维度模型实现的粒度级别不对，并且错失了关键维度。改进这些维度模型使其适应企业 DW/BI 结构的工作比重新开始要复杂得多。尽管非常困难，但也应该关闭烟筒式维度模型并以适合的总线架构框架重建。

4.6　一致性维度

我们已经知道企业总线架构的重要性，下面开始深入探讨作为总线基础的标准化一致性维度。一致性维度共享跨企业过程的事实表。一致性维度也被称为公共维度、主维度、引用维度和共享维度。一致性维度首先在 ETL 系统建立，然后逻辑上或物理上复制到 DW/BI 环境中。在构建时，非常重要的是确保 DW/BI 开发小组能够使用这些维度。对建立企业 DW/BI 系统功能来说，这是非常重要的策略。对它们的使用应该由企业 CIO 监督执行。

4.6.1　多事实表钻取

除了一致性和可用性外，一致性维度能够确保将来自不同业务过程的性能度量合并到单个报表中，如图 4-12 所示。可以使用多遍 SQL 分别查询每个维度模型，然后基于公共维度属性将查询结果外连接，例如，图 4-12 中产品名称这一公共属性。全外连接可保证所有行都包含在合并报表中，即使它们仅出现在一个查询结果集中。这种连接，通常称为跨钻，如果维度表属性值相等，则会是非常直接的。

产品描述	订单数量	库存数量	销售数量
Baked Well Sourdough	1,201	935	1,042
Fluffy Light Sliced White	1,472	801	922
Fluffy Sliced Whole Wheat	846	513	368

图 4-12　利用一致性维度属性实现跨事实表钻取

许多 BI 产品和平台都支持跨钻。其实现的差别在于连接的查询结果是否放在临时表或应用服务器或报表中。供应商也使用不同术语来描述这一技术，包括多遍、多选择、多事实、组合查询等，由于来自不同事实表的矩阵在跨钻查询中要放在一起，通常跨事实计算必须在不同一致性结果返回后，由 BI 应用完成。

一致性维度来自不同风格，以下各节将讨论这些风格。

4.6.2　相同的一致性维度

从最基础的层面来看，一致性维度意味着每个可能存在的事实表在连接时具有相同的连接属性。日期维度与销售事实的连接等于日期维度表与库存事实的连接。相等的一致性维度具有一致性的维度键、属性列名、属性定义和属性值(可以转换为一致性的报表标识和分组)。如果在一个维度中被称为月，另外一个维度中称为月名，则认为维度属性是不一致的；同样，如果某个维度中的一个属性值是"July"，另外一个维度中属性值是"JULY"，则称它们是不一致的。两个维度模型具有相等的一致性维度在物理上可能是数据库中的同一个表。然而,在多数据库平台的 DW/BI 系统的技术环境下,最可能存在的情况是维度在 ETL 系统中建立,然后被同步复制到每个维度模型中。无论哪种情况,不同维度模型中的一致性日期维度具有相等的行数量,相同的关键词值,相同的属性标识,相同的属性日期定义和相同的属性值。属性列名在多个维度中具有唯一的标识。

多数一致性维度自然地定义为尽可能最低的粒度级别。产品维度的粒度将是每个产品;日期维度的粒度定义为每天。然而,有时同种粒度级别的维度并非完全一致。例如,库存分析可能需要产品和商店属性,但是它们无法用于分析零售数据。如果键和公共列相等,则维度表仍然会保持一致,但是库存模式的辅助属性可能会不一致,使用这些附加属性从物理上来说是无法实现跨过程钻取操作的。

4.6.3 包含属性子集的缩减上卷一致性维度

当某些维度包含来自更细粒度维度的属性子集时也可能是一致的。当事实表获取比原子基本维度更高级别粒度的性能度量时,需要缩减上卷维度。当除了需要日库存快照外,还需要周库存快照时,会出现这样的要求。其他情况包括,事实表由包含更高粒度的其他业务过程建立时。例如,零售过程获取原子产品级别的数据,而预测需要建立品牌级别的数据。无法跨两个业务过程模式,共享单一产品维度表,因为它们需要的粒度是不同的。如果品牌表属性是原子产品表属性的严格的子集,则产品和品牌维度仍然是一致的。对细节和上卷维度表来说,属性(例如,品牌和分类描述)是公共的,其标识和定义相同,两个表中的值相同,如图4-13所示。然而,细节和上卷维度表的主键是不同的。

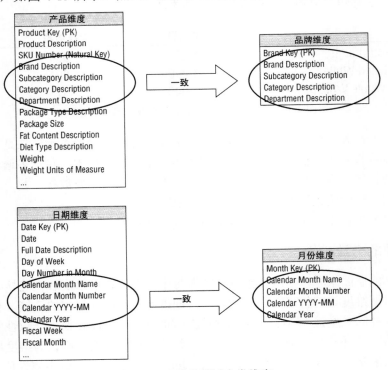

图 4-13　一致的缩减上卷维度

注意:

如果缩减上卷维度的属性是原子维度属性的真子集,则缩减上卷维度与基本原子维度保持一致。

4.6.4　包含行子集的缩减一致性维度

当两个维度处于同一细节粒度,但是其中一个仅仅是行的子集时,会产生另外一种一致性维度构造子集。例如,某公司产品维度包含跨多个不同业务列表的所有产品组合,如图 4-14 所示。对不同业务的分析可能需要浏览企业维度的子集,对需要分析的维度仅包含部分产品行。通过使用行的子集,不会破坏企业的整个产品集合。当然,与该子维度连接的事实表必须被限制在同样的产品子集。如果用户试图使用缩减子集维度,访问包含所有产品的集合,则因为违反了参照完整性,他们可能会得到预料之外的查询结果。需要认识到这种造成用户混淆或错误的维度行子集的情况。我们将在第 10 章讨论超类和子类维度时详细描述维度子集。

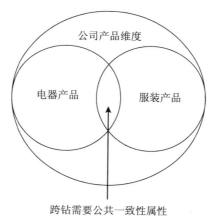

图 4-14　具有相同粒度的一致维度子集

一致性日期和月份维度是用于展示行和列维度的子集的独特实例。显然,无法简单地使用同样的日期维度访问日或月事实表,因为它们的上卷粒度不同。然而,月维度可以包含月结束日期表行,当然需要排除所有不能应用月粒度的列。例如,周中的工作日/周末标识、周结束日期、假日标识、年中的日号码等。有时,在日日期维度中的月结束标识可用于方便建立该月维度表。

4.6.5　总线矩阵的缩减一致性维度

总线矩阵可以标识跨多个业务过程的可重用公共维度。通常,矩阵中标示出的元素表示参与给定过程的原子维度。当涉及缩减上卷维度或子维度时,可通过原子维度增强它们的一致性。因此,不需要在总线矩阵上建立一个新的、无关的列。有两种可行的方法用于在矩阵中表示缩减维度,如图 4-15 所示。

	日期
提出购买订单	X
接收发货	X
库存	X
零售	X
零售预测	X 月

或

日期	
天	月
X	
X	
X	
X	
	X

图 4-15 区分总线矩阵缩减维度的可选方案

- 标记原子维度的元素，然后在元素上用文本标注上卷或行子集粒度。
- 细分维度列以表明公共上卷或子集粒度，例如，如果过程按照天或月收集数据，则标记为天或月。

4.6.6 有限一致性

到目前为止，已经详细讲解了一致性维度的重要性，下面针对在某个组织内建立一致性维度的可行性和必要性这一问题的环境进行讨论。如果某个集团公司是由业务范围广泛的众多分公司组成，也许没有必要对其开展集成工作。如果每个业务线具有特定客户和特定产品，而且没有跨不同行业交叉销售的可能性，则试图从整体上建立一个企业结构就显得毫无意义，因为可能不会存在什么商业价值。为产品、客户或其他维度寻找公共定义的愿望是建立企业 DW/BI 系统理论目标的试金石。如果没有建立公共定义的意愿，组织就没有必要建立企业 DW/BI 环境。也许为每个分支企业建立不同的、自包含的数据仓库效果会更好。但是当人们需要"企业绩效"时，不要抱怨没有考虑过这一逻辑。

尽管机构可能会发现跨不同行业合并数据的困难性，但一定程度上的集成通常成为最终的目标。与其伸臂宣称集成不可能实现，不如步入整合之路。也许会有那么少数几个属性可以在不同行业保持一致性。即使仅仅只有一个产品描述、分类和所有业务公共的业务属性列表，这一最小公共方法仍然向正确的方向迈出了一步。在继续工作前，不需要让所有人对与维度有关的一切事情达成一致。

4.6.7 数据治理与管理的重要性

我们大力宣传一致性维度的重要性，但是我们也需要承认其存在的一个问题：如何取得企业对维度属性名称和内容的一致认可(关于内容变化的问题将在第5章讨论)。在多数组织中，传统上，业务规则和数据定义是由部门制定的。这样常常遭遇数据治理和控制的缺失，所造成的结果是无处不在的部门数据孤岛，包含看起来相似但实际存在差别的不同版本。如果有机会给这种混乱带来秩序，业务和 IT 经理就需要认识到解决这一问题的重要性。如果管理层不愿意推动改变，则项目绝不会有成功的希望。

一旦数据治理问题与机会被高级领导认识到，就需要确定资源以开始努力工作。通常由 IT 负责。将孤岛式的项目围绕企业来重建数据令他们感到沮丧，消耗数不清的 IT 和外部资源，结果发布的仍然是不一致的解决方案，投入巨大，最终结果是增加了企业数据结构的复杂性。尽管 IT 可以方便地定义一致性维度，但仅仅由 IT 来驾驭整个系统，即使是临时安排，也鲜有成功先例。IT 缺乏推进该项工作的权威和力量。

1. 业务驱动的治理

为提高业务被接受的可能，最初需要具有业务背景的主题专家领导。领导一个跨组织的治理项目，需要强大的核心。业务领导应该具备的治理资源应该具有下列特征：

- 来自组织
- 对企业的操作具有广泛的了解
- 能够平衡组织与部门需要
- 具有权威能够挑战现状并执行政策
- 强大的沟通能力
- 具有精明地组织谈判并达成一致的能力

显然，适合担任这一角色的人并不多。通常开发最初的治理项目具有极高的价值和需求，需要采取正确的技能、经验和信任来合理化不同的业务场景，驱动公共参考数据设计，以及做出需要的组织协调。多年来，某些人批评一致性维度太困难。的确，一致性维度需要不同业务层面的人共同使用某些公共属性名称、定义和值，问题的症结在于统一和集成数据。如果每个人需要他们自己的标签和业务规则，则无法按照要求建立统一版本的系统。数据治理项目关键是实现一种企业文化的转变，从通常的由每个部门保持对他们的数据的控制与分析这样的孤立环境，转变到可以在整个企业共享和使用。

2. 治理目标

数据治理功能的关键目标之一是针对数据定义、标识、领域值达成一致，确保大家使用同一种语言交谈。否则，同样一个词汇可能描述的是不同的事情，不同的词汇可能描述同样的事情，同样的值可能有不同的含义。建立公共主数据通常要当成政治问题来抓，存在的挑战通常不是技术的，而是文化与地缘的。定义一个主要的描述性一致性维度的基础需要做大量工作。在达成一致后，后续的 DW/BI 工作可以利用前期的基础工作，这样能够确保一致性和减少实现的分布周期。

除了处理数据定义和内容外，数据治理功能也需要建立有关保证数据质量和准确性，以及数据安全和访问控制等方面的策略和责任。

历史上，DW/BI 小组为维度一致性和 ETL 系统中的数据清洗与集成映射建立"菜单"，操作型系统关注准确获得性能度量，但通常针对如何确保一致的公共参考数据未做什么工作。企业资源规划(Enterprise Resource Planning，ERP)系统答应要填补空白，但是许多组织仍然依靠不同的最佳方案来满足需求。最近，操作型主数据管理(Master Data Management，MDM)解决方案解决了将主数据集中到获取事务的源上的需求。尽管技术可以推进数据集成，但它不能解决问题。无论采用何种技术，强大的数据治理功能是构建一致性信息的先决条件。

4.6.8 一致性维度与敏捷开发

悲观者认为，尽管他们希望在其 DW/BI 环境中发布和共享一致性定义的主一致维度，但这一想法是不现实的。他们解释说如果可以，他们一定会这么做，但是由于高管层关注使用敏捷开发技术，因此花时间达成针对一致性维度的一致理解是不可能的。可以达成一致，通过自上而下，明确一致性维度能够确保敏捷 DW/BI 开发以及敏捷决策制定。

一致性维度允许维度表同时被建立和维护，而不是每个开发周期中重建稍稍存在差别的版本。在多个项目中重用一致性维度，使您能够利用更多的敏捷 DW/BI 开发。当您充实主一致性维度内容时，开发引擎开始转动得越来越快。当开发者重用已经存在的一致性维度时，对新的业务过程数据源的市场投放将缩减。最后，ETL 开发几乎完全关注发布更多的事实表，因为关联的维度表已经存在，随时可用。

定义一致性维度需要组织对数据管理工作的一致意见和承诺，但不需要让每个人对每个维度表的每个属性都达成一致。最小程度上，应该区分那些会出现在整个企业中的属性子集。这些公共参考描述特征将成为一致性属性的初始集合，确保跨钻集成。即使仅有一个属性，例如，企业产品分类，也是集成工作的切实可行的开始点。经过一段时间，可以从初始点出发，迭代扩展，增加属性。在结构化敏捷开发时，可以处理这些维度。当一系列结果发布物合并起来，将具有较大的价值，将由它们构成业务用户的发布版本。

若由于存在工作压力，而不关注一致性维度，部门分析数据孤岛可能具有不一致的分类和标号。更麻烦的是，因为有相似的标识，数据集合看起来好像能够进行比较和集成，但是业务规则却存在差异。业务用户浪费大量时间试图协调并解决数据不一致问题，这种情况将会给他们造成不良的影响。

希望采用敏捷系统开发实践的高级 IT 管理人员，在处理与结对成员的关系，开发一致性维度时，如果他们关注跨企业的长期开发效益和长期决策制定有效性，则应该承担更大的组织压力。

4.7 一致性事实

到目前为止，我们考虑了设置一致性维度并与维度模型关联的中心任务。这些工作涉及数据结构工作的 95%或更多。余下的 5%工作就是建立一致性事实定义。

收入、利润、标准价格和开销、质量度量、客户满意度，以及其他关键性能指标(Key Performance Indicator，KPI)是必须保持一致的事实。如果事实与不止一个维度模型关联，那么针对这些事实的基本定义和等式，如果是针对同一件事情，则必须相同。如果标识相同，则它们需要被定义同样的维度环境且具有同样的度量单位。例如，如果几个业务过程报告收入，那么可以将这些不同收入度量相加并进行比较，条件是它们具有同样的金融定义。如果定义有差别，则表明收入事实是不同的。

注意:
在数据命名实践中必须坚守纪律。如果无法完全符合事实，则应该给出不同的命名以做出不同的解释，只有这样，商业用户在计算时才不会合并这些不兼容的事实。

　　有时在某个事实表中的事实具有自然的度量单位，而在另外一个事实表中具有另外的自然的度量单位。例如，销售价值链上的产品流在仓库最好以发货箱度量，而对商店最好以扫描单位度量。即使所有的维度因素都被仔细考虑过，将两种不兼容的度量单位放入同一跨钻报表中也是非常困难的。通常解决此类问题的方案是为用户提供隐藏在产品维度表上的转换因子，希望用户能够发现转换因子并正确使用它。这种方法由于其高开销和脆弱性而无法接受，正确的方法是包含事实的两种度量单位，报表可以方便地在价值链上滑动，获取可比较的事实。第 6 章将讨论更多有关多度量单位的问题。

4.8　本章小结

　　本章主要从三个当前的库存观点讨论维度模型的开发。长远来看，针对不断变化的库存场景，周期快照是较好的选择。对具有确定的开始和结束的情况，在有限的库存流水线环境中使用累积快照是较好的选择。最后，大多数数库存分析需要事务模式以增强这些快照模型。

　　我们介绍了围绕企业数据仓库总线架构和矩阵的关键概念。价值链上的每个由一个主要的源系统支撑的业务过程，转换为总线矩阵上的行，最后形成维度模型。矩阵行共享数量惊人的标准的一致性维度。如果打算建立 DW/BI 系统，构建一个集成的维度模型集合，那么开发并坚持采用企业总线架构是绝对必要的。

第 **5** 章

采　购

本章将研究采购过程。采购这一主题领域显然具有跨行业的需求，因为它可应用到任何需要使用或销售的产品或服务的组织中。

除了开发几个购销模型外，本章还提供了深入处理维度表属性值变化的技术。尽管维度表中的描述性属性相对而言不太容易发生变化，但它们也会随着时间发生变化。产品列表被重构，引起产品层次发生变化。客户搬迁将引起其地理位置信息发生变化。我们将讨论几种处理维度表发生不可避免的变化的方法。Kimball 方法的追随者将这些方法理解为类型 1、类型 2 和类型 3 技术。遵循这一传统，我们将扩展缓慢变化维度技术与类型 0、类型 4、类型 5、类型 6 和类型 7。

本章讨论以下概念：

- 采购过程的总线矩阵片断
- 混合与分离事务模式
- 缓慢变化维度技术类型 0～类型 7，覆盖基本和高级混合场景

5.1　采购案例研究

到目前为止，我们已经研究了处于销售价值链下游的销售和库存过程。解释了映射到企业数据仓库总线架构的重要性，其中一致性维度被以过程为中心的多个事实表所使用。本章将随着探讨价值链上的采购过程的工作，更加深入地开展对这些概念的研究工作。

对许多公司来说，采购是关键的业务活动。以正确的价格开展有效的产品采购活动对零售企业和批发商来说显然是非常重要的。采购对那些以购买产品为原材料进行加工制造的企业来说也有强烈的影响。节省开销往往涉及减少供应商数量并与适合的供应商签订合同。

需求计划驱动有效的物料管理。完成需求预测后，采购就是以最经济的方式获得适当的材料或产品来源。采购涉及范围广泛的活动，从谈判合同到发起购买清单及购买订单，到跟踪票据及授权付款。以下列表给出了采购组织的常见分析需求：

- 最常采购的材料或产品是什么？有多少供应商提供这些产品？价格是多少？考察整个企业(不仅仅是单一物理位置)的需求，有机会通过整合供应商，单一化来源或保证购买等方式通过谈判获得满意的价格吗？

- 雇员是从首选供应商处购买的吗？是否采用不正当手段回避了通过谈判获得的供应商协议？
- 从供应商处获得过谈判价格吗？供应商合同购买价格发生变化了吗？
- 供应商的执行情况如何？供应商供应比率是多少？能够按时交货吗?延迟交货情况如何？返回订单的百分比是多少？收到的检验拒绝率是多少？

5.2 采购事务与总线矩阵

以4步维度设计过程开始，首先确定采购是要建模的业务过程。在研究该过程0时，观察一系列采购事务，例如，采购请求、采购订单、托运通知、发票和付款等。与第4章中采用的方法类似，事实表的初始设计以每个包含事务日期、产品、供应商、合同条款和采购事务类型的采购事务作为主键维度的粒度行。采购事务数量和额度是事实。设计结果如图5-1所示。

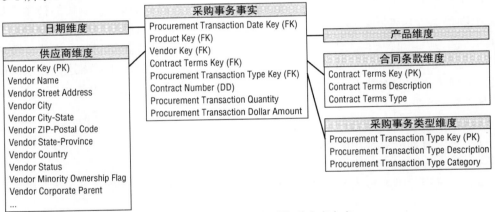

图 5-1 具有多种事务类型的采购事实表

如果您所工作的零售商与早期研究案例的情况类似，则事务日期和产品维度是与第3章中开发的维度同样的一致性维度。如果工作于制造业采购业务，原材料产品可能位于不同原材料维度表而不是包含在畅销产品的产品维度中。供应商、合同条款和采购事务类型维度是这一模式的新维度。供应商维度中每个供应商一行，包括有趣的描述性属性，用以支持不同的供应商分析。合同条款维度对每个议定条款的广义集合包含一行，与第3章提出的促销维度类似。采购事务类型维度用于分组或过滤事务类型，例如，购买订单。合同号是一个退化维度，可用于确定已签订合同的业务合同的数量。

5.2.1 单一事务事实表与多事务事实表

当审查包含业务用户的初始的采购模式时，可以学习几个新的细节问题。首先，业务用户描述了各种不同的采购事务。从业务来看，采购订单、发货通知、仓库清单、供应商付款所有这些都被视为不同的、独特的过程。

多个采购事务来自不同的源系统。购买系统负责提供购买需求和购买订单，仓库系统负责提供发货通知和仓库清单，账户支付系统负责处理供应商付款。

　　您还会发现，多个事务类型具有不同的维度。例如，折扣应用到供应商付款但未应用到其他事务类型。类似地，在仓库接收货物的雇员名称将应用到清单中，但在其他地方没有任何意义。

　　这里还包含许多有趣的控制号，例如，购买订单号和付款检验号，它们是在采购流水线的不同步骤建立的。这些控制号是建立退化维度的最佳候选。对某些事务类型，可能会包含不止一个控制号。

　　在整理这些新的细节时，您会面对一个设计决策。是否应该建立一个包含用于观察所有采购事务的事务类型维度的混合事务事实表，或者为每个事务类型建立不同的事实表？这个问题是设计上的一个两难问题，存在于很多事务环境中，不仅仅出现在采购事务环境中。

　　作为维度建模者，需要基于对业务需求的全面理解，并权衡源数据的现实情况，制定设计决策。对于是否使用单一事实表或者多个事实表的问题，没有简单的判别公式能够做出正确的回答，单一事实表和多事实表各有其适合的环境。在面对这样的设计决策时，下列思考可能会有助于确定如何选择：

- **用户的分析需求是什么？**目标是通过以最有效的方式给商业用户展现数据。商业用户最常用的分析数据的方式是什么？哪种方法能够最自然地与他们的业务为中心的期望符合？
- **的确存在多个独特的业务过程吗？**在采购实例中，购买产品(购买订单)与接收产品(清单)似乎是不同的。每个步骤中不同控制号码的存在是一个处理不同过程的线索。在这种环境下，可能趋向于使用不同的事实表。与之比较，第 4 章的案例中，不同的库存事务是单一的库存过程的组成部分，因此应该选择单一事实表设计。
- **多个源系统获取同样粒度的度量吗？**本例中包括三个不同的源系统：购买、仓库和应付账款。这种情况应该采用不同的事实表。
- **事实的维度是什么？**在此采购案例中，不同维度被应用到一些事务类型，但没有应用到其他的事务类型，这种情况应该使用不同的事实表。

　　一种简单的权衡方法是画出图 5-2 所示的总线矩阵。可以增加两列用以区分每行的原子粒度和度量。这些矩阵使得它更类似详细实现的总线矩阵，我们将在第 16 章中进行深入的讨论。

业务过程	原子粒度	度量	日期	产品	供应商	合同条款	雇员	仓库	运输公司
购买清单	清单每项 1 行	每购物项数量与价格	X	X	X	X	X		
购买订单	每个购买订单 1 行	每个购买订单数量与价格	X	X	X	X	X	X	X
货运通知	每个货运通知行 1 行	货运数量	X	X	X			X	X
仓库收据	每个收据行 1 行	接收数量	X	X	X			X	
供应商发票	每个发票行 1 行	发票数量与价格	X	X	X	X		X	
供应商支付	每个支付 1 行	发票、折扣及净支付额	X	X	X	X		X	

图 5-2　采购过程的总线矩阵行示例

　　基于设想的案例研究总线矩阵，采用多个事务事实表，如图 5-3 所示。在此示例中，针对购买需求、购买订单、发货通知、仓库收据、供应商付款等业务构建了不同的事实表。

这样选择的原因在于用户将这些活动视为不同的业务过程,数据来自不同的数据源,对不同事务类型有特定的维度。多个事实表能够保证具有丰富的、更具有描述性的维度和属性。单一事实表可能需要为同样的维度建立一般化的标号。例如,购买订单日期和收货日期可以一般化为简单的事务日期。同样,购买主体和接收成员可能为雇员。这种一般化方法降低了产生的维度模型的易读性。同时,采用不同事实表时,从采购需求到付款的过程,要面对不同的事实表,事实表继承了先前步骤的维度。

日期维度		产品维度
供应商维度		合同条款维度
雇员维度		仓库维度
运输公司维度		

购买清单事实
Purchase Requisition Date Key (FK)
Product Key (FK)
Vendor Key (FK)
Contract Terms Key (FK)
Employee Requested By Key (FK)
Contract Number (DD)
Purchase Requisition Number (DD)
Purchase Requisition Quantity
Purchase Requisition Dollar Amount

购买订单事实
Purchase Order Date Key (FK)
Requested By Date Key (FK)
Product Key (FK)
Vendor Key (FK)
Contract Terms Key (FK)
Warehouse Key (FK)
Carrier Key (FK)
Employee Ordered By Key (FK)
Employee Purchase Agent Key (FK)
Contract Number (DD)
Purchase Requisition Number (DD)
Purchase Order Number (DD)
Purchase Order Quantity
Purchase Order Dollar Amount

发货通知事实
Shipping Notification Date Key (FK)
Estimated Arrival Date Key (FK)
Requested By Date Key (FK)
Product Key (FK)
Vendor Key (FK)
Warehouse Key (FK)
Carrier Key (FK)
Employee Ordered By Key (FK)
Purchase Order Number (DD)
Shipping Notification Number (DD)
Shipped Quantity

仓库收据事实
Warehouse Receipt Date Key (FK)
Requested By Date Key (FK)
Product Key (FK)
Vendor Key (FK)
Warehouse Key (FK)
Carrier Key (FK)
Employee Ordered By Key (FK)
Employee Received By Key (FK)
Purchase Order Number (DD)
Shipping Notification Number (DD)
Warehouse Receipt Number (DD)
Received Quantity

供应商支付事实
Vendor Payment Date Key (FK)
Product Key (FK)
Vendor Key (FK)
Warehouse Key (FK)
Contract Terms Key (FK)
Contract Number (DD)
Payment Check Number (DD)
Vendor Invoice Dollar Amount
Vendor Discount Dollar Amount
Vendor Net Payment Dollar Amount

图 5-3 采购过程涉及的多个事实表

多个事实表需要更多的管理时间和管理员，因为涉及多个需要加载、索引和聚集的表。某些人认为该方法增加了 ETL 过程的复杂性。实际上，这种方法简化了 ETL 活动。从不同的源系统加载操作型数据到不同的事实表，与试图将多个源的数据集成到单一事实表比较，可能需要更少的 ETL 处理。

5.2.2 辅助采购快照

除了要考虑多个采购事务事实表的决策外，还需要开发快照事实表，以全面解决业务需求。正如第 4 章所建议的那样，如果业务想要监督产品在采购流水线中的运动情况(包括每个阶段的持续时间)，类似图 5-4，跨过程的累积快照将会是非常有用的。累积快照是指用定义良好的里程碑建模的过程。如果过程不断持续，如终不会结束，采用累积快照并不是一个好的选择。

图 5-4 采购流水线累积快照模式

5.3 缓慢变化维度(SCD)基础

我们曾经假定维度不会随时间而发生变化。遗憾的是，现实情况并非如此。尽管维度表属性相对稳定，但它们不可能是一成不变的，尽管相当缓慢，属性值仍会随时间发生变化。维度设计者必须与义务数据治理负责人共同努力，确定采用适当策略来应对发生的变化。不要简单地得出不需要关注维度变化的结论，因为在需求获取阶段，一般不会提及维度变化的问题。虽然IT认为没有必要开展准确的变化跟踪工作,但业务用户可能认为 DW/BI 系统能允许他们观察每个属性值变化所带来的影响。显然应未雨绸缪。

注意:

业务数据治理和管理代表必须积极参与有关处理缓慢变化维度属性的问题，不应该由 IT 单独做出决定。

在需要跟踪变化时，常见的做法是将每个将要变化的属性放入事实表中，因为一般认为维度表不会发生变化。当然这是无法接受并且不现实的。相反，应当考虑采取策略处理维度表中存在的缓慢变化属性。自从 Ralph Kimball 于 1995 年第一次引入缓慢变化维度 (Slowly Changing Dimension，SCD)这一概念后，那些永无止境追求采用缩略词的 IT 专家就将其称为 SCD。

对每个维度表的属性，都需要考虑为其定义处理变化的策略。换句话说，要考虑当操作型世界中的某个属性值发生变化时,如何在维度模型中响应这一变化？在后面几小节中，我们将描述处理属性变化的几个基本技术，以及更高级的选择。在单一维度表中有可能需要联合使用这些技术。

Kimball 方法的追随者可能已经熟悉 SCD 类型 1、类型 2 和类型 3。因为易读性是我们大力宣传的重要方面，所以我们有时希望能够以更具有描述性的名称替代，例如，"重写"。但是将近 20 年过去了，"类型号"已成为 DW/BI 语言中规中矩的一部分。正如您将看到的那样，我们决定通过为已经描述的但是过去很少被准确标识的技术分配新的 SCD 类型号来扩展这一主题。我们希望分配特定号码以方便与小组成员间轻松地交流。

5.3.1　类型 0：保留原始值

以前并未给这一技术分配类型号，但是它自 SCD 出现以来就始终存在。标记为类型 0，维度属性值绝不会变化，因此事实始终按照该原始值分组。类型 0 适合任何标记为"原始"的属性，例如，客户原始信用分值。它也可以应用到日期维度的大多数属性中。

正如我们在第 3 章中坚决主张的那样，维度表的主键是代理键而不依赖操作型自然主键。尽管我们将自然键降级为普通维度属性，但它仍然具有特殊意义。假设其具有持久性，这一特性是不可改变的。持久性键始终是类型 0 属性。除非另有说明，本章在对 SCD 的讨论中，持久性超自然键都被假定为常量，如第 3 章所述。

5.3.2　类型 1：重写

对缓慢变化维度类型 1 来说，对其响应需要重写维度行中的旧值，以当前值替换。属性始终反映最近的情况。

如果您为某个电子类零售商工作，其产品按照零售商店的部门上卷。其中有一种称为 "IntelliKidz"的软件，产品维度表中针对该产品的行如图 5-5 所示。当然，产品维度中还包括其他的描述性属性，但是我们为简化而省略了属性列表。

产品维度原始行：

产品键	产品统一编号(NK)	产品描述	部门名称
12345	ABC922-Z	IntelliKidz	Education

更新后的产品维度行：

产品键	产品统一编号(NK)	产品描述	部门名称
12345	ABC922-Z	IntelliKidz	Strategy

图 5-5　SCD 类型 1 示例行

假设新销售人员决定从 2013 年 2 月 1 日开始，将 IntelliKidz 软件从教育类移动到战略类以增加销售。针对类型 1 响应，应该简单地修改维度表中已经存在的行，将其修改为新的部门类别。如图 5-5 所示。

在此情况下，在 IntelliKidz 软件的归属部门发生变化时，维度或事实表主键并未发生变化。事实表行仍然可引用产品键 12345，无论 IntelliKidz 软件处于何种部门中。当销售跟随变化移动至战略部门时，您没有用于解释性能改进的信息，因为历史事实和最新产生的事实都认为 IntelliKidz 产品是战略部门的产品，尽管以前它曾属于教育部门。

类型 1 响应是应对维度属性变化的最简单的方法。在维度表中，仅需以当前值重写先前存在的值。不需要触碰事实表。类型 1 存在的问题是将会失去属性变化的所有历史记录。因为重写删除了历史属性值，您仅保存了当前最新的属性值。如果对属性变化并不是很在意，那么采用类型 1 响应是比较合适的。如果不需要保存过去的描述，则也适合采用类型 1 响应。然而，很多 DW/BI 项目小组默认采用类型 1 响应缓慢变化维度，如果业务需要准确地跟踪历史变化，则采用类型 1 响应最终会为此丢分。在采用类型 1 后，未来若想改变内容将非常困难。

注意：
类型 1 响应易于实现，但是无法保留属性的历史值。

在结束类型 1 讨论前，请注意同样的 BI 应用在类型 1 属性变化前与变化后可能会产生不同的结果。当维度属性类型 1 重写发生后，事实行将与新的描述性环境关联。商业用户按照部门在 1 月 31 日或 2 月 1 日开展上卷销售时，将产生不同的部门汇总，因为 2 月 1 日发生过类型 1 重写。

另外一个容易被忽略的问题是，采用类型 1 响应处理 IntelliKidz 产品重定位，所有先前的按照部门值产生的聚集都需要重新执行。聚集汇总数据必须持续维系到细节的原子数据上，而现在显然 IntelliKidz 始终会被按照战略部门上卷。

最后，如果维度模型通过 OLAP 多维数据库部署，类型 1 属性是一种层次上卷属性，那么类似于本例中产品的部门，当类型 1 属性变化时，多维数据库可能需要重新处理。最低程度上，与关系环境类似，多维数据库的性能聚集需要重新计算。

警告:

即使类型 1 变化最易实现,也需要记住它们将会导致关系表或 OLAP 多维数据库在针对受影响属性的聚集时产生错误。

5.3.3 类型 2:增加新行

在第 1 章中,我们提到 DW/BI 系统的目标之一是正确表示历史。当提及缓慢变化维度属性时,类型 2 响应就是主要应用于支持这一需求的技术。

使用类型 2 方法,当 IntelliKidz 的部门在 2013 年 2 月 1 日发生变化后,新产品维度行将被插入以应对 IntelliKidz 的变化,反映新的部门属性值。针对 IntelliKidz,则存在如图 5-6 所示的两个产品维度行。每行包含 IntelliKidz 属性针对不同时间范围的真实值。

产品维度原始行:

产品键	产品统一编号(NK)	产品描述	部门名称	...	行有效日期	行失效日期	当前行指示器
12345	ABC922-Z	IntelliKidz	Education	...	2012-01-01	9999-12-31	Current

重新分配部门后的产品维度行:

产品键	产品统一编号(NK)	产品描述	部门名称	...	行有效日期	行失效日期	当前行指示器
12345	ABC922-Z	IntelliKidz	Education	...	2012-01-01	2013-01-31	Expired
25984	ABC922-Z	IntelliKidz	Strategy	...	2013-02-01	9999-12-31	Current

图 5-6 SCD 类型 2 示例行

发生类型 2 变化时,事实表仍然没有被改变;不需要返回历史事实表行,修改产品主键。在事实表中,IntelliKidz 涉及的行在 2013 年 2 月 1 日前,其产品键是 12345,当按照产品上卷到教育部门时引用的主键是 12345。在 2 月 1 日后,将产生新的 IntelliKidz 事实行,其产品键是 25984,反映该产品已经移动到战略部门。这就是为什么说类型 2 响应正好按照变化情况划分了历史信息的原因。无论报表建立于类型 2 变化发生前或者是发生后,汇总 2 月 1 日前事实的报表看起来是完全相同的。

下面根据属性变化属于类型 1 或类型 2,强调两种情况下报表结果的差异。假设电子零售商在 2013 年 1 月卖出$500 的 IntelliKidz 软件,2013 年 2 月卖出$100。如果部门属性是类型 1 属性,对 2013 年 1 月到 2 月销售情况的查询结果将是战略部门的$600。相反,如果部门属性是类型 2 属性,则销售查询结果将是教育部门的$500 和战略部门的$100。

与类型 1 不同,在使用类型 2 技术时,不需要再次考虑先前存在的聚集表。同样,如果层次属性被当成是类型 2 属性时,OLAP 多维数据库也不需要重新处理聚集结果。

如果按照部门属性加以约束,则两个产品结果是不同的。如果按照产品描述加以约束,查询将自动获取 IntelliKidz 产品的两个维度行,并自动连接到事实表获取完整的产品历史。若需要正确地计算产品数量,需要使用产品统一编号(SKU)自然键属性作为不同计数的基础,而不要使用代理键。自然键列成为连接不同类型 2 行以产生单一产品的关键。

注意：

类型 2 响应是精确跟踪缓慢变化维度属性的主要技术。因为新维度行能够自动划分事实表的历史，因此这是一种非常好的技术。

如果从业务角度考虑，不能完全确定某一属性的 SCD 业务规则时，采用类型 2 是一种安全的应对策略。正如我们将在 5.4.2 和 5.4.3 小节中讨论的那样，当某个属性按照类型 2 响应处理时，您可以提供类型 1 描述重写，反之则不成立。如果将某个属性当成类型 1 属性，则返回到类型 2 追溯属性将非常困难，要建立新维度行然后适当地重新确定事实表的主键。

1. 类型 2 有效日期和失效日期

当维度表包括类型 2 属性时，应该为每行增加几个方便管理的列，如图 5-6 所示。有效日期和失效日期指的是当行属性值处于有效或失效的时刻。有效和失效日期或日期/时间戳在 ETL 系统中是非常有用的，因为 ETL 系统需要知道当加载历史事实行时，哪个代理键是有效的。有效日期和失效日期支持对维度的精确的时间分片，然而，没有必要在维度表中约束这些日期用以获得事实表中的答案。有效日期行是描述事务有效的第一天。当新产品首次加载到维度表时，失效日期设置为 9999 年 12 月 31 日。避免失效日期出现空值，就可以使用 BETWEEN 命令发现在一定时期内有效的维度行。

当新行增加到维度中以获取类型 2 属性变化时，先前的行过期了。通常建议旧行的结束日期刚好在新行的有效日期前，不要在这些有效日期与失效日期间留下时间间隔。定义"刚好在前"要看跟踪的变化的粒度。通常，有效日期和失效日期表示变化是按天度量的。如果要跟踪更细微的粒度，则需要使用日期/时间戳。在此实例中，可以选择应用不同业务规则，例如，设置行失效日期正好等于下一行的有效日期。这需要如">=有效日期且<失效日期"这样的约束逻辑，使用 BETWEEN 是无效的。

有人认为仅仅使用有效日期就可以，但这样做在定位维度行时，当最新的有效日期小于等于查询日期时，会使搜索变得非常复杂。存储明确的失效日期可简化查询过程。同样，当前行标识是另外一个有用的可管理维度属性，可快速约束查询以获得当前状态。

缓慢变化维度类型 2 响应需要使用代理键，但是不管怎样您已经使用了它们，是吗？确实不能使用操作型自然键，因为对同一个自然键来说具有多个不同的版本。使用包含两个或三个不同版本的自然键是不够充分的，因为在面对潜在操作型问题的整个列表时，容易出现第 3 章讨论过的错误。同样，在维度表其他主键上附加有效日期用以唯一地区分不同的版本也是非常不明智的。采用类型 2 响应，可以建立新的包含新的单列主键的维度行用以区分新的产品类型。该单列主键对给定产品特征集合建立了事实表与维度表主键的关联。没有必要基于维度行的有效日期或失效日期建立一个容易混淆的辅助连接。

我们认为，某些人可能关注管理代理键以支持类型 2 变化。在第 19 章和第 20 章中，将详细讨论管理代理键以及适应类型 2 变化的工作流程。

2. 类型 2 维度中的类型 1 属性

在同一个维度中混合使用多种缓慢变化维度技术也是比较常见的。在维度中同时使用类型 1 和类型 2 时，有时类型 1 属性变化要求更新多个维度行。假设某维度表中包含某个产品的推出日期。当另外一个属性发生类型 2 变化后，该属性正确地运用了类型 1 变化，如图 5-7 所示，与推出时间有关的 IntelliKidz 的两个版本都可能会发生变化。

产品维度中的原始行：

产品键	产品统一编号(NK)	产品描述	部门名称	推出日期	...	行有效日期	行失效日期	当前行指示器
12345	ABC922-Z	IntelliKidz	Education	2012-12-15	...	2012-01-01	9999-12-31	Current

按照类型 2 变化的部门名称和类型 1 变化的推出日期的产品维度行：

产品键	产品统一编号(NK)	产品描述	部门名称	推出日期	...	行有效日期	行失效日期	当前行指示器
12345	ABC922-Z	IntelliKidz	Education	2012-01-01	...	2012-01-01	2013-01-31	Expired
25984	ABC922-Z	IntelliKidz	Strategy	2012-01-01	...	2013-02-01	9999-12-31	Current

图 5-7　维度中包含类型 2 属性的类型 1 更新示例行

针对此场景，数据管理员需要参与定义 ETL 业务规则。尽管 DW/BI 小组可促进有关适当更新的处理问题，但还是应该由业务数据管理员制定最终的决定，而不是由 DW/BI 小组来决定。

5.3.4　类型 3：增加新属性

尽管类型 2 响应能够区分历史情况，但它无法确保能够将新属性值与过去的历史事实关联，反之亦然。采用类型 2 响应，当需要约束部门属性为战略部门时，只能看到 2013 年 2 月 1 日后的 IntelliKidz 事实。多数情况下，这恰好是您所希望看到的。

然而，有时可能希望看到事实数据，好像没有发生变化。在销售队伍重组时往往会发生这样的要求。地区边界可能被重新划分，但是某些用户仍然希望能够按照先前的地区上卷最近的销售情况，以观察他们在过去的组织结构中销售完成的情况。几个月的过渡期，可能需要跟踪新地区的历史以按照过去的地区边界反向跟踪新事实数据。类型 2 响应无法支持此类需求，但类型 3 可用于解决这样的问题。

在本书实例中，假定存在正当的业务需要跟踪围绕 2 月 1 日发生变化前后的新旧值。使用类型 3 响应，不需要建立新维度行，仅需要增加新列以获取属性变化，如图 5-8 所示。更改产品维度表，增加一个"先前部门"属性，将已存在的部门值(教育)放入该列中。原先的部门属性按照类型 1 来对待，按照类型 1 技术重写以反映当前值(战略)。所有存在的报表和查询立刻转换到新的部门描述，但仍然可以按照旧部门值，通过查询先前部门属性建立报表。

不要简单地认为类型 3 有更高的类型号就表示它是优先选择的方法，缓慢变化维度技术并不存在好、更好、最好的实践序列。坦率地说，类型 3 很少被使用。当需要同时支持两个不同视图时，采用类型 3 是比较适当的。类型 3 与类型 2 不同的是，类型 3 包含被认为同时正确的当前和过去属性值对。

产品维度原始行：

产品键	产品统一编号(NK)	产品描述	部门名称
12345	ABC922-Z	IntelliKidz	Education

更新后的产品维度行：

产品键	产品统一编号(NK)	产品描述	部门名称	先前部门名称
12345	ABC922-Z	IntelliKidz	Strategy	Education

图 5-8　SCD 类型 3 示例行

注意：

类型 3 缓慢变化维度技术能够确保要么通过新的，要么通过旧的属性值来考察新的和历史事实表。有时也被称为交换的现实。

对不可预测的属性变化，类型 3 无能为力。例如，客户的家庭住址(州)。无法基于反映某些客户 10 天前变化的先前家庭地址属性或者另外一些客户 10 年前的属性进行报表。针对这些无法预测的变化，最好还是用类型 2 来处理。

类型 3 最适合应用于当某个变化影响维度表中大量行的情况，例如，产品列表或销售队伍重组。此类整体发生变化是使用类型 3 的主要场景，因为业务用户通常希望能够比较当前和先前层次下组织在一段时期的性能度量。采用类型 3 变化，先前列将被标记以明确地表示变化前的分组，例如，2012 年的部门或融合前的部门。尽管提供了这些清晰的列名，但可能会对 BI 层带来有害的影响。

最后，如果类型 3 属性表示维度内层次化的上卷级别，正如在讨论类型 1 时所提到的那样，类型 3 更新和增加列可能导致需要重新处理 OLAP 多维数据库。

多类型 3 属性

如果维度属性的变化节奏可预测，有时业务方面希望基于任意历史属性值汇总性能度量。设想在每年的年初产品列表重新分类，业务方面希望基于部门的当前年份或以往年份工作查询多年的历史事实。

在此情况下，我们通过归纳类型 3 方法到一系列类型 3 维度属性获得这些变化定期的、可预测的属性，如图 5-9 所示。每个维度行，其当前部门属性被重写，增加了每个年度的名称，例如，2012 年的部门。业务用户可以基于任何部门上卷事实。如果某个产品在 2013 年推出，则 2012 年和 2011 年的部门属性可能会包括"不可应用(Not Applicable)"值。

产品维度更新后的行：

产品键	统一产品编号(NK)	产品描述	当前部门名称	2012 年部门名称	2011 年部门名称
12345	ABC922-Z	IntelliKidz	Strategy	Education	Not Applicable

图 5-9　具有多个 SCD 类型 3 属性的维度表

最近的分配列应该识别为当前部门。该属性将被频繁使用，您不希望修改已有的查询和报表以方便下一年的变化。当部门在2014年1月被重新分派时，需要改变其标识并增加"2013年部门"属性，将当前部门值加入该列，然后按照2014年部门分配情况重写当前属性。

5.3.5 类型4：增加微型维度

到目前为止，我们重点关注了维度表的缓慢渐进变化。当变化率加快时，特别是针对大型的包含几百万行的维度表，会发生什么情况呢？大型维度呈现出两个需要特别处理的困难。这类维度的容量对浏览和查询性能具有负面影响。对变化的跟踪若采用可靠的类型2技术是不适合的，因为我们不希望在包含大量行的维度表上增加更多的行，特别是面对变化频繁发生的情况。

幸运的是，可以采用一种简单的技术解决浏览性能和变化跟踪这些困难的问题。这一解决方案是采用不同的维度消除频繁分析或频繁变化的属性，这一维度技术称为微型维度。例如，可以为一组不稳定的客户人口统计学属性(例如，年龄、购买频度积分和收入水平等)建立一个微型维度，认为这些属性中的这些列被用于扩展和变化对业务是非常重要的。对每个唯一的年龄、购买频度积分和收入水平的组合，在微型维度中采用一行表示，而不是采用每个客户一行的方式。利用该方法，微型维度变成人口统计学概要的集合。尽管客户维度包含几百万行，微型维度中的行将显著减少。仅仅从原始的几百万行客户表中留下更稳定的属性。

人口统计学微型维度的样例行如图5-10所示。在建立微型维度时，不断变化的属性(例如，收入)被转换为带状范围值。换句话说，微型维度中的属性通常呈现为相对小范围的离散值。尽管此类限制使用了预定义宽度范围的集合，但它能够极大地减少微型维度中合并值的数量。如果以特定数额存储收入情况，当与其他人口统计特征属性合并时，可以以微型维度中的多行表示客户维度本身。带状范围的使用可能是使用微型维度技术最显著的方案。尽管从多个带状值中分组事实是切实可行的，但后期将带状范围划分得更细(例如，分为$30 000～$34 999)是非常困难的。如果用户坚持要访问特定的行数据值，例如，按月更新信用部门的评分，则除了作为带状值放在人口统计微型维度中，还应该将它放在事实表中。第10章将讨论动态可变带宽事实。然而在微型维度中，此类查询与约束值带宽比较效率更低。

人口统计键	年龄范围	购买频繁程度	收入级别
1	21~25	Low	<$30 000
2	21~25	Medium	<$30 000
3	21~25	High	<$30 000
4	21~25	Low	$30 000-39 999
5	21~25	Medium	$30 000-39 999
6	21~25	High	$30 000-39 999
...	...	...	...
142	26~30	Low	<$30 000
143	26~30	Medium	<$30 000
144	26~30	High	<$30 000
...	...	...	...

图5-10 SCD类型4微型维度示例行

在建立事实表行时，应包含与客户关联的两个外键：客户维度主键和微型维度人口统计主键，后者在事件发生时生效，如图 5-11 所示。微型维度通过提供针对事实的更小的入口点而提高了性能。只有当该表的属性被约束或者用作报表标识时，查询才能够避免访问庞大的客户维度表。

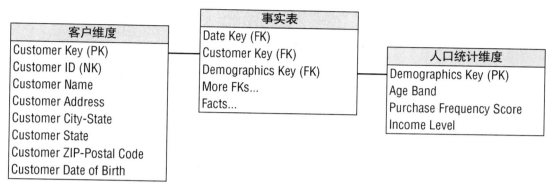

图 5-11　客户维度的类型 4 微型维度

当微型维度主键作为事实表的外键或参与其中时，另外一个好处就是事实表可获取统计意义的变化的轮廓。假设以月为基准将数据加载到周期快照事实表中，重新考虑图 5-10 中的人口统计微型维度样例行的样例，如果某个客户(例如，John Smith)25 岁，购买频度分值为低，收入为$25 000，在加载到事实表时，其初始分配的统计主键为 1。如果他的生日就在几周后，将年满 26 岁，则当再次加载事实表时，分配的主键应该是 142，其早期事实表行中的人口统计主键不会发生变化。采用这样的方法，事实表跟踪了年龄的变化情况，当加载事实表时，需要不断分配人口统计主键 142，直到他的人口统计特征发生新的变化为止。如果他的收入在几个月后提高到$32 000，则在加载新的事实表行时需要给其分配一个新的人口统计主键以反映变化情况。此时，早期存在的行，仍然不需要改变。OLAP 多维数据库也很容易适合类型 4 微型维度。

从某种意义上说，客户维度在客户属性上通常有些特性就是与事实表存在查询独立性。例如，用户可能希望知道按照年龄范围分割和分析有多少客户生活在 Dade 县。与其要求所有的分析合并客户和人口统计数据来链接事实表，不如将最近的人口统计主键值作为客户维度表的外键出现。我们将在下一节缓慢变化维度类型 5 中深入描述这一客户统计支架表的情况。

人口统计维度不能增长过大。如果维度包含 5 个统计属性，每个属性包含 10 个可能值，则理论上说最多存在 $100\,000(10^5)$ 行。若提前建立所有可能存在的组合，则这一数量是微型维度行的上限。另外一种 ETL 方案是仅当数据存在时建立。然而，即使采用替换方法，也存在一些包含超过 5 个属性，每个属性超过 10 种可能的情况。在第 10 章中我们将讨论使用多个微型维度关联单个事实表的方法。

统计概要有时会超出业务事件而发生变化，例如，在没有销售事务发生时，客户概要被更新。如果业务需要精确到时间点，则包含有效日期和失效日期的辅助性的无事实的事实表可以获取客户与统计维度之间每个关系的变化。

5.4 混合缓慢变化维度技术

在最后这一节中,我们将讨论合并基本缓慢变化维度技术的混合方法。设计人员有时对这些混合方法非常着迷,因为这些混合设计方法似乎能够提供最好的解决方案。但是,更大的分析灵活性通常会导致更大的复杂性。尽管 IT 专业人员对优雅的灵活性情有独钟,但业务用户可能会因为对复杂性的恐惧而放弃此类方法。因此不要过分强调采用这些解决方案,除非业务人员认为他们需要采用此类方法来满足其需求。

如果需要保存与事实事件关联的精确的历史维度属性,以支持按照当前属性值对历史事实构建报表的话,最后提供的这些方法是非常有意义的。基本缓慢变化维度技术本身是不能保证实现这些需求的。

我们将从考虑将类型 4 和类型 1 支架表合并的技术开始,我们将这一组合技术称为类型 5,因为 4+1=5。然后,我们将描述类型 6,该技术合并类型 1、类型 2 和类型 3 成为单一的维度属性。将该方法命名为类型 6 是因为 2+3+1=6 或 2×3×1=6。最后,将讨论类型 7,该命名仅仅是因为类型 7 是下一个可以使用的代码,类型 7 没有前面几种类型所涉及的数学意义。

5.4.1 类型 5:微型维度与类型 1 支架表

首先回顾类型 4 微型维度。该技术的特点是增加当前微型维度主键作为主维度的一个属性。该微型维度主键引用的是类型 1 属性,重写每个概要的变化。不必像类型 2 那样跟踪属性,因为那样的话就需要在具有几百万行的大型维度中获取经常发生的变化。避免导致爆炸性增长的情况发生,是采用类型 4 的根本原因之一。

若希望在缺乏事实度量时获得当前概要计数,或者希望基于客户当前概要上卷历史事实的时候,采用类型 5 技术是非常有用的。逻辑上在展现区需要将主维度和微型维度支架表示为单一表,如图 5-12 所示。为减少用户困惑和潜在的错误,基于角色维度的当前属性应该具有不同的列名,例如,当前年龄范围。即使包含不同的标识,仍需要意识到为用户提供两种访问统计数据的方法,要么是微型维度,要么是支架,能比一些可以采用的处理方法提供更多的功能并带来更多的复杂性。

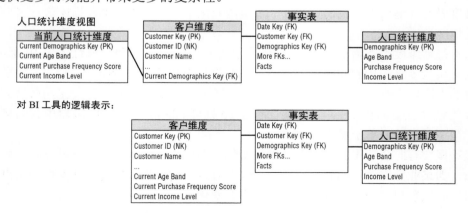

图 5-12 客户维度中包含类型 1 支架的类型 4 微型维度

注意：

类型 4 微型维度这一术语是指某个统计主键何时是事实表组合键的一部分。如果统计主键是客户维度的外键，则被称为支架。

5.4.2　类型 6：将类型 1 属性增加到类型 2 维度

回顾电子零售商的产品维度。使用类型 6，则在每行中包含两个部门属性。当前部门列表示当前的分配，历史部门列是类型 2 属性，表示准确的历史部门值。

当 IntelliKidz 软件推出时，产品维度行看起来类似图 5-13。

产品维度原始行：

产品键	统一产品编号(NK)	产品描述	历史部门名称	当前部门名称	...	行有效日期	行失效日期	当前行标识
12345	ABC922-Z	IntelliKidz	Education	Education	...	2012-01-01	9999-12-31	Current

按照第 1 个部门重新分配的产品维度行：

产品键	统一产品编号(NK)	产品描述	历史部门名称	当前部门名称	...	行有效日期	行失效日期	当前行标识
12345	ABC922-Z	IntelliKidz	Education	Strategy	...	2012-01-01	2013-01-31	Expired
25984	ABC922-Z	IntelliKidz	Strategy	Strategy	...	2013-02-01	9999-12-31	Current

按照第 2 个部门重新分配的产品维度行：

产品键	统一产品编号(NK)	产品描述	历史部门名称	当前部门名称	...	行有效日期	行失效日期	当前行标识
12345	ABC922-Z	IntelliKidz	Education	Critical Thinking	...	2012-01-01	2013-01-31	Expired
25984	ABC922-Z	IntelliKidz	Strategy	Critical Thinking	...	2013-02-01	2013-06-30	Expired
31726	ABC922-Z	IntelliKidz	Critical Thinking	Critical Thinking	...	2013-07-01	9999-12-31	Current

图 5-13　SCD 类型 6 示例行

在部门发生重构时，IntelliKidz 软件被分配到策略部门，将建立新行使用类型 2 响应获取属性变化。在新的 IntelliKidz 维度行中，当前部门与历史部门相同。对以前的所有 IntelliKidz 实例，当前部门属性将被重写以反映当前结构。两个 IntelliKidz 行中的当前部门都表示为策略部门(参考图 5-13 的第 2 个场景)。

采用此方法，可以基于当事实发生时有效的属性值，使用历史属性分组事实。同时，当前属性上卷所有包含产品主键 12345 和 25984 的历史事实数据到当前部门分配。如果 IntelliKidz 之后变为"独立思维软件部门"，产品表如图 5-13 最后的行集。当前列按照当前分配分组所有事实，而历史列准确保存历史分配情况并相应地分割事实。

采用该种混合方法，为获取变化(类型 2)建立新行，增加新列以跟踪当前分配(类型 3)，后续变化采用类型 1 响应。某位公司里的技术工程师建议我们将这种方法称为类型 6，因为无论 1+2+3 还是 1×2×3 都等于 6。

再次强调，尽管该技术具有某种诱惑力，但关键是要考虑业务用户的场景，在灵活性与复杂性之间进行权衡。应该考虑将哪些列暴露给用户，使他们不会因面对诸多选择而不知所措。

5.4.3 类型 7：双重类型 1 与类型 2 维度

在描述类型 6 时，有人问该技术是否能够支持包含 150 个属性的大型维度表的当前和历史场景。这一问题促使我们重新思考相关问题。

在最后这种混合技术中，除代理键用于类型 2 跟踪外，维度自然键(假定该自然键是持久的)被当成事实表外键，如图 5-14 所示。如果自然键不方便甚至重新被分配，应该使用不同的持续性超自然键加以替代。当事实事件发生时，类型 2 维度包含方便的可基于有效值过滤和分组的历史准确的属性。持久键与维度的连接采用当前类型 1 值。再一次强调，该表的列标识应该以"当前"作为开始，以减少用户产生混淆的风险。当事实事件发生时，无论属性值是否有效，都可以使用这些维度属性基于当前概要汇总或过滤事实。

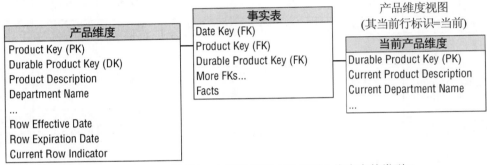

图 5-14　包含双重外键、应用于类型 1 和类型 2 维度表的类型 7

该方法与类型 6 功能类似。尽管类型 6 响应在单一维度表中产生了更多的属性列，该方法依赖事实表的两个外键。类型 7 总是需要更少的 ETL 工作，因为当前类型 1 属性表可能更易通过类型 2 维度表的视图发布。这一技术的增量开销是事实表中额外的列，然而，基于当前属性值的查询将在比前面介绍的类型 6 更小的维度表上进行过滤。

当然，可能会考虑通过连接包含当前属性的类型 1 视图与类型 2 维度表本身的持久性键来避免在事实表中使用持久键。在此情况下，仅对当前上卷感兴趣的查询需要遍历类型 1 支架及更大的类型 2 维度以最终获取事实，可能对当前报表的查询性能带来负面影响。

该类型 1 和类型 2 维度表方法的双重键的一种变体需要依赖发布当前类型 1 属性的视图。但是，在此情况下，该视图要将当前属性值与所有持久键的类型 2 行关联，如图 5-15 所示。

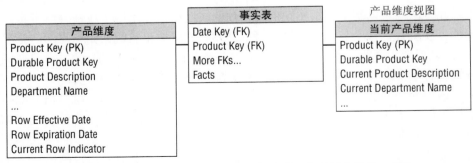

图 5-15　用于双重类型 1 和类型 2 的包含单一代理键的类型 7 变体

图 5-15 所示的两个维度表包含数量相同的行，但是表内容存在差异。如图 5-16 所示。

产品维度中的行：

产品键	统一产品编号 (NK)	持续性产品键	产品描述	部门名称	…	行有效日期	行失效日期	当前行标识
12345	ABC922-Z	12345	IntelliKidz	Education	…	2012-01-01	2013-01-31	Expired
25984	ABC922-Z	12345	IntelliKidz	Strategy	…	2013-02-01	2013-06-30	Expired
31726	ABC922-Z	12345	IntelliKidz	Critical Thinking	…	2013-07-01	9999-12-31	Current

产品维度当前视图中的行：

产品键	统一产品编号 (NK)	持续性产品键	当前产品描述	当前部门名称	…
12345	ABC922-Z	12345	IntelliKidz	Critical Thinking	
25984	ABC922-Z	12345	IntelliKidz	Critical Thinking	
31726	ABC922-Z	12345	IntelliKidz	Critical Thinking	

图 5-16　SCD 类型 7 变体示例行

类型 7 随机 "截至" 报表

尽管不经常使用，除当事实事件发生时通过有效属性值或通过属性当前值外，您可能需要基于任何时间点概要上卷历史事实。例如，也许业务需要基于去年 12 月 1 日开始有效的层次构建三年历史度量报表。在此情况下，可以使用事实表中的双重维度主键来体现优势。首先按照类型 2 维度行的有效日期和失效日期定位去年 12 月 1 日的有效行进行过滤。采用这样的约束，每个类型 2 维度中的持久键都被找出。然后将过滤获得的集合与事实表持久键连接以上卷任何基于时间点属性值的事实。看起来似乎是匆忙地定义了 "当前" 的含义。显然，必须按行中的有效日期和失效日期过滤，否则对每个类型 2 持久键，将产生多个类型 2 行。最后，仅仅向那些有限的、高级的分析型听众揭示这种能力，这种方式不是为胆小者建立的。

5.5　缓慢变化维度总结

图 5-17 总结了跟踪维度属性变化的技术。该图表强调了在分析事实表的性能度量时，每个缓慢变化维度技术的影响。

SCD 类型	维度表行动	对事实分析的影响
类型 0	属性值无变化	事实与属性的原始值关联
类型 1	重写属性值	事实与属性的当前值关联
类型 2	为新属性值增加新维度行	事实将与在事实发生时有效的属性值关联
类型 3	增加新列来保存属性当前和原先的值	事实与当前和先前属性的交替值关联
类型 4	增加包含快速变化属性的微型维度	事实与事实发生时有效的变化属性关联
类型 5	增加类型 4 微型维度以及在基本维度中重写类型 1 微型维度键	事实与事实发生时有效的变化属性关联，加上当前快速变化的属性值
类型 6	在类型 2 维度行中增加类型 1 重写属性，并重写所有先前的维度行	事实将与在事实发生时有效的属性值关联，加上当前值
类型 7	增加包含新属性值的类型 2 维度行，加上限于当前行和属性值的视图	事实将与在事实发生时有效的属性值关联，加上当前值

图 5-17　缓慢变化维度技术小结

5.6　本章小结

　　本章讨论了几种处理采购数据的方法。有效地管理采购指标可以对组织的基线管理产生重要影响。

　　本章还介绍了处理维度属性值变化的技术。缓慢变化响应涉及从什么也不做(类型 0)到重写值(类型 1)到复杂的混合方法(诸如类型 5 到类型 7)，采用混合技术可以支持既能够保留历史数据，又能够报告当前属性的需求。毫无疑问，当考虑为 DW/BI 系统建立缓慢变化维度属性策略时，您需要再次详细阅读这部分内容。

第 **6** 章

订 单 管 理

订单管理包括几个关键的业务过程，分别是订单、发货和发票过程。这些过程产生大量度量指标，例如，销售额、发票收入等，这些指标是任何向其他组织销售产品和提供服务的组织的关键性能指标。事实上，这些基本度量指标十分关键，以至于 DW/BI 小组在他们初期实施时，通常用来处理订单管理的某一过程。显然，这一主题的研究可以针对多个行业。

本章将探索几个不同的订单管理事务，探讨构建维度模型时，这些事务存在的公共特征和复杂的综合特征。还将进一步探讨开发累积快照的概念，用于分析订单从初始订单到发票的整个流程。

本章主要讨论以下概念：

- 用于订单管理过程的总线矩阵片段
- 订单事务模式
- 事实表规范化的思考
- 维度扮演的角色
- 发货/发票客户维度的考虑
- 确定是单维度还是多维度的因素
- 用于多方面标识以及指标的杂项维度及其他设计
- 有关退化维度更多的考虑
- 多种货币单位的度量
- 处理包含不同粒度的事实
- 避免表头及明细项事务的模式
- 包含利润和损失事实的发票事务模式
- 审计维度
- 服务级性能的定量测量与定性描述
- 作为累计快照模式的订单实现流水线
- 滞后计算

6.1 订单管理总线矩阵

订单管理功能由一系列业务过程组成。按照最简单的形式，可以想象企业数据仓库总线矩阵的子集与图 6-1 类似。

	日期	客户	产品	销售代理	交易	仓库	运货商
报价	X	X	X	X	X		
下订单	X	X	X	X	X		
运输至客户	X	X	X	X	X	X	X
开具货运发票	X	X	X	X	X	X	X
接收付款	X	X		X			
客户退货	X	X	X	X	X	X	X

图 6-1 订单管理过程的总线矩阵行

如前所述，总线矩阵与企业价值链紧密对应。本章将关注矩阵中的订单和发票行，还将描述用于评价整个订单流水线中多个阶段性能的累积快照事实表。

6.2 订单事务

订单事务事实表比较自然的粒度是每行表示每个订单的每个列表明细。与订单业务过程关联的维度是订单日期、请求发货日期、产品、客户、销售代理和交易。事实包括订单数量和扩展订单明细总额、折扣和净金额(等于总额减去折扣)。产生的模式与图 6-2 类似。

图 6-2 订单事务事实表

6.2.1　事实表规范化

与其在图 6-2 中存储事实列表，一些设计者更希望进一步规范化事实表，保留单一的、通用的事实数量以及维度，用于区分度量类型。在此场景中，事实表粒度是每个度量每订单明细一行，而不是更自然的每个订单明细事件一行。度量类型维度指明事实是总的订单数量、订单折扣数量，还是其他度量。在事实集合非常巨大时，该技术具有意义，但是给定事实行呈现出稀疏的状态，且没有事实之间的计算结果。可以使用该技术处理制造质量测试数据，其事实变化依赖实验。

然而，应该抵制以这种方式规范化事实表的冲动。每行的事实通常不应该是稀疏的。在订单事务模式中，如果打算规范化事实，将需要以事实表中行数量乘以事实类型数量。例如，假设订单明细事实表包含 1 000 万行，每行包含 6 个键和 4 个事实。如果表示事实的行是规范化的，则将包括 4 000 万事实行，每行包括 7 个键和一个事实。另外，如果需要在事实间执行任意算术函数(例如，折扣额占总订单额的百分比)，则如果事实都在关系型星型模式的一行中，这样的计算会更容易，因为 SQL 在计算不同行事实之间的百分比或差异时会比较困难。在第 14 章中，我们将探讨一种能够使度量类型维度更有意义的环境。如果支持 BI 应用的主平台是 OLAP 多维数据库，则更适合采用这一模式。多维数据库可以沿着任何维度对多维数据进行切分以执行相关计算，无论是日期、产品、客户，还是度量类型。

6.2.2　维度角色扮演

到目前为止，您期望在每个事实表中设置日期维度，因为总是希望按照时间来考察性能。在事务事实表中，主要的日期列是事务日期，例如，订单日期。有时会发现其他日期也可能与每个事实关联，例如，订单事务的请求发货日期。

每个日期应该成为事实表中的外键，如图 6-3 所示，但是不能简单地将这两个外键连接到同一个日期维度表。SQL 会将这种双向同时连接解释为需要两个相同的日期，但这种可能性不大。

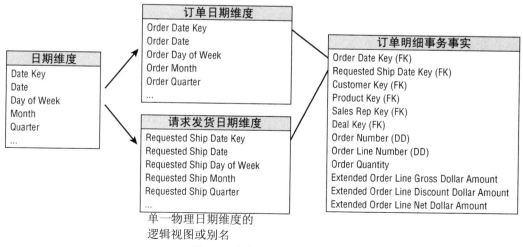

图 6-3　角色扮演日期维度

尽管不能连接到单一的日期维度表，但可以建立并管理单独的物理日期维度表。然后使用视图或别名建立两个不同日期维度的描述。注意在每个视图或别名中列需要唯一地标识。例如，订单月份属性应该具有唯一标识以便与请求发货日期区别。如果未建立唯一标识列名，则当其参与报表时不能与其他列区分开来。

正如第 3 章曾经简单描述的那样，可以定义订单日期和请求发货日期视图，如下所示：

```
create view order_date
  (order_date_key, order_day_of_week, order_month, ...)
  as select date_key, day_of_week, month, ... from date
```

和

```
create view req_ship_date
  (req_ship_date_key, req_ship_day_of_week, req_ship_month, ...)
  as select date_key, day_of_week, month, ... from date
```

此外，SQL 支持使用别名概念。许多 BI 工具也支持在语义层使用别名。但是，如果有多个 BI 工具，连同直接基于 SQL 的访问，都同时在组织中使用的话，我们反对采用这一方法。

无论何种实现方法，现在有两种唯一逻辑日期维度可使用，好像它们独立于完全不相关的约束。这种情况被称为角色扮演，因为日期维度同时被当成单一事实表中的不同角色。可以在本书中发现其他维度角色扮演的实例。

注意：
当某个维度在单一事实表中同时出现多次时，则会存在维度模型的角色扮演。基本维度可能作为单一物理表存在，但是每种角色应该被当成标识不同的视图展现到 BI 工具中。

值得注意的是，某些 OLAP 产品不支持同一维度扮演多种角色。在此情况下，不必为两个角色建立两个不同的维度。此外，一些支持多角色的 OLAP 产品不能为每个角色重新命名属性。最后，不同维度太多可能会使 OLAP 环境比较混乱，这些不同维度被简单地当成关系星型模式中的角色。

为处理多日期问题，一些设计者试图建立单一的日期表，该表使用一个键表示每个订单日期和请求发货日期的组合。这种方法存在几方面的问题。首先，如果需要处理所有日期维度的组合情况，则包含大约每年 365 行的清楚、简单的日期维度表将会极度膨胀。其次，合并的日期维度表不再适应其他经常使用的日、周、月等日期维度。

角色扮演与总线矩阵

在总线矩阵中文档化角色扮演的常见技术是在矩阵的一个单元中标明多种角色，如图 6-4 所示。在第 4 章对文档化缩减一致性维度使用了类似的技术。当矩阵中的日期维度被分配了多个逻辑角色时，特别适合使用这一技术。另外，如果角色编号有限且频繁跨过程重用时，可以在矩阵的单一一致性维度内建立子列。

	日期
报价	报价日期
下订单	订单日期 请求发货日期
运输至客户	发货日期
开具货运发票	开具发票日期
接收付款	付款收据日期
客户退货	退货日期

图 6-4   总线矩阵中的角色扮演维度通信

6.2.3   重新审视产品维度

到目前为止展现的每个案例研究片断都包含产品维度。产品维度是最常见、最重要的维度表之一。它描述了公司销售产品的完整组合。在许多案例中，至少从外部来看，组合中的产品数量非常庞大。例如，某一知名的猫狗食物制造商跟踪其产品的 25 000 种不同种类，包括人们(或猫狗)都熟悉的零售产品，以及数量众多的通过商业或兽医渠道销售的特殊产品。一些耐用品制造商(例如，门窗公司)销售数量多达几百万的不同产品配置。

大多数产品维度表都具有以下共同特征：

- **大量冗长的、描述性的列**。对制造商来说，其销售的产品有 100 个甚至更多的描述符是比较常见的。维度表属性自然地描述维度行，不会因为其他维度的影响而发生变化，不会随时间发生变化，尽管某些属性可能会随时间缓慢发生变化。
- **一个或多个属性层次，加上没有层次的属性**。产品通常根据定义的多个层次上卷。多对一固定深度层次数据应该以扁平的、非规范化的产品维度表展现。更为复杂的展现和缓慢的维度内浏览的开销超过了节省存储带来的利益。产品维度表包含上千种条目，如此多的行使得要求使用产品描述的下拉列表没有多大用处。在试图展示产品描述时，具有按一个属性(例如，风格)，然后再按另一个属性(例如，包装类型)进行约束的能力是最基本的要求。所有属性，无论是否适于单一层次，都应该能够被方便地浏览并上卷和下钻。多数产品维度属性是单独的低粒度属性，不是明确层次结构的一部分。

精通操作型产品人员的存在有助于建立和维护产品维度，但必须开展大量的转换和管理步骤以将操作型主文件转换成维度表，这些工作包括：

- **重新建立操作型产品代码到代理键的映射**。第 3 章曾经讨论过，需要使用无语义的代理主键以避免由重复使用操作型产品代码所带来的严重错误。另外需要集成来自不同操作型系统的产品信息。最后如第 5 章中学习的内容，代理键能够跟踪类型 2 产品属性变化。

- **增加描述性属性值以扩大或替换操作型代码。** 不要接受类似业务用户熟悉操作型代码这样的借口。业务用户熟悉操作型代码的唯一原因是他们被迫使用这些代码。产品维度列是查询约束和报表标识的唯一来源，因此内容必须具有易读性，模糊神秘的缩略词与纯数字编码一样不受欢迎，应该将它们用便于理解的文本替换或扩充。单一列中包含多个缩略词的代码应该被扩展或分割成多个不同的属性。

- **检查属性值，确保没有拼写错误、不可能存在的值、多变量等。** BI 应用和报表依赖于维度属性的准确内容。如果属性值由于琐碎的标点或拼写差别产生变化，SQL 会在报表中建立不同的列表。要确保属性值的完整构成，因为错误值易于导致错误的解释。不完备的、不充分的文本维度属性将导致产生不完备或不充分的报表

- **将属性定义、解释、元数据来源文档化。** 记住元数据类似 DW/BI 的百科全书。必须警惕元数据仓库的获取和维护工作。

6.2.4 客户维度

客户维度为每个发送产品的不同地址建立一行。客户维度表按照不同的业务特性来划分，可能是中等程度大小(几千行)或超大型(几百万行)。典型的客户维度如图 6-5 所示。

客户维度
Customer Key (PK)
Customer ID (Natural Key)
Customer Name
Customer Ship To Address
Customer Ship To City
Customer Ship To County
Customer Ship To City-State
Customer Ship To State
Customer Ship To ZIP
Customer Ship To ZIP Region
Customer Ship To ZIP Sectional Center
Customer Bill To Name
Customer Bill To Address
Customer Organization Name
Customer Corporate Parent Name
Customer Credit Rating

图 6-5 客户维度示例

客户维度经常存在一个不同的层次。自然的地理层次通常由"发货到"地址明确定义。由于"发货到"地址是空间中的一个点，所以任何数量的地理层次都可以通过围绕该点的更广阔的地理实体嵌套定义。拿美国来说，常见的地理层次是城市、县、州。使用城市-州属性非常有用，因为可能多个州存在相同名称的城市。邮政编码可以作为一种辅助的地理划分方式。邮政编码第 1 个数字表示美国的地理区域(例如，0 代表东北，9 表示西部各州)，而邮政编码的前 3 个数字表示邮政区域中心。

尽管这些地理特征可以在单一主数据管理系统中被获取和管理，仍然应该在各自的维度中插入这些属性，而不应该依赖抽象的、通用的地理/位置维度，这些维度为空间中的每

个点定义一行。在第 11 章中我们将详细讨论该问题。

另外一个常见的层次是客户组织层次，假设客户是一个公司实体。对每个客户"发货到"地址，可能存在一个客户的"账单寄往"和客户的上级公司。客户维度中的每行，都定义了物理地址和组织关系，即使在该层次上执行上卷操作是非常困难的。

注意：

某个维度同时支持多个不同的层次是非常自然、常见的，特别是那些面向客户的维度。层次可以有不同的级别数量。在这些层次的每个层次上上卷和下钻是维度模型必须支持的。

细心的读者可能会关注隐含的假设，多个"发货到"以多对一关系上卷到单一的"发票到"。实际可能不会如此清楚和简单。关于"发货到"始终会存在一些例外，可能会有不止一个"发货到"地址。显然，这不符合图 6-5 假设的简单的层次关系。如果这是一个罕见的事件，则归纳客户维度是合理的，这样维度的粒度是每个唯一的"发货到"与"发票到"的组合。在此环境中，如果存在两个"发票到"信息集合与给定的"发货到"地址关联，在维度中将存在两行，每个组合一行。另一方面，如果许多"发货到"与许多"发票到"存在一种复杂的多对多关系，则"发货到"和"发票到"客户可能需要被作为与事实表共同连接到一起的不同维度来处理。无论哪种方法，都保存了相同的信息。关于组织层次，包括处理可变长度递归关系，我们将在第 7 章花更多时间讨论。

1. 单一维度表与多维度表

客户维度中另一个潜在的层次是制造商销售组织。设计者有时会问销售组织属性是否应该被建模为不同的维度，或者增加到客户维度中去。如果销售代理与客户以一对一或多对多关系高度相关，则将销售组织属性与客户属性合并到一个维度中是一种可行的方法。这样建立的维度与两个维度大小差不多。销售组与客户之间的关系可以在一个维度中被方便地浏览，而不需要遍历事实表。

但是，有时销售组织与客户的关系存在更加复杂的情况，下列因素需要详细考虑：

- **一对一关系或多对多关系实际上就是多对多关系吗？** 如前所述，如果多对多关系是一种例外情况，则应该坚持将销售代理属性合并到客户维度中，需知处理这类少见的多对多关系需要多个代理键。然而，如果多对多关系常见，则为销售代理和客户分别建立维度。
- **销售代理和客户维度关系会随着时间发生变化吗？** 或者这种关系会受到其他维度的影响吗？如果是这样，您最好为销售代理和客户建立不同的维度。
- **客户维度非常巨大吗？** 如果客户维度是包含上百万行的维度，则最好为销售代理建立单独的维度，如若不然，则在进行销售代理分析时，要涉及海量的客户维度。
- **销售代理和客户维度独立地参与其他事实表吗？** 再一次说明，最好保持不同的维度。建立包含销售代理属性的单一客户维度专门应用于订单数据，当分析其他涉及销售代理的过程时，可能会引起用户混淆。
- **业务认为销售代理和客户应该是不同的事情吗？** 该因素可能很难说清楚且难以量化。但是强迫将两个不同的维度合并成一个维度没有任何意义，即使这样做是为了迎合商业用户的意愿。

当实体之间存在固定的、不随时间变化的、强关联的关系时，它们应该被建模到单一维度中。大多数情况下，当实体被划分为两个不同的维度时(记住关于太多维度的一般性准则)，设计将会更简单且方便管理。如果在您的模式中已经包含有25个维度，则应该考虑尽可能合并这些维度。

若存在两个不同的维度，一些设计者希望建立一张包含两个维度关键字的小表以展示关联性，而不需要使用订单事实表。多数情况下，没有必要建立这样的两维表。没有理由避免用事实表来响应这类查询。使用事实表非常有效，因为它仅包含维度键和度量，以及偶尔存在的退化维度。事实表专门用于表示维度之间的关联关系和多对多关系。

正如我们在第5章所讨论的那样，可以通过包含作为类型1属性的相关描述符获取客户当前分配的销售代理。此外，可以使用缓慢变化维度类型5技术，嵌入类型1外键到客户维度内的销售代理维度支架上，展现的当前值似乎是通过视图定义将客户维度包含在内了。

2. 应用于客户/代理分配的无事实的事实表

在完成有关销售代理分配到客户这一问题前，用户有时希望获得按照时间分析销售代理的复合分配问题，即使订单活动已经发生了。在此情况下，可以构建一个无事实的事实表，如图6-6所示，用于获取销售代理的范围。范围表提供分配给客户的销售代理的历史情况的完整映射，即使某些分配并未产生任何销售结果。无事实的事实表对每个分配包含双重日期键，包括有效日期和失效日期。当前代理分配行上的失效日期引用了用于表示未来无法确定日期的特殊日期维度行。

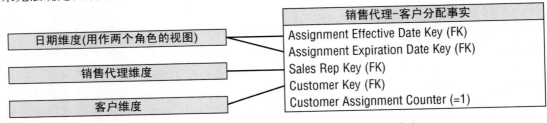

图6-6　用于分配给客户的销售代理的无事实的事实表

可能会希望比较分配事实表与订单事务事实表以识别那些尚未产生销售活动的代理分配。可利用SQL能力，通过其集合操作(例如，选择范围表中的所有代理，然后减去订单表中的所有代理)或通过编写相应的子查询实现。

6.2.5　交易维度

交易维度与第3章介绍的促销维度类似。交易维度描述了提供给客户的优惠，理论上看会影响客户购买商品的预期。该维度有时也称为合同。如图6-7所示，交易维度描述了属于订单明细项的术语、限额和优惠。

在零售促销维度中面临的问题在交易维度中也存在。如果术语、限额和优惠能够有效地关联，则将它们包装到一个交易维度中是有意义的。如果术语、限额和优惠不存在关联，并且建立了针对维度中这些因素的笛卡尔积，则可以将交易维度划分为不同的部分。再次强调，这一问题并不是获取或丢失信息的问题，因为在两种情况下，模式都包含同样的信息。用户使用方便性和管理复杂性的问题决定了是否需要以不同的维度表示这些交易因素。面对包含百万级或亿万级行的大型事实表时，希望减少事实表中的关键字数量，采用复合键能够将交易属性当成单一维度，尽管这一方法可能与业务用户的期望存在矛盾。在实际中，交易维度小于100 000行比较容易处理。

交易维度
Deal Key (PK)
Deal ID (NK)
Deal Description
Deal Terms Description
Deal Terms Type Description
Allowance Description
Allowance Type Description
Special Incentive Description
Special Incentive Type Description
Local Budget Indicator

图6-7 交易维度示例

6.2.6 针对订单号的退化维度

订单事实表中的每个包含明细项的行都包括作为退化维度的订单号。与操作型表头/列表或父/子数据库不同，维度模型中的订单号通常与订单表头没有关联。可以将订单表头指针所有有趣的细节分类到不同的维度中，例如，订单日期和客户的“发货到”。几个原因表明订单号仍然是有用的。它能够保证将订单的不同明细项分组并用于回答类似“订单明细项的平均号码是什么？”这样的问题。偶尔订单号也可用于连接数据仓库与后端的操作型系统。它也可以起到事实表主键的作用。因为处于事实表的订单号没有与维度表连接，所以它是一种退化维度。

注意：

退化维度通常被保留作为操作型事务的标识符。不能将它们作为一种坚持要在事实表中使用神秘模糊代码，而不与维度表连接以获得描述性解码的借口。

虽然订单事务明细项可能没有参与分析的目的，但它可作为另一种可能在主键中具有潜在作用的退化维度包含在事实表中，包含与操作型系统记录连接的主键。在此情况下，明细项粒度事实表的主键可能是订单号和列表号。

有时数据元素属于订单本身并且不能自然地划分到其他维度表中。面临这样的情况时，订单号不再是一种退化维度，而是一种具有自己的代理键和属性的标准维度。但是具有很强操作型背景的设计者应该竭力主张放弃将传统的订单表头信息加入到订单维度中。在几乎所有情况中，属于其他分析维度的表头信息可以与明细项粒度事实表联系，而不应该仅仅抛进那些非常类似操作型订单表头记录的维度中。

6.2.7　杂项维度

在建模复杂的操作型源数据时，通常会遭遇大量五花八门的指标和标志，它们包含小范围的离散值。处理这些较低粒度的标志和指标可以采用以下几种方法：

- **忽略这些标志和指标**。可以问有关删除这些混乱标志的必要问题，因为它们可能是微不足道的。但是这样的问题通常立即就被否决了，因为有人偶尔还需要它们。如果指标和标志是难以理解且不一致的，也许真的应该去掉它们。
- **保持事实表行中的标志和指标不变**。您不希望在事实表中存储无法辨认的神秘标志。同样，也不希望在事实表行中存储包含大量字符的描述符，因为它们可能会使表令人担忧地膨胀。在行中保留一些文本指标是令人反感的。
- **将每个标志和指标放入其自己的维度中**。如果外键的数量处于合理的范围中(不超过 20 个)，则在事实表中增加不同的外键是可以接受的。但是，若外键列表已经很长，则应该避免将更多的外键加入到事实表中。
- **将标志和指标存储到订单表头维度中**。与其将订单号当成是退化维度，不如视其为将低粒度指标和标志作为属性的普通维度。尽管该方法精确地表示了数据关系，但依然存在下面将讨论的问题。

处理这些标志和指标的适当替换方法是仔细研究它们并将它们包装为一个或多个杂项维度。杂项维度就像您厨房中的垃圾抽屉。厨房的垃圾抽屉用于放置各种各样的家用物品，例如，橡皮圈、回形针、电池和磁带等。尽管如果采用专门的厨房垃圾抽屉会非常容易定位橡皮圈，但难以存在足够的存储能力。此外，您没有足够的橡皮圈，也不会频繁使用它们，不能保证为单一目的分配存储空间。杂项抽屉使您能够满意地存放东西，还能够维持其他主要和经常使用的盘子和碟子的存储空间。在维度建模领域，杂项维度术语主要用在 DW/BI 专业人员之中。在与业务用户讨论时，我们通常将杂项维度称为事务指示器或事务概要维度。

> **注意：**
> 杂项维度是对低粒度标志和指标的分组。通过建立杂项维度，将标志和指标从事实表中移出，并将它们放入到有用的多维框架中。

如果某个简单的杂项维度包含10 个二值标识，例如，现金或信用支付类型，则最多将包含 $1024(2^{10})$ 行。浏览维度内的这些标识可能没有什么意义，因为每个标志都可能与其他标志一起发生。但是，杂项维度可提供地方用于基于这些标识的约束和报表。事实表与杂项维度之间存在一个单一的、小型的代理键。

另一方面，如果具有高度非关联的属性，包含更多的数量值，则将它们合并为单一的杂项维度没有多大意义。遗憾的是，这一决定并不完全是公式化的。如果存在 5 个标识，每个仅包含 3 个值，则单一杂项维度是这些属性的最佳选择，因为维度最多仅有 $243(3^{5})$ 行。但是，如果 5 个没有关联的标识，每个具有 100 个可能值，我们建议建立不同维度，因为最大可能存在 1 亿(100^{5})行。

图 6-8 描述了一个订单标识维度示例行。关于杂项维度的一个微妙的问题是，是否应该事先为所有组合的完全笛卡尔积建立行，或者是建立杂项维度行，用于保存那些遇到情

况的数据。答案要看大概有多少可能的组合,最大行数是多少。一般来说,理论上组合的数量大而且不大可能用到全体组合时,在获取时,当遇到新标志或指标组合时建立杂项维度行。

订单标识键	支付类型描述	支付类型分组	订单类型	授信标识
1	Cash	Cash	Inbound	Commissionable
2	Cash	Cash	Inbound	Non-Commissionable
3	Cash	Cash	Outbound	Commissionable
4	Cash	Cash	Outbound	Non-Commissionable
5	Visa	Credit	Inbound	Commissionable
6	Visa	Credit	Inbound	Non-Commissionable
7	Visa	Credit	Outbound	Commissionable
8	Visa	Credit	Outbound	Non-Commissionable
9	MasterCard	Credit	Inbound	Commissionable
10	MasterCard	Credit	Inbound	Non-Commissionable
11	MasterCard	Credit	Outbound	Non-Commissionable
12	MasterCard	Credit	Outbound	Commissionable

图 6-8　订单标识杂项维度示例行

解释了杂项维度之后,将它们与处理标志和指标作为订单表头维度的属性方法进行比较。如果希望分析订单事实,其订单类型包含 "Inbound"(参考图 6-8 的杂项维度行),则事实表将被约束到订单标识关键字等于 1、2、5、6、9、10,也可能包含一些其他情况。另一方面,这些属性被存储到订单表头维度中,针对事实表的约束将会是一个巨大的列表,包含所有带有 "Inbound" 订单类型的订单号。

6.2.8　应该避免的表头/明细模式

在建模表头/明细数据维度时,需要避免两个常见的设计错误。遗憾的是,两种模式都能够准确表示数据关系,因此并未显得非常别扭。也许同样的遗憾是,在那些具有相当事务处理经验的数据建模者和 ETL 小组成员看来,这两种模式比我们推荐的模式似乎更受欢迎。在此我们先讨论第 1 个常见错误,另一个将在 6.2.11 小节中讨论。

图 6-9 描述了一种我们在进行设计评审时经常见到的表头/明细模式。在该例中,操作型订单表头实际上作为维度被复制在维度模型中。表头维度包含所有来自操作型源的数据。该维度的自然键是订单号。事实表的粒度是每个明细项一行,但是没有几个维度与其相关,因为大多数描述性文本被嵌入在订单表头维度中。

尽管这样的设计准确表示了表头/明细关系,但存在明显的问题。订单表头维度可能非常庞大,特别是与事实表本身有关时。如果某个订单通常包含 5 个明细项,则维度大小将是事实表的 20%,订单事实表的大小与与之关联的维度的大小应该有数量级的差别。同样,维度表不应该与事实表以同样的速率增长。采用这样的设计方法,对每个新订单来说,将在维度表中增加一行,而在事实表中平均增加 5 行。所有对订单有关特性的分析,例如,客户、销售代理、涉及的交易，都需要遍历这一大型的维度表。

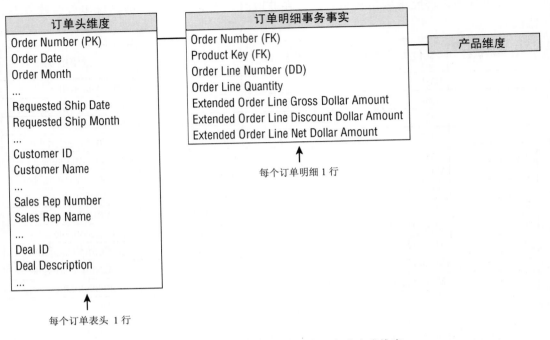

图6-9 需要避免的模式：将事务表头当成维度

6.2.9 多币种

假如您跟踪一个在世界各地都有销售办事处的大型美国跨国公司，那么您获得的订单事务可能超过15种货币。当然不希望在事实表中出现包含每个币种的列。

最常见的分析需求是订单事务以当地交易币种和公司采用的标准币种表示，例如，本例中标准币种为美元。为满足这一需求，每个订单事实应该用两个事实表示。一个采用当地币种，另一个采用标准币种，如图6-10所示。用于构建每个事实行包含的两个度量的汇率与业务需求有关。可能是获取订单时的汇率，当天结束时的汇率，也可以是按照业务规则定义的汇率。采用该技术可保存事务度量，同时能够允许所有事务方便地上卷到公司标准币种，不需要复杂的报表应用代码。标准币种的度量是完全可加的。当地币种度量在单一币种情况下也是可加的，否则，不得不考虑如何汇总日元、泰铢和英镑。需要采用币种维度以支持事实表用于区分与当地货币事实关联的货币类型。即使知道当地事务，仍需要货币维度，因为仅知道当地事务不一定能够保证知道使用的是哪个币种。

可以扩展该技术以支持其他有关的常见实例。如果业务销售办事处上卷到地区中心，可以用三个集合度量辅助事实表表示事务数量转换到适当的地区币种。同样，事实表列可以为客户的"发货到"和"发票到"，或其他表示摘要和发货需要的币种等表示使用的币种。

在每种场景中，事实表物理上包含度量某一币种的所有集合，带有用于该行的适当的币种转换汇率。与其通过存储率使用适当的乘除方法增加业务用户的负担，不如在后台通过一个视图实现这些功能，所有报表应用将通过逻辑层访问相关事实。

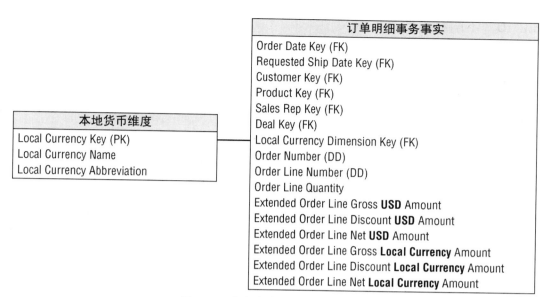

图 6-10 事实表内多种货币的度量

有时多币种支持需求比刚刚描述的情况更加复杂。需允许任何国家的管理者以任意币种浏览订单额度。为此，可以修改初始设计，增加额外的币种汇兑事实表，如图 6-11 所示。该事实表的维度表示币种，不是国家，因为币种与国家不一定是一对一关系。当地销售代理和集团销售管理可简单地通过查询订单事实表获得其所需，但是那些具有不可预测的需求，则需要使用特制的查询来查询币种汇兑表。导航货币汇兑表显然比对订单事实表使用转换的度量更复杂。

货币汇兑事实
Conversion Date Key (FK)
Source Currency Key (FK)
Destination Currency Key (FK)
Source-Destination Exchange Rate
Destination-Source Exchange Rate

图 6-11 使用日期币种转换事实表跟踪多个币种

在每个币种汇兑事实表行中，以本地币种表示的数量是绝对精确的，因为销售是在当天以该币种结算的。等价的美元值是基于美元当天的汇率获得的。汇率表由相关币种汇率的双向转换组合而成，因为两个币种之间的对称率可能是不同的。在汇率表中不可能出现需要所有币种转换的笛卡尔积的情况。尽管全球可能包含 100 多种不同的货币单位，币种事实表中也不会超过 10 000 行，因为不可能出现所有币种都需要两两转换的情况。同样，对业务用户来说，理论上存在的所有组合没有存在的必要。

币种汇兑表的使用可能也需要对多汇兑业务需求提供支持，例如，月末或季度末收盘汇率，可能需要在事实被加载到订单事实表后进行定义。

6.2.10 不同粒度的事务事实

表头/列表操作型数据遭遇不同粒度事实的情况时有发生。在某个订单中，可能将运输费用应用到整个订单中。设计人员的第一反应是试图强制将所有事实以最低粒度表示，如图 6-12 所示。该过程一般称为分配。如果希望能够按照包括产品在内的所有维度，分片或分块以及上卷所有订单事实，则将父订单事实分配到子明细项级是非常重要的。

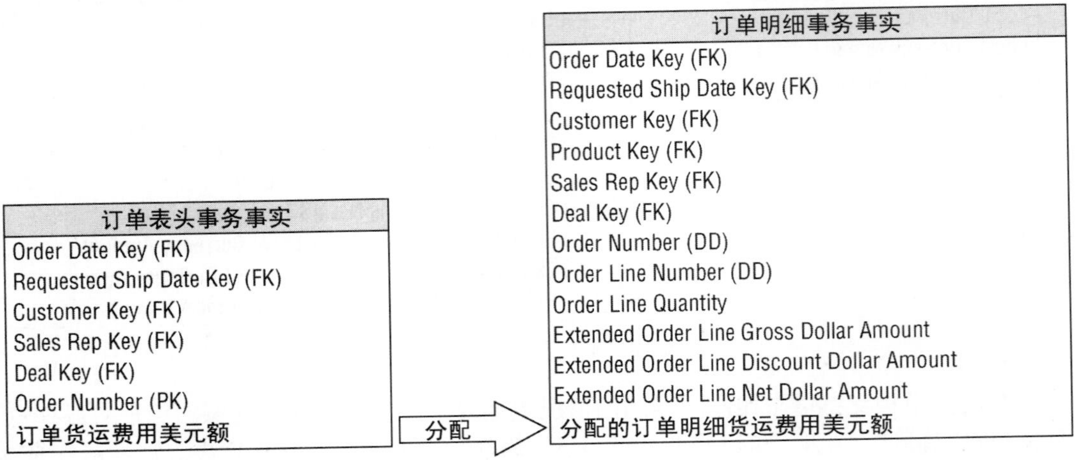

图 6-12 将表头事实分配到明细项

遗憾的是，分配表头级别的事实到明细项级别可能会涉及政治方面的较量。如果整个分配问题由财务部门而不是由 DW/BI 小组处理就好了。要使分配规则获得组织的认可通常是一个充满争议且复杂的过程。DW/BI 小组不应该被不可避免的组织协商所分心和延迟。幸运的是，多数公司已经认识到合理分配开销的需要。独立于 DW/BI 项目的任务团队已经建立了基于活动的开销度量。基于活动的开销度量是分配的另外一种称谓。

如果不能成功地分配运输费用和其他顶层事实，就必须将它们以全体订单的方式在聚集表中展现。显然，如果可能的话，我们希望采用分配方式，因为不同的高层次的事实表存在一些固有的可用性问题。如不进行分配，就无法通过产品维度研究顶层事实，因为产品在顶层事实表中的粒度不同。如果成功地将事实分解到低层粒度，问题就能得以解决。

注意：

不要在单一事实表中混淆类似订单表头或订单明细事实粒度。相反，要么将高层次事实分解到更详细的层次，要么建立两个不同的事实表来处理不同粒度的事实。分配是最好的解决方案。

最佳情况是业务数据管理在分配规则方面获得企业的共识。但有时机构拒绝达成一致。例如，财务部门可能希望按照每个项，分配基于扩展总订单数量的顶级货运费用；同时，物流部门希望货运费用能够基于列表产品的重量来分配。在此情况下，需要在事实表行的每个订单列表有两个分配的货运费用；特别的计算度量也需要被特别地标识。显然，针对单一标准分配模式达成一致是最好的方法。

设计小组有时试图设计其他技术以不同的粒度用于处理表头/列表事实，这些方法如下：

- **在每行中重复未分配的表头事实**。在按照每个明细项汇总时，该方法存在重复计算表头数量的风险。
- **将未分配的数量存储在事务的第一行或最后一行中**。这一策略降低了重复计算的风险，但是如果按照产品维度过滤约束，则第一行或最后一行被排除在查询结果中，那么就不存在与该事务关联的表头事实。
- **为表头事实设置特殊的产品键**。采用该方法的小组有时利用了已存在的明细项事实列。例如，如果产品键为 99999，总的订单度量就是表头事实，这类似于货运费用。维度模型应该是直接且易读的。不希望嵌入需要业务用户使用专用解码器才能成功地浏览维度模型这样的复杂情况。

6.2.11　另外一种需要避免的表头/明细模式

另外一种需要避免使用的表头/列表模式如图 6-13 所示。订单表表头不再被当成是整体维度而是被当成事实表。与描述性信息关联的表表头被分成围绕订单事实的多个维度。明细项事实表(与第 1 个图的结构和粒度相同)基于订单号连接表头事实。

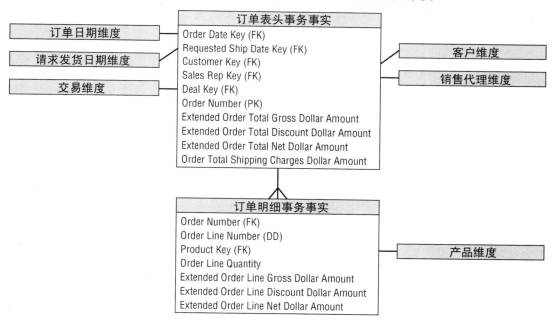

图 6-13　需要避免采用的模式：在列表事实中没有继承表头维度

再次强调，该设计能够准确表示订单表头与明细项的父/子关系，但是仍然存在问题。用户每次希望按照任意表头属性对列表事实分片和分块时，大型表头事实表就需要与更大的列表事实表关联。

6.3 发票事务

在制造企业中，当产品由制造企业发送到客户处时，通常会开具发票。想象货物以箱装方式在装卸场所被放置到运输工具上，然后按照地址运送给客户。此时建立了货物与发票之间的关联关系。发票包含多个明细项，每个明细项对应某一被发送的特定产品。每个明细项与各类价格、折扣和津贴关联。每个明细项都包含扩展的净金额数量。

尽管未在给客户的发票上展示，关于每个产品的其他一系列有趣的事实实际上在发货时都非常清楚。您当然知道明细项的价格，也可能知道制造和分发成本。从客户发票上您可以获得一些有关企业状态的信息。

在发票事实表中，可以看到公司所有的产品、客户、合同和交易，开具发票的折扣和佣金，客户带来的效益，与制造和分发产品(如果存在的话)有关的可变和固定的成本，产品交付后剩下的钱(毛利)以及客户的满意程度(例如，按时交货)。

注意:

对发货给客户的公司或按单为客户提供服务的公司来说，开始 DW/BI 项目的最佳场所通常就是发票。我们通常称发票是最强大的数据，因为发票包含了公司的客户、产品和构成盈利能力的各个部分。

应该将单独的发票明细项作为发票事实表的粒度。图 6-14 展示了一种与制造商发货相关的发票事实表实例。

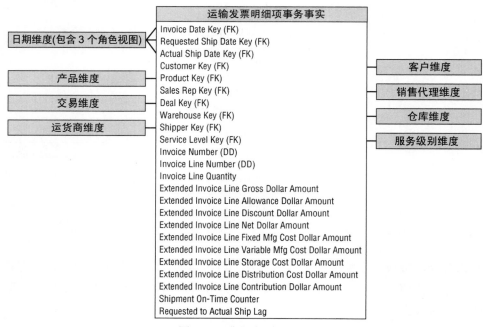

图 6-14 货运发票事实表

诚然，发票事实表包含一系列本章前面所介绍的维度。一致性日期维度表仍然会在事实表中扮演多种角色。客户、产品、交易维度也需要一致，可以使用常见属性钻取事实表，如果某个单一订单号与每个发票明细项行关联，则该订单号将被列入第二退化维度。

货运发票事实表也包含一些有趣的新维度。仓库维度为每个制造商仓库位置建立一行。这是一个相对简单的维度，包含名称、地址、联系人和存储类别。其属性让人有点想起第 3 章介绍过的商店维度。货运维度描述了从制造商运送货物到客户处的方法和运送工具。

6.3.1 作为事实、维度或两者兼顾的服务级性能

图 6-14 所示的事实表包含几个重要的用于获取货运服务级别的日期。当操作型发票过程发生时，所有这些日期都将被获得。在包含角色扮演日期维度的发票事实表上发布多个事件时期允许商业用户过滤、分组和预测所有这些日期。但有时业务需求更苛刻。

可以在事实表中包含一个附加的及时计数器，设置为可加值 0 或者 1，表示列表内容发货是否及时。同样，可以增加一个延迟度量，表示天数，可以是正的或负的，表示介于请求日期和实际发货日期之间的时间。本章后面将要介绍，延迟计算可能比日期之间简单的差别计算复杂得多。

除了定量服务度量，也可以通过增加新维度或在杂项维度上增加更多列来包含对性能的定性评价。无论是哪种方法，属性值与图 6-15 展示的内容都相似。

服务级别键	服务级别描述	服务级别分组
1	准时	准时
2	提前 1 天	提前
3	提前 2 天	提前
4	提前 3 天	提前
5	提前>3 天	太过提前
6	延后 1 天	延后
7	延后 2 天	延后
8	延后 3 天	延后
9	延后>3 天	太过延后

图 6-15　定性服务级别描述示例

如果发票明细的服务级别指标被商业用户密切关注，可以使用刚刚描述的所有模式，因为包含定性文本的定量度量提供同一指标的不同场景。

6.3.2 利润与损益事实

若组织处理基于活动的开销或实现健壮的企业资源规划(Enterprise Resource Planning，ERP)系统，可能需要确定与已完成发货相关的增量收入和成本。传统上从列表顶端顺序安排这些收入和成本，表示发送给客户的产品的无折扣值；下到底线，表示去除折扣、津贴和成本后剩下的钱。收入和成本列表被称为损益表。通常不会将它作为公司利润(包括一般

成本和管理成本)的完整视图。出于此原因，损益表的底线被称为贡献(contribution)。

记住发票事实表的每行表示发票的一个明细项，图 6-14 所示的损益表的元素解释如下：

- **发货数量**：特定明细项的产品数量。使用多种带有不同度量单位的相等数量的方法将在 6.4.2 小节中讨论。

- **扩展总金额**：也称为扩展列表价格，因为它是用发货数量乘以列表单位价格得到的。这些以及随后的美元值是扩展的金额，换句话说，就是单位价格乘以发货数量。这种有关可加值的坚持简化了大多数查询及报表应用。相对来说，商业用户很少要求在单一事实表行中包括单位价格。当用户希望得到多行平均价格时，扩展价格首先相加，然后用相加获得的结果除以总的数量。

- **扩展津贴额**：从发票列表总额减去与某个交易有关的所有津贴的数量。该津贴在相邻交易维度中描述。津贴额通常被称为发票之外的津贴。对给定明细项来说，实际发票可能包含几种津贴。津贴合并到一起成为一种简化版本。如果需要根据津贴的不同来源分别跟踪，并且在给定明细项中潜在包括多种同时津贴，那么津贴细节事实表会扩展发票列表事实表，实现在发票列表事实表中下钻津贴细节。

- **扩展折扣额**：从总量减去支付项折扣。折扣描述符建立在交易维度中。如前有关交易维度的讨论，同时描述津贴和折扣类型的决策是设计者的权利。如果津贴和折扣是相关的，并且商业用户希望在浏览交易维度以研究津贴与折扣之间的关系时，这样做是有意义的。

该事实表中所有津贴和折扣在明细项级被描述。如前所述，一些津贴和折扣可能被计算操作于发票级别，并不是在明细项级别。将它们分配到明细项级别需要花费精力。发票损益表不包括产品维度严重限制了表示有意义的商业分布分片的能力。

- **扩展净额度**：客户期望在完税前支付该明细项的数额。它等于净发票额减去津贴和折扣。

到目前为止所描述的事实可以放入发票文档中展示给客户。下列成本额，产生基本贡献，仅用于内部消费。

- **扩展固定制造成本**：制造与订单列表的固定制造产品成本的比例值。

- **扩展可变制造成本**：将制造作为发票列表产品的可变制造成本的数值。该值多多少少是基于活动的，反映了运输到客户的产品生产制造的实际位置和时间。相反，该值可能是由行业制订的标准值。如果制造开销或所有其他存储和分销开销是平均值的均值，则详细的损益表可能会变得没有意义。DW/BI 系统可以协调这一问题并加快采纳基于活动的成本方法。

- **扩展存储成本**：在发送给客户前，存储发票明细项收取的费用。

- **扩展分销成本**：发票的明细项从制造场所到发送场所收取的费用。该费用不是基于活动的。如果公司支付运费或运费可以被表示为损益表中的不同明细项，则分销成本可能包括给客户的货物。

- **出资额(贡献额)**：扩展发票净值减去以上讨论的所有成本。该值并不是整个公司的最终结果，因为总体费用和管理成本以及相关财务调整尚未计算。但该值仍然非常重要。该列有时用其他列表示，例如，利润，选用哪个值表示与公司的规定有关。

让我们回过头来，回顾刚刚建立的健壮的维度模型。构建了一个详细的损益表，审视业务，展示了所有基于活动的元素的收入与成本。形成了盈利能力的等式。但是，该设计如此吸引人是由于损益表构建在包含日期、客户、产品和影响因素等全面的多维框架之上。您希望获得用户的产品赢利能力吗？希望看到交易赢利能力吗？所有此类分析都非常容易，采用了与 BI 应用相同的分析形式。说句玩笑话，建议您不要在职业生涯中太早发布这一维度模型，因为您将会获得提升，从此无法接触更多的 DW/BI 系统了。

关于赢利能力的警告

我们需要针对上面的段落提出一些明确的注意事项并传递一些告诫的话。不用说大多数业务用户对低粒度损益数据感兴趣，他们可以利用这些数据执行上卷操作，实现对客户和产品赢利能力的分析。在实际应用中，要实现这些详细的损益表通常说比做要容易得多。问题出现在成本事实上。即使采用高级的 ERP 系统，无法获取原子粒度成本事实也仍然很常见。您将会面临映射和分配原始成本开销到发票列表级的复杂问题。此外，从源系统中获取的每种成本类型需要采用不同的方法。10 种成本事实意味着需要 10 种不同的获取和转换程序。签署无法实现的任务前，确保对哪些任务可以从源系统获取及具有可行性进行详细评估。当然不希望 DW/BI 小组背负驱动组织对基于活动的成本问题达成一致的责任，负责管理大量并发获取的实现工作。如果时间许可且组织具有足够的耐性，在收入和开销来源确定，且发布到 DW/BI 环境中不同商业用户之后，赢利能力通常被当成一个稳定的维度模型。

6.3.3 审计维度

如图 6-14 所示，发票明细项设计是最强有力的功能之一，因为它提供了针对客户、产品、收入、成本和利润底线的详细结果。在为此事实表建立行时，将产生大量的后端元数据，包括数据质量指标、异常处理需求、区分数据如何在 ETL 过程中被处理的环境版本号等。尽管这些元数据一般对 ETL 开发者和 IT 管理人员非常有意义，但商业用户也经常会有兴趣。例如，商业用户可能会提出以下问题：

- 我凭什么相信这些报表数值？
- 在处理源数据时是否遇到异常值？
- 在计算成本时，采用的是哪个版本的成本分配逻辑？
- 在计算收入时，采用的是哪个版本的外币转换规则？

这些问题通常不易回答，因为需要的元数据是不易获得的。但是，如果预先考虑了这些问题，可以构建一个包含在所有事实表中的审计维度来表明在建立事实表行时，元数据内容是真实的。图 6-16 给出了审计维度的实例。

通过在事实表中建立一个审计维度外键将审计维度关联到事实表上。审计维度本身包含处理事实表行时涉及的元数据条件。最好以建立适度的审计维度开始，如图 6-16 所示。不要使 ETL 过程太复杂，限制可能出现的审计维度行数。前 3 个属性(质量指标、出界标识、进行调整的指标数)来源于特殊的、被称为错误事件表的 ETL 处理表，该表将在第 19 章讨论。成本分配和当前外键版本是来自于 ETL 后端状态表的环境变量。

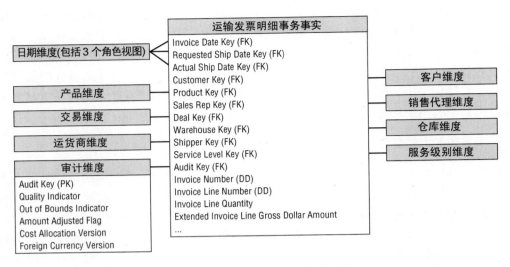

图 6-16   包含在发票事实表中的审计维度示例

借助于审计维度，可以执行一些功能强大的查询。您可能希望获得今天早上的发票报表，并基于出界标识计算所有的报表号。由于审计维度当前仅仅是一个普通的维度，所以可以在您的标准报表中增加出界标识。在产生的如图 6-17 所示的检测报表中，可以看到多行正常和异常的出界结果。

标准报表:

产品	仓库	发票明细数量	扩展发票明细总额
Axon	East	1 438	235 000
Axon	West	2 249	480 000

检测报告(包括增加的出界标识):

产品	仓库	出界标识	发票明细数量	扩展发票明细总额
Axon	East	Abnormal	14	2 350
Axon	East	Normal	1 424	232 650
Axon	West	Abnormal	675	144 000
Axon	West	Normal	1 574	336 000

图 6-17   包含在标准报表中的审计维度属性

6.4   用于订单整个流水线的累积快照

订单管理过程可以被理解为一个如图 6-18 所示的流水线，特别是那些按订单制造的制造企业。客户发出订单进入积压状态，直到从积压状态释放，进入制造状态。制造的产品将被放入制成品库存，然后发运给客户并开具发票。在流水线的每个入口建立唯一的事务。目前为止，我们考虑将每个流水线的活动当成不同的事务事实表。这样做您将获得由每个过程建立的包含大量细节维度的细节事实。这将允许您分别考察每个业务过程的性能，其结果往往能够正确满足商业用户的需求。

图 6-18 完整的订单流水线图

然而,有时用户希望分析整个订单流水线的情况。用户希望更好地理解产品生产速度,或知道产品在流水线中流动的速度有多快。累积快照事实表可提供此类业务场景,如图 6-19 所示。它能够确保看到更新的状态和最终订单的处置情况。

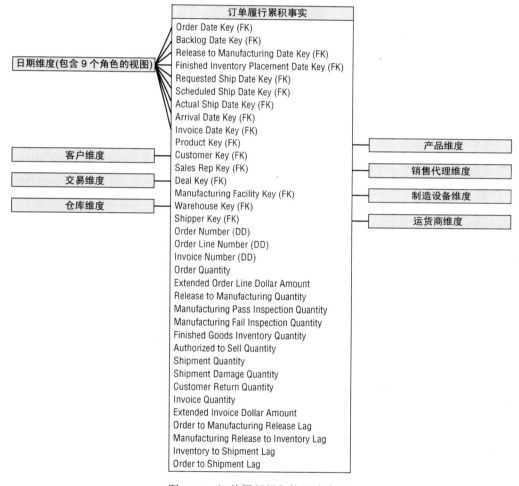

图 6-19 订单履行累积快照事实表

累积快照补充了流水线上其他模式的场景。如果希望了解流过流水线的产品数量,例如,订单数量、生产数量和发货数量,则事务模式监视流水线中每个主要的事件。周期快照提供对处于流水线中的产品数量的观察,例如,缺货或成品库存,或在预定的时间间隔内流过流水线某入口的产品数量。累积快照有助于更好地了解某一订单的当前状态以及产品流动的速度后者用于发现流水线的瓶颈和负面影响。如果您只需要获取事务事件事实表的性能，则计算两个里程碑之间包含天数的平均数量存在一定的困难。

累积快照表面上看起来与本章早些时候设计的事务事件事实表是不同的。希望能够重用一致性维度，但是日期数量和事实的列比较庞大。每个日期表示整个流水线的一个主要的里程碑。通过建立物理上不同的表或逻辑上不同的视图，日期被当成维度角色处理。日期维度需要一个表示"未知"或"待定"的行，因为在初次加载流水线行时，此类事实表日期多数是未知的。显然，不需要在所有事实表主键上定义所有日期列。

累积快照与其他事实表的基本差异是您可以重新访问并以更多变的可用信息更新已经存在的事实表行。图 6-19 所示的累积快照事实表的粒度是每个订单明细项一行。然而，与图 6-2 所示的具有相同粒度的订单事务事件事实表不同，累积快照事实的行在订单通过流水线，产生从周期的每个阶段收集的更多信息时可以被修改。

注意：
累积快照事实表通常包含多个日期，表示过程中的主要里程碑。但是，仅仅因为事实表具有多个日期并不能表明它就是一个累积快照。累积快照主要的区别是在活动发生时重新访问事实表行。

当在流水线中移动的产品可以唯一地被标识的时候，例如，一台具有车辆识别号的汽车，带有序列号的电子设备，带有识别号的实验室标本，带有批号的过程处理批次等，累积快照技术特别适用。累积快照有助于理解吞吐量和产量。如果累积快照的粒度是序列号或批号，那么当一个离散产品通过制造和测试流水线时，您将能够观察到一个离散产品的配置。累积快照最适合带有开始与结束定义的短周期过程。长周期过程，例如，银行账户，一般最好用周期快照事实表建模。

累积快照与类型 2 维度

累积快照表示工作流或流水线的最新状态。如果与累积快照关联的维度包含类型 2 属性，则事实表可以被更新，以能够引用当前的活动流水线的代理维度键。当单一事实表流水线行完成时，通常不需要重新访问该行以反映未来的类型 2 变化。

6.4.1　延迟计算

日期列的长列表获取订单通过整个流水线处理过程的时间范围。这些日期中的任意两个日期的数字差别是一个可用来对整个维度执行平均计算的数字。这些日期延迟计算表示总体效率的基本度量。可以基于该事实表建立一个视图，用于计算大量的日期差异并展现它们，好像它们已经存在于基础表中一样。这些视图列可能包含诸如制造完成延迟、制造完成到成品滞后、订单发送滞后等订单度量，通过被组织监视的日期范围获得。

不是通过视图计算两个日期的简单差，ETL 系统可以计算包含更多智能的经过时间，例如，由于周末或假日造成的工作日延迟，而不仅仅是处于里程碑日期之间的包含天的行数。延迟度量也可以通过 ETL 系统的最细粒度(例如，基于操作型时间戳的里程碑事件之间的小时或分钟数)为短而密切监视的过程进行计算。

6.4.2 多种度量单位

有时，业务中的不同功能组织希望查看一些以不同度量单位表示的性能度量。例如，制造经理可能希望按照托盘或装运箱查看产品流。另一方面，销售和市场经理可能希望按照零售示例、扫描单位(销售包)或等价的消费单位(例如，单罐苏打水)查看零售数量。

设计者试图消除度量单位转换因子，例如，产品维度中的货运因子。商业用户需要适应通过乘以(或除以)转换因子来获得多种不同的订单数量。显然，该方法除了易于产生计算错误外，还增加了用户负担。这种情况可能会变得更加复杂，因为转换因子可能会随时间发生变化，因此用户也需要确定哪个因子在什么时间可用。

与其采用在维度表中设置转换因子，承担错误地计算等价数量的风险，不如将它们存储到事实表中。在订单流水线事实表中，假设有 10 个基本数量事实，另外包含 5 个不同的度量单位。若物理地存储以不同度量单位表示的事实，每个事实行需要 50(10×5)个事实。当然，您可以通过建立一个包含 10 个数量事实和 4 个度量单位转换因子的物理行。仅需要 4 个转换因子而不是 5 个，因为基本事实已经由一个度量单位表示。物理设计包含 14 个与数量相关的事实(10+4)，如图 6-20 所示。采用这种设计方法，可以基于不同度量单位跨价值链查看性能。

订单履行累积事实
Date Keys (FKs)
Product Key (FK)
More FKs...
Order Quantity Shipping Cases
Release to Manufacturing Quantity Shipping Cases
Manufacturing Pass Inspection Quantity Shipping Cases
Manufacturing Fail Inspection Quantity Shipping Cases
Finished Goods Inventory Quantity Shipping Cases
Authorized to Sell Quantity Shipping Cases
Shipment Quantity Shipping Cases
Shipment Damage Quantity Shipping Cases
Customer Return Quantity Shipping Cases
Invoice Quantity Shipping Cases
Pallet Conversion Factor
Retail Cases Conversion Factor
Scan Units Conversion Factor
Equivalized Consumer Units Conversion Factor

图 6-20 支持多度量单位包含转换因子的物理事实表

当然，可以通过一个或多个视图为商业用户构建这类事实表。额外的计算包含：转换因子乘以数量，这是可以忽略的；还包含内部行计算，这是非常有效的。最复杂的视图可能包含所有以不同度量单位表示的 50 个事实，该视图也可以被简化，方法是仅将与用户有关的度量子集发送给用户。显然,每个度量单位应该具有唯一的标识。

注意:

将所有事实和转换规则包装到同一事实表行中,为正确地使用相关因子提供了最安全的保障。转换的事实以视图的方式展现给用户。

最后,在事实表中存储这些因子的另外一个好处是减少了产品维度表建立新产品行以反映转换因子的修改的压力。这些因子,特别是如果它们经常随时间改变,那么其表现更像事实而不是维度属性。

6.4.3 超越后视镜

我们在本章中讨论的多数内容关注分析产品历史变化性能的有效方法。有时人们将这些方法称为后视镜度量,因为它们能够确保您向后看并知道您处在何处。正如经纪行业提醒人们的那样,过去的性能无法保证得到未来的结果。很多组织希望补充这些带有来自其他过程的事实的历史性能度量,帮助项目确定未来。例如,与其关注流水线在某一时刻获得的订单,组织不如分析影响订单建立的关键驱动因素。在销售组织中,可以推断出类似查看和概要活动这样的驱动因素,以提供可见的期望活动订单量。许多组织在收集后视信息方面比将它作为早期指标做得更好,当这些前瞻的领先指标被获取后,可以方便地增加到 DW/BI 环境中。它们仅仅是在共享公共维度的企业数据仓库总线矩阵中增加了更多的行而已。

6.5 本章小结

本章包含订单管理过程中涉及的包含大量主题的清单。从多个角度讨论了多样性问题:对事实表同一维度的多引用问题(角色扮演的维度)、多个度量单位的等价性问题、多币种问题等。我们探讨了建模表头/明细事务数据存在的几类公共问题,包括处于不同粒度层次的事实和杂项维度,以及需要避免的设计模式。我们也探讨了与发票事务相关的大量事实集合。最后,订单履行流水线描述了累积快照事实表的能力,您可以考察特定产品或订单在流水线中流动时所处的不同的可更新状态。

第 7 章

会　计

财务分析涉及多种财务应用，包括总账、采购与应付账款明细、开票及应收账款、固定资产等。在本书前面的章节中我们已经讨论过采购订单和发票，本章将重点考察总账。因为需要准确处理公司的财务记录，所以总账是第一个在几十年前就被计算机化的应用。也许某些读者仍然在使用 20 年前就开始运行的总账系统。我们将在本章中讨论通过总账系统收集的数据，主要来源于会计周期结束时的记账凭证事务和快照。同时也会讨论预算编制过程。

第 7 章主要讨论的概念包括：

- 会计处理的总线矩阵片断
- 总账周期快照和记账事务
- 会计科目表
- 结账
- 年度-日期事实
- 多种金融会计日历
- 对多种总账层次的钻取
- 预算编制链及相关过程
- 固定深度的位置层次
- 参差不齐的可变深度层次
- 采用桥接表和其他建模技术处理无法确定深度的不规则层次
- 在不规则层次中共享所有权
- 随时间变化的不规则层次
- 通过合并多个业务过程度量的事实表整合
- OLAP 角色及金融分析解决方案包

7.1　会计案例研究与总线矩阵

由于金融是最早采用计算机技术的行业，因此早期决策支持解决方案重点关注金融数据是理所当然的事情,不必为此感到惊讶!金融分析人员是最早利用数据和精通电子报表的个体。通常他们的分析被组织中的其他部门传播并利用。不同级别的管理人员都需要适时地访问关键财务度量指标。除了接收标准报表,他们还需要具备以一定速度和较小代价分析性能趋势、偏差及异常的能力。与多数操作型源系统类似,总账数据可能会散布在多个表中。获取财务数据以及建立希望的报表可能需要利用解码指针在迷宫一般的屏幕上导引才能实现。这也违背了许多组织将财务责任和会计责任推向业务管理人员的目标。

DW/BI 系统能够提供可用、可理解的单一财务信息来源,以此确保所有使用者能够使用具有共同定义和共同工具的同一数据。在许多组织中,财务数据的使用者涉及方方面面的人员,从分析人员到业务经理到总经理。对不同的人员,需要确定他们需要公司财务数据的哪些子集、需要数据的格式以及使用数据的频率等。分析师和业务经理希望浏览高层次的信息然后钻取记账凭证以获取更多的细节。对总经理来说,来自 DW/BI 系统的数据通常用于填充他们的仪表盘和记分盘上的关键性能指标。与不得不通过中间人访问信息比较,如果经理们能够直接访问信息,就能够更方便地得到答案。同时,财务部门可以将他们的注意力转向信息分发和增值分析,而不是将注意力放在建立报表上面。

改善对财务数据的访问方法,可使您将精力放在更好地管理风险,简化操作程序,发现潜在的节省成本的策略等方面。尽管财务数据能对整个组织产生影响,但是许多机构在开始实施其 DW/BI 系统时,关注点主要放在建立收入机会的战略层面上。其结果是,财务数据不是 DW/BI 小组首先考虑的主题区域。源于对技术的精通和了解,财务部门通常着迷于通过报表和台式机数据库构建分析方案环境,尽管这样做会带来短期效益,但这些不够完善的中间产物可能已达到使用的极限。

图 7-1 描述了来自企业总线矩阵的针对财务的片断。与会计过程有关的维度,如总账或机构成本中心,经常单独地被这些过程使用。与核心客户、产品、雇员维度不同,这些维度被不同的业务过程反复利用。

	日期	分类账	账目	组织	预算明细	债务概要	支付概要
总账事务	X	X	X	X			
总账快照	X	X	X	X			
预算	X	X	X	X	X		
债务	X	X	X	X	X	X	
支付	X	X	X	X	X	X	X
实际预算差异	X	X	X	X			

图 7-1 涉及会计过程的总线矩阵行

7.2 总账数据

总账(General Ledger，G/L)是核心基础财务系统，它将来自分类账或采购、支付(欠别人的钱)和收入(别人欠您的钱)等不同系统的详细信息关联到一起。在研究总账数据的基本设计方法时，您会发现需要两个包含周期快照和事务事实表的互补模式。

7.2.1 总账周期快照

我们将以深入分析每个财务周期(如果财务会计周期以日历月为准，则也可以以月来表示)结束时的总账账户快照开始。回忆一下我们讨论过的设计维度模型的 4 步过程(参见第 3 章)，业务过程为总账。该周期快照的粒度是每个记账周期一行，包含总账会计科目的最细粒度级别。

7.2.2 会计科目表

总账的基础是会计科目表。总账会计科目是智能键的缩影，因为它通常包含一系列标识符。例如，首要的数字集合可以区分账户、账户类型(例如，资产、负债、权益、收入、费用)以及其他账户的上卷。有时将智能嵌入在账户数字模式中。例如，账户号 1000 到 1999 可能是资产账户，而账户号 2000 到 2999 可能用于表示负债。显然，在数据仓库中，可以将账户类型设计为维度属性，这样用户不必对账户号码的数字集合执行过滤操作。

会计科目可能会通过账户与单位的成本中心关联。通常，单位属性提供了从成本中心到部门到分部的完整上卷，例如，如果公司的总账合并了多个业务单元的数据，会计科目也可指示业务单元或子公司。

显然，不同的单位其会计科目会存在差异。会计科目通常是非常复杂的，在大型组织中，常常会包含成百甚至上千的成本中心。在我们所使用的研究案例中，会计科目自然分解为两个维度。一个维度用于表示总账账户，而另外一个表示组织的上卷。

组织上卷可能是固定深度的层次，它可以被作为成本中心维度的不同层次属性来处理。如果组织层次繁杂，具有非均衡的上卷结构，则需要更多强大的可变深度层次技术，该技术将在 7.4.3 小节中描述。

若要在 DW/BI 系统中建立跨多个组织的综合总账，则需要保证会计科目满足一致性要求，只有这样，多个不同的组织中的账户类型才能具有相同的含义。从数据级别来看，这意味着主一致性账户维度包含经过仔细定义的账户名称。不同组织的资本支出和办公用品需要有同样的财务含义。当然，此类一致性维度在财务圈中有一个长期存在的，为人熟知的名称：统一会计科目。

总账有时为多个账簿或分类账跟踪财务结果以支持不同的需求，例如，税收或监管机构报表。可以将它们视为不同的维度，因为它是非常基础的过滤器，但是我们提醒您注意阅读下一节的注意事项。

7.2.3 结账

每个会计周期结束时，财务组织负责落实财务结果，这样他们才能够对内对外提供正式的报表。在每个周期结束时，通常需要花几天时间协调和平衡账簿，以便能够通过正式的财务审核。在此以后，财务部门的重点工作变为建立报表和解释结果。通常需要建立大量的报表并负责每月回复大体相同的问题。

财务分析人员不断地简化结账、对账和建立总账报表的过程。尽管操作型总账系统通常支持这些必要的能力，但仍存在障碍，特别是如果您面对的是现代总账的时候。本章关注方便地分析结账结果，而不是方便结账。然而，在许多组织中，总账试算平衡表被加载到 DW/BI 系统中，利用了 DW/BI 系统展现区的能力，在大量的总账信息中寻找想要的数据，而后在结账前，制定适当的操作型调整措施。

图 7-2 所示的示例模式，展现了每个可用于不同种类会计分析的会计周期期末总账账户余额。例如，账户排序、趋势模型、周期比较等会计分析工作。

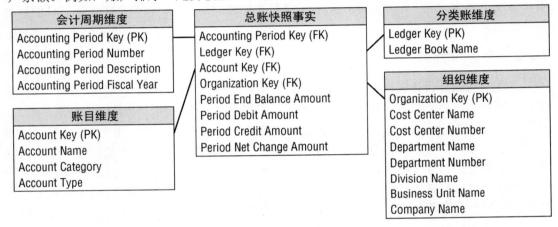

图 7-2　总账周期快照

目前，我们在图 7-2 中仅仅展现了实际的分类账事实。我们会在7.3 节中将研究扩展到预算数据。在此表中，余额数量是半可加事实。尽管余额并不表示总账活动，但在设计中包含这一事实，因为它非常有用。否则，需要返回开始时间以计算准确的期末余额。

警告：
分类账维度是一种方便、直观的维度，可以将多个分类账放入同一个事实表中。然而，访问这一事实表的查询必须以单一值约束分类账维度(例如，最终使用的内部分类账)，否则查询将该表中的各种分类账计算两次。实施该模式的最好方法是为不同的用户提供不同的视图，视图中包含预先约束到单一值的分类账维度。

提出的总账设计中的两个最重要的维度是账目和组织。账目维度从企业的统一会计科目中获取而来。组织维度描述了企业中的财务报表实体。遗憾的是，这两个关键维度几乎都不符合操作型维度(例如，客户、产品、服务、设备等)。这将带来一种不可避免的现象，商业用户对"总账无法与我的操作型报表联系上"非常不满。最好在访谈会上细致地为商业用户解释其中的缘由，不要保证说要修改这一问题，因为这一问题是针对基础数据的深层次问题。

7.2.4　年度-日期事实

设计者总是希望在事实表中存储"到目前为止"列。他们认为在每个事实行中存储"到目前为止季度"或"到目前为止年"等相加后的总计是比较有益的，因为他们可以直接获取，不需要计算。要注意的是数字事实必须与粒度保持一致。"到目前为止"事实无法保持与粒度的一致，因而非常容易产生错误。在以任意方式查询或汇总事实行时，这些不符合粒度的事实产生荒谬的、错误的结果。应该将它们从设计的模式中拿走，不要放在模式中，而应该通过 BI 报表应用工具计算得到它们。值得注意的是，OLAP 多维数据库处理"到目前为止"度量更容易一些。

注意：
一般来说，"到目前为止"总计应该通过计算获得，而不是存储在事实表中。

7.2.5　再次讨论多币种问题

如果总账需要整合从多币种中获得的数据，则应该按照第 6 章中讨论的那样进行处理。对财务数据来说，通常希望根据当地货币或者公司标准货币表示事实。在此情况下，每个事实表行表示以本地货币表达的事实集合总额并且以不同的事实集合在同一行中表示等值的公司标准货币量。这样做使您能够方便地以通用的公司货币汇总，不需要借助于 BI 应用。当然，也可以在事实表中增加一个货币维度外键，用于区分当地货币类型。

7.2.6　总账日记账事务

在表示周期结束的快照解决了众多的财务分析问题的同时，多数用户需要深入底层细节。如果在汇总层发现异常，分析师希望通过排序查看细节事务。其他人需要访问细节，因为按月汇总余额可能会掩盖了粒度事务级别的巨大差异。可使用包含详细日记账条目的事务模式的周期快照。当然，应付账款和应收账款分类账可能会包含不同级别的细节事务，这些细节事务可以在包含其他维度的不同事实表中获得。

现在事实表的粒度是每个总账日记账条目事务一行。日记账条目事务区分总账和可应用的借方或贷方金额。如图 7-3 所示，来自最后一个模式的几个维度被重用，包括账目与组织。如果总账跟踪多个账簿，则还需要包含总账/账簿维度。通过按照事务结账日期获取日记账条目，因此在此模式中使用以日为粒度的日期维度。依赖与源数据关联的业务规则，可能需要扮演第 2 种角色的日期维度，用于从账户日期中有效地区分结账日期。

日记账条目号可能是不与任何维度表关联的退化维度。如果来自源系统的日记账条目号码是排序的，则该退化维度可用于排序日记账条目，因为与实施表关联的日历日期维度太粗糙而无法提供分类排序。如果日记账条目号不能方便地支持分类排序，则需要为事实表增加一个有效的日期/时间戳。与源系统有关，可以使用日记账条目事务类型和一个相关的描述。在此情况下，需要建立不同的日记账条目事务概要维度(图 7-3 中未显示)。假设描述不只是自由格式文本，该维度与事实表比较，行数要少得多，其中每个日记账条目明细一行。特殊的日记账条目号仍然会被当成退化维度。

图 7-3　总账日记账条目事务

日记账条目事实表的每行要划分为借或贷。借/贷标识包含且只包含两个值。

7.2.7　多种财务会计日历

如图 7-3，数据按照记账日期获取，但用户也可能希望按照财务会计周期汇总数据。遗憾的是，财务记账周期通常与标准公历月份不符。例如，某公司的财务年度可能包含 13 个 4 周的会计周期，以 9 月 1 日开始，而不是以公历 12 个月的 1 月 1 号开始。如果只存在单一的财务日历，则一年中的每一天对应单一日历月，以及单一的财务周期。鉴于这些关系，日历和会计周期仅仅是每天日期维度的层次化属性。每天日期维度表要同时满足日历月份维度表以及财务会计周期维度表。

其他情况下，可能需要按公司的子公司或营业范围处理多个财务会计日历。如果唯一的财务日历号是一个固定的、较低的数字，则可能会包含标记为单一日期维度的唯一标识的财务日历属性的每个集合。每天日期维度中给定的行将会被标识为属于子公司 A 的会计周期 1，会计周期 7 是子公司 B。

更加复杂的情况涉及大量不同的财务日历，可以在日期维度中区分正式的公司财务日历。然后采用几种方法解决子公司特有的财务日历。最常见的方法是建立包含日期和子公司主键等多个主键的日期维度支架表。表中的每一行表示每个子公司每天的情况。支架表中的属性包含财务分组(例如，财务周结束日期和财务周期结束日期)。需要一种按照支架表中特定子公司过滤的机制。可以通过视图实现，这样做可使支架表从逻辑上看是日期维度表的一部分。

处理子公司特殊日历的第二种方法是为每个子公司日历建立不同的物理日期维度，使用代理日期键的公共集合。如果事实数据分散在不同的子公司中，可能会使用该方法。这要根据 BI 工具的能力，可能更容易按照方法 1 描述的子公司支架表过滤，或者确保使用适当的子公司特定的物理日期维度表(方法 2)。最后，可以为事实表中的子公司财务周期维度表分配其他外键。表中行号码用财务周期的行号码(3 年大约 36)乘以唯一日历的号码表示。该方法简化了用户访问，但增加了 ETL 系统的压力，因为在转换过程中需要插入适当的财务周期主键。

7.2.8 多级别层次下钻

大型企业和政府机关可能存在安排在上升层次的多个总账，也许是按照企业、分部和部门的上升层次。在最低层次，部门总账条目可能通过上卷被整合到一个分部总账条目。然后分部总账条目又被整合到企业级。对这些总账的周期快照粒度来说，这将是特别常见的。建模该类层次的一种方法是通过在事实表中引入父快照的事实表代理键，如图 7-4 所示。在此情况下，因为在行与行之间定义了父/子关系，增加了清楚的事实表代理键，在向事实表中增加行时，单一列数字标识符增量增加。

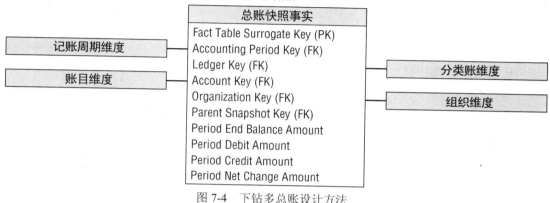

图 7-4 下钻多总账设计方法

可以使用父快照代理键下钻多层次总账。假定您需要在顶级总账中查明旅游数量。以高层条目的代理键为基础，然后获取当前层次上所有父快照主键等于高层条目代理键的条目。这样就可以获得所有对高层条目总账作出贡献的低层条目。SQL 语句如下：

```
Select * from GL_Fact where Parent_Snapshot_key =
   (select fact_table_surrogate_key from GL_Fact f, Account a
   where <joins> and a.Account = 'Travel' and f.Amount > 1000)
```

7.2.9 财务报表

总账系统的主要功能之一是产生组织正式的财务报表，例如，资产负债表和损益表。操作型系统通常处理这些报表的制作。通常不希望用 DW/BI 系统替换由操作型财务系统发布的这些报表。

但是 DW/BI 小组有时建立补充性的聚集数据，简化了报表信息的获取，使得信息能够在企业中更加方面地传播。财务报表模式的维度可以包含会计周期和成本中心。不必寻找总账会计级数据，事实数据被聚集并以适当的财务报表明细号和标识标记。使用该方法，管理人员可以方便地查看财务报表中给定明细的随时间变化的性能趋势。同样，同级别细节的关键性能指标和财务比率都可由此获得。

7.3 预算编制过程

大多数现代总账系统都具备将预算数据集成至总账的能力。但是，如果总账系统缺乏这样的能力或者尚未实现，则需要提供其他机制来支持预算过程及偏差比较。

在多数组织内部，预算编制过程可以被看成是一系列事件构成。在财政年度开始前，每个成本中心管理人员通常会建立预算，并按照认可的预算项目分类。实际上，预算很少出现一年一个事件的情况。预算越来越具有动态性，因为随着时间的推移，会出现预算调整，以反映商业情况的变化或实际发生的与原始预算比较的现实情况。管理人员希望看到当前的预算状态，以及与第1个批准的原始预算比较预算发生变化的情况。随着年度的展开，达成有关预算资金的花费委托，最后处理支付。

作为一个维度建模人员，可以将预算链看成是由一系列事实表组成的，如图7-5所示。预算链包括预算事实表、委托事实表和支付事实表。预算链逻辑上始于为每个组织和账户建立预算。然后在操作执行期间，根据预算落实委托，最终根据委托支付。

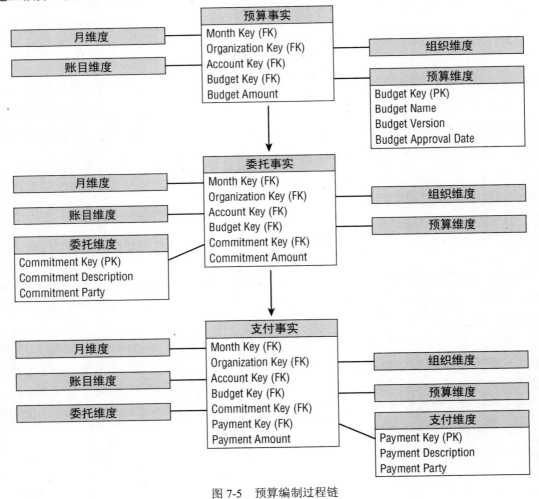

图 7-5 预算编制过程链

　　我们首先讨论预算事实表。针对一个费用预算明细项，每行表明是公司的一个组织在规定时间框架内基于何种目的的开销。同样，如果明细项反映收入预测，收入预测仅仅是预算的变化情况，则表示组织在时间框架内打算从何种资源中获得什么。

　　可以进一步确认粒度是每个月每个预算明细项当前状态的快照。尽管这样的粒度比较熟悉(看起来像管理报表)，但对事实表来说，这样的粒度并不是一个好的粒度。此类"状态报表"事实都是半可加余额，而不是完全可加事实。同时，这种粒度难于确定从前一个月或季度以来发生了多少变化，因为必须从多个时间周期获得行，并将它们相减。最后，对于一个给定明细项，在连续的几个月中，即使没有发生变化，此类粒度选择也需要事实表包含许多重复行。

　　实际上应该选择的粒度是发生在某月中组织成本中心预算明细项的实际变化情况。尽管该方法能够满足预算报表的目标，但会计师最终需要将预算明细项与受到影响的特定总账关联，因此仍然需要采用总账级别。

　　粒度确定后，关联的预算维度可包含有效月份、组织成本中心、预算明细项以及总账，如图 7-6 所示。组织与前期使用总账数据的维度是相同的。账户维度也是可重用的维度。关于账户维度，唯一复杂的问题是单一预算明细项会影响多个总账账户。在此情况下，需要为不同的总账账户分配预算明细。因为预算事实表的粒度是总账账户，成本中心的单一预算明细可能需要由事实表中的几个行表示。

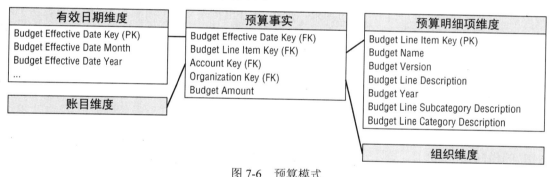

图 7-6　预算模式

　　预算明细项确定了拟议开支的目的，例如，雇员薪水或办公支出。通常存在几种与预算明细项关联的汇总分类层次。所有预算明细项在汇总层次上可能具有多个不同的号码(例如，有些只有一个分类上卷)，但不是子分类。在此情况下，可以通过在子分类中复制分类名称的方法来填充维度属性，以避免出现明细项上卷到不可应用的子分类的情况发生。预算明细项维度也可区分预算年度以及预算版本。

　　有效月份指分布预算变化的那个月。当预算首次获得通过后，给定预算年度首要的条目将显示有效月份。在预算年度执行过程中，如果预算被更新或修改，在预算年度中将会显示有效月份。如果整个年度都未发生预算调整，则包含的条目仅仅是在预算最初通过时的那些条目。这就是将粒度定义为净变化的真实含义。理解这一点非常重要，否则，就难以理解预算事实表包含的内容，以及如何使用它。

　　有时预算被当成年度开支计划建立。其他时间则按照月或季度划分。图 7-6 假定预算是年度额，在预算明细项维度中区分预算年度。如果需要按照开支月份表示预算数据，则需要包含下一个月的维度表，以其作为开支月份。

预算事实表包含单一的预算额事实，该事实是完全可加的。在为跨国组织编制预算时，为便于规划，可能将预算额标记为希望的货币转换因子。如果在执行年度中，给定的预算明细和账户的预算额被修改，则需要在预算事实表中额外增加一行表示净变化。例如，如果原始预算为$200 000，假设在 6 月追加$40 000，则需要增加一行，同样，若 10 月消减$25 000，仍然需要增加一行。

预算年度开始时，管理人员承诺通过购买订单、工作订单或其他形式的合同来开支预算。他们肯定希望能够监督其承诺执行情况，并将执行情况与年度预算比较以管理其开支。可以设想建立另外一个事实表来管理这些承诺(参考图 7-5)。该事实表共享相同的维度，另外增加一个用于表示特定承诺文档(购买订单、工作订单或合同)和承诺方的维度。在此情况下，事实就是承诺数额。

最后，当钱转往承诺的转入方时支付发生。从实际情况来看，承诺执行后，预算中的这部分钱不再有效。但财务部门可能会对承诺与支付之间的关系感兴趣，因为通过了解这种关系可以管理公司的现金。与支付事实表关联的维度包含承诺事实表的维度，加上支付维度用于区分支付类型，以及执行支付的支付人。参考图 7-5 所示的预算链，在从预算到承诺到支付的过程中，维度明细随之扩展。

采用此设计方法，可以建立一系列有趣的分析。通过部门和明细项查看当前预算额度，可以建立到目前为止的所有日期的约束，通过部门和明细项计算总额。因为粒度是明细项的净变化，所以将所有条目按照发生时间相加会得到正确的结果。最终获得当前批准的预算额度，获得那些包含预算的给定部门明细项。

要获得各类明细项预算的变化情况，只需要按月约束。这样将只报告那些在约束月中发生变化的明细项。

要比较当前承诺与当前明细项，需要从开始时间到当前日期(或其他感兴趣的日期)，分别汇总承诺数额与预算数额。然后在行前部合并两个结果集合。这就是标准的应用多遍SQL 的横向钻取应用。类似地，可以对承诺和支付执行横向钻取。

7.4　维度属性层次

虽然本章所描述的预算链用例相当简单，但它包含了一系列层次，以及需要设计者考虑的一系列选择。记住层次就是一系列多对一关系。至少存在 4 种层次：日历层次、账户层次、地理层次和组织层次。

7.4.1　固定深度的位置层次

在预算链中，日历层次是常见的深度固定的层次，每个层次都是具有实际意义的标记。从上卷角度来考察日历层次，其层次为天→财务周期→年度。也可能是天→月→年度。如果财务周期与月之间不存在任何简单关系，则这两个层次是不同的层次。例如，某些企业财务周期为 5-4-4，包含一个 5 周范围以及后续的两个 4 周范围。单一的日历日期维度可方便地用出现的公共属性集合同时表示这两个层次，因为日期维度的粒度是以天来度量的。

账户维度也可以存在固定的多对一层次，例如，总经理层、业务主管层和业务经理层账户。维度的粒度是业务经理层账户，但可以从最低粒度的细节账户上卷到业务主管和总经理层次。

在固定位置维度中，重要的是每个层次具有特定的名称。这样商业用户知道如何约束并解释每个层次。

注意：

避免在固定位置层次中使用抽象的名称，例如，级别-1，级别-2 等等。这种方法虽然简单，但妨碍了对不整齐层次的正确建模。如果为级别定义了抽象的名称，则商业用户无法确定在何处放置约束，也无法知道级别中的属性值在报表中的含义。如果在固定位置层次中的不整齐层次以抽象名称定义，则单独的层次基本上没有意义。

7.4.2　具有轻微不整齐的可变深度层次

地理层次是一种具有挑战性的层次。如图 7-7 所示，存在三种可能性。最简单的位置具有 4 个级别：地址、城市、州和国家。比较复杂一点的情况增加了区域，最复杂的情况增加了区和区域级别。如果希望在单一地理层次上表示所有的三种类型，则需要采用一种轻微可变层次。如果愿意做出一些妥协，则可以将三种类型合并起来。对中等复杂情况，其中没有区的概念。可以将城市名称扩展为区属性。对简单情况，其中没有区和区域的概念，可以将城市名称扩展为区和区域属性。业务数据治理人员可能不会决定向上扩展标识，甚至仅仅用“不适用(Not Applicable)”来填充空的级别。如果属性被分组，则业务代表需要在报表中见到适当的行标识值。无论应用哪种业务规则，清楚地包含具有明确含义的属性名称的跨三种地理位置的设计都是有利的。这种妥协的关键在于地理层次的范围狭窄，从 4 个到 6 个层次。如果数据范围从 4 个增加到 8 个或者 10 个甚至更多时，这种设计考虑就不起作用了。记住属性名必须具有实际意义。

简单位置	较复杂位置	复杂位置
Loc Key (PK)	Loc Key (PK)	Loc Key (PK)
Address+	Address+	Address+
City	City	City
City	City	District
City	Zone	Zone
State	State	State
Country	Country	Country
...	...	...

图 7-7　同时存在于单个位置维度中包含简单、中等和复杂层次的示例数据值

7.4.3　不整齐可变深度层次

在预算用例中，组织结构是不整齐可变深度层次的最好示例。在本章中，我们通常称

层次结构为"树",并且将树中独立的组织称为"节点"。设想某个企业包含如图 7-8 所示的具有 13 个组织的上卷结构。此类组织都有自己的预算、委托和支付。

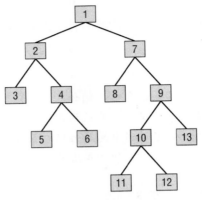

图 7-8　组织上卷结构

对某个组织,可以通过简单连接组织维度和事实表,查询某个特定账户的预算。如图 7-9 所示。也可能希望针对树的一部分或整棵树上卷预算。图 7-9 不包含有关组织上卷的信息。

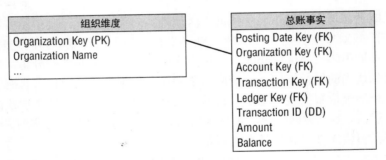

图 7-9　连接事实表的组织维度

表示父/子树结构的典型方法是在组织维度的每行中设置指向其父节点的递归指针,如图 7-10 所示。SQL 原始定义没有提供执行此类递归指针的方法。Oracle 包含一个 CONNECT BY 函数,用于向下遍历这类指针,从树的高层父节点开始,逐步枚举其底层的所有子节点,直到将整棵树遍历完。但采用 Oracle CONNECT BY 及其他更一般的方法,例如,SQL Server 的递归公共表表示方法,存在的问题是树的表示与组织维度纠缠在一起,因为这些方法依赖嵌入在数据中的递归指针。从一个上卷结构转换到另外一个上卷结构是无法实现的,因为多数递归指针都被破坏性地修改。要维护组织中的类型 2 缓慢变化维度属性也是不可能的,因为对高层节点关键字的改变需要对整棵树的关键字进行修改。

解决表示任意上卷结构问题的方法是建立特殊的与主维度表无关的,包含与上卷有关的所有信息的桥接表。该桥接表的粒度是树中每个从父节点到该父节点下的所有子节点的路径,如图 7-11 所示。映射表的第 1 列是父节点的主键,第 2 列是子节点的主键。每行需要包含每个可能存在的父节点到每个可能存在的子节点,且包含用于连接父节点本身的行。

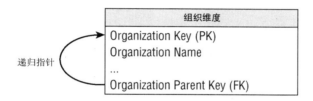

图 7-10　典型的父/子递归设计

针对图 7-8 的简单组织映射桥接表行:

父组织键	子组织键	距离父组织的层次	最高层父节点标识	最低层子节点标识
1	1	0	TRUE	FALSE
1	2	1	TRUE	FALSE
1	3	2	TRUE	TRUE
1	4	2	TRUE	FALSE
1	5	3	TRUE	TRUE
1	6	3	TRUE	TRUE
1	7	1	TRUE	FALSE
1	8	2	TRUE	TRUE
1	9	2	TRUE	FALSE
1	10	3	TRUE	FALSE
1	11	4	TRUE	TRUE
1	12	4	TRUE	TRUE
1	13	3	TRUE	TRUE
2	2	0	FALSE	FALSE
2	3	1	FALSE	TRUE
2	4	1	FALSE	FALSE
2	5	2	FALSE	TRUE
2	6	2	FALSE	TRUE
3	3	0	FALSE	TRUE
4	4	0	FALSE	FALSE
4	5	1	FALSE	TRUE
4	6	1	FALSE	TRUE
5	5	0	FALSE	TRUE
6	6	0	FALSE	TRUE
7	7	0	FALSE	FALSE
7	8	1	FALSE	TRUE
7	9	1	FALSE	FALSE
7	10	2	FALSE	FALSE
7	11	3	FALSE	TRUE
7	12	3	FALSE	TRUE
7	13	2	FALSE	TRUE
8	8	0	FALSE	TRUE
9	9	0	FALSE	FALSE
9	10	1	FALSE	FALSE
9	11	2	FALSE	TRUE
9	12	2	FALSE	TRUE
9	13	1	FALSE	TRUE
10	10	0	FALSE	FALSE
10	11	1	FALSE	TRUE
10	12	1	FALSE	TRUE
11	11	0	FALSE	TRUE
12	12	0	FALSE	TRUE
13	13	0	FALSE	TRUE

组织映射桥接

Parent Organization Key (FK)
Child Organization Key (FK)
Depth from Parent
Highest Parent Flag
Lowest Child Flag

图 7-11　组织映射桥接表样例行

图7-8 所描述的样例树产生了图7-11 所示的43 行。从号码1 开始，包含13 条路径，从节点2 开始包含5 条路径，从节点3 开始包含其本身的1 条路径等等。

映射表中最顶层父节点标识表示发自顶层父节点的特定路径。最低层子节点表示树的"叶节点"特定路径。

如果对组织维度表建立单行约束，可以将维度表与映射表和组织表连接，如图7-12 所示。例如，如果将组织表约束到节点1 并简单地从事实表中获取可加属性，则从事实表中获取13 号节点，这在单一查询中遍历了整棵树。在执行同样的查询时，如果排除约束映射表最低层子标识为真的条件，则从号码为3、5、6、8、10 和11 的6 个叶节点中获取唯一可加事实。这个答案的获得在查询时没有遍历树。

图7-12 将组织映射桥接表连接到事实表

注意：
文章 "Building Hierarchy Bridge Tables" (可在 www.kimballgroup.com 中的本书目录下的 Tools and Utilities 标签下获取)提供了本节所描述的建立层次桥接表的代码示例。

当使用映射桥接表约束组织维度到单一行时必须非常小心，否则可能会冒重复计算树中子节点和孙子节点的风险。例如，如果不使用类似"节点组织号=1"，而使用"节点组织位置=加利福尼亚"这样的约束，则可能会出现问题。在此情况下，需要建立一个自定义查询，而不是简单地进行连接，具体采用下列约束：

```
GLfact.orgkey in (select distinct bridge.childkey
        from innerorgdim, bridge
        where innerorgdim.state = 'California' and
        innerorgdim.orgkey = bridge.parentkey)
```

7.4.4 不规则层次中的共享所有权

映射表可以表示部分所有权或共享所有权，如图7-13 所示。例如，假设节点10 被节点6 拥有50%，被节点11 拥有50%。此时，与节点10 有关的所有预算、承诺和支付属性在流经节点6 时包含50%的权重，同时在节点11 包含50%的权重。对原始的43 行需要额外增加路径行，以方便从节点10 到节点6 以及其祖先节点的连接。所有结束于节点10 的相关路径行在映射表中的所有权百分比列中需要有50%的权重。其他未结束于节点10 的路径行，其所有权百分比列不会发生变化。

图 7-13　包含共享所有权的不规则层次桥接表

7.4.5　随时间变化的不规则层次

包含另外两个日期/时间戳的不规则层次桥接表可方便缓慢地变化层次，如图 7-14 所示。当某个给定的节点不是其他节点的子节点时，原有关系中的有效结束日期/时间必须被设置为改变后的日期/时间，在桥接表中插入新的包含正确的有效开始日期/时间的路径行。

图 7-14　随时间变化的不规则层次的桥接表

警告：

在使用类似图 7-14 所示的桥接表时，查询必须被约束为单一日期/时间，以"冻结"桥接表，保持层次的单一一致性视图。如若不然，将导致获得不在同一时间段的多个路径。

7.4.6　修改不规则层次

组织映射桥接表可以被方便地修改。假设希望将节点 4、5 和 6 从其原始位置(向上为节点 2)移动到一个新位置(向上为节点 9)，如图 7-15 所示。

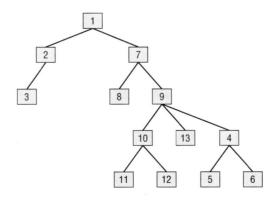

图 7-15　改变图 7-8 所示的组织结构

在此静态情况下，桥接表仅仅反映了当前上卷结构，仅仅需要删除树中指向节点4、5和6包含的组的高层路径。然后将节点4、5和6与父节点1、7和9关联。静态SQL语句如下：

```
Delete from Org_Map where child_org in (4, 5,6) and
  parent_org not in (4,5,6)
Insert into Org_Map (parent_org, child_org)
  select parent_org, 4 from Org_Map where parent_org in (1, 7, 9)
Insert into Org_Map (parent_org, child_org)
  select parent_org, 5 from Org_Map where parent_org in (1, 7, 9)
Insert into Org_Map (parent_org, child_org)
  select parent_org, 6 from Org_Map where parent_org in (1, 7, 9)
```

在随时间变化的情况下，桥接表包含一对日期/时间戳，逻辑是类似的。可以发现树中指向分组4、5和6节点的高层路径，并将其有效结束日期/时间设置为发生改变的时间。然后将节点4、5和6以适当的日期/时间附加到其父节点1、7和9上。以下是随时间变化的SQL：

```
Update Org_Map set end_eff_date = #December 31, 2012#
  where child_org in (4, 5,6) and parent_org not in (4,5,6)
  and #Jan 1, 2013# between begin_eff_date and end_eff_date
Insert into Org_Map
  (parent_org, child_org, begin_eff_date, end_eff_date)
  values (1, 4, #Jan 1, 2013#, #Dec 31, 9999#)
Insert into Org_Map
  (parent_org, child_org, begin_eff_date, end_eff_date)
  values (7, 4, #Jan 1, 2013#, #Dec 31, 9999#)
Insert into Org_Map
  (parent_org, child_org, begin_eff_date, end_eff_date)
  values (9, 4, #Jan 1, 2013#, #Dec 31, 9999#)
Identical insert statements for nodes 5 and 6 …
```

上述改变桥接表的简单方法避免了在改变其他类型层次模型时出现的噩梦般的情形。在桥接表中，仅仅直接与变化有关的路径会受到影响，不涉及其他路径。在大多数其他具有聪明节点标识的模式中，树结构的变化会影响树中多数节点甚至所有节点，下一小节将对该问题展开讨论。

7.4.7 其他不规则层次的建模方法

除了在组织维度中使用递归指针外，至少存在两种建模不规则层次的方法。这两种方法都涉及设置在组织维度中的聪明列。与桥接表方法比较，这些模式存在两个不利因素。首先，层次的定义被锁定到维度中，不易替换。其次，这两种模式容易产生重复标记的灾难，因为当单一小变化发生时，树的主要部分必须被重新标记。书本(类似本书)通常展示的示例都不可能很大。但是如果树中包含上千节点，就需要仔细对待。

一种模式是在组织维度表上增加路径字符属性，如图7-16所示。路径字符属性值显示在每个节点内。在此示例中，没有桥接表。在某个层次，路径字符包含父节点的完整路径并增加字母A、B、C等等。在其父节点下从左至右增加。路径字符最后一位是"+"，表示该节点还包含子节点，若为一个句点，则表示该节点没有子节点。通过使用通配符约束路径字符，可以实现针对树的查询，例如：

- A*检索整棵树，其中星号表示可变长度通配符
- *. 仅检索左节点
- ?+检索顶端节点，问号是单个字符通配符

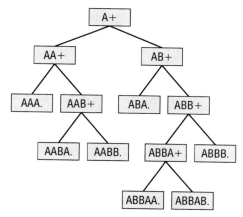

图 7-16　其他使用路径字符属性的不规则层次设计

路径字符方法对由于组织发生变化而带来的重新标记非常敏感，如果在树中插入新节点，则处于该节点的同一父节点之下的所有右侧节点都必须重新标记。

另外一种类似的模式是计算机科学家经常使用的改进的前序树遍历方法，如图 7-17 所示的号码，每个节点包含一对号码用于标识该节点之下的所有节点。整棵树可通过使用节点的上层节点来枚举。如果每个节点的值有左右之分，则示例树中的所有节点都可使用"处于 1 和 26 之间的左节点"获得。叶节点可以通过左右值差异为 1 获得，左右值差异为 1 表示该节点没有子节点。这种方法更容易受到重写标识的影响。因为整棵树必须仔细按序标号，从左至右，从上到下。树的任何变化都引起整个树右侧部分的重新标识。

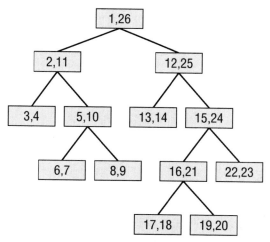

图 7-17　使用改进的前序树遍历方法的其他不规则层次设计

7.4.8 应用于不规则层次的桥接表方法的优点

虽然桥接表增加了更多的 ETL 设置工作，并且增加了查询的负担，但它为分析无法确定深度的不规则层次提供了良好的灵活性。特别是，桥接表允许：

- 在查询时选择其他上卷结构
- 共享所有权上卷
- 随时间变化的不规则层次
- 当节点遭遇缓慢变化维度类型 2 变化时影响较小
- 结构改变时影响较小

可以使用组织的层次桥接表跨预算链上所有三个事实表获取事实。图 7-18 给出了组织映射表如何与三个预算链事实表连接。这样能够允许横向钻取报表，例如，发现复杂组织机构中所有叶节点的差旅预算、承诺和支出。

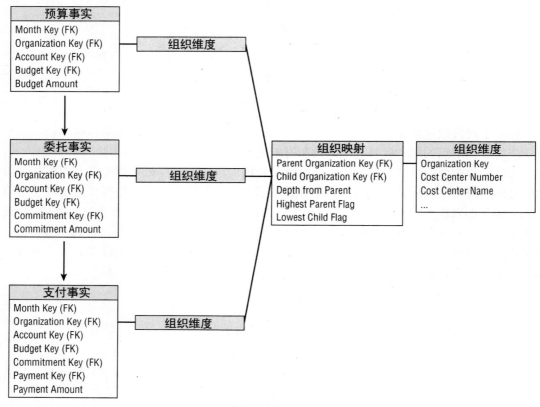

图 7-18　横向钻取和上卷预算链

7.5 合并事实表

在最后这节中，我们将对由不同业务过程采用横向钻取事实表建立的度量进行比较，例如，预算和承诺。如果此类横向钻取分析在用户团体中频繁使用，则建立单一事实表具有实际意义。单一事实表指一次合并度量，而不是依赖商业用户或他们的 BI 报表应用将结果合并到一起，特别是考虑到固有的复杂性、精确性、工具能力和性能等问题。

通常，业务管理人员喜欢比较实际与预算的差异。为此，可以假设年度预算与/或预测通过会计周期来划分。图 7-19 显示了实际与预算额，以及通过公共维度获得的差异(计算获得的差异)。

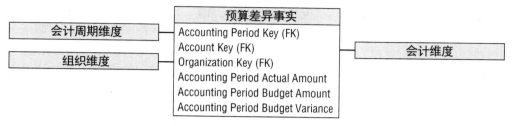

图 7-19　实际与预算合并事实表

再次考虑跨国组织情况，基于有效的转换比率，会看到本地和等价的标准货币的实际金额。此外，可以基于规定的货币转换因子转换实际结果。鉴于货币波动的不可预测性，基于有效的和规定的转换率监督性能是非常有用的。采用此方法，远程管理人员不必因为现金转换率超出他们所能控制的范围而受到惩罚。同样，财务人员能够从更高的层面上更好地理解组织年度计划中未预期的货币转换率波动对组织带来的影响。

以共同粒度从多个组织业务过程合并度量的事实表被称为合并事实表。虽然无论是从性能还是从可用性来看，合并事实表是非常有用的，但它们通常表示一种维度上的妥协，因为是以多维性的"最小公分母"合并事实。与合并事实表有关的潜在风险是项目组有时仅仅依靠合并事实表的粒度开展基本设计工作，这可能会无法满足用户需求，因为他们需要更细粒度的数据。如果项目组试图强制产生一对一对应产物用以合并不同粒度的数据或多维数据时，这些模式将会遇到麻烦。

注意：

来自多个业务过程的事实合并到合并事实表时，它们必须具有同样等级的粒度。因为不同的事实很少具有同样的粒度，因此需要消除或聚集一些维度以支持一对一对应关系，将原子数据保存在不同的事实表中。项目组不应该为试图适合合并不同粒度事实数据的需要而建立人工事实或维度。

7.6　OLAP 角色及分析方案包

在关系数据库环境下讨论财务维度模型时，值得注意的是多维 OLAP 提供商长久以来在该领域中扮演的角色。OLAP 产品广泛应用于财务报表、预算和整合应用。关系型维度模型通常满足财务 OLAP 多维数据库。OLAP 多维数据库可以快速发布对管理层来说非常重要的查询性能。数据容量，特别是总账余额或财务报表聚集，通常不会超过多维产品的实际容量约束。OLAP 适合处理复杂的组织上卷，以及复杂的计算工作，包括行间操作。大多数 OLAP 提供商提供财务特需的能力，例如，财务函数(例如，净现值或复合增长值)，适当处理财务报表数据(按照希望的顺序，例如，所得税前费用)，根据账户类型，适当处理借方/贷方，以及更多其他高级功能，例如，财务合并。OLAP 多维数据库通常也能够方便地支持复杂的安全模型，例如，限制对详细数据的访问，转而提供更多的对汇总度量的访问。

按照总账处理的标准属性，购买总账包而不是试图从头开始建立是近年来比较流行的路线。几乎所有的操作型软件包也提供辅助分析方案，有时与 OLAP 提供商有关。在许多案例中，基于提供商累计经验的现成解决方案是一种进入 DW/BI 实现并且可以降低开销和方向的好办法。分析解决方案通常包含用于辅助获取和存取操作型数据的工具，也包含用于分析和解释的工具。然而，在利用软件包解决方案时，需要注意避免孤立应用。最终您可能会选择不同提供商的不同财务、客户关系管理、人力资源和 ERP 分析解决方案软件包，它们没有一个能够与其他内部数据集成。需要实现整个 DW/BI 环境中维度的一致性，无论您是建立一个解决方案或者是使用软件包。软件包分析解决方案可加快 DW/BI 实现，但它们不能减轻对一致性的需要。多数组织不可避免地将自建、购买和集成综合起来，形成完整的解决方案。

7.7 本章小结

本章主要关注财务总账数据，包括周期性快照以及日记账条目事务。讨论了处理公共总账数据可能存在的问题，包括多币种、多财务年度、不平衡组织树以及建立当期汇总的需求。

本章使用为人熟知的组织上卷结构展示了如何建模可变深度的复杂不规则层次。介绍了应用于这些层次的桥接表，并将这一方法与其他方法进行了比较。

本章探讨了预算过程链的事件系列。描述了在此情况下使用"净变化"粒度而不是建立预算数据总计快照的方法。还讨论了由于经常被放在一起分析而将不同商业过程结果进行合并的合并事实表的概念。

最后，我们讨论了适合财务分析的 OLAP 产品的特性。强调了在整个 DW/BI 环境中使用一致性维度集成分析包的重要性。

第 **8** 章

客户关系管理

在客户关系管理(Customer Relationship Management, CRM)这一概念成为时髦术语之前，许多组织设计并开发了以客户为中心的维度模型，以便能够更好地理解客户的行为。几十年来，这些模型用于响应有关向哪些客户发出了征询，哪些客户对此做出了反应，以及客户响应的重要程度如何等管理请求。全面理解与客户交互和交易所具有的商业价值极大地推进了客户关系管理的发展并使其成为明星软件。客户关系管理不仅包含熟悉的住宅和商业客户，也包含市民、病人、学生和有关人员和组织的其他分类，了解客户的行为和偏好非常重要。客户关系管理是一种重要的商业策略，很多观念认为，客户关系管理是企业生存的基础。

本章首先综述客户关系管理的基本概念，包含其操作和分析角色。然后介绍客户维度的基本设计方法，包括类似日期、分割属性、重复出现的联系人以及聚集事实。在描述各种不同的客户层次时，将探讨建模复杂层次存在的问题。

本章主要包含以下概念：

- 客户关系管理概述
- 客户名称和地址解析，包括国际方面的考虑
- 处理日期、聚集事实，以及在客户维度中分割行为属性和积分
- 用于处理低粒度属性的支架表
- 稀疏数据的桥接表，以及权衡桥接表与位置设计
- 应用于多客户联系人的桥接表
- 获取客户队列组的行为研究分组
- 分析有序客户行为的步骤维度
- 带有有效日期和失效日期的包含时间范围的事实表
- 完善事实表使用的满意维度或异常情况
- 在 ETL 过程下游通过主数据管理或部分一致性集成客户数据
- 有关对应表连接的警告
- 实现实时、低时间延迟需求的检查

因为本章以客户为中心的建模问题和模式与跨行业和功能区的情况是相关的，因此不讨论总线矩阵。

8.1   客户关系管理概述

无论哪个行业，组织机构都蜂拥而至推崇客户关系管理这一概念。它们都追逐这一潮流，力图从面向产品为中心转换到以客户需求为中心。虽然客户关系管理所涉及的概念有时显得似乎比较模糊并且野心勃勃，但客户关系管理的前提远非火箭科学那样深奥。其基本思想是能够更好地理解客户，更好地维护长期持久的、具有价值的客户关系。客户关系管理的目标是在客户生命周期内最大限度地保持与客户之间的关系。客户关系管理必须关注业务的各个方面，包括市场、销售、服务、操作、服务等方面，建立并维持与客户之间的共同利益关系。为此，机构必须开发面向客户的统一集成视图。

客户关系管理能够为接受它的企业带来明显的利益，不仅带来收入的增加，而且能够提高运作效率。转换到客户驱动的场景可以带来销售效率与结算率、增加收入、降低成本以提高销售效率、改进客户利润率、提高客户满意度、提高客户忠诚度等。最终，所有企业都希望具有更多忠诚的、能够带来更多利润的客户。由于吸引新客户往往需要大量的投入，因此企业无法承受失去能够带来赢利的客户。

在许多组织中，对客户的理解根据产品链的业务单元、业务功能、地理位置的不同而存在差异。每个组都可能以不同的方式使用不同的客户数据，其结果也大相径庭。对现有的独立的场景加以改进，使其成为集成化的场景，需要企业的共识。客户关系管理就像一枚能够消除系统壁垒的炸弹，需要有效地集成业务过程、人力资源和应用技术才能实现这一转变。

过去几十年来，社会媒介、位置跟踪技术、网络使用监控、多媒体应用、传感器网络的爆炸性增长提供了海量的客户行为数据，即使街道企业也认识到适用它们可获得可操作的知识。尽管大量此类数据并未存储在关系数据库系统中，但新的"大数据"技术可以将这些数据集成到DW/BI范畴内。第21章会讨论将大数据引入DW/BI环境的最佳实践。撇开纯粹技术方面的问题，重要的是需要深入的整合。必须接受将包含上百个面向客户的数据源进行集成的挑战，而且这些数据源多数来自外部，具有不同的粒度，客户属性难以兼容，并且难以控制。还有其他问题吗？

拒绝改变是人类的天性，毫不奇怪的是，与人有关的问题通常成为客户关系管理实现的难题。客户关系管理涉及全新的与客户交互的方式，并且销售渠道通常需要发生根本性改变。客户关系管理需要基于完整获取和分发客户"触点"数据的新信息流。通常组织结构和激励机制会发生戏剧性的改变。

在第17章中，将强调为建立DW/BI系统获得业务高层与IT管理部门支持的重要性。这一建议也适合客户关系管理系统的实现，因为客户关系管理系统为众多部门所关注。客户关系管理需要具有清楚的业务愿景。如果没有业务战略，授权发生更改，则客户关系管理将会变得徒劳无益。单纯依靠IT或业务团体都无法成功地实现客户关系管理，客户关系管理需要共同支持也能实现。

操作型与分析型客户关系管理

可以说客户关系管理患有人格分裂症，因为它需要同时满足操作型和分析型需求。有效的客户关系管理依赖您与客户交互的所有数据集合,然后利用丰富的数据开展分析工作。

从操作角度来看,客户关系管理需要同步客户面对的过程。通常操作型系统必须要么更新,要么补充以协调跨过程、市场、操作和服务。考虑在购买和使用产品和服务期间发生的所有客户交互,从最初的意向合同到报价生成、购买交易、实施、支付交易以及后续的客户服务。不要将这些过程当成是独立的系统(或者按照产品线划分的多个系统),客户关系管理的观念是将这些客户活动集成。在每个接触点收集关键客户度量和特征,并使这些收集的信息能够被其他过程所共享。

当数据在客户关系管理等价的操作端被建立后,显然需要存储和分析来自客户交互和交易系统的历史度量。听起来好像非常熟悉,不是吗?DW/BI 系统位于客户关系管理的核心。可作为收集和集成从操作型系统中获得的范围广泛客户信息以及外部信息的仓库。数据仓库是支持客户全方位全景视图的基础。

分析型客户关系管理可确保获得 DW/BI 系统中精确的、集成的、可访问的客户数据。可以评价以前所做决定的效果,并用于优化今后的交互。可以利用这些客户数据更好地识别提升销售及交叉销售的机会,准确定位无效环节,建立需求并提高客户保持率。此外,历史的、集成的数据可用于建立模型或评价,形成与操作型系统的闭环。回想一下我们在第 1 章所提及的 DW/BI 环境下的主要部件,就能够预见将模型结果反馈回操作性管理的关系(例如,报表、呼叫中心或网站),如图 8-1 所示。模型输出可转换为特定的主动或被动的策略建议,用于今后的客户交互,例如,为下一个产品提供适合的建议或抗磨损的响应。模型结果也可以保留在 DW/BI 环境中以方便后续的分析。

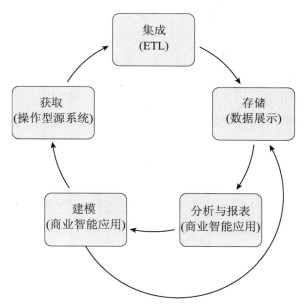

图 8-1　闭环分析型客户关系管理

在其他环境中,信息必须以一种更实时的基础来反馈到操作型网站或呼叫中心。在此情况下,闭环比图 8-1 所示的情况有更紧密的方式,因为这种方式要收集并存储,然后反馈到集成系统中。当前的操作型过程需要将当前视图与历史视图合并,只有这样,决策者才能做出决策，例如，是否实时地为客户授信，同时考虑客户整个生命周期的历史情况。但一般来说，操作型客户关系管理的集成需求没有分析型客户关系管理要求那么多。

显然，组织越来越关注客户，也越来越需要 DW/BI 系统。客户关系管理将不可避免地驱动数据仓库的发展。随着您收集越来越多的客户信息，DW/BI 系统将会快速增长。ETL过程也会随着您匹配和集成多个数据源的数据而变得更加复杂。最重要的是，一致性客户维度的需求变得更加关键。

8.2 客户维度属性

一致性客户维度是建立高效客户关系管理的关键元素。维护良好的、部署良好的一致性客户维度是实现优秀客户关系管理的基石。

客户维度通常是所有 DW/BI 系统维度中最具挑战性的维度。在大的组织中，客户维度一般非常庞大，涉及上百万行，包含几十甚至几百个属性，有时变化非常快。超大型的零售商、信用卡公司、政府机关其庞大的客户维度有时包含上亿条记录。更为复杂的情况是，客户维度通常表示的是融合了多个内部和外部源系统的集成数据。

下一节，我们将关注多种客户维度设计考虑。将以对名字/地址的分析和其他公共客户属性，包括维度支架表作为开端，并逐步深入讨论其他主要的、有趣的客户属性。当然，客户属性列表通常包含相当多的内容。从客户处获得的描述性信息越多，客户维度就越健壮，分析就更有意思。

8.2.1 名字与地址的语法分析

无论您处理的是个体的人还是商业实体，通常都需要获取客户姓名和地址属性。操作型系统对名字和地址的处理太过简单，难以为 DW/BI 系统所利用。许多设计者随意设计名字和地址列，例如，名字 1 至名字 3，地址 1 至地址 6 等等，用于处理所有的情况。遗憾的是，要更好地理解和分段客户库，此类杂乱的列毫无价值。将名称及位置列以上述一般的方法设计会产生质量问题。考察图 8-2 所示的用一般方法建立的列。

列	示例数据值
Name	Ms. R. Jane Smith, Atty
Address 1	123 Main Rd, North West, Ste 100A
Address 2	PO Box 2348
City	Kensington
State	Ark.
ZIP Code	88887-2348
Phone Number	888-555-3333 x776 main, 555-4444 fax

图 8-2 过于一般化的客户姓名/地址示例数据

这样设计的姓名/地址数据列将会受到太多限制。很难采用一致的机制处理称谓、标题和前缀。您无法获悉某人的名，也无法知道如何对其进行个性化的问候。如果查看该操作型系统的其他数据，您会发现多个客户具有相同的名称属性。也可能发现名称列中额外的描述性信息，例如机密的受托人或未成年人。

在示例的地址属性中，不同地方采用的缩写形式不一。地址列空间足够大，可以容纳任何地址，但没有建立保证与邮局规则一致的规则，或者支持地址匹配和横向/纵向识别。

与其使用通用意义的列，不如将姓名和地址属性拆分为多个可能的部分。抽取过程需要针对原先混乱的姓名和地址进行语法分析。属性分析完成后，可以将它们标准化。例如，"Rd"将变为"Road"，"Ste"将变成"Suite"。属性也可以被验证，例如验证 ZIP 代码和关联的州组成是否正确。幸运的是，市场上已经存在专门针对姓名和地址进行清洗的工具，帮助用户开展分析、标准化和验证工作。

图 8-3 展示的是美国人地址和姓名属性。为方便理解，每个属性都包含一个示例数据，但真实的示例与展现的不同。当然，商业数据管理方需要确定针对客户维度进行的分析数据元素的分析价值。

列	示例数据值
Salutation	Ms.
Informal Greeting Name	Jane
Formal Greeting Name	Ms. Smith
First and Middle Names	R. Jane
Surname	Smith
Suffix	Jr.
Ethnicity	English
Title	Attorney
Street Number	123
Street Name	Main
Street Type	Road
Street Direction	North West
City	Kensington
District	Cornwall
Second District	Berkeleyshire
State	Arkansas
Region	South
Country	United States
Continent	North America
Primary Postal Code	88887
Secondary Postal Code	2348
Postal Code Type	United States
Office Telephone Country Code	1
Office Telephone Area Code	888
Office Telephone Number	5553333
Office Extension	776
Mobile Telephone Country Code	1
Mobile Telephone Area Code	509
Mobile Telephone Number	5554444
E-mail	RJSmith@ABCGenIntl.com
Web Site	www.ABCGenIntl.com
Public Key Authentication	X.509
Certificate Authority	Verisign
Unique Individual Identifier	7346531

图 8-3　包含姓名和地址语法分析的示例客户姓名/地址数据

商业客户可能包含多个地址,例如,实体工厂地址和商店地址,每个地址都应该遵守图 8-3 展示的地址结构的逻辑含义。

8.2.2 国际姓名和地址的考虑

国际化展示和打印通常需要表示外文字符,不仅包括来自西欧的重音字符,也包括斯拉夫语、阿拉伯语、日语和中文,以及其他一些并不为人所熟悉的书写系统。重要的是不要将这一问题理解为字体问题。这是一个涉及字符集合的问题。字体仅仅是艺术家对一组字符的渲染。标准英语包含上百种可用的字体,但是标准英语仅包含相对小的字符集合,除非您是专业从事印刷工作,对一般人来说,这一字符集合基本能够满足他们的所有使用需求。这些小字符集合通常都被编码到美国信息交换标准码(ASCII)中,该标准采用 8 字节编码方式,最多可以包含 255 个字符。这 255 个字符中仅有大约 100 个字符有标准解释,并可用普通英语键盘来输入。对以英语为母语的计算机用户来说,这通常已经足够了。需要清楚的是,ASCII 码对于表示非英语写作系统所包含的成千上万字符来说,就显得远远不够了。

国际系统构建组织 Unicode 协会定义了一个称为 Unicode 的标准,用于表示世界上几乎所有国家的语言和文化所涉及的字符和字母。具体的工作情况可以通过访问 www.unicode.org 获取。Unicode 标准,其 6.2.0 版本为 110 182 种不同的字符定义了特殊解释,目前基本覆盖了包括美国、欧洲、中东、非洲、印度、亚洲和太平洋等国家和地区的主要写作语言。Unicode 是用于解决国际化字符集合的基础

需要注意的是,实现 Unicode 解决方案位于系统的基础层。首先,操作系统必须支持 Unicode,目前主流操作系统的最新版本都支持 Unicode。

除了操作系统,所有用于获取、存储、转换和打印字符的设备都必须支持 Unicode。数据仓库后端工具必须支持 Unicode,包括封装类包、编程语言和自动 ETL 包。最后,DW/BI 应用,包括数据库引擎、BI 应用服务器和它们的报表编写器和查询工具、web 服务器、浏览器都必须支持 Unicode。DW/BI 架构师不仅要与数据管道中包含的每个包的提供商交谈,还需要指导各类端到端的测试。获取一些遗留应用的符合 Unicode 的姓名和地址到数据获取屏幕上,并将它们发送到系统中。将它们在 DW/BI 系统的报表中或浏览窗口中打印出,并观察特殊字符是否符合要求。这一简单的测试将会消除一些混乱。注意,即使开展了此项工作,同样的字符(例如,某个元音变音)在不同的国家(如挪威和德国)也有不同的分类。即使我们不能解决所有国际排序序列的变化,至少挪威和德国会同意该字符是一个元音。

如果要处理的客户来自多个国家,客户地理属性会变得相当复杂。就算您没有国际客户,也可能需要处理国际姓名和地址,它们可能存在于 DW/BI 系统中,用于国际提供商和人力资源个人记录管理。

注意:
有时客户维度可能包括完整的地址块属性。该列是特别制作的列,组合了客户邮寄地址,包括邮件地址、ZIP 编码和满足邮寄需要的其他属性。该属性可用于那些有当地特色的国际位置。

国际 DW/BI 目标

讨论了 Unicode 基础后，除了前面讨论的名称和地址分析需求以外，还需要牢记以下目标：

- **通用型和一致性**。常言道，一不做，二不休。如果打算使设计的系统能够适合国际环境，让它能够在世界各地工作，则需要仔细考虑，BI 工具是否产生多种语言的报表转换版本。可以考虑为每种语言提供维度的转换版本，但是转换维度也带来一些敏感的问题。
  - 排序序列存在差异，因此要么报表按照不同方式排序，要么除了那些采用"基本"语言的报表，其他所有报表都将以无序方式出现。
  - 如果属性粒度在跨语言环境下未能忠实保留，则要么分组总计将会出现差异，要么不同语言的某些分组将包含看起来不对的重复行表头。为避免出现这些问题，需要在报表建立后转换维度。报表首先需要以单一的基本语言建立，然后将报表转换为希望的目标语言。
  - 所有 BI 工具的消息和提示符需要转换以方便用户使用。这一过程被称为本地化，第 12 章将详细谈论该问题。
- **端到端数据质量以及与下游的兼容性**。在整个数据流程中，数据仓库不是唯一需要考虑国际化姓名和地址的地方。从数据清洗和存储步骤开始，到最后一步执行地理和人口统计分析及打印报表步骤的整个过程中，都需要提供设计方面的考虑，以实现对获取名称和地址的支持。
- **文化的正确性**。多数情况下，国外客户和合作伙伴将以某种方式获取 DW/BI 系统的最终结果。如果您不知道哪个名称的哪个部分是姓，哪个部分是名，不知道如何称呼人，那么您将会冒不尊重他人的风险，或者至少，看起来非常愚蠢。若输出句读不清，或出现拼写错误，您的外国客户和合作伙伴将会选择与了解它们的公司做生意，而不会与您做生意。
- **实时客户响应**。DW/BI 系统可以通过支持实时客户响应系统，扮演一个操作型角色。客户服务代理可以回答电话，或者在不多于 5 秒左右的等待后从屏幕上得到一个数据仓库推荐使用的问候。此类问候通常包括适当的称呼，包含恰当的用户头衔和姓名。这种问候代表一种完美的热响应缓存，它包含预先计算好的对每个客户的响应。
- **其他类型的地址**。我们正置身于一场通信与网络的革命中。如果设计的系统能够处理国际姓名和地址，则必须预选考虑处理电子姓名、安全标志和网络地址。

与国际地址类似，电话号码必须根据呼叫源地以不同方式表示。需要提供属性表示完整的外国拨号方式、完整的国内拨号方式以及本地拨号方式。遗憾的是，不同国家的电话拨号方式存在一定的差异。

8.2.3　客户为中心的日期

客户维度通常包含多种日期，例如，首次购买的日期、最近一次购买的日期、生日等等。尽管这些日期最初可能是 SQL 日期类型的列，但如果希望根据特定的日历属性汇总这些日期(例如，按照季节、季度、财务周期等等)，则这些日期必须转变为引用日期维度的外键。需要注意，所有此类日期将会按照公司日期维度划分。这些日期维度角色将按照不同语义视图被定义，例如，包含唯一列标识的首次购买日期维度。系统行为看起来好像还存在一个物理日期列标识。对这些表的约束与主日期维度表的约束没有任何关系。如图 8-4 所示的设计是一种维度支架表，将在 8.2.7 小节讨论。

图 8-4　日期维度支架表

8.2.4　作为维度属性的聚集事实

　　商业用户通常喜欢基于聚集的性能度量约束客户维度，例如，从所有用户中过滤出那些在上一年度中花费超过一定数额的客户。或者更糟糕的是，也许他们希望按照客户购买产品数量的多少进行约束。将聚集事实作为维度属性提供给用户，将会使客户满意。他们会提出查询，用于在所有用户中发现那些满足判断标准的用户，然后提出另外一个查询，分析这些满足条件的客户的行为。但并非所有情况都是这样，可以不将聚集事实当成维度属性来存储。这样可以允许商业用户方便地约束属性，就像他们在地理属性上所作的那样。这些属性是用于约束和标识，而不能用于数字计算。虽然存储这些属性可获得查询的可用性和改进性能，但主要的负担都落到 ETL 过程中，ETL 过程需要确保属性的精确性，确保它们是最新的，并与实际的事实表行保持一致。这些属性需要仔细注意和维护。如果选择将一些聚集事实当成维度属性，则这些聚集事实一定是频繁使用的。同时需要努力减小这些属性被更新的可能性。例如，某个表示去年支出的属性比本年度行为需要的维护工作要小得多。与其将属性存储为特定美元值，不如将它们替换为描述性值，例如下一节将谈论的高额购买者。这些描述性值减少了无法将数字属性与适当事实表联系的脆弱性。此外，要保证所有用户对高额购买者有一致的定义，例如，不要使用自己定义的业务规则。

8.2.5　分段属性与记分

　　客户维度中最强有力的属性是分段类。在不同的商业环境下，这些属性的变化范围显然比较大。对某个个体客户来说，可能包括：

- 性别
- 民族
- 年龄或其他生命分段方式
- 收入或其他生活类型分类

- 状态(例如，新客户、活跃客户、不活跃客户、已离去客户)
- 参考源
- 特定业务市场分段(例如，优先客户标识符)

类似地，许多组织为其客户打分以刻画客户情况。统计分段模型通常以不同方式按照积分将客户分类，例如，基于他们的购买行为、支付行为、客户流失趋向或默认概率。每个客户用所得的分数标记。

1. 行为标记时间序列

一个常用的客户评分及分析系统方法是考察客户行为的相关度(R)、频繁度(F)和强度(I)，该方法被称为 RFI 方法。有时将强度替换为消费度(M)，因此也被称为 RFM 度量。相关度是指客户上次购买或访问网站的天数。频繁度是指客户购买或访问网站的次数，通常是指过去一年的情况。强度是指客户在某一固定时间周期中消费的总金额。在处理大型客户数据库时，某个客户的行为可以按照如图 8-5 所示的 RFI 多维数据库建模。在此图中，某个轴的度量单位为 1/5，从 1 到 5，代表某个分组的实际值。

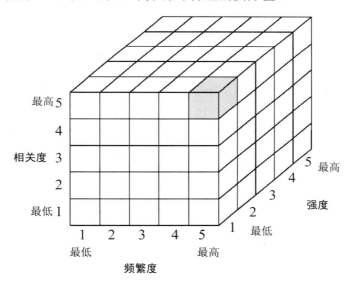

图 8-5 相关度、频繁度和强度(RFI)多维数据库

如果在多维数据库中有上百万个点，则要理解不同分组的含义就比较困难。此时咨询数据挖掘专家发现有意义的分组就非常必要。数据挖掘专家可能会利用下列的行为标识，更复杂一点的场景可能会包含信用行为和回报情况：

A：高容量常客户，信誉良好，产品回报一般

B：高容量常客户，信誉良好，产品回报多

C：最近的新用户，尚未建立信誉模式

D：偶尔出现的客户，信誉良好

E：偶尔出现的客户，信誉不好

F：以前的优秀客户，最近不常见

G：只逛不买的客户，几乎没有效益

H：其他客户

至此可以考察客户时间序列数据并将某个客户关联到报表期间的最近分类中。数据挖掘者可以实现这一功能。这样，在最近 10 个考察期间，名为约翰的客户情况可以表示为：

约翰：C C C D D A A A B B

这一行为时间序列标记是不寻常的，因为它来自于固定周期度量过程，观察值是文本类型的。行为标记不是数字型的，不能计算或求平均值，但是它们可以被查询。例如，可以发现在以前的第 5 个、第 4 个或第 3 个周期中获得 A 且在第 2 个或第 1 个周期中获得 B 的所有用户。也许通过这样的进展分析您可以发现那些可能会失去的有价值的客户，这样的分析可用于提高产品回报率。

行为标记可能不会被当成普通事实存储。行为标记的主要作用在于为类似前一段描述的例子制定复杂的查询模式。如果行为标记被存储在不同的事实表行中，此类查询将非常困难，需要串联关联的子查询。推荐的处理行为标记的方法是在客户维度中建立属性的时间序列。这也是位置设计的一个例子。BI 接口比较简单，因为列都在同一个表中，性能也比较不错，因为可以对它们建立时间戳索引。

除了为每个行为标记时间周期建立不同的列，建立单一的包含将所有行为标记连在一起的属性也是非常好的一种方法，例如，CCCDDAAABB。该列支持通配符搜索外部模式，例如，"D 后紧跟着 B"。

注意：

除了客户维度时间序列行为标记外，在微型维度中包含一个当前行为标示值也是非常合理的。这样，在事实行被加载后，可以通过有效的行为标记分析事实。

2. 数据挖掘与 DW/BI 之间的关系

数据挖掘小组是数据仓库的重要客户，是客户行为数据的特别重要的用户。然而，数据仓库用户发布数据的速度与数据挖掘用户使用数据的速度存在不匹配的情况。例如，决策树工具每秒可以处理几百个记录，但是建立"客户行为"的大型横向钻取报表无法以这样的速度发布数据。考虑下列 7 个方面横向钻取一个报表的情况，7 个方面包括统计、人口统计、外部信用、内部信用、购买、回报和 Web 数据等，可能会产生几百万客户行为：

```
SELECT Customer Identifier, Census Tract, City, County, State,
    Postal Code, Demographic Cluster, Age, Sex, Marital Status,
    Years of Residency, Number of Dependents, Employment Profile,
    Education Profile, Sports Magazine Reader Flag,
    Personal Computer Owner Flag, Cellular Telephone Owner Flag,
    Current Credit Rating, Worst Historical Credit Rating,
    Best Historical Credit Rating, Date First Purchase,
    Date Last Purchase, Number Purchases Last Year,
    Change in Number Purchases vs. Previous Year,
    Total Number Purchases Lifetime, Total Value Purchases Lifetime,
    Number Returned Purchases Lifetime, Maximum Debt,
    Average Age Customer's Debt Lifetime, Number Late Payments,
    Number Fully Paid, Times Visited Web Site,
```

```
Change in Frequency of Web Site Access,
Number of Pages Visited Per Session,
Average Dwell Time Per Session, Number Web Product Orders,
Value Web Product Orders, Number Web Site Visits to Partner Web
Sites, Change in Partner Web Site Visits
FROM *** WHERE *** ORDER BY *** GROUP BY ***
```

　　数据挖掘小组可能会喜欢这样的数据！例如，包含上百万此类查询结果的大型文件可以用决策树工具分析，该工具定位于 Total Value Purchases Lifetime 列，如上加粗文字。在此分析中，决策树工具将决定其他哪些列可用于预测目标字段的变化。有了这个答案，企业就可以使用简单方法预测谁将成为优秀客户，而不需要知道其他的数据内容。

　　但是数据挖掘小组希望反复使用此类查询结果用于不同种类的分析工具，可能使用人工神经网络或者基于示例的推理工具。与其反复为数据仓库小组建立复杂的查询来产生庞大、昂贵的查询结果，不如将查询结果集合写入一个文件中，让数据挖掘小组在他们自己的服务器中分析。

8.2.6　包含类型 2 维度变化的计算

　　在业务上通常希望基于客户的属性，而不必与事实表连接来实现对客户的计算。如果采用类型 2 跟踪客户维度变化，则需要注意避免重复计算。因为在客户维度中可能针对同一个个体存在多行。针对唯一的客户标识执行 COUNT DISTINCT 操作是可行的，条件是属性必须是唯一的、持久的。客户维度的当前行标识也有助于基于最新的客户描述性值开展计算工作。

　　如果需要针对客户的历史时间，使用客户维度中的有效日期和失效日期进行计算，则情况会更加复杂。例如，如果需要知道客户数量，假设当前日期是 2013 年年初，则需要约束行有效日期为有效期<='1/1/2013' 且失效期>='1/1/2013'，这样的约束可以限制结果集，只需要那些在 1/1/2013 有效的客户。注意比较操作依赖于设置有效/失效日期的业务规则。在本例中，不再有合法的客户行的失效日期行比新建立行的有效日期要少 1 天。

8.2.7　低粒度属性集合的支架表

　　在第 3 章中，我们鼓励设计者避免使用雪花模式，雪花模式将维度中低粒度的列放入不同的规范化表中，然后将这些规范化表与原始维度表关联。一般来说，在 DW/BI 环境中不建议使用雪花模式，因为雪花模式总是会让用户的展示更复杂，此外对浏览性能也会带来负面影响。除了这一针对雪花模式的限制以外，也存在一些特殊情况，允许建立维度支架表，支架表看起来与雪花模式有些类似。

　　如图 8-6 所示，维度支架表是来自外部数据提供者的数据集合，包含 150 个与客户居住的县有关的人口与社会经济属性。居住在指定县的所有客户的数据是相同的。与其为每个在同一县中的客户重复保留该类数据，不如将其建模为支架表。支持"不采用雪花模式"规则的原因在于，首先，人口统计数据与主维度数据比较存在几种不同的粒度，并且它没有多大的分析价值。与客户维度的其他数据比较，它在不同的时间被多次加载。另外，如果基本客户维度非常大，则采用该方法可以节省大量的空间。如果您使用的查询工具仅包含经典的星型模式而没有雪花模式，则支架表可以隐藏在视图定义之后。

国家人口统计支架维度
County Demographics Key (PK)
Total Population
Population under 5 Years
% Population under 5 Years
Population under 18 Years
% Population under 18 Years
Population 65 Years and Older
% Population 65 Years and Older
Female Population
% Female Population
Male Population
% Male Population
Number of High School Graduates
Number of College Graduates
Number of Housing Units
Home Ownership Rate
...

客户维度
Customer Key (PK)
Customer ID (Natural Key)
Customer Salutation
Customer First Name
Customer Surname
Customer City
Customer County
County Demographics Key (FK)
Customer State
...

事实表
Customer Key (FK)
More FKs ...
Facts ...

图 8-6   分类低粒度属性的维度支架表

警告:

可以使用维度支架表,但只可偶一为之,不要常用。如果您的设计包含大量的支架表,就应该拉响警报。您可能会陷入过度规范化设计的麻烦之中。

8.2.8   客户层次的考虑

处理商业客户问题最具有挑战性的问题之一是建模其组织的内部层次。商业客户往往都存在实体的嵌套层次,范围涉及个人位置或组织的地区办事处、业务部门总部以及终端母公司等。这些层次关系可能会因为客户内部重组或者参与收购与资产剥离而经常发生变化。

注意:

第7章描述了如何处理固定层次、稍有变化的层次和参差不齐的可变深度层次。虽然第7章主要关注财务成本中心上卷问题,但采用的技术完全可以移植到客户层次中来。如果在阅读过程中您跳过了第7章,则需要重新阅读该章,否则难以理解后续内容。

尽管不那么常见,但我们中的一些幸运儿有时能遇到客户层次具有高度可预测固定层次的情况。假设您遇到的是最大层次为3层的情况,例如,终端母公司、业务部门总部和地区总部。在此情况下,在客户维度上包含三个不同的属性来对应这三个不同的层次。对那些具有复杂组织结构层次的商业客户来说,最好将这三个层次适当地表示为与每个层次相关的三个不同实体。这就是我们在第7章中谈到的固定深度层次方法。

与之不同的另外一个客户具有 1 个、2 个和 3 个层次的组合情况,可以将低层值复制到高层属性中。这样,所有地区总部将汇总到所有业务部门总部的汇总中,然后汇总到终端母公司的汇总中。可以针对不同的层次建立报表并考察完整的客户库表示。这就是第 7 章所讨论的稍有变化的层次。

多数情况下，复杂的商业客户层次都具有无法确定层次深度和参差不齐的特性，因此需要采用第 7 章介绍的参差不齐的可变深度层次建模技术。例如，如果某一公共事业公司正设计一个关税率计划，用于所有公共消费者，这些消费者是涉及多个层次不同办事处、不同分支位置、制造位置和销售位置的大量消费者的一部分，此时您不能使用固定层次。正如第 7 章所指出的那样，最坏的设计是采用通用层次集合，命名为层次 1、层次 2 等等。当您面对一个参差不齐的可变深度层次时，采用该方法会导致客户维度无法使用。

8.3 应用于多值维度的桥接表

维度建模的一个基本原则是确定事实表粒度，然后仔细将维度和事实表增加到设计中，保持同样的粒度。例如，如果您记录客户购买交易，那么以个体购买为粒度是非常自然和必要的。您不会希望改变这一粒度。通常需要关联到事实表的所有维度具有单一值，因为这样才能够保证事实表具备清楚单一的外键，用于区分维度中的每个成员。类似客户、位置、产品、服务、时间这样的维度始终具有单一值。但是也可能存在一些"问题"维度，它们在个体交易粒度方面存在多个值。常见的多值维度示例包括：

- 来自多源的人口统计学描述
- 某个商业客户的联系地址
- 求职者的职业技能
- 某个人的爱好
- 病人的症状和诊断
- 汽车或卡车的可选功能
- 银行账户的联名持有人
- 出租房的房客

面对多值维度，有两个基本选择：位置设计或桥接表设计。位置设计非常有吸引力，因为多值维度传播到易于查询的命名列中。例如，如果需要建模如前所提及的人的爱好，可以建立一个包含从客户处获得的所有爱好的命名列的爱好维度,这些爱好可能包括集邮、钱币收藏、天文爱好、摄影等等。可能您立即就能发现问题。位置设计方法难以扩展。很快就会将数据库中的列用光了，要增加新列很困难。如果您设计的列包含所有爱好，则任何一个单一个体的维度行将会包含大量的空值。

采用桥接表方法处理多值维度是一种非常强有力的方法，但也伴随着较大的争议。桥接表方法消除了无法扩展和存在大量空值的情况，因为在桥接表中的行一定是需要存在的内容。在前述的例子中可以方便地增加上百个甚至上千种爱好。但是生成的表设计需要一个复杂查询隐藏在用户直接视图之后。

警告：
使用桥接表的复杂查询可能需要超越 BI 工具范围之外的 SQL。

接下来的两小节，将讨论适合本章以客户为中心主题的多值桥接表设计。我们将在第 9 章、第 10 章、第 13 章、第 14 章和第 16 章中讨论更多有关多值桥接的问题。然后在第

19章讨论如何建立这些桥接表。

8.3.1 稀疏属性的桥接表

很多机构面临收集越来越多的有关客户的人口统计和状态信息，处理此类属性传统上所采用的固定列建模方法在面对成百上千的属性时显得力不从心。

位置设计为每个属性建立命名列。BI 工具接口可方便地构建位置属性，因为采用此类工具易于表示命名列。由于许多列包含较低粒度的内容，如果为每个列建立位图索引，则使用这些属性的查询的性能就较高。采用位置设计方法，可以扩展到 100 或者更多列，但继续扩展将会给数据库和用户接口带来维护问题。列数据库比较适合此类设计，因为新列可以方便地以最小的中断方式加入到内部数据的存储中，包含较少离散值的低粒度列可以被大幅度地压缩。

当不同属性的数量不断增长超过了适宜范围，并且新属性增加非常频繁时，我们推荐使用桥接表。最终，当您拥有一个庞大的人口统计学指标，使用支架表或微型维度不足以方便地进行扩展。例如，假设您将贷款申请信息收集起来，包含一个开放的姓名-值对，如图 8-7 所示。姓名-值对数据是非常有趣的，因为这些值可以是数字、文本或文件指针、URL，甚至是对封闭的姓名-值对的递归引用。

贷款申请姓名-值对数据
Photograph: <image>
Primary Income: $72345
Other Taxable Income: $2345
Tax-Free Income: $3456
Long Term Gains: $2367
Garnished Wages: $789
Pending Judgment Potential: $555
Alimony: $666
Jointly Owned Real Estate Appraised Value: $123456
Jointly Owned Real Estate Image: <image>
Jointly Owned Real Estate MLS Listing: <URL>
Percentage Ownership Real Estate: 50
Number Dependents: 4
Pre-existing Medical Disability: Back Injury
Number of Weeks Lost to Disability: 6
Employer Disability Support Statement: <document archive>
Previous Bankruptcy Declaration Type: 11
Years Since Bankruptcy: 8
Spouse Financial Disclosure: <name-value pair>
... 100 more name-value pairs...

图 8-7　贷款申请姓名-值对数据

一段时间后，可能收集到上百个甚至上千个不同的贷款申请变量。对某个真正的姓名-值对数据源来说，值字段本身可以作为文本字符串被存储，用于处理值的开放式形态，这种形态可以由分析应用解释。在此情况下，无论何时，变量的数量是开放的，无法预测的，此时采用如图 8-8 所示的桥接表方法非常合适。

图 8-8 应用于大量不同种类、稀疏姓名-值对数据集合的桥接表

8.3.2 应用于客户多种联系方式的桥接表

大多数商业客户具有多种联系方式,包括决策者、购买代理、部门主管、客户联络人等。每种联系方式都与特定角色关联。由于联系数量不可预测且比较繁多,桥接表设计是处理这种情况的方便方法,如图 8-9 所示。需要注意的是,不要让联系这一维度过于复杂,将其作为每个雇员、市民、销售人员、与组织交互的人员的集散地。将维度限制到作为客户关系中的联系这一用例上。

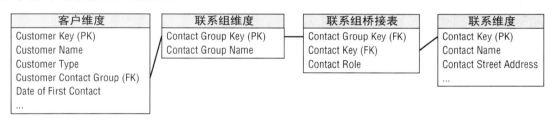

图 8-9 多种联系方式的桥接表设计

8.4 复杂的客户行为

客户行为可能非常复杂。本节中,我们将讨论处理顾客队列组和获取连续的行为。同时还将包括事实表的准确时间范围问题和用客户满意度或异常情况的指标标注事实事件。

8.4.1 客户队列的行为研究分组

在分析客户时,类似在某个地理区域中上一年向客户卖出多少产品这样的简单查询快速发展到类似在上个月有多少客户的购买量比他们在上一年的平均购买量要多这样的复杂查询。后一类查询对要让商业客户用一条 SQL 语句来表达实在是太困难了。一些 BI 工具提供商允许嵌入子查询,其他供应商采用横向钻取技术,将复杂查询分解为多个选择语句分别执行,然后将查询结果合并为最后结果。

某些情况下,您可能希望从某个查询获取客户集合或异常情况报告,例如,去年最出色的 100 个客户,上个月消费超过 1 000 美元的客户,或接受了特殊测试要求的客户,然后使用客户分组(该分组也称为行为研究分组),不需要重新处理就可开展后续的分析工作。为建立行为研究分组,运行一个查询(或一系列查询)以区分您希望深入分析的客户集合,然后获取客户区分集合的持久键作为实际的包含单一客户键列的物理表。通过利用客户的持久键，研究分组维度不会受制于客户维度的类型2变化，这种变化可能会在研究分组成员被确定后发生。

注意：

建立复杂行为研究分组查询的秘密在于获取您需要跟踪的客户或产品行为的主键。然后使用获取到的主键在其他的事实表上建立约束，而不需要返回原始的行为分析。

无论何时您希望约束任何表的所有分析，将它们获取到特定客户集合，现在您都可以使用这一客户主键特殊行为研究分组维度表。唯一的需求是事实表包含客户主键引用。行为研究分组维度的使用如图8-10所示。

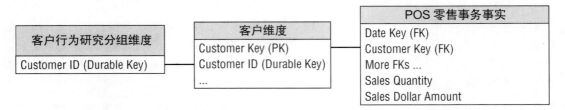

图8-10　通过客户维度持久性键与客户维度连接的行为研究分组维度

行为研究分组维度附带一个与客户维度持久性键(参考图8-10所示的Customer ID)的等值连接。这样就能够在隐藏了清楚的到行为维度的连接的视图中完成。采用该方法，产生的维度模型看起来且行为上类似不那么复杂的星型模式。如果特定维度表隐藏在某个视图之后，应该将其进行标记，以便当它与顶层100个客户相关联时能够唯一地识别它。实际任何BI工具现在可以分析这一特定的约束模式，不需要经历复杂处理过程的语法或用户接口的困难，复杂处理过程定义了原始的客户子集。

注意：

由于研究分组表异常简单，可以对它们采用联合、交集、合并和差集等操作。例如，本月问题客户的集合可以与上月问题客户求交集以获得连续两个月问题客户的集合。

通过将发生日期作为与每个持久键关联的第二个列，研究分组将变得更加强大。例如，某个客户购买的小组研究可以被指导，当他们展现了一些诸如购买的花生酱品牌发生变化等行为时，对客户进行研究分析。然后进一步购买可以被跟踪，观察他们是否再次选择了新的品牌。要正确完成上述工作，跟踪这些购买事件时必须具有正确的时间戳，以便获得准确的行为结果。

与其他设计决策类似，这种策略表示了一定的妥协。首先，该方法需要获取、建立和管理数据仓库中实际物理行为研究组表的用户接口。当某个复杂的例行报告定义后，需要为引用获取结果键以建立特定行为研究分组维度。这些研究分组表必须与主事实表在同一个空间，因为它们将被直接连接到客户维度表上。这显然会对数据库管理员的责任有一定的影响。

8.4.2　连续行为的步骤维度

多数 DW/BI 系统都有实现连续过程的良好示例。通常，度量获取于特定位置，用于考察用户流或产品动向。相比之下，连续性度量需要跟踪客户或产品的一系列步骤，通常通过不同的数据获取系统来度量。也许有关步骤维度最熟悉的例子来自通过客户的 cookie 获取来自多个 Web 服务器的个体页面事件构建的会话的 Web 事件。分析连续过程时，理解那里是一个适合整个结果的个体步骤是比较困难的问题。

通过介绍步骤维度，您可以将个体步骤放入整个会话的环境中，如图 8-11 所示。

示例步骤维度行:

步骤键	步骤总号	该步步骤号	该步到结束的步骤数
1	1	1	0
2	2	1	1
3	2	2	0
4	3	1	2
5	3	2	1
6	3	3	0
7	4	1	3
8	4	2	2
9	4	3	1
10	4	4	0

图 8-11　获取连续活动的步骤维度

步骤维度是一个事前定义的抽象维度。维度中的第 1 行只能用于一个步骤的会话，其中当前步骤是第 1 步并且没有其他的剩余步骤。步骤维度中第 1 行后紧接的两行用于两步的会话。其中的第 1 行(步骤键=2)是步骤号 1，包含不止一个步骤，下一行(步骤键=3)步骤号为 2，该步骤后没有其他步骤。步骤维度可以被重建以方便可能包含 100 个步骤的会话。从图 8-11 中，您可以发现步骤维度可以与事务事实表关联，其中事实表的粒度是个体页面事件。在该例中，步骤维度有三种角色。第 1 个角色是整个会话。第 2 个角色是连续的购买子会话，其中页面事件的序列产生确认的购买。第 3 个角色是被遗弃的购物车，购买没有发生时，页面事件的序列被终止。

使用步骤维度，特定的某个页可以立即被放入 1 个或多个能够被理解的环境中(整个会话、连续购买、抛弃的购物车)。更为有趣的是，查询可以唯一地被约束至连续购买的首页。这是一个经典的 Web 事件查询，其中连续会话的"引诱"页被确定。相反，查询可以被唯一约束到抛弃购物车的最后一页，此处用户将决定去哪里。

建模连续行为的另外一种方法是为每个可能出现的步骤建立特殊的固定编码。如果需要跟踪零售环境中的客户产品购买行为，如果每个产品可以被编码，例如，以 5 位数字号码编码，那么您能够为每个客户建立包含产品代码序列的文本列。使用非数字的字符来分割代码。这样的系列如下所示。

11254|45882|53340|74934|21399|93636|36217|87952|…

现在使用通配符可以搜索特定的产品购买序列或与其一起购买的产品的情况，或者在卖出某个产品的同时，另外某个产品未被卖出的情况。现代关系数据库管理系统可以存储并处理宽泛的包含 64 000 个字符的文本字段，并提供更多的利用通配符的搜索。

8.4.3 时间范围事实表

在大量操作型应用中，可能希望检索客户在过去任意时刻的确切状态。在被拒绝贷款延期后，客户是否处于欺诈警告状态？他处于该状态多长时间了？过去两年来该客户处于欺诈警告的次数是多少？在过去两年中的某个时间点，有多少客户处于欺诈警告状态？若仔细管理包含客户事件的交易事实表，上述所有问题都能回答。关键的建模步骤是包括一对日期/时间戳，如图 8-12 所示。第 1 个日期/时间戳是事务的准确时间，第 2 个日期/时间戳是另外一个事务的准确时间。如果正确执行的话，客户事务的时间历史将维护一个无缝的日期/时间戳的连续序列。每个实际事务保证您能够关联到客户人口统计信息和状态信息。稠密的事务事实表非常有意思，因为您可以潜在地在事务发生时改变人口统计，特别是状态信息。

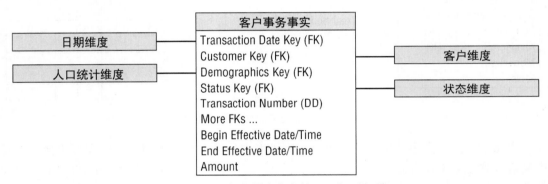

图 8-12　时间范围事实表的双日期/时间戳

关键的理解在于给定事务的日期/时间戳对定义了时间范围，其人口统计和状态是常量。查询可以利用此类"静态"的时间范围。如果希望找到客户"Jane Smith"在 2013 年 6 月 18 日上午 6 点 33 分所处的状态，可以编写下列查询来实现：

```
Select Customer.Customer_Name, Status
From Transaction_Fact, Customer_dim, Status_dim
Where Transaction_Fact_Customer_Key = Customer_dim.Customer_key
    And Transaction_Fact.Status_key = Status_dim.Status_key
    And Customer_dim.Customer_Name = 'Jane Smith'
    And #July 18, 2013 6:33:00# >= Transaction_Fact.Begin_Eff_
DateTime
    And #July 18, 2013 6:33:00# < Transaction_Fact.End_Eff_DateTime
```

这样的日期/时间戳可用于执行针对客户库的棘手的查询。如果希望发现所有的在 2013 年曾经处于欺诈警告的客户，可以编写如下的 SQL 语句：

```
Select Customer.Customer_Name
From Transaction_Fact, Customer_dim, Status_dim
```

```
Where <joins>
  And Status_dim Status_Description = 'Fraud Alert'
  And Transaction_Fact.Begin_Eff_DateTime <= 12/31/2013:23:59:59
  And Transaction_Fact.End_Eff_DateTime >= 1/1/2013:0:0:0
```

令人惊奇的是，该查询处理所有跨越 2013 年的开始和结束有效日期/时间的情况，可能包含在 2013 年中，或者完全跨越 2013 年。

也可以计算每个客户在 2013 年间处于欺诈警告的天数：

```
Select Customer.Customer_Name,
    sum( least(12/31/2013:23:59:59, Transaction_Fact.End_Eff_
DateTime)
      - greatest(1/1/2013:0:0:0, Transaction_Fact.Begin_Eff_
DateTime))
From Transaction_Fact, Customer_dim, Status_dim
Where <joins>
  And Status_dim Status_Description = 'Fraud Alert'
  And Transaction_Fact.Begin_Eff_DateTime <= 12/31/2013:23:59:59
  And Transaction_Fact.End_Eff_DateTime >= 1/1/2013:0:0:0
Group By Customer.Customer_Name
```

双重日期/时间戳的后端管理

对某个给定的客户，事务序列中的日期/时间戳必须构成完美的无缝序列。诱人的是使某个事务的有效日期/时间戳的结束比下一个事务的开始有效日期/时间戳要早，这样查询 SQL 可使用 BETWEEN 语法而不用类似上述展示的查询所要求的麻烦的约束。然而，多数情况下，如果某个事务在差别之内则可能会失败，由上述记号所定义的差别比较显著。通过建立结束有效日期/时间精确地等于下一个事务的开始日期/时间，可以消除这一问题。

当某个新事务行加入时，使用成对日期/时间戳需要两步过程。第 1 步，当前事务的结束有效日期/时间戳必须被设置为未来的虚拟日期/时间。尽管在日期/时间戳上插入 NULL 从语义上可能是正确的，但当在约束中遇到空值时非常麻烦，因为在询问该字段是否等于某个特定值时，可能会导致数据库错误。通过使用虚拟日期/时间，可以避免该问题的出现。

第 2 步，在将新事务插入数据库后，ETL 过程必须检索先前的事务并设置其结束有效日期/时间为最新插入的日期/时间。尽管在使用日期/时间对时，该两步过程明显增加了成本，但该方法是在后端额外的 ETL 开销与减少前端查询复杂性之间典型的权衡结果。

8.4.4　使用满意度指标标记事实表

在多数机构中，赢利是最重要的关键性能指标，客户满意度通常是处于第 2 位的指标。但在那些不考虑盈利的组织中，例如，政府机关，满意度是(或应该是)最重要的指标。

满意度类似于盈利指标，需要集成多种资源。实际上，每个面向过程的客户都是满意度信息的潜在来源之一，无论这一资源是销售、退货、客户支持、计费、网上活动、社会媒介，甚至是地理定位数据。

满意度数据可以是数值，也可以是文本。第 6 章已经讨论过如何以两种方式同时建模客户满意度度量。即时度量可以是可加的数值事实，也可以是服务级别维度的文本属性。

满意度的其他的纯数字度量包括产品退货的数量、失去客户的数量、支持呼叫的数量，以及来自社会媒体的产品态度度量。

图 8-13 展示了常旅客满意度维度，该维度可以被加到第 12 章所描述的飞行活动事实表中。文本满意度数据一般以两种方式建模，主要看满意度属性的数量和输入数据的稀疏性。当满意度属性的列表有界且相当稳定时，采用图 8-13 所示的位置设计是非常有效的。

满意度维度
Satisfaction Key (PK)
Delayed Arrival Indicator
Diversion to Other Airport Indicator
Lost Luggage Indicator
Failure to Get Upgrade Indicator
Middle Seat Indicator
Personnel Problem Indicator

图 8-13 航空领域常旅客位置满意度维度

8.4.5 使用异常情景指标标记事实表

累积快照事实表依赖一系列实现流水线过程的"标准场景"的日期。对订单实现来说，包含的步骤涉及订单建立、订单发货、订单交付、订单支付和订单退货等标准步骤。该类设计在大于 90%的情况中都会成功(希望没有退货)。

但是如果偶尔出现偏离正常的情况时，没有好的办法用于揭示发生了什么情况。例如，也许当订单处于交付期时，送货的卡车轮胎瘪了。于是决定将货物卸载并重新装载到另外一辆卡车上，但遗憾的是，这时天空开始下雨，货物被雨淋湿了。客户拒绝收货，最终不得不对簿公堂。在累积快照的标准场景中往往没有考虑对此类情况建模。也不应该发生此类事情啊！

描述针对标准情况的异常情况的方法是在累积快照事实表上增加一个发送状态维度。针对此类怪异的交货场景，使用状态怪异标记该订单完成列。然后如果分析人员希望察看整个过程，他可以通过订单号和整个过程所涉及的列表号连接伙伴事务事实表。事务事实表连接事务维度，表明该事务的确是出现轮胎漏气、货物损坏和诉讼等。尽管该事务维度将会随时间不断增长，但总的来说呈现出有界且稳定的状态。

8.5 客户数据集成方法

典型的环境通常是很多客户面对过程，此时需要对两个方法加以选择：从所有客户源系统记录的多种版本中获取单一的客户维度或者通过一致性维度联系起来的多个客户维度。

8.5.1　建立单一客户维度的主数据管理

多数情况下，当存在多个可用的客户数据源时，建立统一的客户维度是最好的选择，这样的一致性维度可以从组织中多个不同的操作型系统中萃取而来。通常某个客户在不同的系统中有不同的标识符。更糟糕的是，获取数据的系统通常没有适当的验证规则。显然，操作型客户关系管理系统的目标是建立唯一的客户标识并限制建立不需要的标识符。同时，DW/BI 小组可能要负责整理并集成不同的客户信息源。

比较幸运的机构拥有一个主数据管理(Master Data Management，MDM)系统，该系统负责建立并控制统一的企业客户实体。但是这样的集成式方法在现实中非常少见。更常见的情况是，数据仓库获取多个不兼容的客户数据文件并建立一个"下游"的主数据管理系统。这两类主数据管理系统如图 8-14 所示。

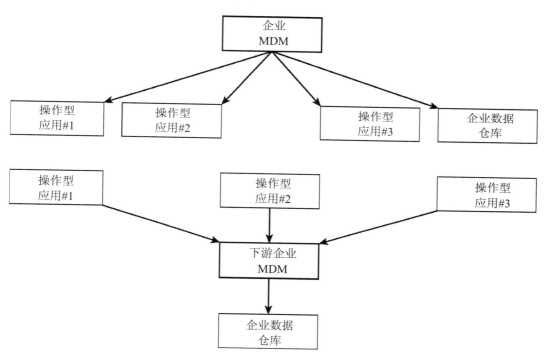

图 8-14　两种类型的主数据管理系统

遗憾的是，处理此类数据的合并没有秘密武器。客户维度中包含的属性应该表示为从企业中获得的"最佳"的源。地址变化处理过程应该被集成以确保对地址变换的获取。许多繁重的与客户数据治理关联的工作需要客户匹配或复制逻辑。从大型客户列表中删除重复或不合法的地址至关重要，这样可以减少由于冗余、误导、无法达成的交互所带来的开销，避免误导客户计数，并通过高质量的通信提高客户满意度。

客户匹配的科学比它首次出现更加复杂。它包含模糊逻辑、地址分析算法，以及用于验证地址元素和邮政编码的巨大的查看目录，不同的国家具有显著的差异。目前存在一些特定领域的、商业可用的软件和服务，可用高精度来实现客户匹配或商业实体匹配。通常这些产品将地址匹配到标准化的人口普查代码，例如，州代码、国家代码、普查地段、街道分组、大都市统计区、经度/维度，方便对外部数据的合并工作。在第 10 章中，我们将讨论房屋管理用于分组或联系客户共享相同的姓名与/或地址信息。不仅实现内部文件匹配，一些服务维护巨大的美国人外部参考文件的匹配工作。尽管这些产品和服务比较昂贵且复杂，但如果客户匹配对机构来说非常重要的话，是非常值得投资的。最后，有效地治理客户数据既要考虑尽可能精确地从源系统获取数据，也要在 ETL 过程中使用强有力的数据清洗/融合工具。

8.5.2　多客户维度的局部一致性

当前，企业建立客户知识库用于收集他们能够找到的所有与客户有关的内部和外部的数据源。大型机构可能包含多达 20 个内部数据源以及 50 个或更多的外部数据源，这些数据源多多少少以某种方式与客户相关。从一致性和粒度方面来看，这些数据源存在巨大的差异。通常，在这些系统中，不存在一个高质量定义的客户主键，不存在具有一致性的属性。您无法控制这些数据源。这看起来似乎是一个无法解决的混乱问题。

在第 4 章中，我们奠定了一致性维度的基础，这一基础是实现不同数据源集成所需要的粘合剂。理想情况下，可以检验所有数据源并定义统一的综合性维度，可以将所有数据源附加到该维度上，要么一起放到统一的表空间，要么复制到多个表空间。这样统一的综合性的一致性维度，可通过建立一致性的行标识完成横向钻取查询，从而方便地建立集成查询、分析和报表。

另外一种集成环境可能包含多个与客户有关的维度，包含不同的粒度，且质量存在差异，因此无法建立前述的统一的综合性的一致性维度。幸运的是，可以实现一种轻量级的一致性客户维度。注意两个维度要保持一致性，其最根本的需求是它们共享一个或多个可管理的属性，这些属性具有相同的列名和数据值。不需要多个与客户有关的维度相同，仅需要共享专门管理的一致性属性。

采用这种方法，不仅能够通过消除您所处环境中的所有客户维度保持完全相同的需求而减轻数据仓库的压力，而且可以以增量和敏捷的方法将专门管理的一致性属性增加到与客户相关的维度中。例如，假设您以定义被称为客户分类的相当高级别的客户类开始。您能够有条不紊地跨多个客户相关的维度进行处理，将专门管理的一致性属性增加到每个维度中，不需要改变任何目标维度的粒度，不需要废止那些基于这些维度的应用。一段时间后，随着您将专门管理的一致性属性增加到与不同数据源关联的客户维度，您可以逐渐增加集成范围。任何时候，可以使用插入了客户分类属性的维度停止或执行横向钻取报表。

当客户分类属性被插入到尽可能多的维度中后，可以定义更多一致性属性。地理属性(例如，城市、县、州和国家)将比客户分类更容易实现。一段时间后，一致性属性维度的范围和能力能够使您执行更加复杂的分析活动。这种具有封闭空间发布结果的增量开发是一种敏捷开发方法。

8.5.3　避免对应事实表的连接

DW/BI 系统应该按照过程建立，不应该按照部门建立，这种策略是建立支持集成的一致性维度的基础。您可以设想查询销售或支持事实表以更好地了解客户的购买或服务历史。

因为销售和支持表都包含客户外键，所以可以进一步设想将两个表连接到一个公共客户维度以同时汇总某个客户的销售事实和支持事实。遗憾的是，由于事实表粒度的差别，即使在关系数据库工作良好的情况下，多对一对多(many-to-one-to-many)连接在关系型环境下仍将返回错误的答案。当两个事实表具有不同的粒度时，无论采用内连接、外连接、左连接或右连接方法都无法获得所需的结果。

考虑此类情况，您拥有一个招揽客户的事实表，另有一个客户响应的事实表，如图 8-15 所示。客户与招揽之间存在一对多关系，客户与响应之间也存在一对多关系。招揽和响应事实表具有不同的粒度。换句话说，并不是每个招揽结果都存在响应(对市场部门来说非常遗憾)，且某些响应未与招揽对应。将招揽事实表与客户维度连接，然后将其与响应事实表连接，由于粒度不同，在关系数据库环境下，无法返回正确的答案。幸运的是，该问题可以被避免。简单地利用第 4 章提到的横向钻取技术采用不同的查询来查询招揽表及响应表，然后将两个回答集合外连接。除了支持处于不同物理位置的事实表的数据合并外，查询横向钻取方法为更好地控制性能参数带来了额外的好处。

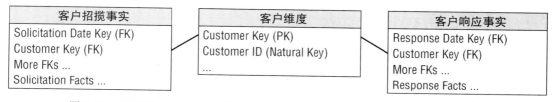

图 8-15　不要用一个 SELECT 语句查询多对一对多(many-to-one-to-many)连接表

警告:

在同时连接两个具有不同粒度的事实表与维度表时需注意，多数情况下，关系引擎将会返回错误的结果。

如果商业用户频繁地合并多个业务过程的数据，最后的方法是定义额外的事实表，将数据一次性合并到事实表中，而不要依靠用户自己来不断地、准确地合并数据，具体参见第 7 章的相关内容。当要处理的过程之间关系并不是很密切时，仅仅使用 SQL 对多个事实表执行钻取操作以合并数据具有重要的意义。当然，在构建合并事实表时，要建立处理不同粒度的业务规则。例如，是否合并事实表包含所有招揽和响应或仅包含那些招揽与相应同时发生的情况?

8.6　低延迟的实现检查

最近几个小时或几分钟的客户行为可能是非常有趣的。在处理实时客户时，您甚至可能希望做出决定。但需要考虑低延迟数据的成本和限制。一般来说，数据质量会随着发布数据的实时性而降低。

商业用户可能想当然地认为进入 DW/BI 系统的数据越快越好。但延迟的减少会增加数据质量问题。在传统的批处理环境中，也许每 24 小时下载一次批处理文件，通常就会获得完整的事务集合。例如，如果某个商业客户发出一个订单，可能需要通过信用检查并验证最终承诺。只有在这些步骤完成后，下载的批处理文件中才会包含该订单。另外，由于每

24 个小时，批文件才能下载一次，ETL 小组有时间用于检查全范围的数据质量，有关内容将在第 19 章讨论。

如果数据每天被多次获取，则完整事务集的保证可能需要被放弃。客户可能发出了订单，但还没有通过信用验证。因此存在结果可能会需要调整的情况。无法开展全方位的数据质量检查，因为没有时间执行扩展的多表查询。最后，您可能会在所有键尚未确定的情况下将数据导入到数据仓库中。此时，可能需要临时的维度实体以等待其他数据的到来。

最后，如果您突然发布数据，可能仅得到事务的片断，可能没有时间执行任何数据质量检查或其他的数据处理工作。

低延迟数据发布可能是非常有价值的，但是商业用户需要知道可能会出现的相关问题。一种有趣的混合方法是提供低延迟的日内发布但仅在晚间执行批量获取，以便改正多种在白天未能解决的数据问题。我们将在第 20 章讨论低延迟需求所带来的影响问题。

8.7　本章小结

本章我们重点关注客户，以客户关系管理概览开始，深入研究了围绕客户维度表所涉及的设计问题。讨论了姓名和地址分析问题，将操作型字段分解为基本元素，以便对其进行标准化和验证工作。探讨了其他几种类型的常见客户维度属性，例如，日期、分段属性和聚集事实。描述了包含大块相对低-粒度属性的维度支架表。

本章介绍了如何处理无法预知的、稀疏的密集维度属性的桥接表，以及多值维度属性。同时探讨了几种复杂的客户行为场景，包括连续行为、时间范围事实表，以及以标识符标记的、用来确定异常情况的事实事件等。

本章最后我们讨论了几种用于一致性地区分客户的可选方法，以及几种从源数据合并丰富的特征集合的可选方法，要么通过操作型主数据管理，要么使用潜在的局部一致性通过 ETL 后段来进行后续的处理。最后，讨论了低延迟数据需求所带来的挑战。

第9章

人力资源管理

本章将关注人力资源(Human Resource，HR)数据，本章是我们跨行业业务应用系列的最后一章。与第 7 章所描述的会计与金融数据类似，人力资源信息广泛存在于各类组织中。企业希望更好地了解其雇员的人口统计特征、技能、收入和绩效以便每个人都能最大限度地发挥才能。本章将基于人力资源数据探讨几种维度建模技术。

本章将讨论下列概念：

- 跟踪雇员档案变化的维度表
- 雇员总数的周期快照
- 以人力资源为中心的过程片段的总线矩阵
- DW/BI 解决方案软件包或数据模型的利弊
- 递归式雇员层次
- 通过维度属性、支架表或桥接表处理多值技能关键字属性
- 调查问卷的数据
- 文本注释

9.1 雇员档案跟踪

到目前为止，我们设计的维度模型都比较类似，事实表所包含的关键性能度量通常都能够被增加到所有维度上。对维度建模者来说，非常容易获得可加性满足条件。多数情况下，这正是它所应该完成的工作。然而，针对人力资源数据，业务本身就需要获得能够支持多个度量的健壮的雇员维度。

为从组织视图上构建问题，假定您在一家大型企业的人力资源部门工作。每个雇员有一个详细的包含至少 100 个属性的人力资源档案，这些属性可能包括雇佣日期、职位等级、薪水、审查日期、审查结果、休假权利、组织机构、教育、地址、保险规划，以及其他多种属性。雇员不断被雇佣、辞职、晋升等，种种情况都需要对雇员档案进行调整。

高优先级的业务需求要能准确跟踪并分析雇员档案的变化。当每个雇员档案变化的事件被获取到事务粒度事实表时，您马上就可以获知，如图 9-1 所示。此类概括性事实表的

粒度通常是每个雇员档案一行。由于没有与变化关联的数字度量包含在雇员档案中,例如,新地址或职位等级,所以事实表是无事实的事实表。

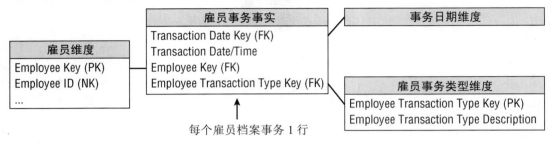

图 9-1 跟踪雇员档案变化的草图模式

在图 9-1 所示的草图模式中,维度包括事务日期、事务类型和雇员。事务类型维度涉及一个原因代码,用于表示引起建立某一特定行的原因,例如,晋升或地址改变。雇员维度包含多种属性。

设想使用类型 2 缓慢变化维度技术在雇员维度中跟踪变化的档案属性。结果是,对于图 9-1 中所示的每个雇员档案事务,都需要在雇员维度中建立新的类型 2 行,用于表示对应雇员档案变化事件的雇员档案。新行连续不断准确描述雇员的情况,直到未来某个时间下一个雇员事件发生。警觉的读者可能立即就会指出雇员档案事务事实表与类型 2 雇员维度表有相同数量的行,它们始终相互连接。针对该问题,维度建模警告亮出红灯,您的确不希望在事实表中包含如此多的与相关维度表一样多的行。

替换使用初始模式,可通过润色雇员维度表以使其更强大并废除档案事务事件事实表来简化设计。如图 9-2 所示,雇员维度包含跟踪雇员档案变化的雇员档案特征的快照。事务类型描述成雇员维度中的变化原因属性,用于跟踪档案变化的原因。某些情况下,受影响的维度属性是数字型的。如果数字属性是被汇总而不是被约束产生的,则它们属于事实表。

雇员维度
Employee Key (PK)
Employee ID (NK)
Employee Name ...
Employee Address ...
Job Grade ...
Salary ...
Education ...
Original Hire Date (FK)
Last Review Date (FK)
Appraisal Rating ...
Health Insurance Plan ...
Vacation Plan ...
Change Reason Code
Change Reason Description
Row Effective Date/Time
Row Expiration Date/Time
Current Row Indicator

图 9-2 拥有档案特征的雇员维度

如您所想,雇员代理键是维度表的主键,人力资源操作型系统使用的用于永久性区分雇员的持久性自然雇员 ID 是维度的属性之一。

9.1.1 精确的有效和失效时间范围

正如在第 5 章中所讨论的缓慢变化维度技术一样,在雇员维度上应该包含两列,以获取特定列是否有效和失效的信息。这些列精确地定义了准确的雇员档案的时间范围。从历史角度看,当日期数据延迟成为规则时,有效期和失效期的列都以日期为单位。然而,如果从任何具有更频繁基础的商业过程加载数据，列应该是日期/时间戳，以便能够关联适当雇员档案的行，对操作型事件来说，这些行在同一天的上午 9 点与晚上 9 点之间可能存在差别。

当前行的失效日期属性被设置为未来某个日期。当该行变得失效，由于 ETL 系统检测到新的档案的属性，失效属性通常被设置为新行的有效时间戳"之前"的日期，意味着前一天、前一分钟或前一秒。

如果雇员档案在周期时间内准确地发生变化，则雇员恢复到较早的特性，插入一个新的雇员维度行。应该抵制简单地重访早期档案行并修改失效日期的冲动，在同一时间可能包含多个有效期相同的多个维度行。

当前行指示器确保能快速检索以获得任何雇员的最近状态。如果为该雇员建立新档案行，则先前档案行的指示器需要被更新以表示它不再是当前档案。

对本身来说，日期/时间标识了类型 2 雇员维度，回答一系列有趣的人力资源问题。可以在时间上选择某个精确的历史点，并查询您有多少雇员以及在某个特定时间他们的详细档案是什么，具体方法是约束日期/时间大于或等于有效日期/时间并严格地处于失效日期前。查询可以执行计数并约束所有行返回这些约束。

9.1.2　维度变化原因跟踪

当维度行包含类型 2 属性时，可为其增加一个变化原因。采用此种方法，一些以 ETL 为中心的元数据将嵌入实际数据。变化原因属性可以包含两字符的缩写，用于表示维度行每种变化的情况。例如，最新姓名变化的变化原因属性值可能是 LN 或某个更易读的字符，例如姓，其选择依赖于目的和用户。如果某人问去年有多少人的邮编发生了变化，则其 SELECT 语句可能包括 LIKE 操作符以及通配符，例如，"WHERE ChangeReason LIKE '%ZIP%'"。

由于多个维度属性同时发生变化且由维度中的单一行来表示，变化原因可能具有多个值。正如我们将在本章后文中所要讨论的雇员技能那样，多个原因代码可以被当成单一文本字符属性(例如，"|Last Name|ZIP|")来处理或通过一个多值桥接表来处理。

注意：
有效和失效日期/时间戳，以及原因代码描述，应用于每个类型 2 缓慢变化维度行允许非常精确的维度本身的时间切片。

最后，雇员档案变化可以通过微事务对应每个独立雇员属性变化而从其源系统获取。在 DW/BI 系统中，可以通过从源系统中封装微事务序列，并将它们当成超级事务对待，诸如雇员晋升，因为将这些人工微事务当成类型 2 变化是非常愚蠢的。新的类型 2 雇员维度行将以一步方式反映所有相关的变化了的属性。区分这些超级事务可能非常棘手，显然最好的区分方法是确保人力资源操作型应用获取更高级别的活动。

9.1.3　作为类型 2 属性或事实事件的档案变化

我们刚刚描述了将雇员属性变化处理为雇员维度中带有档案有效和失效日期的缓慢变化维度类型 2 属性。设计者有时诚心接受这一模式并试图利用它获取每个雇员为中心的变化。这样做会导致包含几百个属性的维度表，在拥有10万名雇员的情况下考虑属性的不稳定性，会产生上百万行。

跟踪雇员维度表内的变化能够方便地关联多个业务过程中雇员的准确档案。只需在事实事件发生时，简单地加载带有有效的雇员主键的事实表，基于整个雇员属性范畴过滤并分组。

但是若钟摆摆动太远了，就可能无法使用雇员维度来跟踪每个雇员评价事件、每个利益参与事件或每个职业发展事件。正如图9-4所示的总线矩阵，多数这类事件涉及其他维度，例如，事件日期、组织、利益描述、审查者、赞成者、辞退面谈官以及其他不同的原因等等，数不胜数。最后，多数事件被当成不同的以过程为中心的事实表来处理。尽管多数人力资源事件是无事实的，但获取它们并放入事实表中能确保商业用户方便地计数或按照时间周期和所有其他有关的维度来预测趋势。

常见的情况是包括这些人力资源活动的结果，像由于晋升所带来的职位等级，被当成雇员维度的一个属性。但是设计者有时会犯错误，将一些外键作为评审者、利益、不同原因以及雇员维度的其他维度的支架，导致维度过分庞大，从而使查询变得非常困难。

9.2 雇员总数周期快照

除了在人力资源协调中为雇员建立档案外，也希望获得雇员状态的例行报表。业务经理对计数、统计和总计，包括雇员数量、支付的薪水、假期天数、假期起始日、最新雇佣数量、晋升人员数量等感兴趣。他们希望按照各种划分方法去分析数据，包括时间和组织，加上雇员特性等。

如图9-3所示，雇员总人数周期快照包含一个看似普通的带有三个维度的事实表：月份维度、雇员维度和组织维度。月份维度表包含以月为粒度的公司日历的描述符。雇员主键对应有效的雇员维度行，也就是给定报告月的最后一天，以保证月末报表是对当前雇员档案的准确描述。组织维度包含组织的描述符，雇员属于每个相关的月。

图 9-3 雇员总数周期快照

雇员总数快照中的事实包含每月的数字度量和计数，要单独从雇员维度中获得这些度量和计数可能比较困难。对所有维度或维度属性来说，除了那些被标记为结余的属性外，这些每月的计数和度量是可加的。标记为结余的属性，与所有的结余情况相同，都是半可加的，必须在将其他维度内容相加后跨月维度进行平均。

9.3　人力资源过程的总线矩阵

尽管带有精确的类型 2 缓慢变化维度的雇员维度结合核心人力资源性能度量的一个月度周期快照是一个好的开始，但用它们来跟踪人力资源数据仅仅触及了问题的表面。图 9-4 描述了部门经理可能乐意分析的人力资源职业所涉及的其他过程。我们将总线矩阵装饰为可用于每个过程的事实表类型，然而可能需要对您的源数据实际情况和商业需求区别对待。

事实类型		日期	位置	雇员	组织	福利
雇用过程						
雇员位置快照	周期	X	X	雇员经理	X	
雇员申请表流水线	累积	X	X	雇员经理	X	
雇用雇员	事务	X	X	雇员经理	X	
已雇用雇员流水线	累积	X	X	雇员经理	X	
福利过程						
雇员福利资格	周期	X		X	X	X
雇员福利应用	累积	X		X	X	X
雇员福利参与	周期	X		X	X	X
雇员管理过程						
雇员总数快照	周期	X		X	X	X
雇员报酬	事务	X		X	X	X
雇员福利费用	事务	X		X	X	X
雇员绩效评估流水线	累积	X		雇员经理	X	
雇员绩效评估	事务	X		雇员经理	X	
雇员职业发展课程完成	事务	X		X	X	
雇员纪律处分流水线	累积	X		雇员经理	X	
雇员离职	事务	X		雇员经理	X	

图 9-4　人力资源过程的总线矩阵行

这些业务过程的某些过程获取性能度量，但是多数产生无事实的事实表，例如，福利资格或福利参与。

9.4 分析解决方案软件包与数据模型

多数组织购买供货商解决方案来满足他们对操作型人力资源应用的需求。多数这类产品提供附加的 DW/BI 解决方案。此外，某些供应商销售标准的数据模型，有可能包含预先为流行的人力资源应用产品建立的数据加载器。

提供商和售后支持坚持认为这些标准的、预先建立的解决方案和模型通过减少数据建模的范围和 ETL 开发的工作量允许更快速、更小风险的实现。毕竟，每个人力资源部门雇佣雇员，与他们签订利益合同，补偿他们，并对他们进行评价，最后处理雇员离职情况。为什么要通过设计自定义数据模型和解决方案来支持这些公共业务过程来重复以前的工作呢？为什么不能买一套标准数据模型或完整解决方案呢？

尽管毫无疑问具有常见功能，特别是在人力资源空间，但业务通常具有独特的特点。为处理这些细微的差别，多数应用软件开发商引入了针对他们产品的抽象化，以方便"自定义"。

抽象化，类似社交聚会表以及相关设备，用于描述每个角色或一般属性列名称而不是更一般意义的标识，为适应各种商业环境提供更好的灵活性。尽管可适应性的实现对供应商来说解决了适应广泛的潜在客户业务场景的问题，但存在的问题是增加了相关复杂性。

生活在供货商全天候产品中的人力资源经理通常愿意调整他们的词汇以方便抽象化。但是这些抽象化在那些不太了解情况的职能部门经理来看像外语。通过 DW/BI 解决方案软件包或行业标准数据模型发布数据到业务可能忽略了转换为业务语言的需求。

除了依赖供应商的术语而不用合并 DW/BI 解决方案的业务术语，另一种潜在的急弯是从其他领域集成源数据。您能够方便地保持供应商解决方案维度或业务模型与其他外部可用主数据一致吗？如果不能，软件包模型注定要成为另一种孤立的烟筒型数据集合。显然，结果是没有吸引力的，尽管如果您所有的操作型系统由一个 ERP 供应商提供或者您的组织比较小，没有 IT 部门做独立的开发，出现问题的可能性并不大。

您能够从软件包模型中赢得何种现实的期望呢？预先建立一般化的模型有助于区分核心商业过程并关联公共维度。这样为那些最初被设计任务控制的 DW/BI 小组提供一些舒服的感觉。对标准模型研究过一段时间后，多数小组获得足够的信息，希望为他们的数据自定义模式。

然而，这些知识真的值得您为软件包解决方案或数据模型花大量的金钱吗？可能会通过与商业用户花费一些时间赢得一些见识。您不仅改进了自己对业务需求的理解，而且开始绑定业务用户到 DW/BI 的最初意图上。

还有一个值得注意的地方是，一个软件包模型或解决方案成本比较高，并不意味着它包含一般的可接受的维度建模最佳实践。遗憾的是，一些标准模型包含常见的维度建模设计缺陷，如果模型设计者更关注源系统数据获取的最佳实践而不是那些构建 BI 报表和分析所需要的内容，这些缺陷不会让人感到惊奇。设计预定义的通用模型是非常困难的，即使是在开发商拥有数据获取源代码的情况下。

9.5　递归式雇员层次

　　常见的雇员特征是雇员经理的姓名。您可能会简单地将这一属性嵌入到雇员维度的其他属性中去。但是如果业务用户希望不仅仅知道经理的姓名，则需要更复杂的结构。

　　一种方法是将经理的雇员键当成事实表中的另一个外键，如图 9-5 所示。该经理雇员键连接到一个角色扮演的雇员维度上，其每个涉及"经理"的属性名与雇员的经理的档案存在差异。在将行插入到事实表时，该方法将雇员与他们的经理关联起来。BI 分析可以通过雇员或经理属性的相等查询功能方便地过滤并分组，因为两种维度提供对事实表的对称访问。该方法的问题在于这些双外键必须嵌入每个事实表以支持管理报告。

图 9-5　扮演雇员和经理双重角色的维度

　　另一种选择是包含一个经理的雇员键作为雇员维度行的一个属性。该经理键可以连接到一个包含扮演雇员维度角色的支架，其所有属性引用"经理"以与雇员的特征加以区分，如图 9-6 所示。

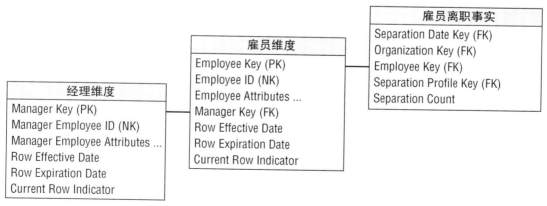

图 9-6　作为支架表的经理角色扮演维度

如果雇员维度中的经理的外键被设计为类型 2 属性，则在每个经理变化时将建立新雇员行。然而，我们鼓励您仔细考虑有关的潜在 ETL 商业规则。

9.5.1 针对嵌入式经理主键变化的跟踪

让我们考虑一个示例。Abby 是海顿的经理。采用刚刚描述的支架表方法。海顿的雇员维度行将包含一个属性与经理角色扮演雇员维度中的 Abby 的行关联。如果海顿的经理改变了，假设业务需要跟踪这些历史变化情况，将建立外键作为类型 2 并为海顿建立新行以获取其新的包含新经理的档案。

然而，如果 Abby 仍然是海顿的经理，但是她的雇员档案发生了变化，考虑希望的输出。也许仅是家庭地址发生了变化。如果家庭地址被设计为类型 2 属性，这种改变将为 Abby 建立一个姓的雇员维度行。如果经理键也被设计为类型 2 属性，则 Abby 的新维度行也会为海顿建立一个新维度行。现在设想 Abby 是大型机构的 CEO。其档案的类型 2 变化的影响将波及整个表，也就是说，当 CEO 的档案发生变化时，将为每个雇员复制新的档案行。

公司希望获取此类经理档案的变化吗？如果不需要，也许雇员行上的雇员键应该是经理的双重自然键连接到角色扮演维度，限制为仅仅是维度当前行的每个经理的双重自然键。

如果您在雇员维度中设计经理键为类型 1 属性，则它始终通过当前经理关联雇员。尽管此类简单方法未保留历史信息，但仍然能够满足商业用户的需求。

9.5.2 上钻或下钻管理层次

为处理固定深度的、多对一雇员-经理关系，增加一个文本类型标识或一个外键到角色扮演维度或雇员维度行上是非常适当的。然而，如果业务需要在更深的递归层次上导航，例如，区分雇员的整个管理链或下钻以区分所有为某个经理直接或间接工作的雇员，则需要更复杂的方法。

如果您使用某个联机分析处理(OLAP)软件工具查询雇员数据，在雇员维度行中嵌入经理主键就可以了。流行的 OLAP 产品包含一种父/子层次结构，用于平滑地处理可变深度递归层次。实际上，这正是 OLAP 产品的优势之一。

然而，如果希望在关系型环境中查询递归的雇员/经理关系，您必须使用 Oracle 的非标准 CONNECT BY 语法或者 SQL 的递归公共表扩展(Common Table Extension，CTE)语法。对配备 BI 报表工具的业务用户来说，两种方法都行不通。

因此您只能使用第 7 章所描述的可选方法处理可变深度客户层次。如图 9-7 所示，源自图 9-6 的雇员维度通过一个桥接表来关联事实表。桥接表为每个经理和与其具有直接或间接管理关系的雇员保留一行，并为经理本身附加一个额外的行。如图 9-7 所示的桥接表能够确保您在经理的管理链内下钻。

如前所述，该方法也存在几个问题。建立桥接表具有一定的难度，加上它包含很多行，因此查询性能会存在问题。对于即席查询，BI 用户经验非常复杂，尽管我们可以看到使用该方法获得的分析效率。最后，如果用户希望聚集信息而不是分解管理链，必须颠倒连接路径。

图 9-7　下钻到经理报表结构的桥接表

再次说明，如果您希望通过桥接表跟踪雇员档案变化，情况将更加复杂。如果反映经理和雇员的雇员档案具有类型 2 变化，桥接表将会快速增长，特别是当高级经理的档案发生变化时，会产生新的主键并波及整个组织。

可以在桥接表中使用持久性自然键，而不是使用获取类型 2 档案变化的雇员键。限制管理层次的当前档案的关系是另一件事。然而，如果业务需要保留雇员/经理上卷的历史，则需要在桥接表中增加有效和失效日期，以捕获所有雇员/经理关系的有效时间范围。

与图 9-7 所示的桥接表比较，使用持久性自然键的桥接表中新行的扩展将大大减少，因只有当报表关系变化时才会增加新的行，而不是在类型 2 雇员属性被修改时增加新行。建立了持久性键的桥接表非常容易管理，但查询时存在困难，特别是当需要关联相关组织结构与事实表中的事件日期时。考虑到这些复杂的因素，在密封的 BI 应用中不要使用桥接表，仅需要为强大的 BI 用户保留使用。

第 7 章讨论的处理递归层次的方法，类似路径字符属性，也与管理层次的难题有关。遗憾的是，要想以简单且快速的方法处理这些复杂的结构没什么好办法。

9.6　多值技能关键字属性

假定 IT 部门希望使用信息技术技能补充雇员维度。可能会考虑诸如编程语言、操作系统或数据库平台等技术技能作为描述雇员的关键词。每个雇员可能会用多个技能关键词所标识。可能希望用描述他们的技能来搜索 IT 雇员人数。

如果感兴趣的技术技能数量有限，可以在雇员维度中将这些技能处理为独立的属性。使用定位维度属性(例如，LINUX 属性，其域值可以表示为 Linux Skills 或 No Linux Skills)的优点是查询非常方便且查询性能高。该方法在潜在技能较少的情况下非常适用，但当潜在技能数量较多时将难以实现。

9.6.1　技能关键字桥接表

更现实的是，每个雇员将有一个变量，其技能无法预测。在此情况下，技能关键字属性是多值维度的首要的候选键。技能关键字，按照其特性，应该是开放的，新技能被作为领域值定期增加。我们将介绍两种处理技能开放集合问题逻辑上等价的建模模式。

图 9-8 展示了一种将技能当成与雇员维度表的支架桥接表来处理的多值维度设计。正如将在第 14 章学到的那样，有时多值桥接表将直接与事实表连接。

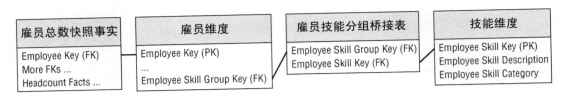

图 9-8　技能分组关键字桥接表

技能分组桥接表用于区分给定技能关键字集合。熟悉 Oracle、Unix 和 SQL 的雇员将被分配具有同样技能的分组关键字。在技能分组桥接表中，针对该分组涉及三行。每行涉及相关的技能关键字(Oracle、Unix 和 SQL)。

与/或查询的双刃剑

假定建立了一个如图 9-8 的模式，则还存在一个严重的查询问题。针对技能关键字的查询请求有两个分类。"或"查询(例如，Unix 或 Linux 经验)可以简单地用 OR 约束技能维度表上的技能描述属性得到。然而，"与"查询(例如，Unix 及 Linux 经验)比较困难，因为 AND 约束将跨技能维度的两行。SQL 实现跨行处理约束的操作非常糟糕。需要在 SQL 代码中使用联合和交操作，可能会使用自定义接口，这就对业务用户隐藏了复杂的逻辑。SQL 代码如下：

```
  (SELECT employee_ID, employee_name
FROM Employee, SkillBridge, Skills
WHERE Employee.SkillGroupKey = SkillBridge.SkillGroupKey AND
  SkillGroup.SkillKey = Skill.SkillKey AND
  Skill.Skill = "UNIX")
UNION / INTERSECTION
  (SELECT employee_ID, employee_name
  FROM Employee, SkillBridge, Skills
  WHERE Employee.SkillGroupKey = SkillBridge.SkillGroupKey AND
    SkillGroup.SkillKey = Skill.SkillKey AND
    Skill.Skill = "LINUX")
```

使用 UNION 列出具有 Unix 或 Linux 经验的雇员，然后利用 INTERSECTION 操作查询同时具有 Unix 和 Linux 经验的雇员。

9.6.2　技能关键字文本字符串

可以通过简化设计消除多对多桥接表和 SQL "联合"及"交"操作的使用。一种方法是在雇员维度上增加技能列表支架表，包含一个长的文本字符串，使该字符串包含所有技能关键字。需要在每个技能字符串开始处增加特殊的定界符，例如，反斜杠或竖线。这样包含 Unix 和 C++技能看起来类似|Unix|C++|这样的表示。支架表方法假定雇员共享公共的技能列表。如果列表并没有被频繁使用，则可以不用技能列表支架，将技能列表文本字符串当成雇员维度的属性来对待，如图 9-9 所示。

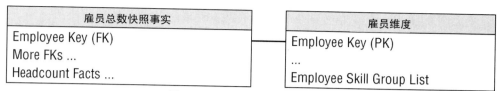

图 9-9 有限的技能列表字符串

当搜索字符串区分大小写时，文本字符串搜索具有一定的困难。到底是 UNIX，还是 Unix，或者是 unix 呢？这一问题的解决可以通过强制使用大写字母实现，多数 SQL 中都有 UCase 函数来实现这一功能。

利用图 9-9 的设计，AND/OR 难题可以用单一的 SELECT 语句解决。OR 约束如下：

```
UCase(skill_list) like '%|UNIX|% OR UCase(skill_list) like '%|LINUX|%'
```

同时，AND 约束具有完全相同的结构：

```
UCase(skill_list) like '%|UNIX|' AND UCase(skill_list) like '%|LINUX|%'
```

符号%是 SQL 中定义的用于匹配 0 个或多个字符的模式匹配通配符。约束中使用竖线分隔符可准确地匹配需要的关键字，防止出现错误的匹配。

图 9-9 提出的关键字列表方法可以在任何基于标准 SQL 的关系数据库中使用。尽管文本字符串方法方便了 AND/OR 搜索，但是它不能支持那些需要根据技能关键字计数的查询。

9.7 调查问卷数据

人力资源部门通常从雇员处收集调查数据，特别是当收集成对的与/或管理评审数据时。部门会分析调查问卷以确定部门内被审查雇员的平均得分

为处理维度模型中的调查问卷数据，对被调查者调查的每个问题在事实表中用一行来处理，如图 9-10 所示。模式中两个角色扮演的雇员维度对应雇员响应和雇员评审。调查维度包含调查项的描述符。问题维度提供问题和分类。一般来说，对多个调查会提出同样的问题。当在整个调查问卷数据库中搜索特定主题时，可以使用调查和问题维度。响应维度包含响应或者响应的分类，例如，有利的响应或敌对的响应。

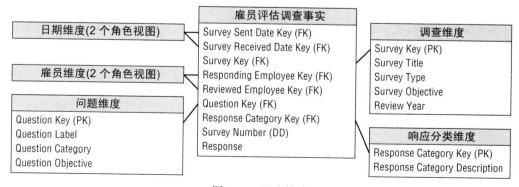

图 9-10 调查模式

建立如图 9-10 所示的简单模式支持对调查数据开展健壮的分片和分块活动。简单地改变该模式就可用于分析所有类型的调查数据，包括客户满意度和产品使用反馈等。

文本注释

事实通常被认为是对包含连续值数量的度量。另一方面，维度属性来源于领域的离散值列表。那么如何处理文本注释(例如，经理针对性能评价或来自调查问卷的自由反馈的评语等，这些注释看起来不适合清楚地划分到事实或维度分类上)呢？尽管 IT 专家本能地希望将它们排除在维度设计中,业务用户可能需要保留它们以便能够更深入地描述性能度量。

商业用户不愿意放弃文本注释这一事实，促使您确定是否可以将注释解析为具有良好行为的维度属性。虽然有时存在可以分类文本的机会，例如，赞美与投诉，但完整的文本措词通常也是需要的。

由于自由文本存在如此多的潜在价值，因此设计者有时试图在事实表中存储文本注释。不过在事实表中通常限制使用外键和退化维度以及数值事实。简单来看，它们所含有的文本注释仅仅是另外一种退化维度。遗憾的是，文本注释并不符合退化维度的定义。

自由文本字段不应该出现在事实表中，因为它们只会增加表的容量。根据所使用的数据库平台，这些相对低价值的大容量会拖累涉及事实表的每个操作，从而无法很好地完成更多有价值的性能度量。

不要将这些注释当成维度度量来对待，我们的建议是保留它们，但不要放在事实表中。注释应该要么被放在单独的注释维度中(带有与事实表对应的外键)，要么作为事务粒度维度表的属性。一些情况下,相同的注释被保存多次。至少,通常可以看到大量的 No Comment 注释。如果注释的粒度比事务的数量少，文本应该被保存到注释维度上。否则，如果每个事件都有唯一的注释，则应该将其当成事务维度属性。无论是将注释当成注释维度还是当成事务维度，当将这类庞大的维度与事实表连接时，查询性能将会变慢。然而，当用户阅览注释时，他们可能明显喜欢对查询进行过滤以方便阅读有限数量的注释。同时，越来越多的常见分析关注事实表的性能度量，针对每个事实表查询的文本注释的附加的重要性使其不会成为负担。

9.8　本章小结

本章讨论了涉及人力资源环境的几个概念。首先，深入分析了构建雇员维度表的好处。在人力资源领域，这种单表用于解决一系列有关雇员在任何时间节点的状态和档案。我们绘制了表示人力资源领域涉及多个过程的总线矩阵并强调核心的职工总数事实表，指出了由供应商设计的解决方案与数据模型可能存在的利弊。讨论了可管理上卷和多值维度属性的处理方法。最后，简短地描述了调查问卷数据，以及文本注释的处理方法。

金 融 服 务

金融服务行业涉及各种各样的企业，包括信用卡公司、经纪公司、抵押贷款提供商等。本章主要关注零售银行，因为大多数读者对此类金融机构多多少少有些了解。一家全能服务银行提供广泛的产品，包括活期存款、储蓄账户、按揭贷款、个人贷款、信用卡以及银行贵重物品保险箱等。本章将从最简单的模式出发，揭示几种扩展模式，包括处理依照不同行业的、具有显著差异的、针对广泛的银行异构产品的投资组合。

需要提醒的是，本书中所有关注行业的章节，就像本章一样并未打算提供全面的行业解决方案。尽管在给定的行业环境下，讨论了各种各样的维度建模技术，但这些技术也可以运用到其他不同的行业中去。如果您并未就职于金融服务业，仍然需要阅读本章。如果您正好是金融服务行业中的一员，记住本章提供的模式并不是完整的解决方案。

本章主要讨论以下概念：

- 银行总线矩阵片段
- 对维度进行分类以避免维度太少的陷阱
- 家庭维度
- 用一个账户关联多个客户的桥接表，以及权重因子
- 单一事实表中的多个微型维度
- 报表的动态范围值事实
- 处理多个行业的异构产品，不同类别产品包含唯一度量与/或维度属性，作为超类或亚类模式
- 热可交换维度

10.1 银行案例研究与总线矩阵

银行的最初目标是能够更好地分析银行账户。商业用户希望具备对个别账户进行切片和切块分析的能力，以及它们属于哪个家庭住宅的分组。银行的主要目的之一是通过为已经有一个或多个银行账户的家庭提供额外的产品，使市场更有效。图10-1描述了银行总线矩阵的部分内容。

	日期	前景	客户	账户	产品	家庭	分支
新业务招揽	X	X			X		
引导跟踪	X	X			X		X
账户应用流水线	X	X	X	X	X		
账户启动	X	X	X	X	X	X	
账户事务	X		X	X	X		
账户月快照	X		X	X	X	X	X
账户服务活动	X		X	X	X	X	X

图 10-1   银行总线矩阵行子集

在与银行管理人员和分析人员进行交流后，整理出以下需求集合：

- 业务用户希望看到每个账户 5 年的、以月为单位的历史快照数据。
- 每个账户有一个基本的余额。业务上希望用同一个分析来分组不同类型的账户并比较基本余额。
- 每个类型的账户(也就是银行的产品)有一系列自定义维度属性和数值事实，其内容不同的产品具有较大的差别。
- 每个账户被认为属于一个家庭。由于婚姻状况和其他各种生命不同阶段因素的变化，会使账户/家庭关系产生数量惊人的变化。
- 除了家庭确定外，用户对人口统计信息感兴趣，无论它涉及的是个体客户或家庭。此外，银行为每个账户和家庭获取并存储与活动或特征有关的行为积分。

10.2   分类维度以避免出现维度太少的情况

基于前述的业务需求，初始模型的粒度和多维性开始出现。可以开始设计一个事实表用于在每个月末记录每个账户的基本余额。比较明确的是，事实表的粒度是每行表示每个账户每个月的情况。基于这样的粒度定义，可以初步勾画一个包含两个维度的设计方案：月份和账户。这两个外键构成了事实表的主键，如图 10-2 所示。以数据为中心的设计者可能认为所有其他描述信息(例如，家庭、分支以及产品特性)都应该被当成描述性属性嵌入到账户维度中去，因为每个账户仅有一个家庭、分支和产品与之关联。

虽然上述模式准确地表示了快照数据中的多对一和多对多关系，但它并不适合反映自然的商业维度。与其将所有事情放入到巨大的账户维度表中，不如建立额外的分析维度，例如，产品和分支，使用用户考虑业务问题的方式镜像其业务。这些辅助维度提供事实表更小的条目。这样做也解决了维度模型的性能和可用性目标。最后，大型银行可能包含几百万个账户，您可能担心类型 2 缓慢变化维度会导致维度日益庞大而无法管理。产品和分支属性可以方便地将属性分组，并从账户维度中删除，从而降低由类型 2 缓慢变化所导致的行增长速度。在 10.2.3 小节中，出于同样的原因，变化的人口统计信息和行为属性将被从账户维度中挤出。

图 10-2 维度较少的余额快照

产品和分支维度是两个不同的维度，在产品和分支之间存在一种多对多关系。它们的变化都比较缓慢，但是节奏不同。更重要的是，商业用户将它们视为银行业务的独特的维度。

一般来说，多数维度模型最终可包含 5～20 个维度。如果您的方案不在这个范围内，应该怀疑可能在设计中无意漏掉了一些维度。此时，仔细考虑是否可以将下列维度添加到初步的维度模型中：

- 因果维度，例如，晋升、合同、交易、存储环境，甚至是天气。这些维度在第 3 章已经讨论过，它们对事件的产生原因提供了见识。
- 多日期维度，特别是当事实表是累积快照时。参考第 4 章有关带有多个日期戳的示例事实表。
- 区分操作型事务控制号的退化维度，例如，订单、发票、提货单或票据，可参考第 3 章的相关内容。
- 角色扮演的维度，例如，当单个事务涉及与多个业务实体有关，而每个实体由不同的维度表示时。在第 6 章中，我们描述了处理多个日期的角色扮演示例。
- 状态维度，可以在一个更大的环境内(例如，账户状态中)区分事务的当前状态或月快照。
- 审计维度，在第 6 章中讨论过，用于跟踪数据沿革和质量。
- 涉及相关指标和标识的杂项维度，在第 6 章中讨论过。

这些维度通常可以被方便地增加到设计中，甚至可以在 DW/BI 系统投入使用后增加，因为它们不会改变事实表的粒度。增加这些维度通常不会改变已有的维度关键字或事实表中的度量事实。所有应用可以不加改变地继续使用。

注意：

任何出现在事实表中的具有单一值的描述性属性的度量，都是增加到现存维度或自身维度的候选项。

基于对银行需求的深入研究，您可能会为初始模式最终选择下列维度：月份日期、分支、账户、主客户、产品、账户状态和家庭等。如图 10-3 所示，在这 7 个维度的交叉区域，您可以获得月度快照并记录基本余额以及其他涉及所有产品的度量，例如，交易计数、利率支付和费用收取等。记住账户余额就像库存余额，不能跨越任何度量时间相加。相反，您必须通过将余额汇总除以时间周期数量的方法获得平均账户余额。

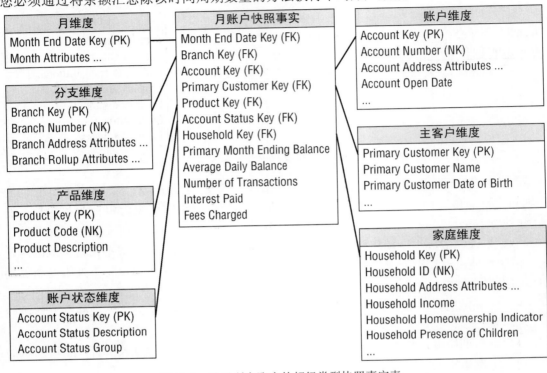

图 10-3 针对所有账户的超级类型快照事实表

注意:

在本章中，我们使用基本的面向对象术语"超类"以及"子类"来分别表示涵盖所有可能账户类型的单一事实表，以及包含每个独立账户类型的特定细节的多个事实表。以前的文章将它们称为核心或自定义事实表，现在我们应该用更熟悉更易被接受的术语来表示这些术语。

产品维度包含一个描述银行所有产品的单一层次，这一层次包括产品名称、类型和分类。为银行构建通用的产品分类的需求与构建零售商店的通用商品分类的需求是相同的。银行与零售商店示例中存在的主要差别是银行还需要为每个产品类型开发大量的子类产品属性。在学习 10.3 节前，我们不会讨论关于如何处理这些子类属性的问题。

分支维度与本书前面内容中讨论的设施维度类似，例如，零售商店或配送中心仓库。

账户状态维度是记录每月结束时账户状况的非常有用的维度。状态是对账户是活跃的还是不活跃的，或是否账户在本月发生了状态变化的记录。例如，新开账户或者是关闭账户。与其构建大型账户维度，或者仅仅在事实表中嵌入神秘的状态代码或缩写，不如将状态视为包含适当的描述性状态编码、分组和状态原因描述的成熟维度。在许多方面，您可以将账户状态维度考虑为微型维度的另一个示例，就像我们在第 5 章所讨论的那样。

10.2.1 家庭维度

不只是仅仅关注银行账户,商业用户还希望具有分析银行与完整经济单位的关系的能力,这里经济单位指的是家庭。商业用户对家庭的所有档案,目前与家庭存在的关系,以及还可以将哪些产品销售给哪些家庭,都非常感兴趣。商业用户还希望获得家庭的人口统计信息,例如,家庭收入、家庭是否拥有自己的住房或租住住房、家庭成员是否已经退休、是否有孩子等等。这些人口统计信息会随时间而发生变化,正如您所料,商业用户希望跟踪这些变化。如果某个银行关注商业实体的账户,而不仅仅是关注顾客,则该银行通常会关注区分并关联共同的“家庭”之类的需求。

从银行的角度来看,家庭可能由几个账户和独立的账户拥有人构成。例如,考虑 John 和 Mary Smith 所组成的家庭的情况,John 有一个活期存款账户,而 Mary Smith 拥有一个储蓄账户。此外,他们共同拥有活期账户、信用卡和银行按揭贷款。可以认为上述 5 种账户构成了 Smith 家庭,尽管实际上可能在姓名和地址信息等方面存在一些细微的差别。

对将单独的账户关联到家庭(或商业等价体)的处理过程不可掉以轻心。构建商业上的家庭需要设计业务规则以及相关的算法以将账户分配到家庭中。目前已经有一些特殊产品和服务,专门负责匹配需求以构建家庭。投入大量的资源以专门支持构建家庭的需要对大型金融服务机构来说是比较常见的。

将账户和家庭视为不同维度的决定是设计者的权利。即使从直观的角度来看,它们是存在关联的,但之所以将它们区别开来,主要是因为账户维度的大小以及家庭维度中账户构成的波动性,如前面内容所述的那样。在大型银行中,账户维度非常巨大,很容易形成 1 000 万行的账户维度表,涉及几百万个家庭。家庭维度提供与事实表关联的更小的入口点,不需要遍历包含 1 000 万行的账户维度表。同时,鉴于账户与家庭之间存在经常变化的情况,可以选择使用事实表获取它们之间的关系,不需要在每个账户维度表中包含家庭属性。采用这样的方法,可以避免在包含 1 000 万行的账户维度中使用类型 2 缓慢变化维度技术。

10.2.2 多值维度与权重因子

正如您刚刚知道的有关 John 与 Mary Smith 的示例那样,账户可以有一个、两个或更多个独立的与之相关的账户拥有人或客户。显然,客户不能被当成一个账户属性(超越了主客户/账户持有人的名称),这样做将违反维度表粒度的要求,因为与账户关联的个体不止一个。同样,不能将客户作为事实表的附加维度,这样做将违反事实表粒度(每月每账户一行),同样因为对给定的账户不能有多个个体与之关联。以上是多值维度的典型示例。将个体客户维度连接到以账户为粒度的事实表需要使用账户到客户的桥接表,如图 10-4 所示。至少,桥接表的主键包含代理账户和客户键。桥接表行的时间戳,在第 7 章曾讨论过,随时间变化的关系也可以应用到此场景中。

如果一个账户有两个账户拥有人,则相关的桥接表中包含两行。为每个账户拥有人分配数字化的权重因子,确保所有权重因子之和等于 1。权重因子被用于为多个账户拥有人分配数字化的可加事实。采用此方法,可以将独立拥有人的所有数字化事实相加,执行总计操作将会获得正确的总计结果。此类报表是一种正确的权重报表。

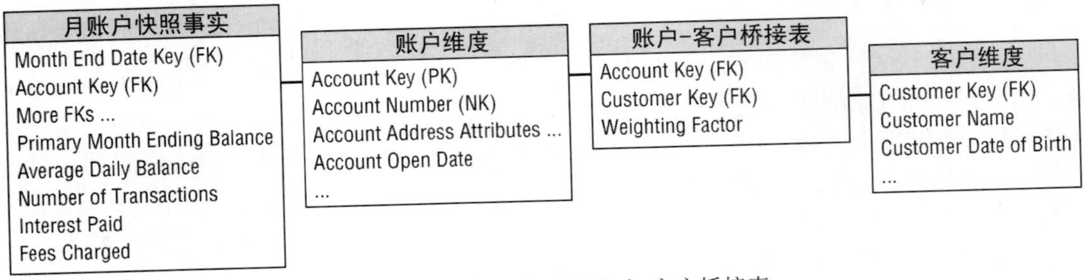

图 10-4 带有权重因子的账户-客户桥接表

权重因子是一种包含多个账户拥有者的简单的分配数字可加事实的方法。一些人会建议改变事实表的粒度，通过账户拥有人采用账户快照。此时，您要用权重因子并与原始数字事实相乘。一般我们不建议采用此方法，原因如下：首先，要将事实表与账户拥有人的平均拥有账户数量相乘。其次，一些事实表包含不止一个多值维度，导致行数量无法控制，您想要开始询问独立行的物理意义。最后，可能会出现未分配的号码，当数值事实已经与分配号物理合并时，要想重新构建是非常困难的。

如果在给定查询中不应用权重因子，仍然可以通过个体账户拥有者汇总账户快照，但是这样做的话，您会得到所谓的影响报表。类似"具有特定人口统计档案的所有个体的总余额是多少？"是影响报表的示例。商业用户了解影响分析可能会导致不准确计算，因为事实表与两个账户拥有者都存在关联。

在图 10-4 中，SQL 视图被定义为将事实表与账户-客户桥接表合并，因此这两个表合并后，在 BI 工具上展现的将是包含规范客户外键的标准事实表。可以定义两个视图，一个使用权重因子，另外一个不使用权重因子。

注意：
无限制的多值属性可以与维度行关联，通过使用桥接表关联多值属性与维度。

在某些金融服务公司，个体客户被区分并关联每个事务。例如，信用卡公司通常为每个卡拥有者提供唯一的卡号。John 和 Mary Smith 可能有一个共用的信用卡账户，但是他们所拥有的物理卡的卡号是不同的。此时，没有必要建立账户-客户桥接表，因为原子交易事实处于离散的客户粒度，账户和客户都是该事实表的外键。然而，若需要自然地获取账户级别的度量，例如，信用卡账单数据，仍然需要桥接表。

10.2.3 再谈微型维度

与第 8 章讨论的客户维度类似，可用多种多样的属性描述银行的账户、客户和家庭，包括每月信用机构属性、外部人口统计数据以及区分其行为、保留、赢利能力和犯罪特征的计算得分。金融服务组织通常愿意随时理解并响应这些属性的变化。

以前曾经讨论过，由于维度行的数量和属性波动(例如，对月度信用机构属性更新)的原因，依靠缓慢变化维度技术类型 2 来跟踪账户维度的变化是不合理的。相反，可以中断可浏览的和可变化的属性，将它们放入微型维度中，例如，信用机构和人口统计微型维度，其主键存在于事实表中，如图 10-5 所示。类型 4 微型维度确保您能够分片或分块事实表，随时跟踪属性变化,即使它们的更新频率不同。尽管微型维度非常强大,但也要注意避免过度使用该技术,面向账户的金融服务是使用微型维度的良好场景,因为主事实表是周期较长的周期性快照。每个月一行事实保证每个账户都存在,为所有关联的外键提供了一个关联的场所。可以始终看见任何一个月的账户以及所有的微型维度。

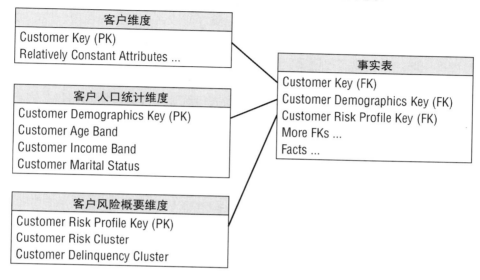

客户维度

Customer Key (PK)

Relatively Constant Attributes ...

客户人口统计维度

Customer Demographics Key (PK)

Customer Age Band

Customer Income Band

Customer Marital Status

客户风险概要维度

Customer Risk Profile Key (PK)

Customer Risk Cluster

Customer Delinquency Cluster

事实表

Customer Key (FK)

Customer Demographics Key (FK)

Customer Risk Profile Key (FK)

More FKs ...

Facts ...

图 10-5 与事实表关联的多个微型维度

注意:
微型维度应当包含相关的属性簇,每个属性不能成为它自己的微型维度,或您不应该在事实表中建立太多的维度。

第 4 章我们曾经讨论过,一个与微型维度有关的妥协是需要具有范围的属性值以维持合理的微型维度行。与其存储极其离散的收入数额,例如$31 257.98,不如在微型维度中存储收入范围,例如$30 000～$34 999。同样,赢利能力的得分范围是 1～1200,您可以在微型维度中将取值划分到固定范围,例如,小于等于 100、101～150、151～200 等。

多数组织发现这些范围型属性值能支持他们的例行分析需求。然而,两种情况下可能不适合应用范围值。首先,数据挖掘分析通常需要离散值而不是固定的有效的范围。其次,数量有限的高级分析员可能希望分析离散值以确定范围是否是适当的。在此情况下,您仍然可以在微型维度属性中保留范围值以支持一致的天对天(day-to-day)分析报表,但是需要在事实表中存储关键的离散值事实。例如,如果需要每个月都重新计算每个账户的赢利指数,则需要每个月都分配适当的赢利范围微型维度以获得该指数。此外,您需要获取离散赢利指数作为月度账户快照事实表的事实。最后,如果需要的话,当前的赢利范围或指数可能需要包含在账户维度中,以便所有的变化都能够通过重写类型 1 属性被处理。所涉及的数据元素必须有唯一的标识,以便能够将它们区分开。设计者始终必须注意保持此类有些冗余的事实和属性的增量值与 ETL 处理和 BI 展现所带来的复杂性成本之间的平衡。

10.2.4 在桥接表中增加微型维度

在银行账户的示例中,账户-客户桥接表可能会变得非常庞大。如果您有2000万账户和2500万客户,假设账户维度和客户维度都是缓慢变化类型2维度(您可以通过带有新主键的新增行跟踪历史情况),则几年后桥接表可能会有几百万行。

经验丰富的建模人员可能会问"当我的客户维度变成快速变化的巨型维度时会发生什么事情呢?"当快速变化的人口统计和状态属性被增加到客户维度,迫使大量的类型2增加到客户维度中时,会出现这种情况。现在2500万行客户维度有可能增加到几亿行数据。

针对快速变化的巨型维度的标准处理方法是将快速变化的人口统计和状态属性分裂为类型4微型维度,通常称为人口统计维度。当人口统计维度直接附加到包含客户维度的事实表时,这样做会获得良好的效果,因为它能够使大型维度保持稳定,并能够使它在每次人口统计或状态属性发生变化时不快速增长。但当客户维度附加一个桥接表时,例如在银行账户示例中,仍然能够获得使用它带来的好处吗?

解决方法是在桥接表中增加外键引用人口统计维度,如图10-6所示。

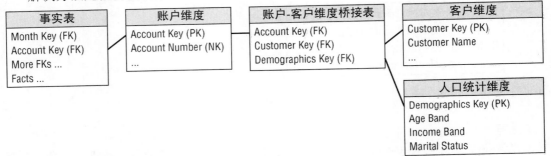

图 10-6 带有增加的微型维度的账户-客户桥接表

实现桥接表的方法是将每个账户连接到与之关联的客户以及他们的人口统计。现在桥接表的主键包含账户键、客户键和人口统计键。

依据新人口统计被分配到每个账户的频繁程度,桥接表可能会快速增长。按照上述设计,由于根银行账户事实表的粒度是每月每账户,所以桥接表被限制为仅需要在月末改变记录。这样做将减轻跟踪桥接表变化的压力。

10.2.5 动态值范围事实

假设商业用户希望具有完成范围值报表的能力,例如账户余额,但不打算接受在维度表中预定义范围。他们可能希望基于账户余额快照建立报表,如图10-7所示。

余额范围	账户数量	总余额
0~1000	456 783	$229 305 066
1001~2000	367 881	$552 189 381
2001~5000	117 754	$333 479 328
5001~10000	52 662	$397 229 466
10001 及以上	8 437	$104 888 784

图 10-7 带有动态范围值分组的报表行

若使用图 10-3 的模式，直接从事实表建立这样的报表是非常困难的。SQL 无法泛化 GROUP BY 子句，该子句将可加值变为范围值。考虑更复杂的情况，范围大小不等且具有文本描述，例如 "10001 及以上"。同时，用户通常需要在查询时具备使用不同边界或精度级别来重新定义范围的灵活性。

图 10-8 所示的模式设计确保随时建立范围值报表。范围定义表可以包含所需的多个不同报表范围集合。特定范围组的名称存储于范围组列中。范围定义表通过使用一对小于和大于连接符与余额事实表连接。报表使用范围宽度名称作为行头并按照排序属性排序。

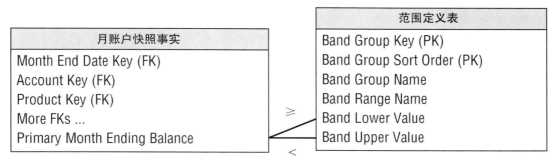

图 10-8　动态值范围宽度报表

控制查询的性能可能是非常困难的。范围值查询的定义约束较少。示例报表需要扫描超过 100 万个账户的余额。也许只有月维度被约束为当前月。此外，与范围值表的有趣连接无法成为一个好的约束和限制的基础，因为它们对 100 万余额进行了分组。此时，可能需要直接在余额事实表上建立索引。如果数据库管理系统可以有效地排序和压缩独立的事实，按照类似余额的值来约束或分组查询性能将被大大改进。该方法在 20 世纪 90 年代早期的 Sybase IQ 列数据库产品中就已经被提出，现在已经成为多个列数据库管理系统的标准的索引选项。

10.3　异构产品的超类和子类模式

在许多金融服务行业中，由于机构提供的产品或服务的异构性导致利弊共存。我们在介绍中曾提到，典型的零售银行为同样的客户提供大量的产品，从活期存款到信用卡。虽然每个银行账户都有一个与之关联的主余额和利息额，但每个产品类型都包含许多未与其他产品共享的特殊的属性和度量事实。例如，活期存款具有最低余额、透支限额、服务费，以及其他与网上银行关联的度量。而定期存款(例如，存款单)的一些属性与活期存款重叠，但是它包含特有的属性，包括到期日、复合率和当前利率。

商业用户通常需要两个不同的角度，却难以表示单一的事实表。第 1 个角度是全局视图，包括同时分片和分块所有账户的能力，不管这些产品属于哪种类型。在所有可能的产品范围内聚集客户/家庭数据库以规划适当的客户关系管理，实现交叉销售和追加销售时，需要全局视图。在此情况下，需要一个跨越所有业务领域的超类事实表(参考图 10-3)提供对完整客户组合的知识。注意，此超类事实表仅能表达有限数量的对所有业务领域都有意义的事实。无法将不兼容的事实存储到超类事实表中，因为在考虑所有可能的账户类型时，存在几百个此类事实。同样，超类产品维度必须被限制到公共产品属性的子集上。

第2个角度是业务领域视图，主要关注某个业务的比较深入的细节，例如活期存款。活期存款业务包含大量仅对该业务有效的事实和属性。这些特殊的事实无法存储到超类事实表中。如果您想要将它们存储到超类事实表中，将面对上百个特定的事实，而且多数行中呈现的是空值。同样，如果您试图在账户或产品维度表中包括经营行业属性，这些表将会存在上百个特定属性，几乎所有的行都是空行。产生的数据表就像瑞士奶酪，到处都是数据空洞。解决示例中活期存款部门存在的这一问题的方案是为获取存款业务建立子类模式，该模式仅仅被活期账户使用，如图10-9所示。

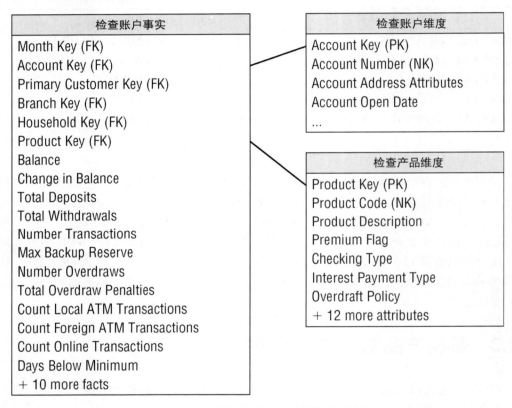

图 10-9　为活期产品建立的业务领域子类模式

现在子类活期事实表和对应的活期账户维度都被扩展用于描述仅针对活期存款产品的所有特定事实和属性。这些子类模式还必须包含超类事实和属性，这样当需要完整的事实和属性时，就可以避免超类和子类模式之间发生连接操作。也可以为其他业务领域建立不同的子类事实和账户表，以支持针对它们的深度分析需求。尽管建立特定账户模式似乎比较复杂，但仅有数据库管理员能够同时看到所有的表。从业务用户的角度来看，要么其交叉销售分析的实现依赖单一的超类事实表和超类账户表，要么分析关注特定的账户类型和业务模式中的单一行来实现。一般来说，从多个超类模式合并数据是没有意义的，因为根据定义，账户事实和属性是不相交的(或者几乎是不相交的)。

子类账户维度的主键与超类账户维度的主键是相同的，都包含所有可能的账户键。例如，如果银行提供 "余额不低于\$500 的账户不收服务费" 的活期账户，则该账户可以通过在超类和子类活期账户维度建立相同的代理键来识别。每个子类账户维度是一种包含超类账户维度表的微缩一致性维度，每个子类账户维度包含特定账户类型的属性。

这种超类/子类设计技术应用到所有业务，提供了包含多个业务领域的范围广泛的产品。如果您在为某个销售软件、硬件和服务的技术公司工作，将会希望建立以全局客户角度发布的超类销售事实表和产品维度表。该超类表包括跨多个业务领域的所有的公共事实和维度属性。超类表将成为深入到不同业务领域的子类事实和属性模式的补充。再次说明，超类和子类产品维度中的特定产品将被分配同样的代理产品键。

> **注意：**
> 当业务包含不同事实和描述符的异构产品时，可以使用超类与子类事实表家族，但是单一客户库需要集成视图。

如果零售银行的业务领域是物理上分割的，都有自己的位置，则超类事实和维度表可能不会驻留在同一个空间，此时，超类事实表和维度表的数据将被精确复制一次以实现所有的超类表。记住子类表提供不相交的账户分区，因此子类模式之间不存在重叠。

包含公共产品的超类与子类产品

以上所讨论的超类与子类产品技术适合应用于单一逻辑行包含许多特定产品事实的事实表。另一方面，一些业务过程获得的度量，例如，银行的新账户需求，可能不会根据业务领域而变化。此时，不需要业务领域事实表，一个超类事实表就足够了。然而，仍然会存在大量的包含不同属性的异构产品，此时，可以建立完整的子类账户维度表的组合，要根据应用的情况适当使用它们。在开展跨多个产品的分析时，可以使用超类账户维度表，因为它可以包含所有账户分组。开展单一账户类型分析时，如果您希望利用与账户类型相关的子类属性时，可以有选择地使用子类账户维度表，而不是使用超类维度。

10.4 热可交换维度

一个经纪公司可能具有大量跟踪股票市场的客户。所有这些客户访问同一个每日波动的股票价格事实表。但是每个客户都有一组自己的描述每个股票的属性集。经纪公司可以通过为每个客户复制不同的股票维度来支持这种多客户环境，在查询时将股票维度与同一个事实表连接。我们将这种方式称为热可交换维度。要在关系数据库环境中实现热可交换维度，事实表与各种股票维度表的参考完整性约束可能必须关闭，以允许针对独立查询基础上的交换。

10.5 本章小结

本章首先讨论了包含大量维度的事实表的情况，提供使用分类过程寻找其他维度的建议。描述了处理常见的客户、账户和家庭之间复杂关系的方法。同时也讨论了在金融服务领域常见的、在单一事实表中建立多个微型维度的方法。

本章描述了将数字事实聚类到任意范围值以通过不同范围表创建报表的技术。最后，我们为针对相同用户群体提供多个异构产品的组织提供了建议。建立了包含跨多个业务领域的性能度量的超类事实表。与之匹配的维度表包含完整账户组合的行，但是其属性被限制到那些可跨账户应用的属性。每个业务领域都包含一个多子类模式，用于补充包含特定账户事实和属性的超类模式。

第11章

电　　信

本章所展现的内容与前面几章有一些差别。本章以一个案例研究概览开始，但这次不会从头开始考虑设计一个维度模型。相反，我们将深入一个项目的中间过程，组织安排一个设计评审，并通过设计评审寻找改进前期初始模式的机会。本章的大部分内容关注维度模型设计过程中出现的缺陷。

我们将以一个取自电信行业的计费小场景为基础来展开案例研究工作，该案例与从公共事业公司建立的计费数据具有相同的特征。本章最后将描述如何在数据仓库中处理地理位置信息。

本章主要讨论下列概念：

- 电信公司的总线矩阵片段
- 设计评审训练
- 常见设计错误的检查列表
- 推荐组织设计评审时可采用的技巧
- 改造现有的数据结构
- 抽象地理位置维度

11.1　电信业案例研究与总线矩阵

假定您已经具备了丰富的维度建模(到目前为止前 10 章的内容)经验，最近您被聘用到一个新的职位，作为某个大型无线电信公司 DW/BI 项目小组的维度建模人员。上班的第 1 天，在填写了一堆人力资源方面的文件和确定位置后，您准备开始工作。

DW/BI 小组期望您能对初始的维度设计进行评审。到目前为止，项目似乎有一个良好的开端。业务和 IT 指导委员会意识到 DW/BI 项目必须由业务驱动，有鉴于此，委员会对业务需求获取过程给予了全面的支持。基于初期获得的需求，小组起草了一个初步的数据仓库总线矩阵。如图 11-1 所示。小组对几个核心商业过程和一些公共维度进行了区分。当然，完整的企业矩阵包含大量行和列，但您感觉非常好，因为已经获得了关键组件的主要数据需求。

	日期	产品	客户	比率计划	销售组织	服务列表项#	开关	雇员	支持电话概要
购买	X	X						X	
内部库存	X	X							
渠道库存	X	X			X				
服务激活	X	X	X	X	X				
产品销售	X	X	X	X	X				
促销参与	X	X	X	X	X			X	
详细呼叫业务	X	X	X	X	X	X	X		
客户账单	X	X	X	X	X	X			
客户支持呼叫	X	X	X	X	X	X		X	X
维修工作单	X	X	X			X		X	X

图 11-1　电信公司的总线矩阵行样例

指导委员会决定在 DW/BI 项目初期重点关注客户计费过程。业务管理层确认更好地访问来自计费过程的度量将对业务有显著的影响。管理层希望具有按照用户、销售组织和执行销售渠道的费率计划和分析费率计划，查询每月的使用和计费度量(也可称为收入)的能力。幸运的是，IT 小组认为在第 1 次数据仓库迭代中处理这些业务过程是可行的。

IT 组织的一些成员认为，处理独立呼叫和消息的详细流量(例如发起呼叫或接受的每个电话)是最可取的。尽管此类高级别的细节数据可以提供有趣的见识，但联合指导委员会认为相关的数据会在可行性方面带来更多挑战，而不是提供尽可能多的短期业务价值。

基于委员会的指导，小组对客户计费数据进行了更加详细的考察。每个月，操作型计费系统为每个电话号码生成一个计费单，也称为服务列表项。因为无线公司具有上百万服务列表项，这将会产生大量的数据。每个服务列表项与一个客户关联。然而，一个客户可以具有多个无线服务列表项，在同一个计费单中可能包含不同的服务列表项。每个服务列表项有自己的账单度量集，例如，通话分钟数、文本信息数量、数据量、月服务费等。在某个给定的计费单中，单一的费率关联每个服务列表项，但是该费率可能会随着客户习惯的改变而发生变化。最后，销售组织和渠道与每个服务列表项关联，用于评价由每个渠道合作伙伴建立的正在计费的收入流。

与业务代表及 DW/BI 小组成员紧密沟通后，数据建模设计者设计的事实表粒度为每个计费单每月一行。小组自豪地展示其初步的维度建模杰作，如图 11-2 所示，并充满期待地征询您的意见。

您怎么看？在开始提出建议前，请花点时间研究一下如图 11-2 所示的设计。在继续阅读其他内容之前，试着识别设计缺陷并提出改进建议。

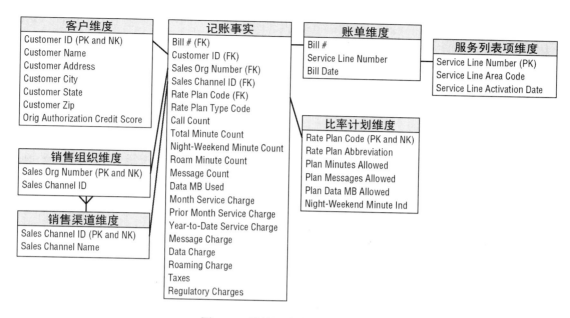

图 11-2　设计评审前的初步模式

11.2　设计评审的一般性考虑

在开始讨论图 11-2 模式的具体问题和可能建议前，我们首先概述在组织设计评审时常常遇到的设计问题。我们并未暗示该案例研究中的 DW/BI 小组犯下了所有可能出现的问题，但该小组可能违反了某些原则。再次强调，如果在继续阅读前花点时间记录下您个人对图 11-2 的有关想法，将会使设计评审训练更加有效。

11.2.1　业务需求与实际可用资源的权衡

维度模型的设计应该基于对业务需求以及操作型源系统数据现实的综合理解开展。从业务用户处收集到需求后，应该对涉及的数据来源有概略的认识。单单依靠需求来驱动模型会不可避免地包含无法确定来源的数据元素。同时，仅仅靠对源系统的数据分析来驱动模型不可避免地会忽略对业务分析至关重要的数据元素。

11.2.2　关注业务过程

正如在第 10 章所强调的那样，维度模型的设计应该反映组织的主要业务过程事件。维度模型不应该被设计为仅能发布特定报表或回答特定问题。当然，商业用户分析的问题是非常重要的输入，因为它们有助于区分哪些过程在某种业务中具有优先级。但是将维度模型设计为仅产生特定报表或回答特定问题不大可能经受时间的考验，特别是当问题和报表格式发生些许改变时。设计更加完整的描述所涉及的业务过程的维度模型能够灵活地应对变化。过程为中心的维度模型也能够解决来自多个业务部门的分析需求，若设计的模型仅仅用于回答单一部门的特定需求肯定是不正确的。

在建立了基本过程后，设计补充模式是非常有效的，例如，汇总聚集，跨过程工作流的累积快照辅助模式，整理事实表将多个过程的事实统一为具有粒度一致的事实，或整理事实表的子集用于安全地或分布地提供有限事实数据子集。再次说明，上述种种仅仅作为以过程为中心的维度模型的辅助。

11.2.3　粒度

在进行设计评审期间常问的第 1 个问题是"事实表的粒度是什么？"出人意料的是，同一个设计组通常会给出多种答案。一个清楚、简明的事实表粒度定义对建模工作来说是至关重要的。项目组及业务联络员必须对粒度定义具有共同的理解，否则，设计工作将陷入怪圈。

当然，如果您一直在阅读该书，应该意识到我们强烈地坚信事实表应该尽可能以最细级别的粒度构建，这样可以获得最大的灵活性和可扩展性，特别是考虑到客户提出的无法预测的过滤和分组查询时。用户通常不需要每次查看一行，但是您无法预测他们将要展现和上卷细节的随意方式。最细级别粒度的定义可能要依赖被建模的业务过程。此时，您应该实现最细粒度的数据用于用户选择的计费过程，而不仅仅是满足企业最常用的数据粒度。

11.2.4　统一的事实表粒度

事实表粒度确定之后，事实应该与粒度定义保持一致。为提高性能或减少查询复杂性，聚集事实(如年到日汇总)有时会进入事实行中。这些汇总是非常危险的，因为它们不是完全可加的。尽管年到日汇总减少了复杂性和某些特定查询的运行时间，但当在查询结果中包含多个日期时，将它放在事实表中会导致年到日列的双重计算。重要的是一旦事实表粒度确定后，所有可加事实都具有统一粒度。

您应该禁止在事实表中使用文本字段，包括神秘的标识和标志。与代理键比较，它们几乎总是在事实表中占用更多的空间。更重要的是，业务用户一般希望基于这些文本字段来查询、约束及建立报表。您可以通过将这些文本型值以及与标识和标志有关的描述性上卷属性放在维度表中获得更快的响应和更灵活的访问。

11.2.5　维度的粒度和层次

与事实表关联的所有维度应具有单一值，作为每个事实表行的度量。同样，每个维度属性也应该在给定的维度行中具有单一值。如果属性具有多对一关系，则这类层次关系可以在一个维度中表示。可能的情况下，应该尽量将维度拆散或将其非规范化。

有经验的数据建模人员通常使用他们在操作型实体-关系模型中经常使用的规范化技术。应该提醒他们，尽管规范化非常适合支持事务处理并保证参照完整性，但是维度模型主要用于支持分析处理。规范化维度模型将会对模型的两个目标——可理解性和性能——带来负面影响。尽管在获取、转换、加载(ETL)系统中并不忌讳使用规范化，因为规范化可以保证 ETL 过程的数据完整性，但是这样做的确会给维度变化处理子系统带来巨大的负担。

有时设计者试图处理事实表中的维度层次。例如，在产品维度中没有使用单一外键，而是为产品维度中的关键元素使用不同的外键，例如，品牌和分类。在您发现之前，紧凑的事实表变为难以驾驭的蜈蚣事实表，涉及大量的维度表。如果事实表超过 20 个外键，应该考虑对维度表进行合并或拆分。

此外，规范化出现层次关系的雪花模式包括相互关联的不同维度表。我们通常也不鼓励这样做。尽管雪花模式减少了维度表所占用的磁盘空间，但从整个数据仓库环境来看，这种节省并不明显，几乎无法抵消使用雪花模式所带来的易用性和性能问题。

贯穿本书，我们有时讨论支架表作为允许使用的雪花模式。在维度设计中，支架表可以扮演一个重要的角色，但需要注意的是，在相对低粒度的聚簇中使用支架表应当是偶一为之，不能将此作为一条规则。注意避免在模式中过度使用支架表技术。

最后，我们有时会评审行是原子的或层次的上卷的维度表，例如，产品和品牌包含在同一个维度行中。这些维度通常有一个提示级别的属性用于区分行是基本行或是汇总行。这一模式过去比较流行，并且通常用于提供聚集导航能力。我们不鼓励使用它，主要是考虑到如果每个维度的级别标识在查询中未加约束的话，则导致用户混淆的可能性比较大，而且存在过度计算的风险。

11.2.6　日期维度

每个事实表至少包含一个指向日期维度的外键。设计小组有时将通用日期维度加入到事实表中，因为他们知道日期维度是最常见的维度，但是无法明确说明日期指的是什么，与 ETL 小组和业务用户遇到的问题类似。我们鼓励将有意义的日期维度用于健壮的上卷和过滤属性。

代替日期维度的固定日期序列桶

设计者有时通过将按月的日期系列分块事实表示到单一的事实表行中，完全避免使用日期维度表。遗留操作型系统可能包含单一记录中表示月份 1、月份 2 等重复 12 次的度量集合。采用该方法可能存在几个问题。首先，以固定的代码来区分时间的方法不够灵活。当您填满所有时间序列分块后，您留下了不友好的选择。可以对表做些改变以扩展行。否则，通过列改变所有一切，丢弃最早的数据。但是这样做破坏了现有的查询应用。该方法的另外一个问题是日期的所有属性现在对应用负责，而不是对数据库负责。不存在放置用于约束的日历事件描述的日期维度。最后，如果度量仅仅来自特定的时间周期，则固定分类方法效率较低，在很多行中都存在空列。相反，这些重复的时间段应表示为事实表中的不同行。

11.2.7　退化维度

取代将操作型事务号码(例如发票或订单号)当成退化维度，小组有时期望为事务号码建立不同的维度表。此时，事务号码维度的属性包括来自事务头记录的元素，例如，事务日期和客户。

记住，最好将事务号码当成退化维度来处理。事务日期和客户应该被作为事实表的外键来获取，而不是当成事务维度中的属性。看一看维度表，如果大量的行与事实表类似，这就表明在维度表中存在退化维度。

11.2.8　代理键

不要依赖操作型主键或标识符，我们建议使用代理键作为维度表的主键。该建议的唯一允许的偏差适用于高度可预测和稳定的日期维度。如果您不清楚采用该策略的原因，我们建议您重新阅读第 3 章。

11.2.9　维度解码与描述符

维度表中的所有标识符和编码都应该伴有描述性解码。这一实践对那些有经验的数据建模者来说通常是违反其直觉的，这些建模者通常依赖查询代码来减少数据冗余。在维度建模中，维度属性应该填充业务用户希望看到的 BI 报表和应用下拉菜单的值。您应该消除用户希望使用代码的误解。说服您自己，进入他们的办公室，看到解码列表充满他们的电子公告板或其计算机的监视器。除了少数感兴趣的代码，多数用户都记不住这些代码。面对那些冗长的，没有实际意义的代码，对新员工来说，会显得非常无助。

好消息是解码通常来源于操作型系统，其开销相对来说并不高。有时，来自操作型系统的描述是无法使用的，需要业务伙伴提供。此时，确定一个维度策略以维护数据质量是非常重要的。

最后，项目组有时趋向在 BI 工具的语义层嵌入标记逻辑，而不是通过维度表属性来支持。尽管一些 BI 工具在查询或报表应用中提供了解码能力，但我们建议解码应该存储为数据元素。应用应该是数据驱动的，这样可以减少解码增加或改变带来的影响。当然，驻留在数据库中的解码也需要尽力确保报表标记的一致性，因为多数组织会使用多个 BI 工具。

11.2.10　一致的承诺

最后，但的确非常重要的是，设计小组必须承诺在多个以过程为中心的模型中使用可共享的一致性维度。所有人都要郑重承诺。一致性维度对建立健壮的数据结构是至关重要的，可用于确保一致性和集成。如果维度不满足一致性，在组织中会不可避免地存在不兼容的性能孤立的视图。顺便说一下，无论您采用 Kimball 的 Kool-Aid 还是 hub-and-spoke 结构，维度表应保持一致并被能重用。幸运的是，操作型主数据管理系统可以方便一致性维度的开发和部署。

11.3　设计评审指导

在开始深入研究图 11-2 所示的草图模型评审前，我们先对指导维度模型设计评审的实际建议进行小结。适当的预先准备将会增加评审成功的可能性。以下是我们对准备设计评审的一些建议。

- **邀请适当的人员参加设计评审**。建模小组显然需要参加，但是您还需要来自 BI 开发小组的代表参加，以确保能够增强提出改进的可用性。也许更重要的是，参加评审的伙伴对业务和需求都应非常了解。尽管应该在评审组包含不同领域的人员，但参加评审的人员一般不要超过 25 人。

- **指定具体人员负责评审工作以方便设计评审**。评审应该以评审小组动态性、策略方针和设计挑战来驱动，无论参与者是来自第三方或者相关方。无论如何，他们的角色是保持小组沿着共同目标前进。高效的负责人需要具备一定的智能、激情、信任、同情、灵活性、决断性和幽默感等特质。
- **对评审范围达成一致**。在评审期间，不可避免会产生一些有关的话题，提前对评审范围达成一致将有利于关注要讨论的主题。
- **确保每个参与者准时出席**。我们通常将维度模型评审时间固定为两天。两天时间内评审小组的所有人员都应该全程出席。不允许参与者为其他工作而进进出出。设计评审需要一心一意，如果参与者持续不断地离开或进入，将会给评审工作带来严重影响。
- **适当保留空间**。两天的评审会应该在同一个会议室召开。举行评审会的房间最好准备有大型白板。如果白板上的草图可以保存或打印，效果会更好。若没有白板，则应该准备挂图。记得带上记号笔和磁带，还应该考虑提供饮料和食品。
- **布置会前作业**。例如，要求每个参与者制定他们各自所关注的 5 个最重要的问题或改进方法的列表。鼓励参与者在撰写列表时使用完整的句子，以便他人能够理解其意思。这些列表应该在评审前提前发送给组织者。提前征求话题能够使人们积极参与并避免在评审期间出现"群体思维"的情况。

在评审小组开始评审时，我们建议采取以下措施：

- **检查参与的态度**。虽然说比做要容易得多，但仍然不要一心一意地维护先前的设计决策。对发生变化要具有心理准备，不要因为情况发生变化而担忧。
- **除非评审过程确实需要，否则不允许使用技术工具**。不允许使用笔记本电脑和智能手机。允许参与者收发电子邮件与允许他们进进出出参加其他会议没有什么差别。
- **展现强大的组织能力**。审查基本原则并确保参与者能够开放地参与及交流。组织者要能够保证小组按照既定路线前进并禁止超出评审范围的或将会进入死胡同的负面的讨论和交谈。
- **确保当前模型能够被大家理解**。不要认为每个参与者都有清楚的理解。在评审开始时，不要立刻讨论可能的改进，回顾当前设计和评审目标是非常重要的。
- **指定专人负责抄写**。抄写人员应该记录大量的相关讨论和制订的决策。
- **从大处着手**。正如您开始设计那样，是从总线矩阵着手。关注单一的、高优先级的业务过程，设计其粒度，然后开始考虑对应的维度。按照这样的"层层剥洋葱"方法进行设计评审，开始考虑事实表，然后处理与维度有关的问题。但是不要将困难的问题推迟到评审的第 2 天下午才开始。
- **提醒参与者认可业务是至关重要的**。业务认可是 DW/BI 系统成功的最终度量。评审应该关注提高业务用户的经验。
- **草拟出包含数据值的示例行**。在评审阶段考察示例数据有助于确保每个人对改进建议具有共同的理解。
- **会议结束前进行综述**。不要让参与者在评审结束时对其任务和截止日期，以及下一次工作的时间没有明确的期待。

在小组完成设计评审会后，以下是结束过程的一些建议：

- **对所有遗留的公共问题进行任务分配。**努力将这些问题在评审后解决，尽管这些问题在没有权威部门参与的情况下非常难以解决。
- **不要将小组辛苦工作的成果束之高阁。**评估改进可能带来的成本/利益问题。某些改变可能会带来更多的麻烦。实现改进的行动需要精心计划然后实施。
- **提前部署未来的评审工作。**计划每12～24个月对模型重新进行评审。应该认为针对设计的不可避免的改变是成功而不是失败的标志。

11.4　草案设计训练的讨论

通过上述学习，了解了设计评审中经常会遇到的维度建模错误，参考图11-2的概要设计，立即就会发现一些需要改进的问题。

首先让我们把目光投向事实表的粒度。设计小组指出其粒度是每个话单每月一行。然而，基于对源系统文档和数据分析工作的理解，最细级别的账单数据应该是话单上的每个服务列表项一行。在指出这一问题后，设计小组向您介绍了话单维度，它包含服务列表项号码。然而，当提醒每个服务列表项有其自身的话单度量时，设计小组同意更适合的粒度定义应该是每个话单的每个服务列表项一行。服务列表项关键字被加入到事实表中作为服务列表项维度的外键。

在讨论粒度时，对话单维度进行了检查，特别是因为服务列表项关键字刚刚被加入到事实表中。正如图11-2所示的概要模型，当话单行加载到事实表时，都会在话单维度中增加一行。显然，不需要花大量精力就能使设计小组明白，这一情况存在问题。即使使用修改后的包含服务列表项的粒度，也仍然会使事实表和维度表中的数据行数大致相同，因为多数客户通常只涉及一个服务列表项。反而应该将话单号当成退化维度。同时，应该将话单日期加入到事实表中并将其与健壮的日期维度连接，话单日期将会在该模式中扮演重要的角色。

在首次见到设计中对销售渠道维度的双重连接时，可能会使您感到困惑。没有必要将销售渠道的层次设计成雪花模式，您选择通过将销售渠道标识符(希望这一标识符具有实际的含义)作为销售组织维度表中的新属性来抛弃这一层次。此外，您可以将事实表中无用的销售渠道外键删除。

设计中将比率规划类型代码当成文本事实考虑是不适当的。文本事实通常不是良好的设计选择。在此示例中，比率规划类型代码和其解码不能作为比率规划维度表的上卷属性。

设计小组对服务列表项与客户、销售组织和比率规划维度之间的关系进行了讨论。因为单一客户、销售组织和比率规划与服务列表项号关联，理论上看这些维度应该重新设计并按照服务列表项属性来建模。然而，重新设计这些维度可能会导致模式仅包含两个维度：话单日期和服务列表项。服务列表项维度已经包含上百万行，并且还在快速增长。最后，您只好选择将客户、销售组织、比率规划作为服务列表项的不同实体(或微型维度)。

设计中代理键的应用存在不一致的情况。多数的草图维度表示用操作型标识符作为主键。您应该鼓励设计小组使用代理键作为所有维度的主键并作为事实表的外键来引用它们。

最初的设计混淆了操作代码和标识符。增加描述性名称会使数据对用户来说更易理解。如果业务上的确有需要，操作型代码仍然可以在维度属性中加以保留。

最后，注意事实表中包含年到日的度量。尽管设计小组感觉这样设计可以使用户在构建年到日报表的时候更加方便，但实际上，年到日事实容易引起混淆并易于出错。应该将年到日事实删除。如果用户要计算年到日结果，可以通过使用在日期维度上约束年或利用BI 工具来实现。

在经过两天的艰苦工作后，设计的初始评审完成。当然，涉及的内容不止这些，包括处理维度属性的变化等。同时，设计小组中所有设计人员同意对设计的改进，如图 11-3 所示。您赢得了第一周的成功工作。

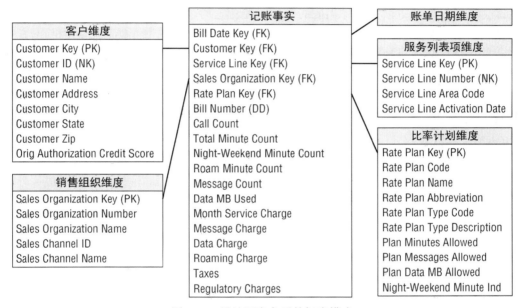

图 11-3　设计评审之后的初步模式

11.5　重新建模已存在的数据结构

开展评审并发现改进的机会是一回事，然而，如果设计方面已经开展了具体的实现工作，要做出改变说起来比实际做可能要容易得多。

例如，在一个维度表中增加新的属性感觉像是轻微的改进。如果业务数据人员将属性定义为缓慢变化类型 1 属性，则实施这些改变几乎没有什么困难。同样，如果属性正好从当前开始，不需要考虑回填历史准确的值到不可用属性值，这样的工作相对比较容易实现，该工作展现了分析挑战并且可能无法被接受。但是如果新属性被设计为类型 2 属性，需要获取历史变化情况，则这类看似简单的变化可能会带来复杂的问题。在此情况下，需要在维度表中增加行以获取属性变化的历史，以及其他维度属性变化的情况。为此，需要重新构建某些事实表行，以便使维度表行能够与事实表的事件关联。实现该类健壮的方法所需要花费的精力可能比您想象的情况要困难得多。

需要完成的工作包括获得存在的维度模型并将其转换为能够利用新建的一致性维度的结构。正如在第4章中讨论的那样，最低程度上看，必须重新处理事实表行以便引用一致性维度键。如果存在粒度或其他主要问题，则实现该任务显然会更加困难。

除了考虑改造现存数据结构所带来的以数据为中心的挑战问题外，还需要考虑这一改变对构建在现存数据基础之上的BI报表和分析应用所带来的连锁反应。构建视图以在BI应用与物理数据结构之间构建缓冲地带的方法提供了一些好处，但是该方法仍然无法避免BI环境中令人不快的起伏变化情况。

考虑在已经存在的数据结构中开展增强工作时，必须对处理变化所需要付出的代价及能够获得的利益进行评估。多数情况下，改变尽管会带来痛苦，但的确值得去做。类似地，您也许会觉得最好的方法是废除当前的结构以避免它所带来的痛苦，从头开始构建新的主题区域。最后，某些环境下，最佳方法是忽略那些存在问题的数据结构，因为与潜在利益相比，重新建模和改进模式的工作付出的代价太高。有时，考虑重新建模的最佳时机是系统发生重大变化时，例如，源系统升级或迁移到新的BI工具标准时。

11.6 地理位置维度

让我们改变一下方向，假定您为一家专门从事特定物理区域的陆上线路电话公司工作。电信和公用事业行业都有设计得很好的地区域概念。它们的维度包含被当成属性集的精确的地理位置。地理位置包括物理街区、城市、州、邮政编码、经纬度等。经度和纬度地理代码可被用于地理分析和以图为中心的可视化。

一些设计者认为采用包含标准化的地址信息的主地理位置表，并采用附加在地理维度上的服务列表项电话号码、设备库存、网络库存(包括电线杆和开关盒)、房地产库存、服务位置、分配位置、是否可通行、客户实体的支架表。在此情况下，主地理位置表中的每一行是空间中的特定点，能够上卷到每个可想象的地理分组上。

将关联到空间中每个点的属性标准化是非常有益的。然而，这是ETL后端的工作。您不需要揭示包含所有组织与商业用户交互的地址信息。地理信息会在多个维度中被当成属性自然地处理，不要将其作为单独的地理维度或支架表来处理。通常包含在多个地理维度或支架表中的地理位置没有多少重叠。如果希望将所有不同的地址放入单一维度中，则需要考虑性能问题。

操作型系统通常包含数据摘要，但是通常要避免使用通用摘要维度，例如，在DW/BI展现区中的一般化地理维度，因为它们对易用性和查询性能目标具有负面影响。这些结构在ETL后端处理是可以接受的。

11.7 本章小结

本章提供了开展设计评审工作方法的适用案例。提供了实现有效设计评审的建议，以及大量在设计评审中可以参考的常见设计问题。我们鼓励使用这些设计评审建议来评审您自己的初步设计模式，以实现设计改进。

第12章

交 通 运 输

当人或事物从一点到另一点时，也许中途需要停顿，这样就会产生所谓的旅行(voyage)。显然，旅行是运输行业组织的基本概念。托运人和内部物流功能，包裹发送服务和汽车租赁服务也将在此讨论。有些超出想象的是，本章多数模式也可应用于通信网络路由分析。电话网络可以被视为主叫和被叫号码之间可能存在的路线图。

本章将进行航空案例研究以探索旅行和路途，多数读者对此主题都比较(或非常)熟悉。案例研究将讨论不同粒度的多个事实表。同时将深入讨论维度角色扮演和附加日期及时间维度的相关问题。本章潜在的读者并不只限于前面提到的行业用户。

本章讨论下列概念：

- 航空总线矩阵片断
- 不同粒度级别的多个事实表
- 合并关联的角色扮演维度
- 特定国家的日期维度
- 多个时区的日期及时间
- 本地化问题综述

12.1 航空案例研究与总线矩阵

我们将从探讨简化的总线矩阵开始研究工作，然后深入展开与飞行活动有关的事实表的研究。

图 12-1 展示的是航空总线矩阵片断。该案例包括一个附加的用于获取与大多数总线过程事件相关的退化维度的列。与多数组织一样，航空业也非常关心收益。该行业中，机票销售表示预收收入，在乘客从始发地搭乘飞机到目的地后产生实际的收入。

业务和 DW/BI 小组代表决定其首要的发布成果应该关注飞行活动。市场部门希望分析公司的经常飞行乘客搭乘哪一班飞机，他们支付的基础票价是什么，升级的频繁程度如何，从经常飞行乘客所飞行的公里数中能够获得多少收益，是否需要开展价格促销活动，他们的过夜停留时间是多长，经常飞行乘客中具备不同级别状态的比例是多少。第 1 个项目并不关注预售或票务活动数据，这些数据与乘客登机并无关系。DW/BI 小组将在后续阶段处理这些数据源。

	日期	时间	机场	旅客	预定渠道	服务类别	基础票价	飞机	通信概要	事务 ID
预定	X	X	X	X	X	X	X	X		Conf #
发出机票	X	X	X	X	X	X	X	X		Conf # Ticket #
预计收入及可用性	X	X	X			X		X		
飞行活动	X	X	X	X	X	X	X	X		Conf # Ticket #
经常飞行乘客账户信用	X		X	X		X	X			Conf # Ticket #
客户关怀交互	X	X	X	X					X	Case # Ticket #
经常飞行乘客通信	X	X	X	X					X	
维护工作订单	X	X	X					X		Work Order #
乘员调度	X	X	X			X		X		

图 12-1   航空业总线矩阵行子集

12.1.1   多种事实表粒度

首先开始 4 步设计过程的粒度处理阶段，该示例包含多种级别的事实表粒度，每种情况具有不同的相关度量。

考虑最细粒度级别，获取无中间停留级别数据。无中间停留级别表示某一飞机从一个机场起飞到另外一个机场降落，中间没有经停。容量规划和飞行调度分析师对此类离散级别的信息感兴趣，因为他们可以通过座位数量计算无停留级别的负荷因子。在无经停级别获取操作型飞机度量，例如，飞行时间以及始发和到达的延误时间。也许可以专门构建一个维度用于表示准时到达的情况。

另外一个粒度级别为区段。区段表示一架飞机以一个航班号(例如，Delta 航班号 40 或 DL0040)飞行。区段可以包含一个或多个与之关联的无中间停留飞行航段。多数情况下，区段由一个只包含起飞和降落的无经停飞行构成。如果您从 San Francisco 到 Minneapolis，中间停留 Denver，但并未转机或航班号未发生变动，则您的飞行仍然算一个区段(SFO-MSP)，但包括两个无中间经停航段(SFO-DEN 和 DEN-MSP)。反之，如果飞机从 San Francisco 直飞 Minneapolis，则飞行无中间经停的一个区段。区段表示机票优惠的列表项，乘客收益和里程信用都在区段级别确认。因此虽然某些航空部门关注无经停级别操作，但市场和收益小组会关注区段级别的度量。

紧接着可以通过旅程分析飞行活动。旅程提供了客户需求的准确路径。参考前面的示例，假设从San Francisco到Minneapolis的航班需要乘客在Denver转机。此时，从San Francisco到 Minneapolis 包含两个区段，每个区段对应不同的飞机，而事实上，乘客需要的是从 San Francisco 到 Minneapolis，而乘客在 Denver 停留的事实并不是她所希望的。出于此原因，销售和市场人员对旅程也会产生兴趣。

最后，航空公司收集里程数据，等同于获得整个机票或预售确定数量。

DW/BI 小组和业务代表决定以区段级粒度开始。这代表着以区段级数据作为最细粒度数据，构建有意义的收益度量。此外，您可以利用业务规则将区段级别度量分配到无经停级别中，这也许基于航段内每个无经停航班的里程。数据仓库不可避免地需要处理更细粒度的无经停级数据，以为将来制定容量规划和飞行调度。第 1 次迭代中建立的一致性维度在将来会被利用。

事实表中的每行表示来自乘客的乘机情况。与这些数据关联的多种维度是容易扩展的，如图 12-2 所示。模式利用了角色扮演技术。多个日期、时间和机场维度与单一基本物理日期、时间和机场维度表关联，其基本情况可参考第 6 章。

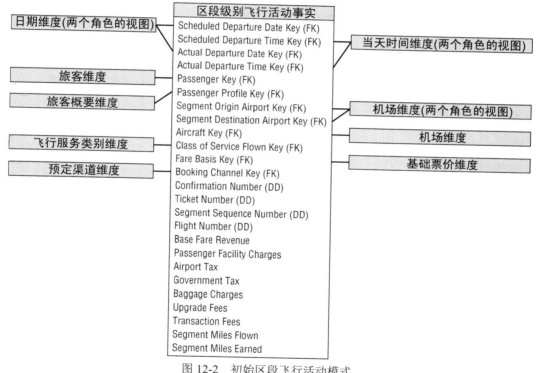

图 12-2 初始区段飞行活动模式

乘客维度包含多种涉及最有价值经常飞行乘客属性的客户维度。有趣的是，经常飞行乘客会主动维护该维度的准确性，因为他们希望确保获得里程信用。对大型航空公司来说，该维度通常包含海量的数据行。

市场部门希望按照经常飞行乘客等级分析相关活动，该等级在一年时间中可能会发生变化。此外，通过需求过程，您知道用户对基于旅客国内机场的分片和分块操作(无论他们的每次飞行是否属于航空俱乐部)以及他们的全部里程等级感兴趣。考虑到跟踪需求可能会发生变化，另外考虑到乘客维度的容量问题，我们趋向建立一个不同的乘客轮廓微型维度，关于微型维度可参考第5章中的相关内容，每行表示相关经常飞行乘客精英等级、国内机场、俱乐部成员状态和全部里程等级等信息。具体的示例行可参考图12-3。可以考虑将这些属性定义为缓慢变化类型2属性，特别是因为这些属性不会发生快速变化。但在给定了乘客数量后，应该用类型4微型维度替代。后来发现，市场分析人员通常利用这一微型维度来分析和建立报表，而不必接触海量的乘客维度行。

旅客概要键	经常飞行乘客等级	国内机场	俱乐部成员状态	全部里程等级
1	Basic	ATL	Non-Member	Under 100,000 miles
2	Basic	ATL	Club Member	Under 100,000 miles
3	Basic	BOS	Non-Member	Under 100,000 miles
...	...	...	...	...
789	MidTier	ATL	Non-Member	100,000-499,999 miles
790	MidTier	ATL	Club Member	100,000-499,999 miles
791	MidTier	BOS	Non-Member	100,000-499,999 miles
...	...	...	...	...
2468	WarriorTier	ATL	Club Member	1,000,000-1,999,999 miles
2469	WarriorTier	ATL	Club Member	2,000,000-2,999,999 miles
2470	WarriorTier	BOS	Club Member	1,000,000-1,999,999 miles
...	...	...	...	...

图 12-3 乘客微型维度样例行

飞机维度包含每架飞机飞行的信息。与每架航班关联的始发地和目的地被单独提出以简化用户的数据视图并使访问更加有效。

飞行服务类别描述乘客选择的是经济舱、高端经济舱、商务舱或头等舱等。基准票价维度描述与票价有关的项。用于描述它是否是不受限制的票价、提前21天预订的机票费用和取消惩罚费用、特定促销期间10%折扣票价等。

销售渠道维度描述如何获得机票，是否是通过旅行社，或者直接通过航空订票电话、城市售票处或网站、其他网络旅行服务提供商获得的机票。尽管销售渠道与机票相关，每个区段天然具备票价级别的多维性。此外，几种操作号码也与飞行活动数据有关，例如，旅程号、票号、飞行航班号、区段序列号等。

按照区段级粒度获取的事实包括基本票价收入、乘客机场建设费用、机场和政府税收以及其他附加收费、区段飞行里程和区段奖励里程(在此情况下主要是指无论飞行距离是多少所给予的奖励里程)。

12.1.2 连接区段形成旅程

尽管您已经设计了强大的维度框架，但您仍然无法回答有关经常飞行乘客的一个最重要的问题，"他们要去哪里？"区段粒度掩盖了旅程的真正属性。如果您获取了所有的旅行区段，并通过区段号获得旅行的顺序，仍然无法识别出旅行起始点和终点。若采用停止长度作为判断有意义的旅行目的地，则需要在汇总旅程时利用BI报表层的扩展和微妙的处理来获得。

问题的答案是引入两个以上的机场角色扮演维度，即旅行始发地和旅行目的地，并将其粒度保持在飞行区段级别。获得机票在任何停留地超过 4 小时的数据，这一约束来自于航空业官方定义的中途停留最长时间。在按照这一模式汇总旅程时需要小心。一些维度，例如，票价基准或飞行服务类别，在旅程级别上无法应用。另一方面，查询一下从 San Francisco 到 Minneapolis 有多少不受限制票价的旅程是非常有用的。

除连接区段形成旅程的区段飞行活动模式外，如果业务用户不断查询旅程级别的信息，而不是通过区段查询，则可以建立一个基于旅程粒度的聚集事实表。前面讨论的一些维度，例如，服务类别和票价基准，显然无法应用。事实应该包含类似旅程总基准票价或旅程总税费等聚集度量，额外增加的事实仅出现在这一辅助旅程汇总表中，例如，旅程的区段数。然而，这样做可能会遇到问题，只有当使用区段级别表作为上卷报表时出现性能和可用性问题时才应该考虑。如果一个典型的旅程包含三个区段，您可能无法看到三倍的性能改善，这也意味着可能不值得这样做。

12.1.3　相关事实表

如前所述，您可能会建立一个无经停粒度的飞行活动事实表以满足围绕每次飞行始发和到达的更实际需要。无经停级别的度量可能包括实际的飞行时间、始发及到达的延迟、始发和到达的油量等。

除了飞行活动外，事实表还应该保存预定或发出机票的情况。假定要关注最大收益，需要有收益和可用的每个航班的快照。事实表可以提供快照，表示最后 90 天到起飞之间累计预收账款以及每个可调度的航班上仍然可用的每一服务类型。快照可能包括一个维度，用于支持"出发前几天"概念，以方便按照标准里程碑比较类似的航班，例如，出发前 60 天。

12.2　扩展至其他行业

凭直觉看，可以利用航空案例研究描述旅行模式，因为多数人曾经有过乘机经历。我们将简单地讨论针对这一主题的其他应用。

12.2.1　货物托运人

货物托运人模式与刚刚介绍过的航空模式非常相似。假设有一个越洋船舶公司用集装箱从国外港口运输散装货物到国内港口。集装箱中的物品从最初的托运人到最终的委托人。整个路程包括多个中间停靠码头。集装箱可能在停靠码头上从一艘船卸下，然后装载到另外一艘船上。同样，它也可能由卡车而不是轮船完成一个或多个无经停运送。

如图 12-4 所示，事实表的粒度是处于具体无经停旅程的特定提货单号的集装箱。轮船模式维度用于表示轮船公司类型和具体的船。集装箱维度描述集装箱容量以及需要电力或冷冻。商品维度描述集装箱中的货物内容。几乎所有能够航运的货物都可以用统一商品编码来描述，统一商品编码可以作为被代理机构(包括美国海关)使用的一致性主维度。委托人、国外运货商、国外承运商、船东、国内运货商、国内承运商和托运人都是主业务实体维度的角色,主业务实体维度包含所有可能与旅程有关的业务部门。提货单号是退化维度。我们假设费用和关税可应用于旅程中独立的无经停货运。

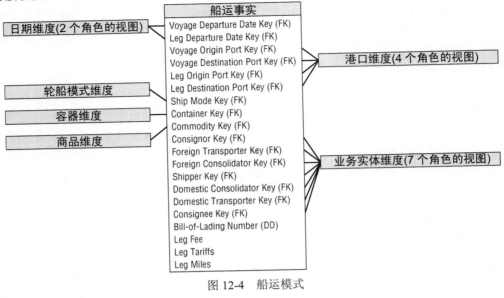

图 12-4　船运模式

12.2.2　旅行服务

如果您在某个旅行服务公司工作,您可以用事实表补充飞行活动模式,用于跟踪相关的酒店住宿和汽车租赁情况。这些模式可以共享几个公共维度,例如,日期和客户维度。针对酒店住宿,事实表粒度包括整个住宿期,如图 12-5 所示。类似的汽车租赁事实表粒度包括整个租赁期。当然,如果是为连锁酒店而不是旅行服务公司构建事实表,该模式会更加健壮,因为您对酒店的基本特征,游客对服务的使用和相关的详细费用更加熟悉。

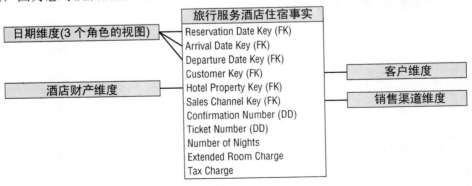

图 12-5　旅行服务酒店住宿模式

12.3　相关维度合并

以前我们曾指出,如果维度属性中的两个组存在多对多关系时,应该将它们建模为不同的维度,并在事实表中构建针对这些维度的不同外键。然而,有时您会遇到一些情况,需要将这些维度合并到单一维度中，而不是将它们建模到在事实表中包含不同外键的两个不同的维度中。

12.3.1　服务类别

图 12-2 草图模式包括飞行服务类维度。在与业界进行设计检查点评审后，您知道用户还希望分析购买机票的级别。此外，用户希望方便地按照是否发生升级或降级情况过滤并构建报表。您最初的反应可能考虑包含一个第二种角色扮演维度和在事实表中建立外键以支持购买和发行类服务。此外，您希望建立第三个外键用于表示升级情况。否则，BI 应用需要包括用于区分众多升级情况的逻辑，包括经济舱到高端经济舱，经济舱到商务舱，经济舱到头等舱，高端经济舱到商务舱等。然而，面对此情况，在类维度表中，只有 4 行用于区分头等舱、商务舱、高端经济舱和经济舱类别。同样，升级标识维度仅包含 3 行，分别对应升级、降级、服务无变化。因为行技术太小，所以您可以选择将这些维度合并为单一服务类维度，如图 12-6 所示。

服务类别键	购买级别	飞行类别	飞行购买分组	类别变化指示
1	Economy	Economy	Economy-Economy	No Class Change
2	Economy	Prem Economy	Economy-Prem Economy	Upgrade
3	Economy	Business	Economy-Business	Upgrade
4	Economy	First	Economy-First	Upgrade
5	Prem Economy	Economy	Prem Economy-Economy	Downgrade
6	Prem Economy	Prem Economy	Prem Economy-Prem Economy	No Class Change
7	Prem Economy	Business	Prem Economy-Business	Upgrade
8	Prem Economy	First	Prem Economy-First	Upgrade
9	Business	Economy	Business-Economy	Downgrade
10	Business	Prem Economy	Business-Prem Economy	Downgrade
11	Business	Business	Business-Business	No Class Change
12	Business	First	Business-First	Upgrade
13	First	Economy	First-Economy	Downgrade
14	First	Prem Economy	First-Prem Economy	Downgrade
15	First	Business	First-Business	Downgrade
16	First	First	First-First	No Class Change

图 12-6　合并类维度样例行

不同维度类的笛卡儿积将产生 16 行(4 种购买类行乘以 4 种飞行类行)的维度表。您也可以在合并维度中描述购买和飞行类之间的关系，例如，类变化标识。将此类合并服务类维度当成杂项维度，第 6 章中介绍过该概念。在此案例研究中，属性是紧密关联的。其他的航空事实表，例如，有效座位或机票购买，不可避免地需要引用包含 4 行的一致性类维度表。

注意：

多数情况下，角色扮演的维度应该被视为通过单一物理表构建的视图的不同的逻辑维度。某些情况下，将不同维度合并为单一维度可能是有意义的，尤其是当数据量相对较小或需要使用额外的属性时，这些属性依赖合并基本角色用于表示具体环境和含义。

12.3.2 始发地与目的地

同样，考虑合并始发地和目的地机场维度的利弊。在此环境下，数据量更大，因此采用不同角色扮演的始发地和目的地维度更现实。然而，业务用户可能需要使用来自始发地和目的地维度的合并维度。除了访问每个机场的情况，业务用户还希望按照城市间机场的距离，以及城市间类型(例如，国内或跨大西洋)分析飞行活动数据。即使是看起来比较简单的关于 San Francisco(SFO)到 Denver(DEN)之间整体飞行活动的问题，无论这一飞行活动出发地是 SFO 还是 DEN，在采用不同的始发地和目的地维度的情况下，会带来一些问题。SQL 专家的确能利用不同的机场维度通过编程方式回答这一问题，但如果未授权，情况会怎样呢？即使专家可以获得正确的答案，也没有标准的针对无方向的城市间路径的表示方法。一些报表应用可能会将其标识为 SFO-DEN，而其他应用可能会将其标识为 DEN-SFO、San Fran-Denver、Den-SF 等等。与其在 BI 报表应用编码中嵌入不一致的标识，不如将属性值存储在维度表中，这样可以在整个组织中使用公共的标准化的标识。费尽心机构建数据仓库，然后还需要在应用代码中使用不一致的报表标识，这显然是令人难堪的事情。DW/BI 系统的业务提倡者不会容忍这样的事情长期存在。

为满足对额外的城市间路径属性访问的需要，您可以采用两种方法。一种方法是在事实表中增加另外一个维度，作为城市间路径的描述符，包括有方向的路径名称、无方向的路径名称、类型及距离，如图 12-7 所示。另外一种方法是将始发地和目的地机场属性合并，增加辅助的城市间路径属性，将它们构建到一个维度中。从理论上来看，合并维度可能会包含由始发地到目的地机场的笛卡尔积所构成的大量的行。幸运的是，现实情况中，实际可能存在的行比理论存在的行要少得多,因为航空公司并不会在所有城市间设立飞行线路。然而，当您拥有大量的始发地属性，同时拥有大量的目的地属性，以及有关路径的属性时，您可能更愿意将它们视为不同的维度。

城市间路径键	直航路径名称	非直航路径名称	路径距离(英里)	路径距离范围	国内-国外标志	横渡大洋标志
1	BOS-JFK	BOS-JFK	191	Less than 200 miles	Domestic	Non-Oceanic
2	JFK-BOS	BOS-JFK	191	Less than 200 miles	Domestic	Non-Oceanic
3	BOS-LGW	BOS-LGW	3,267	3,000 to 3,500 miles	International	Transatlantic
4	LGW-BOS	BOS-LGW	3,267	3,000 to 3,500 miles	International	Transatlantic
5	BOS-NRT	BOS-NRT	6,737	More than 6,000 miles	International	Transpacific
6	NRT-BOS	BOS-NRT	6,737	More than 6,000 miles	International	Transpacific

图 12-7　城市间路径维度样例行

有时设计者会建议使用包含始发地和目的地机场键的桥接表来获取路径信息。尽管始发地和目的地具有多对多关系，在此情况下，您也可以在事实表中清楚地表示这类关系，而不要使用桥接表。

12.4   更多有关日期和时间的考虑

本书前述章节中讨论过构建灵活的日期维度的重要性，无论是采用天、周粒度，还是采用月粒度，它都包含有关日期和财务周期及工作假日的私有标识的描述性属性。在本章最后这一节，我们将介绍处理日期和时间维度的其他几种考虑。

12.4.1   用作支架表的特定国家日历

如果 DW/BI 系统应用于多个国家，您必须建立标准日期维度来处理多个不同国家的日历。主日期维度包含不涉及具体国家的有关日期的通用日历属性。如果您的业务遍及公历、希伯来历、伊斯兰历和中国阴历，则在主维度中要包含 4 种不同的日、月、年集合。

特定国家日期维度可用于辅助主日期表。辅助维度的键由日期主键以及国家代码组成。表中包含特定国家日期属性，例如，假日和季节名称，如图 12-8 所示。该方法类似我们在第 7 章中处理多财务会计日历的方法。

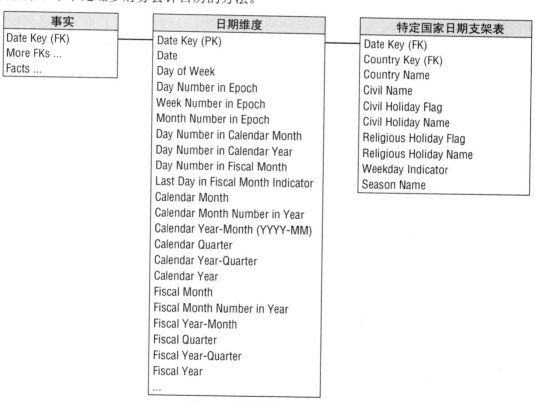

图 12-8   特定国家日历支架表

可以将该表作为支架表加入到主日历维度中，或者直接加入到事实表中。如果您提供一个接口，由用户来定义国家名称，则特定国家辅助属性可以被视为逻辑上附加到主日期维度表上，允许以单一国家角度来看待日历。在建立属于自己的权利时，特定国家日历可能会带来混乱，如果您需要处理发生在国家中不同地区不同日期的当地假日时，情况会变得更加复杂。

12.4.2 多时区的日期和时间

若需要应用到多个国家或者仅仅是多个时区时,您将会面对一种交易日期和时间的窘境。您获取的日期和时间采用的是当地时间吗?或者您表示的时间周期是以标准时间,例如,公司总部的日期/时间、格林威治时间(GMT)、或者协调通用时间(UTC,也称为 Zulu 时间)而获得的吗?为满足用户需求,正确的答案是可能都对。标准时间确保您能够获得交易的同时性,而本地时间确保您能够理解与当天具体时间有关的交易时间。

与流行的观点相反,世界上不止有 24 个时区(对应一天的 24 小时)。例如,中国具有统一时间,尽管其跨越多个纬度。同样,印度也具有统一时间,与 UTC 相差 5.5 个小时。而澳大利亚具有三个时区,与其中央时区相差 1.5 小时。同样,尼泊尔和其他一些国家采用 1/4 小时偏差。当您指望通过时区来节省时间时,会使情况变得更加复杂。

考虑到问题的复杂性,简单地认为在事实表中提供 UTC 设置支持统一日期和时间的想法是不合理的。同样,在日期和时间维度中此类偏差也是不可取的,因为偏差与地域和日期相关。在多时区情况下表达日期和时间的推荐方法是包含不同的日期和当天时间 (time-of-day)维度对应当地和对等的日期,如图 12-9 所示。第 3 章曾描述过当天时间维度,该方法支持对时间周期分组,例如,号码变换或高峰期时间块命名。

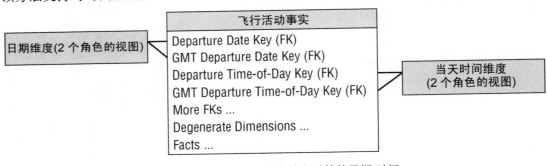

图 12-9 跨多个时区的当地和对等的日期/时间

12.5 本地化概要

在本书有些章节中我们谈论了 DW/BI 系统国际化存在的一些问题。除了前两个小节刚刚讨论过的国际时区和日历的问题外,在第 6 章中讨论过多币种报表问题,在第 8 章讨论过对多语言支持等问题。

所有这些以数据为中心的技术都可以归类到本地化主题中。从更大的视野来看,本地化也包含对嵌入在 BI 工具中的用户接口文本的翻译工作。BI 工具提供商实现这种形式的本地化,采用的方法是建立文本数据库,文本数据库中包含所有工具需要的提示文字和标识,并能够被配置到每个本地环境中。当然,这一工作可能会非常复杂,因为将文本从英语翻译为大多数的欧洲语言时,翻译后的文本字符串比对应的英文要长,这可能导致需要重新设计 BI 应用。同时,阿拉伯文字阅读需要从右至左,而大多数亚洲语言正好相反。

一个服务于大量国家的国际化 DW/BI 系统,需要精心设计以实现对这些本地化问题的处理。但是也许某些情况下需要深入考虑,比如机场控制塔台与世界各地的飞行员之间语言不兼容的问题,他们之间有关飞行方向和飞行高度的通信关系重大。都应该使用一种语言(英语)和度量单位(英尺)。

12.6　本章小结

本章我们主要关注了航空旅程和路线问题,并简单地介绍了与之类似的场景,从海运到旅游服务行业。讨论了具有多个特定粒度事实的多种粒度的多个事实表的问题。还讨论了在行数量非常小或需要额外的从多个维度中合并属性的情况下,将多个维度合并为单一维度表的具体实践方法。再次重申,合并相关的维度应该被视为是特例,不要将这一方法当成必须遵循的规则来对待。

在本章最后部分,我们谈论了几种日期和时间维度技术,包括特定国家日历支架表和处理绝对和相对日期和时间的方法。

第**13**章

教　　育

本章我们将进入教育机构，首先浏览作为累积快照的应用流水线。第4章介绍了累积快照事实表，通过一个产品移动流水线描述了累积快照的概念。在第6章中，通过累积快照获取了完成订单工作流。本章我们不会考察产品或订单的各种移动状态，而是要使用累积快照监视在招生这一重要事件中学生的申请情况。

本章将要讨论的另外一个重要概念是无事实的事实表。我们将探讨几个描述高等教育的案例，深入阐述这些特殊的事实表并讨论对不会发生的事情的分析。

本章讨论下列概念：

- 学院或大学的总线矩阵片断样例
- 作为累积快照事实表的申请跟踪和研究资助
- 应用于招生事件、课程注册设施管理、学生考勤等场景的无事实的事实表
- 对不存在事件的处理

13.1　大学案例研究与总线矩阵

本章我们将专注于学院、大学和其他类型的教育机构的应用问题。一些高等教育领域的客户指出管理一个大学需要做的工作类似于管理一个村庄所需要执行的工作。同时，大学还是一个不动产管理公司(学生住宅公寓)、具有诸多网点的酒店(餐厅)、零售(书店)、事件管理和票务代理(体育及发言人活动)、警察部门(校园安全)、职业筹款人(发展校友)、消费者金融服务公司(财政资助)、投资公司(养老管理)、风险投资人(研究与开发)、职业介绍所(职业规划)、建筑公司(建筑与设施管理)以及医疗服务提供者(健康诊所)。除了这些范围广泛的功能外，高等教育机构显然非常关注以及吸引高素质的学生和才华横溢的员工，以构建健壮的教育环境。

如图13-1所示的总线矩阵片断涵盖了教育机构的几个核心过程。从传统的角度来看，高等教育机构不太关心收益和利润，但是随着不断升级的成本和竞争，大学难以忽略这一财务指标。大学希望吸引并保持与学校研究和其他教育目标一致的学生，因此对按照每学期课程和相关研究结果来分析学生们对什么感兴趣这样的工作抱有强烈的兴趣。大学期望理解学生经历的各个方面，并希望在学生毕业后仍然能够保持良好的关系。

	日期/学期	申请人-学生-校友	雇员(教师,员工)	课程	院系	教师	账户
学生学习过程							
招生事件 **x**	X	X	X				
申请人流水线	X	X	X		X		
财务援助奖学金	X	X	X		X		
学生注册/档案快照	X	X	X		X	X	
学生住宅	X	X			X	X	
学生课程注册与结果	X	X	X	X	X	X	
学生课程教师评价	X	X	X	X	X	X	
学生活动	X	X			X		
职业安置活动	X	X			X		
进步联络	X	X			X		
进步联络与礼品	X	X	X				X
财务过程							
预算	X		X		X		X
基金跟踪	X				X		X
总账事务	X				X		X
工资支出	X		X		X		X
采购	X		X		X		X
雇员管理过程							
员工人数快照	X		X		X	X	
员工雇用与辞退	X		X		X		
员工福利与补贴	X		X		X		
雇员绩效管理	X		X		X		
员工聘用管理	X		X		X		
研究建议流水线	X		X		X		
研究费用支出	X		X		X		X
员工刊物	X		X		X		
管理过程							
设施使用	X		X		X	X	
能源消耗与废弃物管理	X				X	X	
工作订单	X	X	X		X	X	X

图 13-1 教育机构的总线矩阵行子集

13.2 累积快照事实表

在第 4 章中，我们使用累积快照事实表按照产品在仓库中运送的不同库存阶段的顺序号或批号跟踪产品。花点时间回忆一下累积快照事实表的主要特征：

- 用单一行表示工作流或流水线实例的整个历史。
- 多种日期用于表示标准的流水线里程碑事件。
- 累积快照事实通常包括对应每个里程碑的度量，外加状态计数和经过的时间。
- 当流水线实例发生变化时会重新访问并更新每行。在事实行被修改期间，外键和度量事实也随之发生改变。

13.2.1 申请流水线

现在设想将同样的累积快照特征应用到学生入学流水线的场景中。对于那些工作于其他行业的人来说，学生入学流水线环境显然与在雇用过程中跟踪工作申请或在销售场景中客户资格申请的情况类似。

在申请跟踪案例中，学生通过标准的招生栏和重要事项集合按步骤申请。也许您对跟踪关键日期的活动感兴趣，例如，最初的问询、访问校园、提交申请、完成申请文件填写、招生决定通知以及招收或退回。在任何时间点，招生和注册管理分析员对在招生流水线的每个阶段中包含多少申请者感兴趣。这一过程像一个漏斗，进入流水线的问询人最多，通过流水线各个阶段并最终进入最后阶段的人相对要少得多。招生人员希望按照不同特点分析申请人情况。

申请流水线累积快照的粒度是每个可能的学生对应一行，这一粒度表示了申请者进入流水线后最详细的细节级别。随着学生从申请、接受、注册走完所有流程，将获得更多的信息，您需要不断地重新访问事实表行并进行相应的修改，如图 13-2 所示。

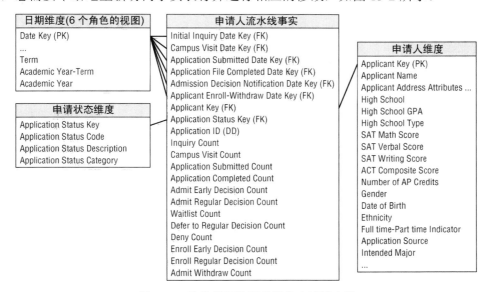

图 13-2 作为累积快照的学生申请流水线

与前述的累积快照类似，对应(申请流程中的)标准重大事件会在事实表中形成多个日期。您可以通过这些日期分析申请者进程以确定他们在流水线的进展和申请现场的瓶颈。如果通过分析，您能够发现感兴趣的申请者有明显的延迟，则这种分析活动是非常重要的。每个日期将被视为角色扮演的维度，包含一个默认的代理键用于处理新申请人和已处于过程中申请者行的未知日期。

申请人维度中包含许多涉及预期学生的有趣的属性。分析人员希望能够按照申请人特征进行分片和分块操作，例如，地理位置、进入凭证(年级平均成绩、大学入学考试分数、跳级学分、来自哪个高中)、性别、出生日期、种族、初步确定的主修专业、应用源以及其他特征。在流水线的不同阶段分析这些特征可帮助招生人员调整其招生策略以鼓励更多(或更少)的学生进入下一个阶段。

申请人流水线事实表中的事实包括大量的可由招生人员密切监视的计数，若有可能，这些表可以包含申请者申请并最后被接收后注册的估计概率,并利用它们预测招生入学率。

其他申请流水线模式

累积快照适合于包含明确定义了开始和结束概念以及标准中间里程碑的较短的过程。这类事实表确保您能够看到最新的状态以及每个申请者最终的申请结果。然而，因为累积快照行始终处于更新状态，它们不能保留招生日历中关键点(例如，决定通知日期)的申请者计数和状态。鉴于对这些数字的密切关注，分析人员还希望保留几个重要截止日期的快照。作为一种选择，您可以建立招生事务事实表，该表中每行表示每个人每个事务，用于计数和周期间比较工作。

13.2.2　科研资助项目流水线

研究资助项目流水线是另外一个与教育相关的累积快照的案例。职员和管理人员希望能够看到整个科研资助的生命周期在流水线中的进展情况，从最初的申请到同意资助，再到获得资金的整个过程。这有助于支持按照职员、部门、研究主题区域和研究基金来源考虑，对流水线中每个阶段突出申请的数量开展分析工作。同样，您需要通过各种属性考察成功率。在公共数据仓库中存放这些信息可以使广泛的学校群体能够利用这些信息。

13.3　无事实的事实表

到目前为止，我们设计的事实表都具有相似的结构。每个事实表都包含5～20个外键列，除了这些外键列，还包含一个或大量数字、连续值、优选的可加事实。事实表可被视为对维度键值交集的度量。以此观点，事实是构成事实表的正当理由，键值是用于区分事实的可管理的简单结构。

然而，有许多商业过程，其事实表类似我们设计的包含一个主要区别的事实表，它不包含可度量的事实。在第3章讨论促销事件时，以及在第6章描述销售代理/客户分配时，我们都介绍了无事实的事实表。在高等教育中也涉及许多无事实事件。

13.3.1 招生事件

您可以设想使用无事实的事实表跟踪每个预期学生参与招生事件的情况，例如，对学校的访问、大学博览会、校友面试或校园过夜，如图 13-3 所示。

图 13-3 作为无事实的事实表的招生参与情况

13.3.2 课程注册

同样，您可以利用无事实的事实表按学期跟踪学生课程注册情况。粒度是按学期和学生每个注册课程一行，如图 13-4 所示。

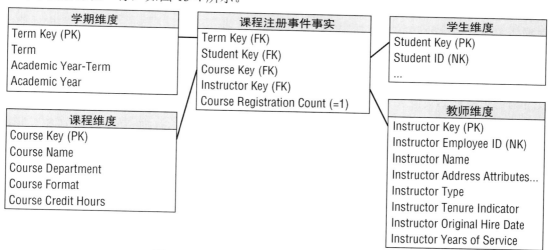

图 13-4 作为无事实的事实表的课程注册事件

1. 学期维度

在事实表中，数据是按照学期而不是按照更典型的日、周、月粒度级别获取的。学期维度仍然要与日历日期维度保持一致。换句话说，日历维度中的每天可以区分学期(例如，秋季学期)、学期和学年(例如，2013 年秋季)、学年(例如，2013～2014)。日历日期和学期维度中共同的属性的列标识和值必须相等。

2. 学生维度与变化跟踪

学生维度是前面讨论的申请人维度的扩展版。您仍然需要保留一些从申请过程中获得的信息(例如，地理信息、凭证、预定的主修专业)，同时增加了在校信息，例如，兼职或全职状态、住址、参与运动指标、实际主修专业、年级状态(例如,大学二年级)。

正如我们在第 5 章讨论的那样,您可以设想将这些属性中的部分属性放入类型 4 微型维度中,因为整个学校中所有部门都希望跟踪这些属性的变化情况,特别是确定的主修专业、年级状态和毕业程度等属性。管理和学术机构中的人员非常希望获得按照年级、学院、系、主修专业等分类的学术进展和保留率(在读率)。如果对保留学生课程注册的信息,以及按照学生的当前状态进行过滤和分组有较强的需求,作为一种选择,您应该考虑将学生信息处理为在事实表中包含双重学生维度键的缓慢变化维度类型 7,这种技术我们在第 5 章介绍过。代理学生键通过类型 2 属性与维度表连接,学生的持久标识符可以连接包含每个学生当前行的完整学生维度的视图。

3. 人工计数度量

事实表表示维度间健壮的多对多关系集合,它记录了维度在时间和空间中某个点的交汇处的信息。该课程注册事实表可用于查询回答一系列有关大学学术注册的有趣问题,例如,哪个学生注册了哪门课程?有多少主修工程专业的学生注册参与了非主修的财务课程?在过去三年中,有多少学生注册了某个教员的课程?有多少学生注册了某个教员的多门课程?这些例子中唯一的特点是您没有针对注册数据的数字化的事实。如此,分析这些数据将主要基于计数开展。

注意:
事件被建模为事实表时包含一系列键,每个键表示参与事件的一个维度。事件表有时没有与它们关联的变量度量事实,因此将这样的表称为无事实的事实表。

针对该无事实的事实表的 SQL 计数是非对称的,因为没有任何事实存在。在计算针对某一教师的注册数量时,所有键都可用作计数函数的参数。例如:

```
select faculty, count(term_key)... group by faculty
```

上例给出了按照教员计数的学生注册人数示例,易受 WHERE 子句中约束的限制。SQL 的怪事之一是您可以针对任何键计数并能够得到同样的答案,因为您是在对关键字数量计数,而不是对它们所包含的不同值计数。如果希望对某个键的唯一实例计数而不是对遇到的键进行计数的话,您需要利用 COUNT DISTINCT 保留字。

虽然并无严重的语义问题,但围绕 SQL 语句不可避免地会产生一些混淆,这将导致一些设计者人工建立隐含事实,也许可以称为课程注册计数(与虚拟相对),总是产生值 1。虽然这一事实不会在事实表中增加任何信息,但能够使 SQL 可读性更强,例如:

```
select faculty, sum(registration_count)... group by faculty
```

从这一点来看,表不再是严格意义上的无事实了,但是"1"只不过是一种人工制品。SQL 处理注册计数会更清楚,表达能力更强。在用户希望的情况下,一些 BI 查询工具更易于构建该查询。更为重要的是,如果您要根据该事实表建立一个汇总聚集表,就需要建立用于上卷的实际存在的列,以构建有实际意义的聚集的注册计数。最后,如果要部署 OLAP 多维数据库,通常应该包含一个清楚的计数列(该列始终等于1),利用该列完成复杂的计数，因为维度连接键并未明确地显现在多维数据库中。

如果在设计过程中出现某个可度量的事实，如果它与按学期分类的学生课程注册的粒度一致的话，可以将其增加到模式中。例如，在该事实表中增加学费收入、获得的学分、年级分数等，但是这样的话，该事实表就不是无事实的事实表了。

4. 多位课程指导教师

如果课程仅由一位教师讲授，则可以将该教师的键关联到课程注册事件上，如图 13-4 所示。然而，如果某些课程是合作讲授，即由多位教师共同执教，则维度属性包含按照事实表申明的粒度的多个值，为此您可以采用如下几个选择：

- 将事实表的粒度修改为每个指导教师每门注册课程每个学生每学期一行。尽管这种方式能够解决多个指导教师关联一门课程的问题，但粒度定义不自然，极易产生夸大计数的错误。
- 在事实表或作为课程维度的支架表中增加一个包含指导教师组键的桥接表。桥接表在第 8 章介绍过。在该表中，若课程是由一个指导教师讲授，则为该指导教师建立一行。另外，每个指导教师组涉及两行，这些行将教师组健与每个指导教师键关联。教师组键与指导教师键的级联将成为桥接表中每行的唯一标识。正如在第 10 章所描述的那样，如果教师组中的教师有明确的任务分工的话，您可以为桥接表的每行分配权重因子。该方法仍然存在围绕桥接表产生的夸大计数问题，桥接表可参考第 10 章的有关内容。
- 将指导教师姓名以一个单一的、带分隔符的属性级联到课程维度中，正如在第 9 章所讨论的情况。该方法可以使用户能够方便地以单一属性标记报表，但是它不支持按指导教师特征分类的注册事件分析。
- 如果某个指导教师被确定为主讲教师，则其指导教师键可以被处理为事实表的单一外键，在连接到维度时，其属性可以通过"主讲教师"加以区分。

5. 课程注册周期快照

图 13-4 所描述的事实表粒度是按照学生和学期分类，每个注册课程一行。大学中的某些用户可能对课程注册事件的重要的学期日历周期快照感兴趣，例如，预先登记、学期状态、课程结束/增加期限以及学期结束。在此情况下，事实表的粒度应该是每个学生每学期的注册课程每个快照日期一行。

13.3.3 设施使用

第 2 类无事实的事实表处理范围，可以在设施管理场景中描述。大学会对物理设施和设备进行大量的投资。要了解每个学期中每天每个小时哪个设备被用于何种目的，可以采用该方法。例如，哪个设备使用率最高？以时间为函数的设备的平均使用率是多少？周五会由于多数人不愿意听课(或讲课)而使设备使用率显著下降吗？

再次地，无事实的事实表可以用于解决这些问题。在此案例中，您应该在事实表中为每个设备在每学期每周每天的标准时间段插入一行，无论该设备是否会被使用。图 13-5 描述了该模式。

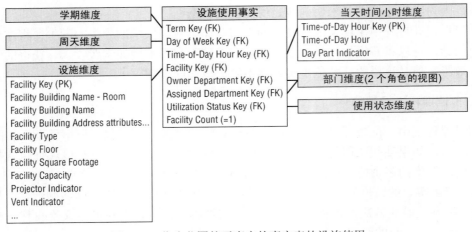

图 13-5　作为范围的无事实的事实表的设施使用

设施维度包含与设施有关的所有类型的描述性属性，例如，建筑、设施类型(例如，教室、实验室或办公室)、平方英寸、容量和便利设施(白板和内置投影仪)。使用状态维度包含值为"可用"或"占用"的文本描述符。同时，多个组织可能会涉及设施使用。例如，某个组织在某个时间段内可能拥有某设施，但是同一个组织或不同的组织可能被分配为设备用户。

13.3.4　学生考勤

您可以为针对课程的学生考勤设计类似的模式。在此案例中，粒度可以是每天通过教室门的每个学生一行。无事实的事实表可以共享在注册事件中讨论的维度。主要的差别在于在学生考勤模式中粒度是按照日历日期而不是仅仅按照学期。如图 13-6 所示的维度模型，允许业务用户查询有关哪个课程出勤率最高这样的问题。学期中哪门课程的出勤率最低？哪个学生参加哪门课程？哪个教员的学生最多？

图 13-6　学生考勤事实表

1. 明确地表示未发生情况的行

也许人们对那些注册了某门课程但从未听过课的学生感兴趣。处理这样的情况，您可以考虑在事实表中增加明确的行来表示未发生的考勤事件。事实表将不再是无事实的，因为存在一个值为 1 或 0 的考勤度量。

在此场景下，增加行是可行的，因为与出勤事件比较，未出勤事件有一些准确的维度。

同样，如果未听课学生仅仅为所有注册课程学生的一小部分(希望如此)，则事实表不会快速增加。尽管在此情况下，采用该方法是有一定理由的，但为未发生的事件建立行在许多场景中是比较荒谬的，例如，针对那些未购买促销产品客户的销售事务建立行。

2. 多维 OLAP 中未发生的情况

多维 OLAP 数据库在帮助用户理解什么没有发生方面能够起到非常好的用处。在构建多维数据库时，多维数据库处理事务数据的稀疏性，考虑了最小化处理存储清楚的零值所带来的负担。因此，至少多维事实不会太稀疏，用户可分析发生的事件和未发生的事件，这样将减少一些前面讨论过的发生于关系星型模式中的复杂性问题。

13.4 更多关于教育分析的情况

前几章所描述过的多数业务过程，例如，采购和人力资源，如果期望更好地监视及管理成本，都可以应用于大学环境中。研究资助和校友贡献是学费收入之外关键的收益来源。

研究资助分析通常包含多种多样的财务分析，正如在第 7 章讨论的那样，详细地细节与分类账非常相似。其粒度包括用于深入描述研究资助的附加维度，例如，公司或政府部门的基金资源、研究课题、资助期限和学院研究人员等。对每个研究项目有关的预算和实际开销情况的了解和管理收到强烈的关注。其目标是优化开销，避免过剩或赤字情况的发生，使基金的利用更有效益。同样，通过上卷各种维度来理解研究开销是非常有必要的，可以确保对这些资金采取适当的控制。

更好地理解大学校友与更好地理解基本客户的情况类似，基本客户情况理解可以参考第 8 章的相关内容。显然，除收集到的这些校友在学生阶段的数据(例如，所属关系、住宿的公寓、院系、主修专业、完成学业所用的时间、被授予的荣誉等)以外，还有许多有趣的特征可用于维护与校友的关系，例如，地理、统计、雇佣、兴趣和行为信息。方便地访问范围广泛的有关校友人群的属性将使机构能够更好地发送相关信息以及调配相关资源。除校友贡献以外，校友关系可用于今后的召集、工作安排和研究机遇。为此，构建一个健壮的操作型系统可以跟踪与校友有关的所有因素，为 DW/BI 分析平台提供有意义的数据。

13.5 本章小结

本章我们主要关注两个重要概念。首先，我们考察了用于跟踪应用和研究资助流水线的累积快照事实表。尽管累积快照事实表与更多的事务和周期快照事实表比较，应用相对要少得多，但它非常适合跟踪具有标准里程碑的短期过程的当前状态。正如我们所讨论的那样，累积快照通常可作为事务或周期快照表的一种很好的补充。

其次，我们探讨了几个无事实的事实表的案例。这些事实表获取维度之间相关事件和范围的关系，但是其特有的属性是不包含实际用于事实的度量。我们也讨论了如何处理跟踪未发生事件的情况。

第14章

医疗卫生

医疗卫生行业正经历巨大的变化，该行业既要获得提高病患治愈率的要求，同时又需要改善操作效率。当组织试图继承其临床和管理信息时面临巨大的挑战。本章将讨论的医疗卫生数据涉及一些有趣的维度设计模型。

本章讨论以下概念：

- 医疗卫生组织的案例总线矩阵片段
- 处理报销单据与支付流水线的累积快照事实表
- 多日期和医生的维度角色扮演
- 多值维度，例如，病人诊断
- 处理医疗保健费用的超类与子类
- 文本注释的诊断
- 度量稀疏、异构度量的类型维度
- 处理维度模式中的图像
- 作为事务和周期快照的设施/设备库存利用

14.1 医疗卫生案例研究与总线矩阵

面对前所未有的消费者关注和政府政策法规，以及医疗卫生系统内部的压力，医疗卫生组织需要更有效地利用信息，以提高病患治愈率和操作效率。医疗卫生组织通常需要花费大量精力收集来自临床、财务和操作性能度量的大量不同系统。这些信息需要更好地集成以对病人提供更有效的照顾，同时管理开销和风险。医疗卫生分析人员希望更好地理解哪个过程能够得到最好的效果，同时需要识别影响资源利用的情况，包括人员、设施和有关的医疗设备和供应品。包含网络化的医生、临床、医院、药店和实验室的大型医疗保健联合企业关注这些需求，特别是当联邦政府和个体支付人都鼓励他们为医疗卫生服务提供更高的质量承担更多的成本责任时。图 14-1 描述了医疗卫生组织的总线矩阵片段。

	日期	病人	医生	雇员	设施	诊断	过程	付款人
临床事件								
病人就诊流程	X	X	X	X	X	X		
过程	X	X	X	X	X	X	X	
医嘱	X	X	X		X	X		
药品	X	X	X			X		
实验室测试结果	X	X	X	X	X	X	X	
疾病/病历管理参与	X	X	X	X	X	X		
病人报告结果	X	X	X		X	X		
病人统计综述	X	X	X		X	X		
账单与收入事件								
住院费	X	X	X		X	X	X	
门诊专业收费	X	X	X		X	X	X	
报销账单	X	X	X		X	X		X
索赔支付	X	X	X		X	X		X
收集与注销	X	X	X	X	X	X		X
运营事件								
床位使用	X	X	X	X	X			
设施使用	X	X	X	X	X			
供应采购	X				X			
供应使用	X			X	X	X	X	
人员调度	X			X	X			

图 14-1　用于医疗卫生联合体的总线矩阵行子集

传统上，医疗卫生保险支付人利用报销信息更好地了解他们所承担的风险，改进核保政策，并检测潜在的欺诈行为。历史上，支付人在利用数据分析方面比医疗保健组织要复杂得多，也许部分原因在于其主数据源、报销比提供者的数据更容易获取和构建。然而，支付人分析工作需要的报销数据既代表利益又代表诅咒，因为报销数据提供了健壮的、细粒度的临床场景。医疗保健支付人越来越多地与提供者合作以利用细节病人数据，利用这些数据开展更多的预测分析。多数情况下，提供者与支付人的需求和目标是相容的，特别是在推出风险共享发布模型后。

每个病人在医疗卫生组织治疗将产生大量的信息。以病人为中心的事务型数据包含两个主要的分类：管理和临床。报销单据数据提供了来自医生办公室、临床、医院、实验室的病人账单细节。另一方面，临床医疗记录更是包罗万象，不仅包括收费的服务结果，还包含实验室测试结果、处方、医生的记录和要求，有时也包含结果。

一致性公共维度的问题与其他行业情况类似。显然，最重要的一致性维度是病人。第 8 章描述了针对客户的全景视图需要。在风险确定的情况下，全方位病人视图更加关键。采用病人电子医疗记录(Electronic Medical Record，EMR)和病人电子健康记录(Electronic Health Record，EHR)系统关注这一目标。

其他必须保持一致性的维度包括：

- 日期
- 责任方
- 雇主
- 健康计划
- 支付人(主要和次要)
- 医生
- 过程
- 设备
- 实验测试
- 医疗
- 诊断
- 设施(办公室、临床、临床设施以及医院)

在医疗卫生领域，这些维度中的某些维度很难保持一致性，而其他一些维度比初次观察要容易得多。至少在美国，病人维度从来都具有挑战性，因为缺乏可靠的国家识别号以及跨多个设施和医生的一致的病人标识。更复杂的情况是，健康保险流通与责任法案(HIPAA)包括严格的个人和安全需求，用于支持保护病人信息的隐私性。操作型过程的改进类似电子医疗记录，确保病人主标识具有更多的一致性。

诊断和治疗维度比您所认为的具有更多的结构和预测性，因为保险行业和政府有规定的内容。例如，诊断和疾病要按照国际诊断分类(ICD)进行分类，以建立一致的报告。同样，健康公共过程代码系统(HCPCS)基于美国医疗协会的当前过程术语(CPT)来描述医疗、手术和诊断服务，也包含供应与设备，牙医使用当前牙科术语(CDT)代码集，该代码集由美国牙医学会更新发布。

最后，除了集成病人为中心的临床和财务信息外，医疗卫生组织还希望分析有关其劳动力、设备和用品的使用情况的操作型信息。前几章讨论的人力资源、库存管理和采购过程都可以应用到医疗健康组织中。

14.2 报销单据与支付

设想您为某个医疗卫生联盟的结算中心工作。您接收来自医生和设施的主要费用，也许包含责任付款人的账单，跟踪索赔支付的进程。

索赔账单过程维度模型必须解决多个业务目标。您希望通过每个有效维度来分析账单的美元额度，这些维度包括病人、医生、设施、诊断、过程和日期。希望查看索赔支付的情况和未被收集的索赔的百分比。希望查看获得赔付需要多长时间以及所有未支付赔付的当前状态。

正如我们在第 4 章所讨论的那样,无论何时,当在 DW/BI 系统中考虑某个源业务过程时,都存在三个基本的粒度选择。还记得事实表粒度取决于事实表行的构成,也就是说,取决于被记录的度量事件吗?

事务粒度是基础的。在医疗卫生结算案例中,事务粒度包括来自医生和设施的结算事务,以及接收的每个索赔支付事务。稍后将详细讨论这些事实表。

对长周期时间序列,可选择的粒度是采用周期快照。例如,银行账户和保险单。然而,周期快照不适用于获取相对比较短的过程,例如,订单和医疗索赔结算。

累积快照粒度可用于分析索赔结算和支付工作流程。单一事实表行表示医疗赔付。此外,行表示行中项从建立到当前状态的累积历史情况。当行中任何项发生变化时,需要对行进行适当的更新和修改。从结算机构的角度来看,假定标准的赔付场景包含以下情况:

- 治疗日期
- 主保险账单日期
- 辅助保险账单日期
- 责任方账单日期
- 最终主保险支付日期
- 最终辅助保险支付日期
- 最终责任方支付日期
- 零平衡日期

上述日期描述了通常的赔付流程。累积快照无法完全描述异常情况。毫无疑问,业务用户需要考察凌乱的索赔支付场景的所有细节,因为有时单一行中往往包含多种支付。或者相反,某个支付有时应用于多个索赔。不可避免地需要采用伙伴交易模式。同时,累积快照粒度的使用目的在于将每个索赔放入标准框架中,以便可以方便地满足前期所描述的分析目标。

清楚地理解了每个独立的事实表行表示有关索赔结算的每个行中项的累积历史这一情况,您就能够通过仔细地列举出所有已知的有关行的情况来区分维度。在此假想场景下,您知道病人、责任方、医生、医生组织、过程、设施、诊断、主保险机构、辅助保险机构,以及病人的主账单 ID 号,如图 14-2 所示。

累积赔付行历史记录的有趣的事实包括账单数量、主保险支付额、辅助保险支付额、责任方支付额、总支付额(计算获得)、发送到集合中的数量、核销金额、未支付数额(计算获得)、住院时间,还包括从结算到最初的主保险、辅助保险以及责任方支付的天数,最后还包括零平衡的天数等。

当从医生或设施接收到费用事务并生成初始账单时,将在事实表中建立一行。对给定的账单,也许主保险公司已建立账单,但辅助保险和责任方尚未建立,主保险公司等待响应。在事实表中首次建立行后的一段时间,最后 7 个工作日并未运用。因为事实表中的代理日期键不能为空,在指向日期维度行中将保存"尚未确定"日期。

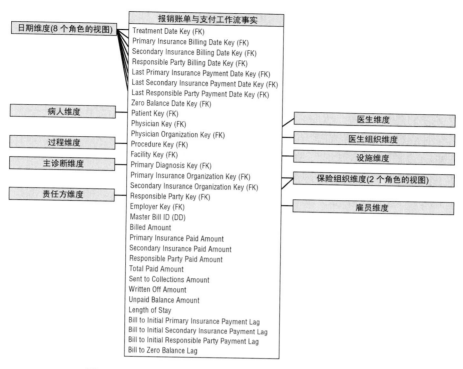

图 14-2　医疗赔付账单及支付工作流的累积快照事实表

建立行几周后，将会收到某些支付。账单会被发送给辅助保险公司和责任方。每当此类事件发生时，将访问相同的事实表行并对事实进行更新。破坏性的更新将给数据库管理员提出一些挑战。如果多数累积行在给定时间框架内稳定并停止改变，此时对数据集合的物理重组能够恢复磁盘重组并提高性能。如果事实表按照治疗日期键分区，物理区块或分区在面对这些变化时可能会很好地得到保护，因为治疗日期不会发生改变。

14.2.1　日期维度角色扮演

累积快照事实表总是包含多个时间戳，类似图 14-2 所示，表示有 8 个外键指向日期维度。8 个日期外键不应该加入到日期维度表中的单一实例。相反，针对单一基本日期维度表建立 8 个视图，将事实表分别与 8 个独立的日期维度表连接，就像它们是 8 个不同的日期维度表一样。8 个视图的定义应该以更容易区分的方式重新标记列名，这样 BI 工具访问的视图具有业务用户可理解的列名。

尽管日期维度的角色扮演行为是累积快照事实表的公共特征，但图 14-2 的其他维度以类似的方式扮演角色，例如，支付人维度。在 14.2.3 小节中，医生维度按照医生是否是咨询医师、主治医师或者是否从事咨询或辅助能力的工作将扮演多个角色。

14.2.2　多值诊断

通常围绕事实表的维度在事实事件环境下呈现单值属性。然而，很多环境下，产生多值是自然且不可避免的。医疗卫生事实表的诊断维度是一个好的示例。在处理过程或实验室测试时，病人具有一个或多个诊断。电子医疗记录应用方便了医生对多诊断的选择，超越了用于赔偿提供最小编码需求的历史实践。结果是丰富的，包括更多完整的有关病人病情严重程度的图像。因此对保留多值诊断具有强烈的分析动机，并保留其他财务绩效数据，特别是当组织开展了更多的比较使用率和成本基准工作时。

举例来说，如果最多涉及三个诊断，您可能打算在事实表中建立三个与维度对应的诊断外键，将它们当成角色。然而，诊断不会是独立的角色。遗憾的是，通常会产生不止三种诊断，特别是对经常住院的老年患者，其诊断可能同时会超过20种。与潜在的入院诊断和收费诊断比较，诊断不能很好地适应预先定义的角色。最后，包含多个诊断外键的设计可能会使BI应用非常低效，因为查询并不知道哪个维度属性可用于约束特定的诊断。

如图14-3所示的设计用于处理多值诊断的开放性。事实表中的诊断外键被用诊断组键替换。该诊断组键通过多对多关系连接到诊断组桥接表，特定组中的每个不同诊断使用不同行表示。

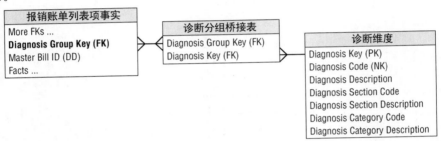

图 14-3　处理多值诊断的桥接表

如果某个病人有三种诊断，则他将被分配到在桥接表中包含三个对应行的诊断组中。第10章描述过对桥接表中每行分配权重因子以对应事实表的度量。然而，针对多种病人诊断的情况，实际上无法衡量这些诊断对病人治疗和付款的影响，超过了对初步诊断的潜在确定。没有实际的方法用于分配权重因子，诊断代码的分析必须关注类似"充血性心律衰竭诊断所涉及的过程其总的收费额是多少"这样的具有影响的问题。多数医疗卫生方面的分析师认为影响分析可能会导致过度计算，因为同一个度量与多个诊断关联。

注意：
　　多值桥接表中的权重因子提供了一种体面的方式来分配数字事实以产生正确的权重报告。然而，在维度设计中并不是必须使用这些权重因子。如果在商业组织中未能就使用权重因子达成一致或具有强烈的需求，则可以不使用它们。此外，如果某个模式包含多个多值维度，则没有必要试图去确定有多少权重因子相互之间具有影响。

如果图14-3所示的多对多连接，会对那些坚持使用外键-主键关系的建模工具带来影响的话，可以使用图14-4所示的等效设计。在该例中，在桥接表与事实表之间增加了一个其主键是诊断组的附加表。除了一些诊断簇标记外(例如，Kimball Syndrome)外，附加表中可能没有新信息，但是采用该方法，事实表与桥接表之间在所有方向上都可以采用传统的多对一连接。

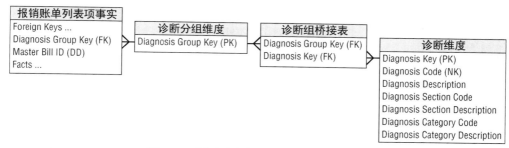

图 14-4　用于建立主键关系的诊断组维度

　　如果为每个遇到的病人建立唯一的诊断组，行的数量将变成天文数字并且多数分组是相同的。最好的方法可能是建立一个能够重复使用的组合诊断组。每个诊断集合在 ETL 期间可以通过主诊断组查询。如果找到已经存在的组，就使用该组，如果没有发现，则建立新的诊断组。第 19 章会提供建立和管理桥接表的指导。

　　在住院的场景中，对每个病人来说，如果诊断随着病人留院的时间演化，则诊断组可能是唯一的。在此情况下，您可以在桥接表中增加两个日期戳以获取开始和结束日期。尽管两个日期戳增大了诊断组桥接表更新的复杂性，但是可用于跟踪变化，正如在第 7 章中所描述的那样。

14.2.3　收费的超类与子类

　　我们讨论的有关医疗卫生治疗付费的设计涵盖了住院和出院报销。在实际情况中，医疗卫生收费包含第 10 章讨论过的超类和子类模式。住院病人的设施付费与诊所和医生办公室的院外治疗的收费存在差异。

　　如果您主要关注住院的情况，可以调整图 14-2 所示的多维结构，合并更多有关与医院相关的信息。图 14-5 展示了修改后的专用于住院的维度集合，粗体表示的是新增的维度。

图 14-5　用于住院收费的累积快照

参考图 14-5，可以发现医生具有两种角色：收治医师和主治医师。该图展示了医生组织的两类角色，在不同的医疗组织的设置中，医生所处的角色可能存在差异。对更复杂的手术事件，例如，心脏移植手术，专家和助手组合成为一个组。在此情况下，您可以在事实表中包含一个用于区分主要责任医生的键，其他的医生和医疗人员可通过医疗组键连接事实行与多值桥接表。

每个事实表行包含两个多值诊断维度，收治诊断组在入院初期确定，对住院期间每个治疗行来说，其不会发生变化。在病人出院前，出院诊断组不存在。

14.3 电子医疗记录

多数医疗卫生组织都从纸质处理过程发展到采用电子医疗记录。在美国，联邦政府授权的支持改进人口健康管理的质量目标只有在医疗组织采纳后才能实现。医疗卫生提供者逐渐实现了电子健康记录系统，该运动对医疗卫生 DW/BI 具有显著的影响。

电子医疗记录代表了数据仓库环境存在的挑战性问题，因为其具有多种格式和巨大容量的特性。病人的医疗记录数据来自不同的场所，范围涵盖数字化数据、由医疗卫生人员键入的自由文本医嘱以及图像和照片等。第 21 章将详细讨论非结构化数据。电子医疗以及健康记录可能会是大数据应用的典型案例。有一件事是明确的，那就是医疗卫生行业的电子数据的数量和格式都将会不断增长。

14.3.1 度量稀疏事实的类型维度

作为一个设计人员，努力采用更为标准化的框架是非常具有吸引力的，因为标准化框架能够被扩展用于处理数据的多格式特性。例如，您可能使用描述事实行含义是什么的度量类型维度来处理多种格式的实验室测试结果，或者换句话说，一般的事实表示的是什么？某一给定数字条目的度量单位可以在与之关联的度量类型维度表行中获得，可能还会包含可加性的约束，如图 14-6 所示。

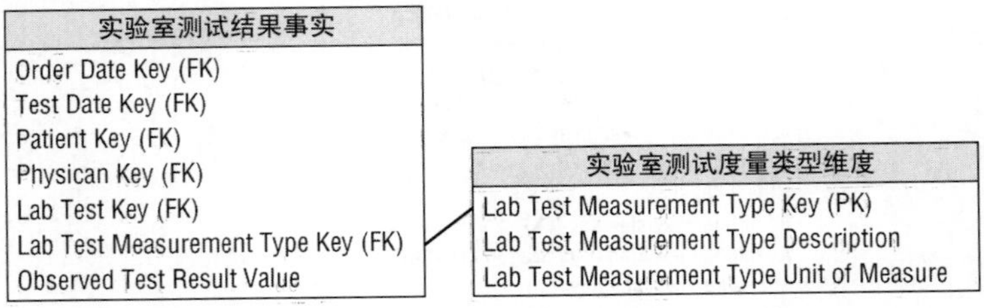

图 14-6　包含度量类型维度的实验室测试结果

这一方法是非常灵活的，您可以简单地通过在度量类型维度中增加新行来增加新的度量类型，而不需要去改变事实表的结构。这种方法还能够消除经典位置事实表设计中存在的空值现象，因为只有当度量存在时才会建立行。然而，仍然需要权衡。使用度量类型维度可能会产生大量新事实行，因为粒度是"每个度量每个事件一行"，而不是更常见的"每个事件一行"。如果某个实验室测试结果产生 10 个数字度量，则会在事实表中建立 10 行而不是 1 行。在极端稀疏的情况下，例如，临床实验室或生产测试环境下，当然这是一个合理的妥协。然而，当事实表的密度增加时，将会产生大量的事实行。此时您不再拥有稀疏事实，应该回到采用固定列的经典事实表设计。

此外，这样的度量类型方法可能会使 BI 数据存取应用变得复杂。在关系星型模式中，采用该方法，将使合并从某个事件中获得的两个数字复杂化，因为您必须从事实表中获取两行而不是一行。SQL 擅长在一行中执行算术函数，而不擅长跨行操作。另外，在计算时您还需要小心，不要合并那些不兼容的数字，因为所有数字度量都存储在单一列中。多维OLAP 数据库更擅长执行多个度量类型的计算。

14.3.2 自由文本注释

自由文本注释，例如，临床记录，有时与事实表事件关联。文本注释不具有分析的潜力，除非将它们解析成行为良好的维度属性，商业用户通常不愿意利用这些信息，尽管这些信息中嵌入了大量的可挖掘信息。

文本注释不应该被直接存储到事实表中，因为它们会占用大量的空间且很少被查询。某些设计人员认为在事实表中存储文本字段是可行的，只是需要将它们定义为退化维度。退化维度通常用于操作型事务的控制号码和标识符，但是它不是一种适合应用到包含大量文本字段的方法或模式。在事实表中存储自由文本增加了复杂性，可能会对分析人员常用的定量查询带来负面影响。

无边界文本注释要么存储在专门的注释维度中，要么被当成事务事件维度的属性。评估采用哪种方法的关键问题是文本字段的粒度。如果针对每个事实表事件都存在一个注释，则将文本字段存储在事务维度中更有意义。然而，多数情况下，大多数事实行中都"不存在注释"。因为该场景下文本注释的数量远小于事务数量，将文本数据存储到一个通过外键与事实表关联的注释维度中更好。无论采用哪种方法，由于需要解决两个大型表之间的连接操作，涉及文本注释和事实度量的查询的执行效率相对都比较差。在采用高度可选择的事实表查询过滤器后，通常业务用户希望钻入文本注释以便开展深入的研究。

14.3.3 图像

有时从病人电子医疗记录上获取的数据除了定量的数字和定性的记录外，还包含图像。将 JPEG 格式的图像文件名放入到事实表中(作为引用关联图像的指针)或者将图像当成二进制大数据直接存储到数据库中，这两种方法的取舍需要权衡。使用 JPEG 文件名的好处是其他建立、浏览和编辑图像的程序可以自由地访问这些图像。不利之处是图像文件的不同数据库必须与事实表保持同步。

14.4 设施/设备的库存利用

除财务和临床数据外，医疗卫生组织也热心关注那些更多以操作性为导向的度量，例如，其财产使用情况和可用情况，无论是病床或外科手术室。第 4 章讨论了作为事务事件的产品库存数据以及周期快照。医疗卫生组织中的设施或设备库存可以采用类似方法处理。

例如，您可以想象构建一个病床使用情况的周期快照，涉及病床在周期性时间点的状态，也许是在午夜，作为每个变化的开始点，甚至每天变化更加频繁。除快照日期和潜在的当天时间(time-of-day)外，这种无事实的事实表可以包含外键，用于区分病人、主治医生，甚至是分派的责任护士。

反过来，您可以设想将病床库存数据当成事务事实表，将医院病床的每次变化记录为一行。这可能是最简单的包含事务日期和时间维度外键，以及描述变化类型，例如，"使用中"或"空置"维度的事务事实表。针对手术室的使用和可用性问题，您可以设想建立一个更长的状态列表，例如，术前、术后或停止工作，以及持续时间。

如果库存变化不是很剧烈，例如，那些用于康复或老人住院的病床，则可以考虑采用第8章讨论过的时间范围事实表，使用行有效日期、失效日期和时间来表示某一周期内病床的状态。

14.5 处理可追溯的变化

作为DW/BI的实践者，我们具备良好的开发技术用于精确地从企业的源应用中获取历史数据流。数字化度量进入事实表，环绕事实表的是现实的描述，用于描述在度量时刻您认可的情况，事实表被包装成维度表。病人、医生、设施以及付款人被描述为缓慢变化维度，无论什么时候这些实体发生变化时。

然而，在医疗卫生行业，特别是那些具有遗留操作型系统的组织，通常您需要对那些几周或几个月前加入到数据仓库中的迟来的数据花费大量的精力。例如，您可能接收发生在几周之前的有关病人过程的数据，或通过追溯几个月前有效的病人基本情况进行更新。输入记录延迟的时间越长，DW/BI系统的ETL处理就会越复杂。我们将在第19章讨论这些迟来的事实和维度的情况。遗憾的是，在医疗卫生DW/BI环境中，这些模式是比较常见的。事实上，它们是需要处理的主导模式，而不是针对异常情况的专门技术。最后，更有效的源数据获取系统可以减少这些迟来数据发生异常的频率。

14.6 本章小结

医疗卫生行业提供了丰富的维度设计案例。本章采用企业数据仓库总线矩阵描述了医疗卫生组织的管理和临床数据的联系。使用包含角色扮演日期维度的累积快照粒度事实表，用于医疗卫生报销账单和付款流水线。在本章的其他事实表中，我们也讨论了角色扮演用于医生和支付者维度的情况。

医疗卫生模式存在大量的多值维度，特别是诊断维度。负责的外科手术事件也适用多值桥接表，表示涉及医生和其他工作人员的组。使用医疗卫生数据的桥接表很少使用权重因子，正如在前几章所讨论的那样，其原因在于建立权重的业务规则非常困难，不是指定"主"关系就能够处理的。

我们谈论了医疗记录和测试结果，建议采用度量类型维度以将稀疏的、异构的度量组织成单一的统一框架。我们还讨论了处理文本注释和图像连接的问题。事务和周期快照事实表可用于表示设施或设备库存使用情况和可用性。最后，我们简单谈及了在医疗卫生行业绩效数据中常见的可追溯事实和维度变化的问题。

第15章

电 子 商 务

面向 Web 业务的点击流数据记录了每个 Web 用户的行为。从最基本的形式来看，点击流是由各公司的 Web 服务器对每个页面事件的记录。点击流包含大量的新维度，例如页面、会话以及推荐，这些维度在其他数据源中都没有出现过。点击流包含大量数据，给专业 DW/BI 人员带来巨大的困难与烦恼。点击流能够与 DW/BI 系统的其他部分连接吗？其维度和事实在企业数据仓库总线架构中能够保持一致吗？

本章将以描述原始点击流数据源和设计其相关维度模型开始。我们将讨论 Google Analytics 的影响，可以将其看成是外部数据仓库分发有关您的 Web 网站的信息。然后将点击流数据集成到更传统的 Web 零售业过程大型矩阵中，表明如果您分配适当的成本回报个体销售人员，就可以度量 Web 销售渠道的赢利能力。

本章主要讨论以下概念：

- 点击流数据及其独有的维度
- 诸如 Google Analytics 这样的外部服务的作用
- 通过总线矩阵将点击流数据与其他业务过程集成到一起
- 总结针对 Web 企业赢利能力的完整视图

15.1 点击流源数据

点击流不仅仅是提取、清洗、加载到 DW/BI 环境下的另一种数据源。点击流还是一种不断发展的数据源的集合。为获取点击流数据，产生了大量的服务器日志文件格式。这些日志文件格式具有可选的数据组件，如果使用它们，将会有助于区分访问者、会话和行为的真正含义。

由于 Web 的分布式特性，点击流数据往往是由不同的物理服务器同时收集的，即使用户认为自己是在与单一的 Web 网站交互。即使由不同服务器收集到的日志文件是兼容的，在事实发生后，仍然会产生一个非常有趣的有关日志文件同步的问题。注意繁忙的 Web 服务器可能每秒需要处理几百个网页事件。不同服务器的时钟很难达到 0.01 秒的同步精度。

您还可能从不同的方面获得点击流数据。除了您自己的日志文件，您还可能从关系单位或从互联网服务提供商(ISP)处获得点击流数据。另外一种重要的点击流数据形式是用于指导访问者访问 Web 网站的而为搜索引擎制定的搜索规范。

最后,如果您是为直接连接的客户提供 Web 访问的 ISP,您将会具有独特的视角,因为您能够看到自己的用户的每个点击情况,这些信息能够提供对客户会话的强大和扩散性的分析。

来自普通网站的点击流数据最基本的形式是无状态的。也就是说,日志展示的是孤立的网页检索事件,在日志中没有提供与其他网页事件存在的明确联系。没有一定的上下文帮助,要可靠地区分某个完整的访问者会话是非常困难或者说是不可能的。

有关点击流数据的另外一个大的问题是会话的匿名问题。除非访问者同意以某种方式曝露其真实的身份,您通常都无法确定他们是谁,即使您曾经见过他们。在一定环境下,您无法识别同时浏览 Web 网站的不同访问者的点击。

点击流数据存在的问题

点击流数据包含许多模糊性。识别出访问者的来源、访问者会话和访问者身份从某种意义上来说是一种翻译艺术。浏览器缓存和代理服务器的存在使这些识别工作变得更加困难。

1. 识别访问者来源

如果您足够幸运的话,您的网站成为了某个访问者的默认主页。每次打开浏览器时,您的主页将会成为他首先看到的网页。当然这通常是不可能的,除非您是某个门户网站或某个内网主页的网络管理员,但许多网站都包含按钮,当点击它时,将提示用户将其 URL 设置为浏览器的主页。遗憾的是,不存在一个简单的方法用于从日志中确定您的 Web 网站是否被设置为浏览器的主页。

访问者可以被类似 Yahoo!或 Google 这样的门户网站引导到您的主页上。这样的跳转要么来自您支付了一定的位置费用的门户的索引,要么来自对词或内容的搜索。

对某些 Web 网站来说,最常见的访问者资源来自浏览器书签。要使这一切发生,访问者必须首先标记过您的网站,而只有当网站的兴趣度和信任度超过访问者的标签门槛值时,这才是可能的。

最后,您的网站可以达到一个点击结果——来自其他网站的针对文本或图形连接的深思熟虑的点击。这可能是一种通过网络广告有偿的推荐,或一种来自个体或合作网站的免费推荐。针对点击率的情况,推荐网站几乎总是能够作为 Web 事件记录的字段被识别。获取这样的关键的点击流数据对验证营销方案的效果是非常重要的。它也能够提供关键数据,用于点击广告费发票的审核。

2. 识别会话

多数以 Web 为中心的分析需要每个访问者的会话(访问)具有唯一的标识标记,类似超市的收据号码。这就是会话 ID。针对每个个体访问者活动的会话的记录,无论是从点击流获取的,还是从应用交互中获取的,必须包含该标记。但需记住,操作型应用(例如订单录入系统)建立了这样的会话 ID,而不是 Web 服务器。

作为 Web 的基本协议,超文本传输协议(HTTP)是无状态的,也就是说,它不存在会话的概念。在 HTTP 协议中没有建立内在的登录或注销的活动，因此会话识别必须以其他方式建立。这些方式包括：

- 多数情况下，个体进入包含一个会话，该会话可以通过收集同一个主机(IP 地址)连续时间的日志条目合并构成。如果在较短时间周期内(例如 1 小时)，日志包含具有相同主机 ID 的条目，则大致可以猜测这些条目涉及同一个会话。该方法不适合那些包含大量访问者的 Web 网站，因为其采用动态分配 IP 地址的方法，导致在较短的时间内，不同的访问者会立刻重用这些地址。当浏览器位于一些防火墙之后时，该方法也不可用。尽管存在这些问题，多数商业日志分析产品仍使用这种会话跟踪方法，不需要 cookie 或特殊的 Web 服务器特性。

- 另外一种理想的方法是让 Web 浏览器在访问者的 Web 浏览器中放置一个会话级的 cookie。该 cookies 只要当浏览器打开时就存在，通常对后续的浏览器会话不可用。该 cookie 值可以作为浏览器会话 ID，不仅针对浏览器，而且针对那些需要会话 cookie 的浏览器应用。但是使用临时 cookie 也存在不利之处，您无法知道访问者是否在后续时间中以新的会话重新进入网站。

- HTTP 安全套接字层(SSL)提供了跟踪访问者会话的机会，因为它可以包含访问者的登录活动以及加密密钥交换。使用这种方法的缺点是对会话的跟踪，整个的交换信息需要高开销的SSL，访问者可能会按照某些浏览器弹出的安全顾问的建议拒绝使用，另外每个主机也有其自身唯一的安全认证方式。

- 如果网页是动态建立的，则可以通过在返回给访问者的每个网页中隐藏一个会话 ID 的字段的方法维护访问者状态。该会话 ID 可以作为一个附加到后续 URL 的查询字符串返回给 Web 服务器。此会话跟踪方法需要针对 Web 网站的网页生成方法的相关控制，用于保证会话 ID 的线程不会中断。如果访问者点击了不支持这种会话 ID 弹出的连接，则一个会话可能会以多个会话的方式出现。如果存在多个提供商在单一会话中提供内容的情况，该方法也不可用，除非这些提供商之间存在紧密合作的关系。

- 最后，Web 网站可以在访问者机器上建立一个即使会话结束也不会被浏览器删除的持久性 cookie。当然，访问者可能会将其浏览器设置为禁止使用cookie，或者手动清除 cookie 文件，因此无法保证持久性cookie 能够始终存在。尽管给定的 cookie 只能被建立它的网站所读取，但某些 Web 网站组可以达成一致，存储公共 ID 标识，使这些网站合并其访问者会话的不同概念，成为一个"超级会话"。

综上所述，针对 Web 服务器日志记录的最可靠的会话跟踪方法是在访问者浏览器中设置持久性 cookie。不太可靠、但结果较佳的方法是设置会话级别和非持久性 cookie 以及关联同一主机的连续时间日志条目。后一种方法需要健壮的日志后处理程序，以确保获得令人满意的结果，并决定何时不要过分相信该结果。

3. 识别访问者

对 Web 设计者、网络管理员、Web 分析组来说，识别登录到网站的特定访问者是最具挑战性的问题。

- Web 访问者希望匿名。对您、网络和他们的计算机来说，访问者没有信任你们而将其个人标识或信用卡信息告诉你们的理由。
- 如果您需要访问者的标识，他们可能不会提供准确的信息。
- 无法确认哪个家庭成员访问了您的网站。如果您通过某些关系获取了某个标识，例如从先前的访问中的某个持久性 cookie 中获得，您获得的也仅仅是计算机的标识，而不是访问者。任何家庭成员或公司雇员都可能会在特定时间使用某台计算机。
- 您无法认定某个个体始终使用同一台计算机。服务器提供的 cookie 标识的是计算机，而不是个体人。如果某人分别从办公室计算机、家庭计算机和移动设备访问同一个 Web 网站，那么每种设备都具有不同的 Web 网站 cookie。

15.2 点击流维度模型

设计点击流维度模型前，让我们考虑一下所有与点击流环境相关的维度。任何单一的维度模型都不会立刻使用所有的维度，但是最好准备好维度的文件包以待使用。网络零售商可以使用的维度列表如下：

- 日期
- 当天时间(time-of-day)
- 部件
- 提供商
- 状态
- 载体
- 设备位置
- 产品
- 客户
- 媒介
- 促销
- 网络组织
- 雇员
- **网页**
- **事件**
- **会话**
- **推荐**

列表中的所有维度，除了最后 4 个粗体显示的维度外，都是我们已经熟悉的维度，大多数在本书前几章已经学习过。但是最后 4 个维度是点击流特有的维度，需要特别关注。

15.2.1 网页维度

网页维度描述了 Web 网页环境，如图 15-1 所示。该维度的粒度是独立的网页。网页的定义必须足够灵活以处理网页的从静态网页发布到动态网页发布的演进，动态网页发布是指客户看见的确切的网页在当时是唯一的。我们认为即使在动态网页的情况下，仍然具有定义好的功能用于刻画网页，我们将使用该功能来描述网页。我们不会为每个动态网页的每个实例建立一个网页行，因为这样做将产生天文数字的行。并且这样的行业不会具有有趣的不同之处。您希望维度中的每行表示每个有趣的不同类型的页面。静态页面可能采用每页一行的方式，但动态网页将会按照相同的功能和类型分组。

网页维度属性	示例数据值/定义
网页键	代理键(1…N)
网页源	静态、动态、未知、出错、不可应用
网页功能	门户、搜索、产品描述、公司信息
网页模板	稀疏、稠密
项类型	产品 SKU、书籍 ISBN 号、电信公司费率类型
图形类型	GIF、JPG、逐渐显露、预定义尺寸
动画类型	与图形类型相似
声音类型	与图形类型相似
页文件名	可选的依赖于应用的名称

图 15-1　网页维度属性和样例数据值

当静态网页的定义由于网络管理员做出的更改发生变化时，网页维度行要么是类型 1 重写，要么采用其他缓慢变化维度技术来处理。这一决策是由数据仓库策略决定的，依赖于网页的新旧描述是否存在实质的不同，以前的定义是否需要保存以方便对历史进行分析。

Web 网页的设计者、业务数据治理代表以及 DW/BI 架构师需要合作以为 Web 服务器的每个网页分配描述性代码和属性，确定网页是静态的还是动态的。理想的情况是，网页开发者为他们所建立的每个网页提供描述性代码和属性，并将这些代码和属性内嵌到 Web 日志文件的可选字段中。这一关键步骤是实现网页维度的基础。

在结束网页维度讨论之前，我们要指出的是一些网络公司跟踪其 Web 网站中网页的更多个体元素，包括地理元素和连接。每个元素对每个访问者对每个网页的请求建立自己的行。单个复杂的 Web 网页在为访问者服务时每次都会建立几百行。显然，这种极端的粒度建立的天文数字的数据，通常每天超过 10TB 数据。

同样，游戏公司可能会为每个在线游戏玩家的每个行为建立行，这样仍然会在每天产生大量的数据行。无论哪种情况，最原子的事实表将采用其他维度描述地理元素、连接或一些环境。

15.2.2　事件维度

事件维度描述在某一特定时间点特定网页上发生了什么。最有趣的事件是打开网页、刷网页、点击连接以及输入数据。您希望在该小事件维度中获取这些信息，如图 15-2 所示。

事件维度属性	示例数据值/定义
事件键	代理键(1…N)
事件类型	打开页面、刷新页面、单击链接、未知、不可应用
事件内容	最终由 XML 标记驱动的依赖应用的字段

图 15-2　事件维度属性和示例数据值

15.2.3 会话维度

会话维度对访问者的会话提供一个或多个级别的总体诊断，如图 15-3 所示。例如，会话的局部环境可能是请求产品信息，但是整个会话环境可能是订购产品。成功状态诊断任务是否已经完成。从当前网页的情况可以决定局部环境，但是总的会话环境可能仅通过在获取数据时处理访问者的全部会话来判断。客户状态属性是标记客户时间周期的方便地方，并不清楚其包括的标记究竟是来自网页还是即时会话。这些状态可以从 DW/BI 系统的辅助业务过程中获取，但是通过将这些标记深深地放置于点击流中，您就可以研究一定类型的客户行为。不要将这些标记放在客户维度中，因为它们可能会在较短周期内发生变化。如果这类状态数量巨大，考虑建立不同的客户状态微型维度而不是将这些信息嵌入到会话维度中。

会话维度属性	示例数据值/定义
会话键	代理键(1…N)
会话类型	分类的、未分类的、出错的、无法应用的
本地环境	页面驱动的环境，类似请求获得产品信息
会话环境	轨迹导引的环境，类似产品订购
活动序列	针对会话期间整个活动序列的汇总标识
成功状态	整个会话任务是否完成的标识符
客户状态	新客户、高价值客户、将要删除的客户、处于默认状态的客户

图 15-3　会话维度属性及示例数据值

该维度分组会话用于分析，例如：

- 多少客户在订购前咨询过您的产品信息？
- 多少客户查询过您的产品信息但并未订购？
- 多少客户没有完成订购？为什么他们停止了订购？

15.2.4 推荐维度

推荐维度如图 15-4 所示，描述客户如何到达当前网页。Web 服务器日志通常提供该信息。先前页面的 URL 被识别，某些情况下，其他信息将被展现。如果推荐者是某个搜索引擎，通常需要定义搜索字符串。将原始的搜索定义放入您的数据库中通常没有什么价值，因为搜索定义非常复杂怪异，以至于分析人员不能有效地查询它们。您能够假设将某些简化和清楚的定义放入到定义属性中。

推荐维度属性	示例数据值/定义
推荐键	代理键(1…N)
推荐类型	内部网站、远程网站、搜索引擎、出错、无法应用
推荐 URL	www.组织网站.com/连接页
推荐网站	www.组织网站.com
推荐领域	www.组织网站.com
搜索类型	示例文本匹配、复杂逻辑匹配
定义	使用的实际定义(如果是示例文本则有用，否则可疑)
目标	元标记、文本主体、题目(搜索发现其匹配)

图 15-4　推荐维度属性及示例数据值

15.2.5　点击流会话事实表

到目前为止，对点击流维度应用已经有了大致的了解，您可以基于 Web 服务器日志数据开始主要的点击流维度模型设计工作。然后将业务过程集成到其他 Web 销售主题区域族中。

考虑到不要让主要的事实表过快增长，您应该选择采用每个完整的客户会话对应一行的粒度。这一粒度选择显然比基本服务器日志粒度要高，服务器日志记录每个个体页事件，包括个体页和页面上的每个地理元素。我们通常鼓励设计者以源系统能够提供的最细粒度开始，刚提出的粒度选择方法显然有意识地与标准实践产生偏差。也许您的网站每天包含对超过 1 亿个页面的获取，10 亿微页面事件(地理元素)，但是您希望每天加载行的数量具有可管理性。为便于讨论，我们假定 1 亿个页面获取涉及 2 000 万个不同的访问者会话。如果平均每个访问者会话涉及 5 个页面的话，这一假设是现实的。

适合主事实表的维度包括日期、当天时间(time of day)、客户、页面、会话和推荐等维度。最后，您可以为这一会话增加一系列度量事实，包括会话秒数、访问的页面、发出的订单、订购的单位和订单额。完整的设计如图 15-5 所示。

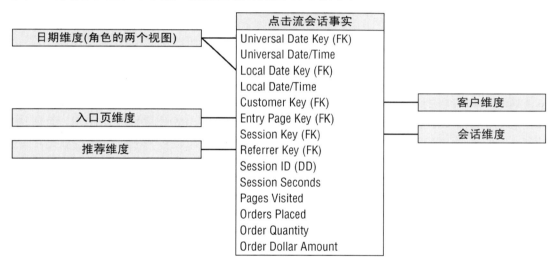

图 15-5　针对完整会话的点击流事实表设计

该设计包含一些有趣的方面。您可能想知道为什么从日历日期维度到事实表存在两个连接以及两个日期/时间戳。出现这种情况源于日历日期和当天时间扮演了不同的角色。由于您希望度量会话的精确时间，所以必须满足两个存在冲突的需求。首先，您希望确认能够同步跨多个时区的所有会话日期和时间。也许您的其他 Web 服务器或者 DW/BI 环境中存在的非 Web 系统存在另外的日期和时间戳。为真正实现跨多个服务器和过程的事件的同步，您必须记录所有的会话日期和时间，通常采用单一的时间标准，例如格林尼治时间(GMT)或协调世界时间(UTC)。在会话开始时，您需要解释会话日期和时间组合。因为只有当您具有会话的时间，并将其作为数值化事实时，如果有兴趣的话，才能够知道何时会话结束。

满足该设计的另外一个需求是记录与访问者挂钟有关的会话的日期和时间。表达该信息的最好方式是采用秒日历日期外键和日期/时间戳。从理论上来看,可以在客户维度表中表示时区,但要受限于确定正确的挂钟时间是非常复杂的。两个城市之间的时间差别(例如伦敦和悉尼)可能会发生变化,在一年的多达两小时的不同时间的差别主要依赖于这些城市日光的去留所节约的时间。这不是 BI 报表能够解决的问题。这应该是存储这些信息的数据库的问题,数据库能够以简单或直接的方式被约束。

两个角色扮演的日期维度表是针对单一主表的视图。列名放置在视图定义中,因此它们在用户 BI 工具所展示的接口获取列表中稍有差别。注意视图的使用使得每个表的两个实例在语义上是独立的。

我们采用完整的日期/时间戳而不是采用当天时间维度对时间进行精确的建模。与日历日期维度不同,当天时间维度包含的有意义的属性较少。您不能标记每个小时、分钟和秒。如果粒度是秒或者毫秒,这样的当天时间维度将会庞大无比。同样,使用清楚的日期/时间戳可以直接在不同日期/时间戳之间执行算术运算,用于精确地计算会话间的时间差别,即使会话发生在不同的日期。采用当天时间维度计算时间差异会非常困难。

图 15-5 所示的页面维度似乎比较令人惊奇,其给出的设计粒度是客户会话。然而,对给定的会话,比较有趣的网页是入口页面。该设计的网页维度是会话开始页,换句话说,客户是如何进入您的网页的呢?结合推荐维度,您就具有了分析客户是如何以及为什么进入您的网页的能力。更精细的设计是同时增加一个退出网页维度。

您可能会试图在设计中增加一个因果维度,但是如果该因果维度关注的是个别产品,则在设计中增加它是不适合的。因果维度不适合设计的症状是给定完整会话的因果因子的多值属性。如果您处理的是广告活动或特殊交易的几种产品,如果客户的会话涉及多个产品,您如何表示这样的多值情况?面向产品的因果维度正确的放置之处是在下一个要描述的具有更精细粒度的事实表案例中。反之,更广泛地关注市场环境的维度,也就是用来描述影响所有产品的条件的维度适合于会话粒度的事实表。

会话的秒事实是在会话期间客户在网站所待的总秒数。很多情况下,您无法知道客户何时离开。也许客户已键入新的 URL。传统的 Web 服务器日志是无法检测到这种情况的(如果数据由能够知道每个跨会话点击的 ISP 收集,则不存在这一问题)。也许用户离开了计算机并且在后续一小时中都未回来,也许客户刚刚在没有做出任何点击的情况下直接关闭了浏览器。针对所有的情况,您的获取软件需要为这一最后的会话步骤分配一个小的和象征性的秒数,因此这样的分析是不切实际的。

我们有意设计的第 1 个点击流事实表用于关注完整的用户会话,同时将其容量保持在可控范围内。下一个模式将粒度下降到数据仓库能够支持的最低的实际粒度:个别页事件。

15.2.6　点击流网页事件事实表

第 2 个点击流事实表的粒度是每个客户会话的独立网页事件,记录了类似 JPG 和 GIF 等地理元素的底层的微观事件被丢弃了(除非您是前述的 Yahoo!或 eBay)。采用简单的静态 HTML 网页,您可以只记录每页的一个有趣事件,称为页面视图。当利用的 Web 网站动态地建立基于 XML 的网页,具有建立页面中正在进行的对话的能力时,事件的号码和类型将不断增长。

该事实表容量将变得异常巨大。您应当抵制将表聚集到更粗的粒度上,因为这样不可避免地会涉及删除部分维度。实际上，第 1 个点击流事实表表示此类聚集，虽然它是一种有价值的事实表，但分析人员不能查询有关访问者行为或个别页的问题。

在粒度选择后，可以选择适当的维度。可选维度列表包括日历日期、当天时间、客户、网页、事件、会话、会话 ID、步骤(三类角色)、产品、推荐和促销。完整的设计可参考图 15-6。

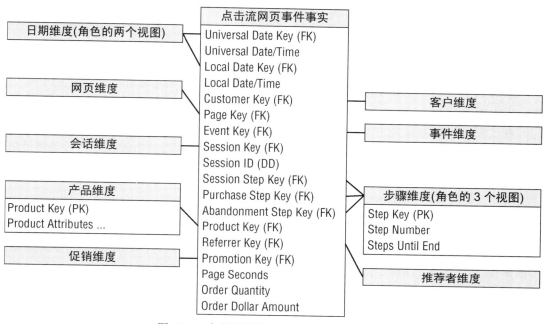

图 15-6　个体网页使用的点击流事实表设计

除了网页、事件、促销和步骤维度外，图 15-6 看起来与第 1 个设计类似。这种事实表之间的相似性是典型的维度模型。维度建模的魅力之一是"乏味"的类似设计。但这正是它们具有强大功能的原因。当设计具有可预测的结构时，所有软件在 DW/BI 链上进进出出(从获取到数据库查询，再到 BI 工具)，可以利用这种相似性获得最大的利益。

日历日期和日期/时间戳所扮演的两种角色在第 1 种设计中有同样的解释。一种角色是通用的同步时间，另外一种角色是客户用来度量的本地挂钟时间。在该事实表中，这些日期和时间称为个体网页事件。

网页维度指的是个体网页。这是两种点击流事实表之间的主要差别。在该事实表中可以看到所有客户访问的网页。

如前所述，会话维度描述了会话的结果。伴随的列——会话 ID——是一种没有与维度表连接的退化维度。退化维度是一种典型的维度建模构件。会话 ID 是一种具有唯一性的标识符，其内容并无明确的语义，用于以一种模糊的方式将每个客户会话的网页事件分组到一起。在第 1 个事实表中不需要会话 ID 退化维度，如果您希望方便地连接到个体网页事件事实表中，则可以将其包含在"父键"中。我们建议会话维度应该比会话ID 的粒度级别更高，会话维度目的是描述会话的类和分组，而不是描述每个个体会话的特征。

设计中出现的产品维度是假设这一 Web 网站属于 Web 零售商。金融服务网站可能具有类似的维度。咨询服务网站包含服务维度。拍卖网站包含一个主题或分类维度用于描述被拍卖项目的属性。新闻网站也包含主题维度,尽管其内容与拍卖网站的内容存在差异。

您可以为产品维度附加一个促销维度,这样您就能针对某些产品发生的变化附加有用的因果解释。

对每个网页事件,可以记录在下一个网页事件发生前存在的时间秒数。与第 1 个事实表中的会话描述比较,将之称为会话秒数。这是注意要保持实施的一致性事实的简单示例。如果简单地将这些度量称为"秒数",会存在不适当地增加或合并秒数的风险。因为这些描述并不是完全相等的,将它们以不同方式命名可以提供警示。在此特定案例中,您可能希望将第 2 个事实表会话的网页秒数加到第 1 个事实表的网页秒数上。

最后的事实是订购单位和订单总额。如果特定的页面事件并不是发起订单的事件,则事实表中多数行的这些列为零或空值。尽管如此,提供这些列是非常有意义的,因为它们与所有重要的与行为有关的 Web 收入有关。如果订购单位和订单总额仅仅在 DW/BI 系统环境的产品订单入口系统有效的话,则跨多个大表的收入-行为分析的执行将会非常低效。在多数数据库管理系统中,这些空值事实都能够被有效地处理,并且几乎不占用事实表的空间。

15.2.7 步骤维度

由于事实表粒度是个体网页事件,您可以增加第 8 章所描述的功能强大的步骤维度。步骤维度(参考图 8-11)提供了整个会话中特定网页事件的位置。

当将其与事实表以不同角色关联时,步骤维度特别强大。图 15-6 显示了三种角色:整个会话、购买子会话和放弃子会话。购买子会话,根据其字面含义,结束于成功的购买。而放弃子会话涉及那些处于某种原因未能完成的购买事务。使用步骤维度的这些角色可以开展一些非常有趣的查询工作。例如,如果购买步骤维度被约束到步骤号码 1,则查询仅仅返回成功的购买经历的开始页。相反,如果放弃步骤维度被约束到零步,则查询仅仅返回最后的可能是最不令人满意的不成功的购买会话的网页。尽管图 15-6 展示的整个设计目标在于产品购买,但步骤维度技术可用于分析任何有次序的过程。

15.2.8 聚集点击流事实表

到目前为止,设计的两种点击流事实表都相当大。许多业务问题都需要从这些表中汇总上百万行。例如,如果您希望按照访问网站的客户的统计分组逐月跟踪总的访问量以及收入,的确可以针对每个事实表进行汇总。针对会话粒度的事实表,可以将日历日期维度约束为适当的时间范围(当前年度的 1 月、2 月和 3 月),然后按照客户维度的统计类别属性和日历维度的月份属性(分别以三个月份作为输出)建立行表头。最后,汇总订单额和会话号码计数。以上的一切都能良好运行。但如果没有聚集表的话,可能非常缓慢。如果这类查询使用比较频繁的话,我们建议数据库管理员(DBA)建立如图 15-7 所示的聚集表。

您可以从第 1 个事实表直接建立这样的聚集表,该表的粒度是独立的会话。为建立这样的聚集表,要按照月份、统计类别、入口页和会话输出分组。计算会话的数据,并汇总其他所有可加事实。这样做的结果是会产生更小的事实表,可能不到原始会话粒度事实表容量的1%。容量的减少直接有利于改善大多数查询的性能。换句话说,您可以通过使用该聚集表获得比不使用快 100 倍以上的速度。

图 15-7 聚集点击流事实表

尽管不明显，但我们在建立聚集表时遵循一个细致的准则。聚集事实表连接到一系列直接与更细粒度事实表的原始维度连接的缩减的上卷维度。月份维度是日历天维度的属性的一致性子集。统计维度是客户维度属性的一致性子集。需要假设页面和会话表没有发生变化，仔细设计聚集逻辑将得到对这些表的一致性缩减的结果。

15.2.9 Google Analytics(GA)

Google Analytics(GA)是由 Google 提供的一种服务。该服务被描述为一种外部数据仓库，能够提供有关您的网站使用情况的分析。要使用GA，您需要修改网站的每个网页，让这些网页包含 GA 的跟踪代码(GA Tracking Code，GATC)，将其嵌入到描述每个需要跟踪的网页的 HTML 中的 java 代码小程序中。当访问者访问该页时，只要访问者确认可使用 JavaScript，相关信息将被发送到 Google 的分析服务中。实际上，除被 GA 的服务术语禁止的个人标识信息(Personally Identifiable Information，PII)外，本章所描述的所有信息都可以通过 GA 收集到。GA 可被合并到 Google 的关键词广告服务中，用于跟踪广告活动和转换销售。据报道，超过 50%的互联网上最受欢迎的 Web 网站都采用 GA。

来自 GA 的数据可以通过 BI 工具在线直接从底层的 GA 数据库查看，其数据可以以多种多样的标准和自定义报表方式发送给您，您可以利用这些数据建立自己的本地业务过程模式。

有趣的是，GA 对通过服务收集的数据元素的详细技术解释被正确地描述为度量或维度。Google 中的一些人也在阅读我们出版的书籍。

15.3 将点击流集成到 Web 零售商总线矩阵中

本节主要考虑基于 Web 的计算机零售商的业务过程。零售商的企业数据仓库总线矩阵如图 15-8 所示。注意该图的矩阵列出的是业务过程主题区域，而不是独立的事实表。通常，每个矩阵行来源于紧密关联的事实表和/或 OLAP 多维数据库，它们表示某个特定的业务过程。

	日期与时间	零件	供应商	运货商	设施	产品	客户	介质	促销	服务策略	内部组织	雇员	点击流(4个维度)
供应链管理													
供应商购买订单	X	X	X		X						X	X	
供应商发货	X	X	X	X	X						X		
零件库存	X	X	X								X		
产品装配物料清单	X	X	X		X	X					X	X	
按照订单的产品装配	X	X	X		X	X	X				X	X	
客户关系管理													
产品促销	X					X	X	X	X		X		
广告	X						X	X	X				
客户交流	X						X	X			X	X	
客户咨询	X				X	X			X	X	X	X	
Web 访问者点击流	**X**					**X**	**X**	**X**	**X**	**X**			**X**
产品订单	X					X	X			X	X		
服务策略订单	X					X	X			X	X		
产品运送	X			X		X	X				X	X	
客户账单	X						X				X	X	
客户支付	X						X				X	X	
产品退货	X					X	X				X	X	
产品支持	X					X	X			X	X	X	
服务策略响应	X					X	X			X	X	X	
操作													
雇员劳动	X				X						X	X	
人力资源	X				X						X	X	
设施操作	X				X						X	X	
Web 网站操作	X				X						X	X	

图 15-8　Web 零售商总线矩阵

　　图 15-8 所示的矩阵包含一系列显著的特点。存在一些核选标记。某些维度，例如日期/时间、组织和雇员，几乎存在于所有业务过程中。产品和客户维度占据了矩阵的中间部分，它们被附加到描述面向客户的活动的业务过程中。在矩阵的顶端，供应商和零件支配着获取构成产品的部件以及建立产品以便客户订购的过程。在矩阵底部，您可以看到典型的不与客户行为直接关联的基础设施和开销驱动的业务过程。

　　Web 访问者点击流主题区域处于面向客户过程的中间位置。它涉及日期/时间、产品、客户、媒介、因果和服务策略维度以及其他几个附近的业务过程。以此来看，Web 用户点击流数据被集成到为零售商所建立的数据仓库中。与 Web 访问者点击流关联的应用可以方便地集成到所有共享这些一致性维度的过程中，因为对每个事实表的不同查询可以合并到报表中的多个独立行中。

　　Web 访问者点击流业务过程包括 4 个专门的其他过程不具有的点击流维度。这些维度不会对应用构成问题。相反，连接 Web 世界和传统实体世界之间的 Web 访问者点击流数据正是您所希望获得的优势。您可以针对 4 个 Web 维度按照属性建立约束和分组并探讨对其他业务过程的影响。例如，您可以观察到什么类型的 Web 经验使客户购买某种类型的服务策略然后激活某种类型的服务需求。

　　最后，应当指出，矩阵作为一种服务于所有业务小组和高级管理的通信工具需要一致性维度和事实。从效果来看，矩阵中的给定列是一种满足一致性维度的列表。

15.4　包含 Web 的跨渠道赢利能力

在 DW/BI 小组成功地实现了最初的点击流事实表并将它们与销售事务和客户通信业务过程关联后，小组就可以准备在所有主题区域中处理最具有挑战性的主题区域：Web 赢利能力。

您可以将 Web 赢利能力作为销售事务过程的扩展。从根本上说，您正在将活动和基础设施成本分配到每个销售事务。作为一种可选策略，您可能试图在点击流之上建立 Web 赢利能力，但是这样做可能会涉及更为矛盾的分配过程，您会将成本分配到每个会话。将活动和基础设施成本分配到每个会话将非常困难，这样做将不会存在明显的产品关联并且不会存在直接销售。

扩展销售事务事实表的巨大好处在于，您可以观察到跨所有销售渠道的赢利能力，而不仅仅是 Web。采用该方法，其优势非常明显，因为您知道自己必须清理费用并将其分配到各种渠道中。

损益事实的粒度是每个独立行中在某个时间点按照销售发票销售给客户的项，无论它是单一销售发票还是 Web 购买会话。这与销售事务业务过程的粒度相同，并且包含所有的渠道，包括商店销售、电话销售和 Web 销售。

所有损益事实的维度也与销售事务事实表相同：日期、时间、客户、渠道、产品、促销以及发票号(退化维度)。赢利能力与销售事务事实表之间的主要区别是成本的分解，如图 15-9 所示。

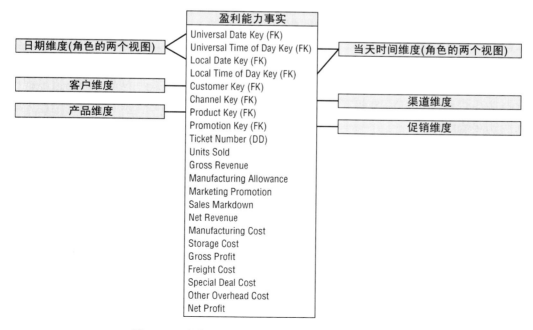

图 15-9　跨销售渠道的、包含 Web 销售的损益事实

在讨论成本分配前，让我们先考察一下损益事实的格式。它由简单的损益表(参见图 6-14)组成。第 1 个事实是大家熟悉的售卖单位。其他所有事实是以销售值开始的美元值，好像它是列表中的销售或目录价格，简称总收入。假设销售主要以低价格发生，您可以说明销售商补贴的任何差异情况，市场促销会降低价格，或减价以清除存货。当考虑这些影响时，您可以计算出净收入，净收入是客户支付的真正的净价乘以购买单位的数量。

其他的损益包括一系列的消减项，您可以计算更为深入的利润版本。如果您生产某种产品，可以减去产品制造成本，或等价情况是，如果您是从供应商处得到的，则需要减去产品购置成本。然后减去产品存储成本。在这一点上，许多企业称这部分结果为毛利润。可以用总收入除以毛利润得到毛利比率。

显然，被称为净收入和毛利润的列直接来源于事实表中它们所处位置之前的列。但您需要在数据库中清楚地存储这些列吗？答案取决于是通过视图访问此事实表，还是用户或 BI 应用直接访问物理事实表？损益表的结构非常复杂，因此作为数据仓库提供者，您不希望承担可能出现的不正确的计算类似净收入和毛利润这样的重要度量的风险。如果您提供的所有存储方法是通过视图，则可以方便地提供计算列，不必物理地存储它们。但是如果用户被允许访问底层的物理表，则应该物理设置净收入、毛利润和净利润列。

针对毛利润，您还可以继续消减不同的成本。通常，DW/BI 小组必须分清不同源或估计每个源的成本。记住任何给定事实表行的实际条目是完全分配到独立事实表行粒度的总成本的构成部分。通常发布赢利能力业务过程对 DW/BI 小组来说存在显著的压力。或者换一种形式，所有这些成本的来源存在巨大的压力。但是成本在各种底层的数据集中存在的情况怎样呢？有时某一成本仅可用于作为国家平均水平或者整年的情况。任何分配模式将指定一种没有针对它的真正内容的预计值。其他成本将被分解为更细的粒度，也许是日历季度并按照地理区域(如果相关的话)。最后，一些成本可以真正地基于活动并且高度动态地、响应式地、随着时间推移以实际方式发生变化。

Web 网站系统成本是电子商务业务的一个重要的成本动因。尽管 Web 网站成本是典型的基础性成本，因此很难将其直接分配到产品和客户活动中，但在开发面向 Web 的损益表子句时这是一个关键的步骤。各种分配模式都存在可能，包括按照对每个产品贡献程度的网页数量分配 Web 网站成本到不同的产品线，按照被访问的网页分配，或按照实际的基于 Web 的购买情况分配。

DW/BI 小组不能负责在大型组织中实施基于活动的成本计算(Activity-Based Costing，ABC)。当小组建立赢利能力维度模型时，小组当时获得最好的可用成本数据并且发布损益表。也许一些数字是简单依靠经验估计的比率。其他的可能是高度细节化的基于活动的成本。随着时间的变化，成本源不断发展，DW/BI 小组合并新的来源并通知用户业务规则发生了变化。

在结束设计前，强调应该注意的是，当某个损益表结构被嵌入到一个丰富多样的维度模型中时，您具有巨大的能力。可以为每个通过维度提供的可用的分片和分段划分所有的收益、成本和利润。可以回答什么是有利可图的，但也应回答"为什么"，因为您可以看到所有损益表的组成成分，包括：

- 每个渠道(Web 销售、电话销售和商店销售)是如何赚钱的？为什么？
- 您的客户分区是如何赚钱的？为什么？

- 每个产品线是如何赚钱的？为什么？
- 您的促销是如何赚钱的？为什么？
- 何时您的业务利润最大？为什么？

对称的维度方法能够确保您从多数维度合并约束，允许您获得如下的复合版本的赢利分析：

- 每个渠道中谁是能够让您赢利的客户？为什么？
- 哪些促销活动在 Web 表现良好但在其他渠道中表现不好？为什么？

15.5　本章小结

本章讨论的 Web 零售商案例研究适合于所有具有明显 Web 特征的业务。除了以多种粒度层次处理点击流主题区域，主要的挑战是有效地集成点击流数据和其他业务。我们讨论了解决与 Web 访问者、他们的来源、会话边界有关的身份验证挑战，以及点击流数据所具有的专用维度，包括会话、网页、步骤维度。

下一章，我们将重点放在保险公司的业务过程，将对本书所涉及的大多数维度建模模式进行总结。

第16章

保险业务

本章作为案例研究的最后一章会将前几章出现的主要概念贯穿起来，建立一个财产及意外伤害保险公司的 DW/BI 系统。如果您来自保险行业并且为了快速学习而直接阅读本章，请接受我们的道歉，本章的内容与前几章关系密切。要想理解本章内容，需要从头阅读本书，直接阅读本章不会给您带来直接的效果。

作为我们的标准过程，本章仍然以业务案例的背景信息开始讨论。随着需求的展开，我们将设计企业数据仓库总线矩阵，类似于我们实际真正要做的需求分析工作。然后设计一系列维度模型，覆盖目前为止所学习的核心技术。

本章主要讨论了以下概念：

- 需求驱动的维度设计方法
- 价值链影响，以及示例保险公司的总线矩阵片段
- 互补事务、周期快照和累积快照模式
- 维度角色扮演
- 处理缓慢变化维度属性
- 处理大型、快速变化维度属性的微型维度
- 多值维度属性
- 用于操作型控制号码的退化维度
- 跟踪数据世系的审计维度
- 处理具有变化属性和事实的产品的异构超类和子类
- 用于综合指标的杂项维度
- 一致性维度与事实
- 从不同的业务过程合并度量的整合事实表
- 无事实的事实表
- 设计维度模型时应该避免的常见错误

16.1 保险案例研究

设想为某家提供汽车、房屋和个人财产保险的大型财产及意外伤害保险公司工作。您广泛地访问有关索赔、室外操作、保险、金融和市场部门的业务代表和高级管理人员。基于这类访谈，您了解到该领域处于不断变化的状态。非传统玩家利用多种渠道。同时，行业正在由于全球化、解除管制和公司化挑战进行合并。市场以及客户需求在不断变化。很多受访者告诉我们，信息正在成为最重要的战略资产。无论在哪个功能区，都存在更有效地使用信息以便更快地发现机会并以最适当的方法做出响应的强烈需求。

好消息是内部系统和过程已经获取了大量需要的数据。多数保险公司建立了大量的反映事实真相的操作型数据。坏消息是数据尚未集成。多年来，政策与IT领域鼓励围绕孤立的数据孤岛构建屏障。导致产生了多种围绕公司的产品、客户和分布渠道的不同信息源。在遗留操作型系统中，同样的投保人可能在不同的汽车、房屋和个人财产应用中被多次确认。传统上，这些对数据分段的方法是可接受的，因为不同的行业线都是功能自治的，过去人们很少有兴趣共享交叉销售和合作的数据。现在，在我们的案例研究中，业务管理层试图更好地利用这些数量巨大的不一致的甚至冗余的数据。

除了围绕数据集成的固有问题外，商业用户缺乏在需要时方便地访问数据的能力。为了解决这一问题，案例分析公司的机构小组重整了自己的资源并雇佣顾问来解决自己的短期数据需求。在多数案例中，不同组织从同样的数据源系统中获得的同样的数据没有任何战略的总体信息传递策略。

用不了多长时间就会认识到与不同分析数据仓库有关的负面影响，因为在执行会议上提出的性能结果由于不同的数据源而差别迥异。管理层会理解没有一个长期的解决方案，这样的路线是不可行的，因为缺乏集成，包含大量的冗余数据，难以解释和协调结果。考虑到这一需要勇气的全新的保险世界中信息的重要性，驱使管理层处理围绕开发、支持所需要付出的成本的影响，以及仅仅是由这些激增的操作型数据孤岛来支持的数据仓库分析低效性。

高级管理层赋予首席信息官(CIO)责任和权力，准许CIO打破这些历史数据的隔离以"构建信息天堂"。他们授予CIO的责任是负责更有效地管理并利用组织的信息财富。CIO要负责开发一个符合企业处理海量数据战略的完整版本，让数据能够响应即时需求，成为具有丰富信息的组织。同时，成立企业的DW/BI小组，以便开始设计并实现这一设想。

高级管理层们一直鼓吹向以客户为中心转换的理念，而不是传统的产品为中心的方法，以努力获得竞争优势。CIO跳入这一潮流中成为变更的催化因素。同一战壕中的人承诺共享数据而不是将数据拿走用于完成单一的目标。每个人都有强烈的愿望要实现对业务状态的共同的理解。他们吵着要摆脱孤立的数据，同时确保他们能够访问详细的和汇总的企业级别的和业务线级别的数据。

16.1.1 保险业价值链

保险公司的主要价值链看似非常简短。核心过程是制定保单、收取保费和处理索赔。组织对更好地理解由每个事件产生的度量感兴趣。用户希望分析详细的与策略形式有关的事务，以及由索赔处理所产生的事务。他们希望度量保险项目、保险项、投保人、销售发布渠道特征的性能。尽管某些用户可能对整个企业层面的问题感兴趣，但其他用户可能希望分析保险公司的独立的业务线的不同属性。

显然，保险公司从事许多其他的外部处理，例如，支付保费的投资或合同代理的补偿，以及许多内部关注的活动，例如，人力资源、财务和购买等。目前，我们将关注与政策和索赔有关的核心业务。

保险价值链始于各种保单事务。基于当前对需求和所拥有数据的理解，您选择处理所有对保单产生影响的事务，并将它们作为单一的业务流程(以及事实表)。如果这一观点太简单而无法适应度量、多维化或分析需求，则应当将事务活动处理为不同的事实表，例如，报价、分级和承销等。正如在第 5 章所讨论的那样，需要权衡为每个事务类型的不同自然聚类建立不同的事实表与将交易集中到单一事实表中这两种方式的利弊。

还需要更好地理解与每个以月为基础的保单关联的保费收入。这将作为整个利润全景的关键输入。保险业务是事务密集型的，但是事务本身并不代表小块的收益，正如零售和制造销售一样。您不能仅仅依靠将保单事务相加来确定收益总额。客户提前支付服务，会使这一全景在保险行业中变得更加复杂。这一提前支付模式可应用到提供杂志订阅或扩展的合同担保的组织中。支付保费必须分布到多个周期，因为公司赢得收益主要来源于它提供的保险项目。保单事务与收益度量之间的复杂关系通常在采用独立事务的情况下，无法回答收益问题。使用单一事务不仅耗费时间，而且会导致解释针对收益的不同事务类型的效果的逻辑极其复杂。详细的事务视图与快照场景之间的自然冲突几乎总是需要在数据仓库中建立两种事实表。在此情况下，保费快照不仅仅是保单事务的汇总，而且是一种来自不同源的不同的事情。

16.1.2 总线矩阵草案

基于访谈结果，以及对关键源系统的理解，小组开始勾画企业数据仓库总线矩阵，其核心的、以保单为中心的业务过程作为行，核心维度作为列。在矩阵中定义了两行，其中一行对应保单事务，另一行对应月度保费快照。

如图 16-1 所示，核心维度包括日期、投保人、雇员、保险项目、保险项和保单等。在勾画矩阵草图时，不要试图将所有维度都包含进来。相反，需要关注那些在多个模式中共用的核心公共维度。

	日期	投保人	保险项	保险项目	雇员	保单
保单事务	X	X	X	X	X	X
保费快照	X 月	X	X	X	X 代理	X

图 16-1 初始总线矩阵草图

16.2 保单事务

让我们将注意力投向矩阵的第 1 行,关注建立及修改保单事务。假设保单表示一系列销售给投保人的保险项目。保险项目可被视为保险公司的产品。房屋所有人的保险项目包括火灾、洪水、盗窃和个人责任;汽车保险项目包括综合、碰撞损坏、未保险驾驶员保险和个人责任。在财产及意外伤害保险公司中,保险项目应用到特定保险项中,例如,某一特定的房屋或汽车。保险项目和保险项在保单中都会有详细的定义。特定的保险项通常具有几个列在保单中的保险项目。

保险代理销售保单给投保人。在保单建立前,定价精算师针对特定的保险项目、保险项和投保人资格决定所要收取的保费率。承销商承担着与投保人签约的最终责任,并负责签署最终的审批合同。

操作型保单事务系统获取下列类型的事务:

- 建立保单、修改保单或删除保单(合乎情理)
- 建立针对保险项的保险项目、修改保险项目或删除保险项目(合乎情理)
- 保险项目费率或拒绝保险项目费率(合乎情理)
- 承销保单或拒绝承销保单(合乎情理)

保单事务事实表的粒度应该是每个独立的保单事务对应一行。每个原子事务应采用尽可能多的上下文以建立针对事务的完整的维度描述。与保单事务业务过程关联的维度包括事务日期、有效日期、投保人、雇员、保险项目、保险项、保单号和保单事务类型等。接下来深入讨论该模式中的维度,同时利用这一机会强化对前述章节中的有关概念的认识。

16.2.1 维度角色扮演

每个保单事务都涉及两个日期。保单事务日期是保单进入操作型系统的日期,而保单事务有效日期是保单事务从法律上生效的日期。在事实表中包含的两个外键,其命名应该是唯一的。与这些键关联的两个独立的维度采用单一物理事实表实现。给用户的是通过视图方式展示的多个逻辑上独立的表,这些视图具有唯一的列名,正如第 6 章中所描述的那样。

16.2.2 缓慢变化维度

保险公司通常对处理随时间变化的维度感兴趣。您可以应用三种基本的技术处理投保人维度的缓慢变化维度(Slowly Changing Dimension,SCD)属性,具体方法参见第 5 章。

采用类型 1 技术,可以简单地重写先前的维度属性。这种技术是处理维度变化的最简单的方法,因为属性总是表示最近的描述。例如,也许业务商同意将投保人的生日属性作为类型 1 属性变化来处理,其前提是假设该属性的任何变化都是正确的。采用该方法,该投保人的所有事实表历史信息将始终与最新的生日数据保持一致。

由于投保人的邮政编码对投保价格和风险算法来说是关键的输入,用户对跟踪邮政编码的变化情况非常感兴趣,因此对该属性应采用类型 2 技术。当需要对变化按照时间进行精确的跟踪时,类型 2 是最常见的缓慢变化维度技术。在此情况下,当邮政编码发生变化时，建立包含新的代理键和更新的地理属性的投保人维度行。不要返回并访问事实表。在邮政编码发生变化前的历史事实表行，仍然存储旧的代理键。在这之后，将使用新的投保人代理键，因此新的事实表行连接到变化后的维度中。尽管该技术是非常优雅且强大的，但是采用该技术会加重 ETL 处理的负担。同时，维度表中的行数量会随着类型 2 缓慢变化维度的变化不断增长。假设您的投保人维度表可能已经超过 100 万行，则可以选择使用微型维度来跟踪邮政编码的变化情况，关于微型维度我们很快就会讨论到。

　　最后，假设每个投保人可按照特定的分段来分类。也许非住宅类的投保人在历史上被分类为商业或政府实体。向前一步，除了非盈利组织和政府机关以外，商业用户还期望更详细的分类以区分大型跨国公司、中间市场和小型商业客户。针对某个周期，用户希望能够按照历史的或新的分段分类来分析结果。在此情况下，可以使用类型 3 方法通过增加标明差异历史的列来跟踪周期的变化，以保持过去的分类。新的分类值可以保存到投保人维度中具有永久固定的分段属性中。该方法尽管不太常用，但可以通过当前的或历史的分段映射来查看性能。在发生集体性变化时，例如，对客户分类进行调整时，采用这种方法非常有效。显然，如果需要跟踪不止一个版本的历史情况或多个维度属性变化前后的情况时，类型 3 技术就显得过于复杂。

16.2.3　针对大型和快速变化维度的微型维度

　　如前所述，投保人维度作为一种大型维度通常会包含百万级别的行。精确地跟踪某个属性集合的内容值是非常重要的。例如，您需要在保单建立时，以及在任何调整或索赔发生时准确地描述某些投保人和投保项属性。正如第 5 章所讨论的那样，在大型维度中跟踪属性变化的实际方法是拆分紧密的监视，将快速变化的属性放入一个或多个通过不同的代理键与事实表直接联系的类型 4 微型维度。微型维度的使用会影响属性浏览的效率，因为用户通常期望浏览这些可变化属性的约束。如果在微型维度中建立了所有可能的属性值组合，那么对微型维度的变化的处理仅仅意味着在某个时间点将不同的键放入事实表行中。不需要在数据库中改变或增加其他事情。

　　保险项是房屋、汽车或其他特定投保项。保险项维度为每个实际的保险项构建一行。保险项维度通常比投保人维度大，因此保险项维度是另外一个考虑部署微型维度的地方。您不会期望对作为事实的物理保险项对象赋予可变的描述，因为多数是文本，不是数字型值或连续值。您应当尽最大努力将文本属性放到维度表中，因为它们可以作为文本约束和报表标签的目标。

16.2.4　多值维度属性

　　第 9 章在讨论将多种技能与雇员关联时讨论过多值维度属性。第 10 章讨论过如何将多个客户关联到一个账户中。在第 14 章中，对病人的多种诊断进行了建模。在本章的案例中，您将看到另外一种多值建模环境：商业用户与他们的行业分类之间的关系。

　　每个商业用户可能与一个或多个标准行业分类(Standard Industry Classification，SIC)或北美行业分类系统(North American Industry Classification System，NAICS)的分类关联。大

型的、多元化的商业用户可以被表示为多个分类代码。类似在第14章学习过的诊断分组，桥接表将所有行业分类代码连接到一个分组中。这种行业分类桥接表直接作为支架表连接到事实表或客户维度。它能够保证您按照任何行业分类构建事实表度量的报表。如果商业用户的行业按照比例拆分，例如，50%农业服务、30%日用产品、20%石油及天然气钻探，则可在桥接表每行中分配权重因子。若需要处理某个关联的用户的行业代码不存在的情况，可以建立一个特殊的表示"未知的"桥接表行。

16.2.5　作为事实或维度的数值属性

下面让我们来看看保险项目维度。对某个给定类型的保险项来说，大型保险公司具有几十个或上百个不同的保险产品可销售。特定保险项的实际评估价值，类似某人的房屋，是一个连续值的数字量，随着时间的推移，对一个给定的保险项来说会发生变化，因此要将这种变化看成是合理的事实。在维度表中，您可能会存储一个描述性的价值范围，例如，评估值为\$250 000～\$299 999，以实现分组和过滤。基本保险项目的限制可能是更标准化的且不连续的值，类似重置值或多达\$250 000。这样的情况下，可以将其视为维度属性。

16.2.6　退化维度

如果您获取所有的保单表头信息并将其放入其他维度中，保单号将会被当成退化维度来处理。显然您希望避免建立一个仅有少量键的保单事务事实表，而将所有的描述性细节(包括投保人、日期和保险项目)嵌入超负荷的保单维度中。某些情况下，可能会有一个或两个属性仍然属于保单而不属于其他维度。例如，如果保险商基于所有保险项目和保险项为保单建立了一个整体的风险级别，则这一风险级别可能属于保单维度。当然，此时保单号就不再是退化维度了。

16.2.7　低粒度维度表

保单事务类型维度是针对前文列出的包含原因描述符的事务类型的较小的维度。事务类型维度可能包含不超过50行的数据。即使该表无论是从行号来看还是从列号来看都非常小，属性仍然应由维度表来处理。如果文本特征被用于查询过滤或报表标识，则它们属于维度。

16.2.8　审计维度

您可以选择将ETL过程的元数据与事务事实行关联，在获取过程中通过利用某个键与一个审计维度行连接。正如在第6章所讨论的那样，每个审计维度行描述了事实表行的数据的世系，包括获取的时间、源表和获取软件的版本等。

16.2.9　保单事务事实表

图16-2所示的保单事务事实表描述了一个典型的事务粒度事实表的几个特征。首先，事实表包含的几乎全是键。事务模式确保您能够分析极端的细节性的行为。当将原子数据

的粒度下降到较低的程度时，事实表自然会萌生更多的多维性。在此情况下，事实表具有单一的数字事实，对事实的解释依赖于对应的事务类型维度。因为在同一个事实表中具有不同种类的事务，所以在此情况下，无法更具体地标记事实。

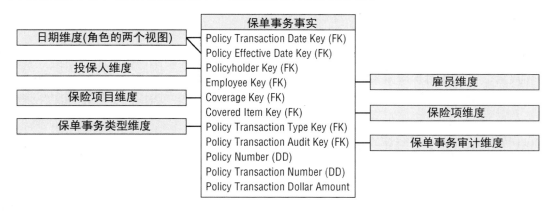

图 16-2　保单事务模式

16.2.10　异构的超类和子类产品

尽管对保险公司的企业范围的场景给予了强大的支持，但商业用户并不希望失去对特定业务线的支持。保险公司通常包含多个差别迥异的业务线。例如，房屋拥有者的保险项目的细节参数显然与汽车保险项目存在差异。它们之间存在的差异同样也体现在它们与个人财产保险项目、一般责任保险项目以及其他类型保险项目的差异中。尽管到目前为止，所有的保险项目都可以采用通用的结构编码，但保险公司希望跟踪仅对某一特定保险项目和保险项有意义的多个特定的属性。您可以使用第 10 章所描述的超类和子类技术来归纳图 16-2 所设计的模式。

图 16-3 展示了一种处理描述汽车及其保险项目的特定属性的模式。针对每个业务线(或保险项目类型)，为保险项和与之关联的保险项目建立了子类维度表。当 BI 应用需要某个保险类型的特定属性时，可以使用适合的子类维度表。

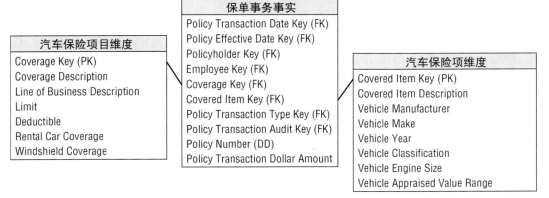

图 16-3　包含子类汽车维度表的保单事务模式

注意在该模式中，不需要将业务线事实表分开，因为按照业务来看，度量变化不大，但是您不希望在超类事实表上增加一个视图来仅仅表示给定子类的行。引入子类维度表，可处理推定的业务线属性。不需要建立新键，从逻辑上看，我们所做的是扩展现存的维度行。

16.2.11 辅助保险累积快照

最后，在结束对保险事务的讨论前，应当考虑利用累积快照获取事务的累积效应。在此场景下，事实表的粒度可能是保单中的每个保险项目和保险项对应一行。您可以设想包括以保单为中心的日期，例如，报价、定额、签单、生效、续保以及失效。同样，事实表中包括针对代理和承销商等的多个雇员角色。除事务类型维度外，多数讨论过的其他维度可以应用到这一模式中。累积快照可能会有一个扩展的事实集合。

第4章曾讨论过，累积快照可用于表示流水线过程中的关键里程碑信息。它获取保单、保险项和保险项目的累积效应，然而，它不能存储发生的每一个事务的信息。通常标准流水线中事务型事件或未预期的离群点可能会掩盖累积场景。另一方面，源于事务的累积快照，提供了关键过程事件之间延迟和延续情况的明确的景象。

16.3 保费周期快照

保单事务模式可用于回答范围广泛的问题。然而，大量的交易会使在某一时间点快速确定有效保单的状态或财务值变得非常困难。即使所有需要的细节都存在于事务数据中，快照场景下需要根据复杂的业务规则向前回滚事务到获得收益被确认时的历史情况。对单一保单来说这不仅不切实际，而且考虑采用这种方法来建立汇总关键性能度量的上层视图是非常可笑的。

对此难解问题的答案是建立不同的事实表作为保单事务表的伙伴。在此情况下，业务过程是每月保单保费快照。事实表的粒度是每月保单的每个保险项目和保单项对应一行。

16.3.1 一致性维度

当然，在设计保费周期快照表时，应该努力重用来自保单事务表的维度。现在，希望您已经成为一个一致性维度的爱好者。正如在第4章所描述的那样，一致性维度用于不同的事实表，这些事实表要么必须是相同的，要么表示粒度化维度的属性子集。

投保人、保险项和保险项目维度应该是相同的。表示每天的日期维度应该可以用一致性的月维度表替换。不需要按月跟踪参与保单事务所有的雇员，但保留涉及的代理可能是比较有用的，特别是因为字段操作非常关注持续的收益指标的分析。事务类型维度可能很少被使用，因为它不能以周期快照粒度应用。相反，可以引入状态维度，这样用户可以快速识别保险项目或保单的状态，例如，本月以来新保单或取消的保单的情况。

16.3.2 一致性事实

在讨论一致性主题时，需要使用一致性事实。如果同样的事实出现在多个表中，例如，对这个快照事实表以及我们本章后面将要讨论的合并事实表都需要用到的公共事实，则它们必须具有一致的定义和标识。如果事实不一样，则需要给出不同的名称。

16.3.3 预付事实

业务管理部门希望知道每月的保费收入是多少，以及获得了多少利润。尽管投保人可能签订合同并支付一段时间的保险项目的保险项，但直到服务提供前并未获得收益。在保险公司的案例中，只要投保人不撤销的话，保单的收益是按月获得的。对类似获得保费这样的度量的正确计算意味着完整地复制在 BI 应用中的操作型收益识别系统的业务规则。通常，将事务总额转换为按月收益的情况的规则非常复杂，特别是可能在月中保险项目升级或减低了级别的情况下。幸运的是，这些度量可以从不同的操作型系统中获得。

如图 16-4 所示，我们将两个保费收益度量包含在周期快照事实表中，用于处理不同的销售与获得收益的定义。简单地说，如果对某个给定保单项目和保单项的年度保单在 1 月 1 号成本是$600，则 1 月份销售的保费就是$600，但是获取的保费是$50($600 除以 12 个月)。在 2 月份，销售保费为 0 但获取的保费仍然是$50。如果在 3 月 31 日，该保单被撤销了，但 3 月份获取的保费仍然是$50，而销售的保费是负的$450。显然，此时，获取的收益流不再存在。

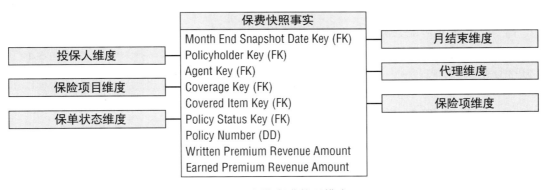

图 16-4　周期保费快照模式

预先支付业务场景通常需要合并事务与(每)月快照事实表，用于回答频繁和定期的事务，以及回答给定月份获取的收益情况。您几乎不能为快照模式增加足够的事实来消除对事务模式的需要，反之亦然。

16.3.4 再谈异构超类与子类

我们再次面对需要考察包含更多特定行业线属性的快照数据，并处理由于业务线不同而变化巨大的快照事实。由于每个业务线的自定义事实相互之间不兼容，所以如果要在每个行中包含所有的业务线事实，则多数事实行都会包含大量的空值。在此情况下，正确的解决方案是按照业务线物理地划分出不同的月快照事实表。您将会得到一个超类月快照模式和一系列子类快照，子类快照表示每个业务线或保险项目。每个子类快照事实是超类事实表某一段的拷贝，该表仅包含那些属于特定业务线的保险项目或保险项的键。使用超类事实表主要是为了方便开展分析工作，分析时可以使用超类和自定义子类事实，而不需要同时访问两个大型事实表。

16.3.5　再谈多值维度

汽车保险为我们提供了另外一个讨论多值维度的机会。通常一个保单会与多个投保驾驶员关联。可以构建一个类似图 16-5 所描述的桥接表，用于获取保单与投保驾驶员之间的关联。在此情况下，保险公司可以按照每个投保驾驶员对保费的贡献情况指定权重因子。

图 16-5　一个保单包含多个驾驶员的桥接表

由于这些关系可能会随时间而变化，所以可以在桥接表中增加生效日期和失效日期。在您找到它之前，可以采用无事实的事实表获取保单、投保人、保险项和投保驾驶员之间不断变化的关系。

16.4　更多保险案例研究背景

遗憾的是，保险业务存在一个缺点。通过访谈我们知道，生活并非只包含收集保费收益支出。这一行业的主要开销来自索赔损失。在保单生效后，就可以按照特定保险项目和保险项提出索赔。当保险公司接受一个新的索赔时，通常需要建立准备(储备)金。准备金是公司对索赔最终责任的初步估计。随着信息的不断获取，该准备金可以被调整。

保险公司在支付任何索赔前，通常会先进入调查阶段，保险公司会派出调解员检查保险项目和会见索赔者、保单持有人和其他相关的个体。调查阶段将产生任务事务流。对复杂的索赔来说，可能需要各种外部专家对索赔和损害程度做出判断。

多数情况下，在调查阶段完成后，保险公司将给出一定数额的赔付。多数赔款将付给第三方，例如，医生、律师或汽车保修工厂运营商。一些赔款直接付给索赔者。清楚地区分针对索赔案件的每类赔款由哪些雇员负责是非常重要的工作。

在保险项由于投保人或索赔者发生变化时，保险公司可以拥有保险项的所有权。如果该保险项仍然具有价值，保险公司回收利用的赔款是一种针对索赔支付的信用。

最后，赔付完成，索赔结束。如果没有发生特殊的情况，由索赔所建立的事务流将结束。然而，有时，要求获得更多的赔款或发生索赔诉讼将被迫重新启动索赔。保险公司的一个重要的度量是索赔重启的频率和环境。

除了分析详细的索赔处理流程，保险公司还希望了解在索赔期间发生了何种事情。例如，索赔提出日期与第 1 次赔付日期之间的时间延迟是度量索赔处理有效性的重要度量指标。

16.4.1　更新保险行业总线矩阵

为更好地了解业务索赔方的情况，需要对图 16-1 的矩阵草图进行修改。基于新需求，在矩阵中增加新行以适应索赔事务，如图 16-6 所示。项目前期获得的多数维度仍然可以使用，在矩阵中增加一些新列用于索赔、索赔人以及第三方收款人。

	日期	投保人	保险项	保险项目	雇员	保单	索赔	索赔人	第三方收款人
保单事务	X	X	X	X	X	X			
保费快照	X 月	X	X	X	X 代理	X			
索赔事务	X	X	X	X	X	X	X	X	X

图 16-6　更新后的保险行业总线矩阵

16.4.2　总线矩阵实现细节

DW/BI 小组有时需要用企业数据仓库总线矩阵获得的细节进行考虑。在构建 DW/BI 项目的规划阶段，坚持采用高级别的业务过程(或资源)是有意义的。不同粒度级别的多数事实表可以从每个业务过程行中获取。在随后的实施阶段，可以通过考虑来自不同矩阵行的过程所包含的所有事实表或 OLAP 多维数据库，获取更细粒度矩阵的子集。此时，通过增加列来反映与每个事实表或多维数据库关联的粒度和度量，使矩阵变得更加强大。图 16-7 描述了一个更详细的总线矩阵。

事实表/OLAP多维数据库	粒度	事实	日期	投保人	保险项目	保险项	雇员	保单	索赔人	索赔人	第三方收款人
保单事务											
公司保单事务	每个保单事务1行	保单事务金额	Trxn Eff	X	X	X	X	X			
汽车保单事务	每个汽车保单事务1行	保单事务金额	Trxn Eff	X	汽车	汽车	X	X			
家庭保单事务	每个家庭保单事务1行	保单事务金额	Trxn Eff	X	家庭	家庭	X	X			
保单保费快照											
公司保单保费	每个保单、保险项、每月1行	保费收益及赢得金额	X	X	X		代理	X			
汽车保单保费	每个汽车保单、保险项目、每月1行	保费收益及赢得保险金额	X	X	汽车	汽车	代理	X			
家庭保单保费	每个家庭保单、保险项目、每月1行	保费收益及赢得金额	X	X	家庭	家庭	代理	X			
索赔事件											
索赔事务	每个索赔任务事务1行	索赔事务金额	Trxn Eff	X	X	X	X	X	X	X	X
索赔工作流	每个索赔1行	原始收报、估计、当前收益、索赔额、营救集收益转让收集金额；损失开始、开始首期支付、开始以及开始关闭延迟；事务编号	X	X	X		代理	X	X	X	
事故发生	每个汽车索赔的损失方及附属方1行	事故发生计数	X	X	汽车	汽车		汽车	汽车	汽车	

图 16-7 总线矩阵实现细节

16.5 索赔事务

操作型索赔处理系统建立了大量的事务,包括下列事务任务类型:

- 开始索赔、重启索赔、结束索赔
- 设置准备金、重新设置准备金、结束准备金
- 设置索赔估计、接收索赔支付
- 调解人调查、调解人访谈
- 开始诉讼、结束诉讼
- 赔付、接收赔付
- 索赔代理

在更新图 16-6 的总线矩阵时,确定在该模式中使用多种为保单开发的维度。仍然具有两个与索赔事务关联的角色扮演的日期。特定的列标记应该区分索赔事务和那些与保单事务关联的生效日期。雇员涉及那些与事务任务关联的雇员。正如在业务案例中提到的那样,这些都与支付授权事务有关。索赔事务类型维度可以包含事务类型和上述列举的分组。

如图 16-8 所示,在索赔事务事实表中包含几个新的维度。索赔人是提出索赔的一方,通常是独立的。第三方收款人要么是独立个人,要么是商业实体。索赔人及收款人都是比较混乱的维度,因为难以就索赔将他们区分开。缺乏职业道德的潜在的收款人可能不希望以方便地将他们与保险公司系统内的其他索赔关联起来的方式对他们进行区分。

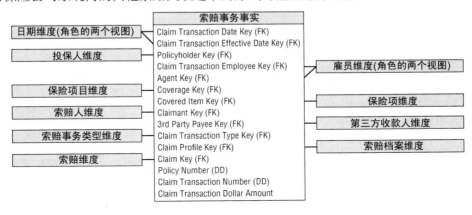

图 16-8 索赔事务模式

事务与杂项维度简介

除了以保单为中心的模式中的可重用维度以及刚刚列举的新的以索赔为中心的维度以外,还有大量的与索赔相关的指标和描述符。设计者有时试图将这些描述性属性转储到索赔维度上。该方法对粒度较高的描述符来说比较有意义,例如,定义发生损失的地址或叙述性地描述事件时。然而,一般来说,应当避免建立与事实表行号相同的维度。

正如在第 6 章所描述的那样,类似用于报告损失的方法或指明某个索赔是否源于突发事件的指标,低粒度的编码数据用杂项维度来处理会更好。在此情况下,杂项维度更适合

用作包含特定简介属性的新行的索赔介绍维度。针对简介属性的分组或过滤，与将它们作为索赔维度属性来处理的情况相比，将产生更快的查询响应时间，

16.6 索赔累积快照

即使设计了健壮的事务模式，仅仅使用事务细节仍然无法回答大量急迫的业务问题。通过从索赔历史开始遍历每个细节的索赔任务事务并适当地应用事务，仍然难以获得索赔-日期(claim-to-date)的指标度量。

以周期为基础，您可以在每天工作结束时，前滚所有的事务以增量更新累积索赔快照。粒度是每个索赔一行。一旦索赔提出便开始建立行，并根据索赔期进行更新，直到索赔完结为止。

在如图 16-9 所示的一致性的维度中，多数维度都可以重用。可以在事实表中建立更多的日期用于跟踪索赔事务的关键步骤及交付日期延迟。这些延迟可能会涉及两个日期之间的原始差异，或者它们可用更复杂的方式仅仅计算工作日。增加状态维度可以快速区分所有提出、结束和重新提出的索赔。特定事务维度(例如，雇员、付款方、索赔事务类型)受到抑制，而可加的数值型度量得以扩展。

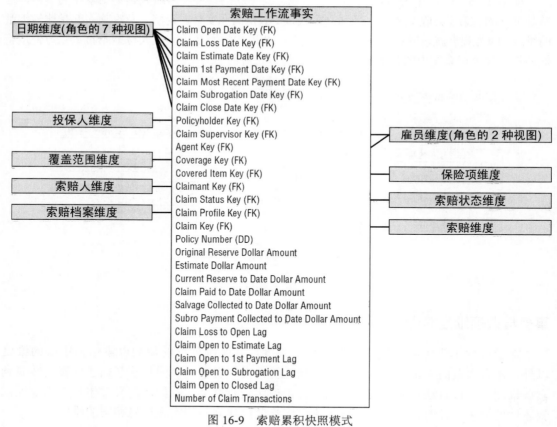

图 16-9 索赔累积快照模式

16.6.1　复杂工作流的累积快照

累积快照事实表通常适合于包含具有建立好的里程碑的可预测的工作流。它们通常包含 5～10 个里程碑日期，分别表示流水线开始、结束，以及开始与结束之间的关键事件。然而，有时工作流会缺失可预测性。它们仍然具有定义的开始和结束日期，但是中间的里程碑较多且不稳定。某些事件可能会跳过中间的里程碑，但是针对这些事件，没有可靠的模式。

在此情况下，首要的任务是确定角色扮演的日期维度的关键日期。这些日期表示最重要的里程碑。过程的开始日期和结束日期肯定在其中，此外，您应当考虑其他通常会发生的关键里程碑。这些日期(以及它们关联的维度)将被用于扩展对 BI 应用的过滤。

然而，如果附加的里程碑的数目巨大且不可预测，则不能将它们作为事实表中增加的日期外键。通常，与对日期本身进行过滤和分组比较，业务用户对这些里程碑之间的延迟更感兴趣。如果存在总计 20 个潜在的里程碑事件，则可能存在 190 个延迟期：事件 A 到 B，事件 A 到 C，……(事件 A 可能存在 19 个延迟)，事件 B 到 C，……(事件 B 可能存在 18 个延迟)等等。与其物理地存储 190 个延迟，不如仅仅存储 19 个，然后通过计算获得其他延迟。因为每个流水线事件都从事件 A 开始，A 是工作流开始日期，以事件 A 为基准，存储与之关联的 19 个延迟，然后计算获得其他的变化情况。例如，假如您希望找到 B 到 C 的延迟，则获得 A 到 B 的延迟值并减去 A 到 C 的延迟值。如果计算中某个延迟为空值，则结果将为空，因为某个事件不会发生。但如果您按照索赔行的数目进行计算或平均，这样的空值结果会得到良好的处理。

16.6.2　时间范围累积快照

累积快照易于表示工作流的当前状态，但是不利于表示中间状态。例如，某个索赔可能会移进和移出各种状态，诸如发起、否决、结束、辩论、再次发起、再次结束等。索赔事务事实表将包含不同的行用于表示每个事件，但是正如前文讨论的那样，它无法跨事务累积度量，如果打算从这些事务事件重新建立对流程的评价，将会变得非常困难。同时，典型的累积快照不允许针对过去的任意日期重建索赔工作流。

作为选择，您可以在累积快照中增加生效日期和截止日期。在此场景下，与其在变化发生时，对每行进行破坏性的更新，不如增加一个针对时间范围的新行来保存索赔状态。与类型 2 缓慢变化维度类似，事实行中包括下列增加的列：

- 快照开始日期
- 快照结束日期(当某一给定索赔增加了新行时更新)
- 快照当前标识(当增加新行时更新)

多数用户仅仅对典型的累积快照提供的当前视图感兴趣，您可以通过定义一个基于当前标识过滤历史快照行的视图来满足他们的需求。少数用户和报表需要查看流水线中过去任意日期，可以对快照开始和结束日期进行过滤来实现。

与标准累积快照比较，时间范围累积快照事实表更不便于维护，但它们的逻辑是相同的。典型累积快照更新某行，时间范围累积快照将更新先前作为当前状态行的用于管理的列，并插入新行。

16.6.3　周期而不是累积快照

对于索赔周期比较长的情况，例如，长期的残疾或人身伤害索赔具有多年寿命，您可以将快照表示为周期快照而不是累积快照。周期快照的粒度为每个固定快照间隔(例如月)的活动的索赔对应一行。事实表示为周期中发生的诸如索赔额、支付额和改变准备金等数字的可加事实。

16.7　保单/索赔合并的周期快照

经过迄今为止的事实表设计，可以获得除包含两个过程的快照意外的有关保单和索赔事务的健壮全景。然而，商业用户也会对利润度量感兴趣。尽管保费收益和索赔损失财务度量可以通过分别查询两个事实表然后合并结果而获得，但您需要本着易于使用和性能的精神选择下一个步骤来考虑这一公共的跨钻需求。

您可以构建另外一个事实表，该事实表将保费收益和索赔损失度量合并，如图16-10所示。该表包含缩减的对应于两个过程共同的最低级别粒度的维度集合。正如第7章中描述的那样，该事实表是一个合并事实表，因为它合并了多个业务过程的数据。最好是在基本度量发布到不同的原子维度模型后，开发合并事实表。

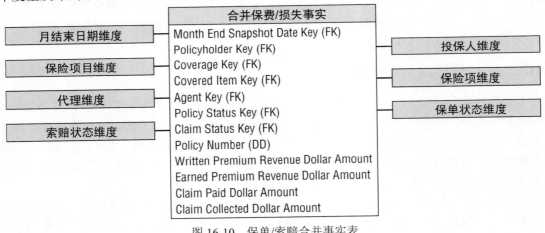

图 16-10　保单/索赔合并事实表

16.8　无事实的意外事件

我们曾经描述在空间和时间某点发生冲突的键时讨论过无事实的事实表。在汽车保险的情况中，可以使用无事实的事实表文字化地记录冲突。在此情况下，事实表记录了损失方与损失项之间的多对多关系，或者用外行的术语来讲，所有某个事故中存在的人与车的关联。

两个新维度出现在图16-11所示的无事实的事实表中。损失方获取涉及某个事故的个体，而损失方角色将他们区分为乘客、证人、律师或其他。正如在第3章中所讨论的那样，事实的值始终为 1，以方便计数和聚集。无事实的事实表可表示涉及大量个体和汽车的复杂事故，因为具有各种角色的涉及方的数量是开放的。当与事故关联的索赔人或损失方不止一个时，您可以随意地通过使用索赔人分组和损失方分组桥接表将这些维度当成多值维度。优点是事实表的粒度被保留为每个事故索赔一行。每个模式的变化可以回答类似这样的问题"您所处理的人身伤害索赔中有多少是由 ABC 法律合作伙伴来代表索赔人以及有多少是由 EZ-Dent-B-Gone 修理行执行修理工作的？"

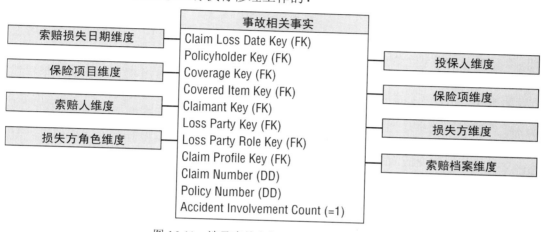

图 16-11　涉及事故参与方的无事实的事实表

16.9　需要避免的常见维度建模错误

在结束有关维度建模技术的最后一章时，我们认为建立一个设计人员不应该超越的边界是非常有益的。截至目前，我们对概念主要是通过正面地指出维度建模的最佳实践来表达的。现在我们不再反复强调需要做什么，而是要阐述维度建模技术要避免做什么。我们将根据重要性以倒序方式列举不应该做的事情，然而，需要注意的是，即使是不那么严重的错误也可能会给您的 DW/BI 系统造成严重的后果。

16.9.1　错误 10：在事实表中放入文本属性

建立维度模型的过程始终体现出一种分类的思想。来自操作型业务过程源的数值型度量应放入事实表中。涉及度量环境的描述性文本属性应该放入维度表中。几乎在每种案例中，如果某个属性被用于约束和分组，那么应该将它归入维度表中。最后，应当对剩余的代码和伪数字字段进行逐字段的决策，如果它们更像度量并且用于计算，则将其放入事实表中；反之，如果它们更像是用于过滤和标识的描述，则将它们放入维度表中。不要放松警惕将那些真正的文本，特别是那些注释字段放到事实表中。您需要从数据仓库事实表中挑出这些文本属性，并将它们放入维度表中。

16.9.2　错误 9：限制使用冗长的描述符以节省空间

您可能认为自己是一个保守的设计师，总试图保持对维度容量的控制。然而，事实上在每个数据仓库中,维度表从几何上看总是比事实表小很多。具有100MB容量的产品维度表,与比它大上百倍甚至上千倍的事实表相比,是微不足道的。我们作为建立方便使用的维度模型的设计人员的工作是支持在每个维度中尽量提供对描述性文本的详细描述。注意维度表中的文本属性为BI运用提供了浏览、约束或过滤的参数,并为报表提供了行和列的表头。

16.9.3 错误8:将层次划分为多个维度

层次是一种级联的多对一关系序列。例如,多个产品上卷到一个品牌,多个品牌上卷到一个分类。如果某个维度以最低级别粒度来表示,例如,产品,则层次中所有更高的级别可以在产品行中以唯一值表示。商业用户理解层次性。您的工作是以用户看来最自然最有效的方式表示层次,而不是从那些整个职业生涯中都关注为事务处理系统建立实体-关系模型而设计第三范式的数据建模人员的角度。

固定长度层次属于一个简单的物理平面维度表,除非对数据容量或变化速度另有要求。要抵制将层次变成由多个小的子维度构成雪花模式的冲动。最后,如果一个维度中同时存在多种上卷方式,多数情况下,在同一维度中包含多种层次有其存在的道理,只要维度是以可能的最低粒度定义的。

16.9.4 错误7:忽略对维度变化进行跟踪的需要

与流行的观念相反,商业用户通常希望能够理解维度表属性中至少某个子集的变化所带来的影响。用户不大可能满足于维度表中的属性总是反映当前世界的状态。三种基本技术可用于跟踪缓慢发生的属性变化。不要只满足于使用缓慢变化类型1。同样,如果属性的某个分组变化快,可以对维度表进行划分,通过微型维度获取更不稳定的属性。

16.9.5 错误6:使用更多的硬件解决所有的性能问题

聚集或者获取汇总表,是一种提高查询性能的低成本方式。多数 BI 工具提供商都支持使用聚集操作。增加昂贵的硬件所能完成的工作可以由平衡程序来部分实现,平衡程序包括建立聚集、建立分区、建立索引、选择查询效率高的数据库管理系统软件、增加内存容量、提高 CPU 速度以及在硬件层面上增加并行能力。

16.9.6 错误5:使用操作型键连接维度和事实

新手设计人员有时太介意设计维度表主键连接事实表外键这一思想。将某些维度表属性定义为维度表键,然后使用它们作为物理连接事实表的基础可能会适得其反。这包括将包含有效日期的操作型键声明为维度键的不幸的实践。所有类型的丑陋问题都会由此而生。维度的操作型键或智能键应该由简单的整数型从 1 到 N 顺序排列的代理键替换,其中 N 是维度表的总行数。日期维度是这一规则的唯一例外。

16.9.7 错误4:忽视对事实粒度的声明并混淆事实粒度

所有的维度设计应该始于对建立数字性能度量的业务过程的阐述。其次,必须精准地定义数据的粒度。以最原子化的方式建立事实表,粒度级别将能够优雅地抵御随意的攻击。

第三，使围绕这些度量构建的维度具有同样的粒度。保持粒度一致是设计维度模型的关键步骤。一个微妙但重大的设计错误是在事实表中增加帮助性的事实。例如，那些用于描述扩展的时间范围或范围广泛的地理区域的总计行。尽管这些附加的事实在单项度量时为大家所熟知，并且似乎能够简化某些 BI 应用，但它们的存在将带来破坏，因为所有跨维度的自动求和会重复计算这些更高级别的事实，产生不正确的结果。每种不同的度量粒度都需要建立适合自身粒度要求的事实表。

16.9.8　错误 3：使用报表设计维度模型

维度模型与预期的报表没有任何关系。相反，维度模型是度量过程的模型。数字度量构成了事实表的基础。适合事实表的维度其内容应该是描述度量的环境。维度模型需要牢牢地基于度量过程的实际，而不是基于用户如何选择定义报表。一旦项目组采用这种方式，维度模型将建立上百个事实表以向其用户发布订单管理数据。实践证明，如果构建事实表用于解决特定报表需求，同样的数据会分多次获取，以适应所有这些差异甚微的不同事实表。毫无疑问，项目小组将面临需要在固定时间窗口内更新庞大数据库的可怕局面。不要陷入以报表为中心的模式的泥潭中，项目小组应该关注度量过程。用户需求可以通过利用原子数据的良好设计模式以及使用部分(不是大量的)用于增强性能的聚集来处理。

16.9.9　错误 2：希望用户查询规范化的原子数据

最低级别的数据最适合于维度设计且应该将其作为维度设计的基础。聚集数据失去了某些多维性。您不可能利用聚集数据建立维度模型并希望用户或 BI 工具能够无缝地下钻到第三范式(3NF)数据以了解细节。规范化模型有助于在 ETL 过程中准备数据，但是绝不能用于向商业用户表示数据。

16.9.10　错误 1：违反事实和维度的一致性要求

最后一件不能做的事情可以表述为两个不同的错误，因为它们对于一个成功的 DW/BI 设计来说是极其危险的，但是我们用完了错误号码，因此只能将它们放在一起。

如果都走到这一步了还要去建立烟筒式的孤立的数据仓库，那真应该感到羞愧。我们将这一情形称为功败垂成。如果您具有一个数字化的度量事实，例如，收益，来自两个或多个不同的底层系统，则需要特别小心，要确认这些事实的技术定义能够精确地匹配。如果技术定义不能精确匹配，则不能将它们都称为收益。这就是保持事实一致性的含义。

最后，维度建模领域最重要的一种设计技术是保持维度的一致性。如果两个或更多的事实表与同一个维度关联，则必须以高度负责的精神确保这些维度具有同一性或仔细选择各自的子集。当您确认跨多个事实表的维度具有一致性后，就可以在不同的数据源之间进行钻取操作，因为约束和行头表示同一种事情并且在数据级别上是匹配的。一致性维度是建立分布式 DW/BI 环境、向现存的数据仓库中增加未预期的新数据源、使多个不兼容的技术功能和谐工作所需要的秘密调料。一致性维度还能使小组更加敏捷，因为它们不会重复构建，这些优势能够为业务团体更快地带来价值。

16.10　本章小结

　　本章作为案例研究的最后一章，我们设计了一系列保险行业维度模型，用于进一步深入学习本书所描述的许多重要概念。希望读者能够舒服和自信地使用一个维度建模人员常用的词汇和工具。

　　在对维度建模准确掌握的基础上，下一章将讨论其他所有发生在构建成功的DW/BI 项目活动中的活动。在开始从事维度建模前，对此拥有整体视角和认识是非常有益的，即使您的工作仅仅局限于建模。

第 **17** 章

Kimball DW/BI 生命周期概述

本章将不再关注 Kimball 的维度建模技术，而是将注意力转向数据仓库/商业智能(DW/BI)设计和实施项目过程中所涉及的其他方面。在本章中，我们将讨论从项目初启到持续维护这一 DW/BI 生命周期的内容，了解生命周期所涉及的每个步骤中的最佳实践，以及可能存在的问题。更多有关 Kimball 生命周期的详细内容可以参考由 Ralph Kimball、Margy Ross、Warren Thornthwaite、Joy Mundy 和 Bob Becker(Wiley 出版社，2008)合著的 *The Data Warehouse Lifecycle Toolkit，Second Edition* 一书。本章是从该书内容中抽取出来的专供速成学习的摘录教程。

您可能认为本章内容仅适合 DW/BI 项目经理阅读，但我们不这么认为。DW/BI 系统实现需要紧密集成各种活动。我们认为项目组的每个成员，包括分析师、架构师、设计师和开发人员等，都需要对项目生命周期有全面的了解。

本章提供了了解 Kimball 生命周期方法的综述。有关维度建模和 ETL 任务方面的特别建议将在稍后的章节中介绍。第 18 章将开展针对协同建模的讨论，然后在第 20 章讨论与 ETL 相关的活动。

本章主要涉及以下概念：

- Kimball 生命周期定位
- DW/BI 程序/项目规划与后续管理
- 获取业务需求的技巧，包括优先顺序
- 开发技术架构和产品选择的过程
- 物理设计方面的考虑，包括聚集和索引
- BI 应用设计与开发活动
- 有关部署、后续维护和今后发展的建议

17.1 生命周期路标

在来到一个从未曾到过的地方时，我们一般都会依赖路标，尽管可能是通过 GPS 显示的。同样，当我们开始讨论 DW/BI 中不太熟悉的内容时，路标是非常有用的。*The Data Warehouse Lifecycle Toolkit* 一书的作者们利用十多年的经验设计出了 Kimball 生命周期方法。当我们在 1998 年首次提出生命周期开发方法时，我们称其为商业维度生命周期，这一名称体现了我们在数据仓库方面取得成功的关键原则：关注业务需求，为用户展现维度结构数据，过程可管理，迭代开发项目。在 20 世纪 90 年代，除我们之外，没有几个组织强调这些核心原则，因此我们采用的方法其名称与其他方法存在差异。时至今日，我们仍然坚持我们的核心原则，这些核心原则已经成为被广泛接受的行业最佳实践，但是我们将其名称更改为 Kimball 生命周期，因为大多数人都这样称呼它。

Kimball 生命周期方法总体结构可参考图17-1。图中描述了任务序列、依赖关系和并发处理。它可以作为一种能够帮助小组在正确的时间执行正确的工作的路标。尽管全图比较完整，但该图并未反映绝对的时间表，与每个主要活动所需要的时间和工作还存在巨大的差异。

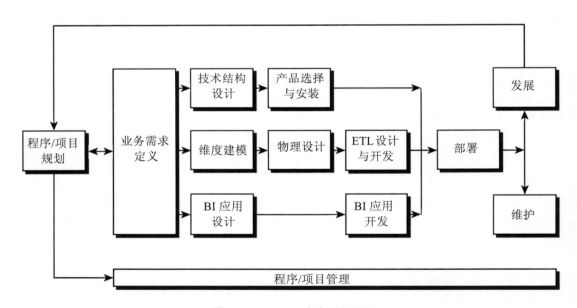

图 17-1 Kimball 生命周期图例

注意：
当前行业中非常关注敏捷方法。回忆一下第 1 章涉及的内容。Kimball 生命周期方法与敏捷方法具有共同的原则：关注业务价值、业务合作和增量开发。然而，我们也强烈地感觉到 DW/BI 系统设计和开发需要建立总线架构驱动的扎实的数据架构和治理基础。我们也相信多数情况下，在被部署到一半业务团体前，有理由捆绑多个敏捷"可交互产物"到某个具有更完善功能的版本中。

各个重要部分的路标

在开始深入讨论细节前，花一点时间来适应自己的路标。正如您所期待的那样，生命周期始于项目规划。该模块评估组织针对初始的 DW/BI 的准备情况，建立初步的范围和正当的构建理由，获取资源并启动项目。持续的项目管理是保证能够跟踪项目其他工作的基础。

图 17-1 所示的第 2 个主要的任务是关注对业务需求的定义。由于项目规划与业务需求定义活动之间会相互作用，所以这两个活动之间存在一个双向箭头。将 DW/BI 初启与业务需求一起考虑是非常必要的。单项最佳产品技术无法满足 DW/BI 环境，因为它们并未以业务为重心。商业用户及其需求对包含在 DW/BI 项目中的几乎每个设计和实现决策都会产生影响。图 17-1 的路标中，这一思想反映在紧接着的 3 个并行的模块中。

图 17-1 的并行模块的第 1 个模块关注技术。技术架构设计建立集成多种技术的整体框架。以架构设计所确定的能力为购物清单，根据清单评估并选择特定产品。需要注意的是，产品选择并不是路标的第 1 个工作框。一个最常见的错误是，没有经验的小组往往在尚未完全理解他们将要完成什么工作前就开始产品选择工作。这样做类似于在尚未确定是否要钉钉子或拧螺丝前就抓起一把锤子。

紧随业务需求定义后面的中间模块关注数据。首先要完成的工作是将按照需求来设计我们已经讨论的维度模型。然后将维度模型转换为物理结构。物理设计期间，重点是性能调整策略，例如，聚集、索引和分区等。最后但同样重要的是，ETL 系统的设计与开发。如前所述，框的大小相同并非表示您所需要完成的工作量相同。显然在物理设计与以 ETL 为中心的活动的需求之间，完成它们所需要的工作量存在显著的差异。

紧随业务需求定义之后的最后一个任务集合是设计和开发 BI 应用。DW/BI 项目在数据交付后并未完成。BI 应用，以参数驱动的模板和分析的形式存在，将用于实现多数商业用户的分析需求。

技术、数据和 BI 应用，连同保证系统健康的教育和支持，集中到精心的部署阶段。从这里开始，为确保 DW/BI 系统的健康运行，需要开展持续的维护工作。最后，通过启动后续项目处理未来的发展问题，维护工作和后续项目都返回到生命周期开始之处。

通过以上的学习，初步了解了整个路标。以下我们将详细讨论图 17-1 所示的每个框图模块。

17.2　生命周期初始活动

以下几节勾画了在开始 DW/BI 项目时的最佳实践和需要避免的陷阱。

17.2.1　程序/项目规划与管理

毫无疑问，DW/BI 始于一系列的程序和项目规划活动。

1. 评估准备

在开始 DW/BI 工作前，有必要花点时间评估组织的准备工作。基于与上百家客户约谈所积累的经验，我们认为有三种因素可用于区分项目能够顺利开展还是需要付出艰辛的努力。这些因素将成为决定 DW/BI 是否成功的先行指标。我们将按照重要性讨论这些特征。

最关键的准备因素是有一个强有力的执行业务主管。业务主管应该对 DW/BI 系统对组织的潜在影响具有清晰的认识。最佳情况是，业务主管具有成功完成其他内部活动的经历。他们应该是能够说服其他领导支持该项目的政策上精明的领导。如果首席信息官(CIO)是指定赞助商，则项目将会冒更大的风险。我们更喜欢现实的承诺而不是业务同事。

准备期间第 2 个主要的因素是有一个强大的、解决 DW/BI 活动的引人注目的动机。这一因素往往与发起工作齐头并进。DW/BI 项目需要解决关键的业务问题，这一工作需要为获得成功的开始和健康的生命期而获取资源。引人注目的动机通常会建立一种紧迫感，无论这一动机是来自于外部资源，例如，竞争因素，还是内部资源，例如，完成收购后无法对跨组织的指标进行分析等。

第 3 个因素是评估准备的可行性。可行性包含几个方面的内容，尽管也涉及技术和资源的可行性，但数据可行性最为重要。从实际的操作型源系统中收集的数据能够支持业务需求吗？数据可行性是最重要的关注点，因为如果无法以正确的粒度收集需要的源数据，项目将无法在短期内完成。

2. 范围及论证

在熟悉了组织的准备工作后，需要确定项目的边界范围。确定范围需要 IT 组织和业务管理的联合输入。DW/BI 项目的范围对业务组织来说要有意义，对 IT 组织来说要可管理。应该先考虑关注单一业务过程的数据，这样可以减少很多困难，然后处理多过程项目。记住在确定范围时要避免"太"规则——项目时间表"太"短暂，涉及"太"多的系统，包含"太"多的位于"太"多不同位置的具有"太"多不同分析需求的用户。

项目论证需要评估与 DW/BI 初启工作有关的利益和成本。理想的结果是，预期收益远远大于成本。信息技术通常是成本的主要来源。DW/BI 系统趋向于快速扩展，因此评估一定要考虑短期增长的空间。与操作型系统开发不同，操作型系统在投产后对资源的需求会变得越来越小，而对 DW/BI 支持的需求不会随着时间的推移而显著下降。

业务团体主要负责确定预期财务收益。DW/BI 环境的验证通常基于增加收益或利润的可能性而不是仅仅关注降低费用。仅仅提供"唯一的真实版本"或"对信息的灵活存取"显然还不能构成充分的财务论证。需要层层深入地确定这些方面对获得高质量的决策制定的影响。如果您正在开展论证工作，就会发现项目初启关注的可能是错误的业务发起或问题。

3. 人员配备

DW/BI 项目需要集成不同的功能小组以及来自业务和 IT 领域的不同资源。同一个人在小组中往往需要扮演不同的角色。将命名的资源分配给角色需要考虑项目的大小及范围，以及每个人的可用性、能力和经验。

从业务层面考虑，我们需要扮演下列角色的人员：

- **业务发起人**：发起人是 DW/BI 系统的最终客户，同时他们也是系统最强大的支持者。发起人有时采用执行董事委员会的方式存在，特别是当发起人涉及多个企业时。

- **业务驱动者**：在大型企业中，项目发起人可能地位较高或不能直接与项目组打交道。在此情况下，发起人有时会将 DW/BI 系统中那些不具备战略性的责任指派给组织中的中层管理人员。此时，业务驱动者与业务发起人具有同样的特征。
- **业务领导者**：商业项目领导者应该是一位受大家尊敬的人，他应该将主要精力投入到项目中，每天都与项目经理交流。有时可以由业务驱动者扮演这一角色。
- **业务用户**：理想的情况是，商业用户是 DW/BI 的狂热粉丝。他们需要尽早且经常性地参与确定项目范围和业务需求。从此，您必须找到创造性的方法在项目推进过程中不断地维持他们对系统的兴趣和参与热情。记住，业务用户的参与是 DW/BI 能够被接受的关键因素。没有商业用户的参与和支持，DW/BI 系统就变成徒劳的技术训练。

几个位置的人员配置来自业务或 IT 组织。这些人员可以作为了解业务的技术资源或了解技术的业务资源。

- **业务分析师**：业分析师主要负责确定业务需要并将需求转化为结构、数据和商业应用需求。
- **数据管理师**：作为主题专家，数据管理师通常是当前处理特设分析的"关键"人力资源。他们理解数据的含义，如何使用这些数据，何处可能存在数据不一致情况。考虑实现围绕核心多维数据在组织中的共同理解问题，这是一个具有挑战性的角色，正如我们在第 4 章"库存"中所描述的那样。
- **BI 应用设计人员/开发人员**：BI 应用资源负责设计并开发分析模板的最初集合，并提供持续的 BI 应用支持。

以下角色通常来自 IT 组织：

- **项目经理**：项目经理是一个关键的角色，应该由高管们和技术团队满意的并受尊敬的人来担任。项目经理必须具备交际和项目管理技能。
- **技术架构师**：架构师负责总体技术架构。需要制定计划将需要的技术功能粘合到一起并能够从总体技术架构的角度评估各种制品
- **数据架构师/建模者**：这一角色通常由强调规范化的具有事务型数据背景的人来担任。他们支持维度建模概念并了解业务需求，而不是仅仅关注节省空间或减少 ETL 工作负载。
- **数据库管理员**：类似数据建模者，数据库管理员应该放下一些传统的数据库管理的看法，例如，在一个关系表中只应该建立一个索引等。
- **元数据协调人**：该角色帮助建立元数据库策略并确保能够收集、管理、发布适当的元数据。
- **ETL 架构师/设计人员**：该角色负责设计 ETL 环境和过程。
- **ETL 开发人员**：在 ETL 架构师/设计人员的指导下，开发人员建立并自动化过程，可能会要求使用 ETL 工具。

我们再次指出上述列表罗列的是角色，而不是具体的人。特别是在一些小型企业中，具有多种技能的个人可以同时担任多个角色。

4. 规划的开发及维护

DW/BI 规划要区分所有必要的生命周期任务。详细的任务列表可参考 Kimball 工作组的网站 www.kimballgroup.com。单击书名为 *The Data Warehouse Lifecycle Toolkit, Second Edition* 下面的 Tools & Utilities 标签进入。

任何了解小组成员的优秀项目经理应该制定不同任务需要的开发工作量估计,项目经理无法保证允许与期望的时间总能保持一致。在每个主要的里程碑和发布物产生后,项目规划应该确定由业务代表参加的验收检查点,以保证项目按计划推进。

DW/BI 项目需要广泛的交流。尽管项目经理通常擅长小组内交流,但仍然需要建立交流策略以便为其他参与者描述频度、讨论会和重要消息。其他参与者主要包括业务发起人、业务团体和其他 IT 同行。

最后,因为非常需要满足商业用户的需求,因此 DW/BI 项目的范围极易发生变化。在面对变化时,应该具有多种选择:增加范围(通过增加时间、资源或预算),执行零和(zero-sum)游戏(以放弃某些要求为交换条件而保持原有范围不变),或说"不"(并非直接否定,而是通过将变化当成增强的需求来处理)。关于范围的决策,最重要的事情是不应该只考虑 IT 的问题。正确的回答是依赖环境。现在是利用业务伙伴关系给出所有参与者都能够接受的答案的时候了。

17.2.2 业务需求定义

要构建一个成功的 DW/BI 系统,最重要的工作是与商业用户紧密合作,了解他们的需求并确保他们的投入是有价值的。本节关注获取业务需求的基本技术。

1. 需求预规划

在开始与业务代表坐下来收集业务需求前,为保证会议的效果,我们提出以下建议。

1) 选择讨论话题

业务用户需求讨论会通常也涉及源系统专家的数据发现。这种双管齐下的方法能够洞悉业务需要及数据现实。然而,不要问业务代表关于他们的关键数据的粒度和维度的问题。应该问他们希望做什么,为什么要做,他们是如何制定决策的,他们希望未来能制定什么样的决策。与对组织的治疗类似,他们试图发现问题和机会。

获取需求主要可以采用两种技术:用户访谈或用户联席会。这两种技术各有优缺点。用户访谈鼓励个人参与并且比较容易调度。联席会可以减少收集需求的时间,但对每个参与者来说,需要花费更多的时间。

基于我们的经验,调查表并非是获取需求的合理工具,因为它们是平面的、二维的。其自选项仅包含那些我们提前考虑好的答案,无法获得更深入的情况。此外,调查表方式不利于我们努力要获得的业务用户与 DW/BI 发起人之间的联系。

我们通常采用混合访谈方式获得细节并通过联席会议达成小组共识。尽管我们会更详细地讨论这一混合方法,多数讨论可应用于联席会议。需求获取论坛选择依赖小组的技能、组织的文化以及业务用户已有的业务。一种方法并不能适用于所有的环境。

2) 确定及筹备需求小组

无论采用哪种方式，都需要确定并筹备相关的项目组成员。如果您正在开展用户访谈工作，需要确定访谈负责人，其主要责任是问一些开放式的问题。同时，需要访谈抄录员记录大量的笔记。尽管使用录音设备可以提供更完整的访谈内容，但我们不使用它，因为使用它会改变访谈的动态性。我们宁愿其他人员参加访谈也不依赖相关技术。我们通常邀请一个或两个额外的项目成员(要根据受访者的数量来定)作为观察员，这样他们能够直接获取用户的需求。

在与商业用户交谈前，需要确认自己以正确的心态来看待讨论会。不要认为自己已经什么都清楚了，您一定会通过交谈更进一步地了解业务。另一方面，应该提前做点功课，研究可用的资源，例如，年报、网站和组织内部的图表。

得到正确答案的关键是正确地提出问题，我们推荐起草一个问卷调查。不应该将问卷调查视为一种剧本，它是一种用于组织您思想的工具，作为在讨论会期间，一旦您的想法出现空白时可用的后备装置。在访谈过程中，当小组对业务主题事宜更加了解的情况下，调查问卷将被更新。

3) 选择、调度和准备业务代表

如果您是初次接触 DW/BI，或者是开发一种处理现存数据的孤立状态的衔接策略，您应当与合理代表组织各方面业务的人员交谈。合理的范围对制定企业数据仓库总线矩阵蓝图至关重要。您需要理解涵盖核心业务功能的公共数据词汇，以便能够建立一个可扩展的环境。

在目标用户团体内部，应当垂直地覆盖组织。DW/BI 项目小组自然地趋向于构建企业强大的分析能力。尽管他们的见识是有价值的，但不能忽略企业高级和中层管理人员。否则就会过度关注战术，而把握不住小组的战略方向。

调度业务代表是最艰巨的需求任务，特别是要得到部门行政助理的帮助。我们愿意单独约见执行经理。当约见处于组织机构中较低级别的人员时，将类别相同的两三个人分为一组同时会谈是比较合适的。一般单独访谈的时间控制在 1 小时左右，小组访谈的时间控制在 1.5 小时左右。调度者需要在会议之间安排半小时时间用于处理汇报和其他事宜。出于对新要求的关注，访谈过程涉及的工作将极其繁重。因此，在一天中尽量只安排三四次会议。

在约见受访者前，业务发起人应该与受访者进行沟通，强调他们对该工作的承诺和每个参与者的重要性。可以要求受访者将其关键报表和分析的复件带入会场。这样的沟通方式传播了一种一致的消息，并表达出对业务用户重要性的肯定。有些时候，业务用户不太愿意将关键的报表带来参加会议。然而，我们发现在访谈结束后，这些人几乎总是回到其办公室将这些报表带回。

2. 收集业务需求

现在是开始面对面收集业务需求的时候了。过程通常按照结构化问询到最后的文档形成这一流程。

1) 初启

在会议室收集需求前，首先要指定介绍会议的责任人。该责任人应当用最初的几分钟根据拟定的访谈会基调描述访谈要点。这一介绍应该传达简单明晰的以业务为中心的信息，不要漫无边际地介绍硬件、软件和其他技术术语。

2) 访谈流程

访谈的目标是让业务用户说清楚他们做什么和为什么要做。简单温和的开启话题的方式是询问受访者的工作职责和在组织中所处的位置。这一话题是每个受访者都容易回答的问题。此后，通常会询问一些受访者的关键指标度量。确定他们是如何跟踪进展并成功地将这些指标直接放入到维度模型中，不需要您直接提问，他们就会将其关键业务过程和事实告诉您。

如果访谈对象有较高的应用数据经验，应该考虑如何更好地通过访谈者理解业务的多维性。类似"您如何区分不同的产品(或代理商、供应商或设施)？"或"如何自然地分类产品？"等问题有助于识别关键维度属性和层次。

如果受访者更侧重分析工作，则询问当前建立的分析类型。理解这些分析工作的特性，无论它们是自组织的还是标准的，将它们作为 BI 工具需求以及 BI 应用设计过程的输入。理想情况下，受访者会带来关键图表和报表的拷贝。与其将它们放入文件夹中，不如立即了解一下受访者是如何进行分析的，可以作为进一步改进的机会。某些行业专家建议，您不能将可扩展的分析环境设计成一个仅仅能够满足用户最主要的 5 个报表的环境。用户的问题必然会发生变化，因此决不能将设计关注点仅仅放在最重要的 5 个问题上。

假如与管理人员会面，不要落入这样的战术性细节中。相反，应该询问他们对于更好地在整个组织中利用信息的构想。也许项目小组设想构建一个自组织环境，而业务管理层对发布标准化的分析更感兴趣。您需要确保 DW/BI 发布物匹配业务需求和期望。

询问每个受访者有关改进信息访问的影响问题。您可能已经接收了初期项目资金，但获取更多潜在的、可量化的利益是有益无害的。

3) 形成最终文档

在访谈进入最后总结阶段时，请每个受访者提出有关项目成功的关键评判标准。当然，关键评判标准应该是可度量的。"易于使用"和"快捷"对每个人来说都有不同的考虑，因此，受访者需要提出清晰的细节，例如，他们为运行预定义的 BI 报表所需要花费的训练次数。

在这一情况下，始终要制定一个宽泛的免责声明。让受访者理解尽管在会议中讨论了能力问题，但不能保证讨论的能力能够在项目的第 1 阶段就予以实施。感谢受访者才华横溢的洞察力，让他们知道下一步将会做什么，以及需要他们参与哪些工作。

3. 指导以数据为中心的访谈

在关注理解业务需求的过程中，让源数据专家或主题业务专家参加访谈会以评估支持业务需求的可行性是非常有益的。开展这些以数据为中心的访谈与前面讨论的那些访谈是不同的。目标是查明在建立需求的动力前，需要的核心数据是否已经存在。在以数据为中心的访谈中，您可以深入了解一些初期的随后需要提供的数据分析结果，例如，一些关键数据字段的领域值和计数，这样可以确保您不至于站在流沙之上。在维度建模过程中，将进行更加全面的数据审计。在该点上努力学习，就可以恰当地管理组织的期望。

4. 文档化需求

访谈后紧接着需要做的事情是，访谈小组应完成详细的访谈报告。确认每个小组成员所记录的内容。如果每个人都能在会议后，趁对访谈内容尚具有清晰记忆时，快速总结自己的笔记是非常有用的，这样做可以填补空白。笔记中的缩略词和记录不全的句子在几天后会变得难以理解。同样，需要检验收集的报告以赢得对更多数据仓库必须支持的多维性的见解。

此后，可以将所听到的内容变成文字材料。尽管形成文档是大家都不太喜欢做的工作，但文档无论是对用户验证，还是作为项目组参考材料来说都是非常重要的。在需求过程中将形成两个可能的文档类别。第 1 个文档是记录下每个访谈，该活动需要花费大量时间，因为记录不能仅仅是对意识流的抄写，重要的是能够使那些未参会的人也能够理解。合并结果的文档是最为关键的文档。该文档将围绕业务过程来组织。因为 DW/BI 项目的处理是以逐个的过程为基础的，因此将业务需求放入不同的领域中是非常适当的，这样可以按照不同领域开展实施工作。

在完成合并文档时，应该撰写执行综合文档，紧接着撰写项目概述，包括用到的过程和有关的参与者。总体上说，文档要以业务过程为中心。对每个过程，要描述为什么业务用户期望分析过程的指标度量，他们需要得到何种能力，当前他们所受到的限制，可能存在的好处或影响是什么。处理每个过程的可行性评论也是非常重要的内容。

正如在第 4 章以及图 4-11 所描述的那样，展现在机会/利益相关方矩阵中的过程有时表达的是跨组织的影响。在此情况下，机会矩阵的行表示业务过程，与总线架构类似。然而，在机会矩阵中，列表示组织的分组和功能。出人意料的是，该矩阵通常比较稠密，因为多数组希望访问同样的核心指标度量。

5. 需求优先级

综合结果文档将成为后面为高管层和其他需求参与人员展示的基础。难以避免的是，您不可能通过一次迭代就涵盖所有需要处理的需求，因此需要考虑优先顺序。正如在讨论项目范围时所提到的那样，不要凭空制定优先顺序，需要与业务团队的合作者一起来建立合适的优先顺序。

在结果评审和优先顺序考虑会议上要汇报需求总结报告。参与者包括高级业务代表(参与过访谈会的优先)，以及 DW/BI 管理者和其他高级 IT 管理人员。会议以概述每个确定的业务过程开始。应当使每个参与者对机会有共同的理解。也可以评审机会/利益相关方矩阵，以及简化的总线矩阵。

最终成果提交后，开始考虑优化使用如图 17-2 所示的优先级网格。网格的纵轴表示业务潜在的影响或价值。横轴表达可行性。每个最终成果的业务过程主题按照业务代表们所确认的有关影响和可行性的综合情况来放置。它图形化地表示出您应该从哪里着手。需要优先关注的项目位于右上角，因为它们代表的是影响大、可行性高的项目。而位于左下角的项目要尽力避免，它们对业务没有多少价值。同样，位于右下角的项目也没有短期启动的意义，尽管项目组有时会被它们吸引，因为这些项目是可行的，但并非关键的。最后，左上角的项目表示那些有意义的机会。这些项目具有较大的业务投资价值，但当前可行性不强。当 DW/BI 项目小组关注右上角阴影部分的项目时，其他 IT 小组应该解决那些位于左上角的当前可行性受到限制的项目。

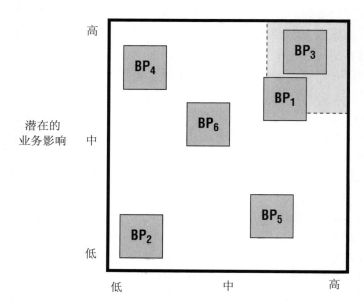

图 17-2　基于业务影响和可行性的优化网格

17.3　生命周期技术路径

在图 17-1 所示的 Kimball 生命周期路标中，业务需求定义后面紧接着三个并行的路径，分别关注技术、数据和 BI 应用。下面几小节将主要瞄准技术路径展开讨论。

17.3.1　技术架构设计

与新家的蓝图类似，技术架构是描绘 DW/BI 环境的技术服务和基础设施的蓝图。正如第 4 章描述的企业数据仓库总线架构支持数据集成一样，架构规划是一种支持集成技术和应用的有组织的框架。

类似装修房屋的蓝图，技术架构包含一系列揭示每个主要部件细节的模型。无论哪种情况，架构确保能够抓住纸面上的问题(例如，洗碗机离水槽太远)，并减少项目中期的诧异。支持并行工作，通过重用模块化的组件加快开发进度。架构可以确定哪些是马上就需要的组件，哪些是可以稍后完成的(例如，地面和玻璃门廊)。最重要的是，架构可作为交流工具。家庭建筑蓝图可使建筑师、总承包商、分包商和房屋主人通过一个公共文档进行交流。同样，DW/BI 技术架构支持在组内、上层的管理者和外部的承包商间建立一个对技术需求具有一致性的集合。

第 1 章曾谈论了架构的几个主要部件，包括 ETL 和 BI 服务。本节我们将关注建立架构设计的过程。

DW/BI 小组通常从架构设计过程范围的两端着手。一些小组根本无法理解架构的益处,感觉主题和任务太过模糊。他们非常关注交付物,认为架构像是一种阻碍并干扰其工作进展的东西,因此他们选择绕过架构设计。实际上,他们将完成第 1 次迭代所需要的组件使用口香糖和电线捏合起来,换来的是集成和接口需要花费更大的代价来增加更多的数据、更多的用户和更多的功能。最终,这些小组需要重新构建,因为没有架构的结构无法承受压力。另外一种极端情况是,某些小组期望花费两年的时间设计架构,忘记了 DW/BI 环境的主要目的是解决商业问题,而不是解决任何貌似有理(实际上并无道理)的技术挑战。

从设计范围的两端开始都是不健康的。最适当的响应应该是从中间开始。我们将支持以下的 8 步过程来帮助大家开展结构化设计工作。每个 DW/BI 系统都包含一个技术架构,问题在于其规划是清楚还是模糊。

1. 建立架构工作组

建立一个仅包含两三个人的重点关注架构的工作组是非常有用的。通常,他们由技术架构师组成,包括 ETL 架构师/设计师和 BI 应用架构师/设计师,这些人能够代表后端和前端环境。

2. 收集与架构有关的需求

如图 17-1 所示,技术架构的定义并不是该生命周期图中的第 1 个框。建立架构主要是为了支持业务需求。不能将它当成购买最新的、最好的产品的借口。实际上,设计过程的关键输入来自业务需求定义。然而,对待业务需求,需要有选择地获取,主要获得那些能够驱动架构设计的需求。主要关注点在于揭示出那些能够对架构产生影响的业务需求。重点关注涉及时间、可用性和性能方面的需求。

您还应该召开 IT 组织内部的访谈会。这些会议重点关注技术,以理解当前的标准,规划技术方向以及确定边界。此外,需要揭示那些从先前开展的信息交互产物中学习到的经验和教训,以及组织的有关用 DW/BI 项目适应操作变化的意愿,例如,确定源系统中更新的事务。

3. 架构需求文档化

在利用业务需求过程以及召开辅助性的 IT 访谈后,需要对产生的结果文档化。我们建议使用简单的图表形式,仅需要列出影响架构的业务需求,以及受影响的架构的详细列表。例如,如果需要每晚发布总体销售性能数据,那么对技术方面的影响可能是全局范围内的 24/7 的可用性问题,为加载需要进行的数据镜像,支持全局访问的元数据的健壮性,适当的网络带宽,足够的用于处理操作型数据集成的 ETL 能力等。

4. 建立架构模型

文档化架构需求后,将为发现的需求构建模型。此时,架构小组通常要集中到会议室,与外界隔绝地仔细考虑一段时间。将架构需求划分为主要的组件,包括 ETL、BI、元数据和基础设施。从此,小组开始勾画并逐步求精地建立高级的架构模型。产生的结果与前文讨论的建房的蓝图类似。它将描述从街面上看,建筑看起来像什么,但它还非常简单,因为相关的细节尚未加以考虑。

5. 确定架构实现阶段

就像房屋拥有者梦想中的房屋一样，您不可能一次就将技术架构的方方面面都予以实现。有些方面是必须强制实施的，其他方面可能是最好具备。再一次返回到业务需求来建立架构优先顺序，因为在项目初期必须提供包含最少元素的架构。

6. 设计并定义子系统

所需的大部分功能可能通过主要的工具提供商的标准产品都能够获得，但是总会有一些子系统无法在现成产品中找到。必须对这些子系统详尽地加以定义，这样要么有人能够为您构建这些产品，要么可以根据您的需求来评价产品。

7. 建立架构规划

技术架构需要被文档化，包括规划的各个实现阶段，可供那些未参加会议的人员使用。技术架构规划文档应该包括十分详尽的细节,这样有经验的职业人士可以处理框架的构建，就像木匠基于蓝图构建房屋一样。然而，除非已经开始使用，否则一般不要指明特定的产品。

8. 评审及确定技术架构

最后，让我们结束关于架构设计过程的讨论。架构任务工作团队需要将架构规划以各种不同细节层次与项目小组、IT 伙伴和业务领导者交流。评审后，应该对文档按照评审结果进行更新并立即用于产品选择过程。

17.3.2 产品选择与安装

架构规划在许多方面类似选择满足规划框架的产品的购物清单。以下6 种与 DW/BI 产品选择有关的任务与所有技术选择类似。

1. 了解公司的采购流程

选择新产品的第 1 个步骤是了解公司内部的硬件和软件采购流程。

2. 建立产品评价矩阵

以架构规划为起始点，开发出基于电子图表的用于确定评价准则的评价矩阵以及指示重要性的权衡因素。评价准则越具体越好。如果评价准则太模糊或太一般化，则所有供应商都能够满足您的需要。

3. 进行市场调研

在选择产品时，要成为明智的买家，就应该开展市场调研以更好地了解提供商及其提供的产品。请求建议(Request For Proposal，RFP)是一个经典的产品评价工具。尽管有些组织别无选择，但您应该尽力避免采用这一技术。构建 RFP 和评价响应需要耗费小组大量的时间。同时，提供商会从最积极的角度主动响应问题。最终，支付的价值可能与付出的努力不成比例。

4. 评价的选项列表不要太多

尽管市场上存在大量的可用产品，但通常仅有一小部分供应商能够同时满足功能和技术需求。通过比较评价矩阵的基本得分，可以将目标集中到小部分供应商而将其他大部分排除在外。在确定供应商后，可以开展详细的评估工作。如果是评估 BI 工具，则应该将业务代表包含进来。作为评估人员，您应该驾驭评估过程，而不是被供应商驱动，共享相关的来自架构规划的信息，这样会议才会关注您的需求而不是产品的表面浮华的特性。一定要讨论供应商的参考资料，这些资料包括从正规渠道获得的，以及从非正规的网络上获得的。

5. 必要情况下构建原型系统

详细评估完成后，有时明确的优胜者会浮出水面，通常是基于小组先前的经验或关系。另外也可能出现一些其他情况，胜出方式是由于现有的企业承诺，例如，站点协议或历史上存在的硬件购买。无论哪种情况，当出现唯一的候选者时，您可以绕过构建原型这一步骤(这关系到时间和金钱的投入)。如果没有明显的胜者，您应该考虑构建不超过两个产品的原型。再次说明，需要控制原型开发过程，开发有限的但非常现实的业务案例。

6. 选择产品、安装试验以及谈判

现在可以选择产品了。不要立即就签字成交，通过给单个供应商私下的、非公开的承诺，保留您继续谈判的能力。不要立即通知供应商您决定购买其产品，而是进入试用期，您有机会将相关产品应用到实际环境中。安装产品、进行培训和开始使用，这些需要花费大量的精力，因此应当与中意的提供商一起走过这一阶段，不应该将测试作为另外一种消耗精力的游戏。试验结束后，可以开展对各参与方都有利的购买谈判工作。

17.4 生命周期数据路径

如图 17-1 所示的 Kimball 生命周期图中，紧随业务需求定义之后的中间的路径主要关注数据。以下几小节主要讨论这一方面的问题。

17.4.1 维度建模

因为本书前16 章关注的重点就是维度建模技术，因此此处我们不会花过多的时间讨论维度建模技术。第 18 章主要按照我们与业务用户合作设计维度模型的迭代研讨方法提供有关参与者、过程和发布物详细的建议。对于参与建模活动的人员来说，这些建议值得一读。

17.4.2 物理设计

通过基本的源到目标映射而开发和文档化的维度模型需要转换成物理数据库。采用维

度模型，逻辑和物理设计具有相似性，您肯定不希望数据库管理员在物理设计过程中将您可爱的维度模型转换为规范化的结构。

物理数据库实现细节随平台和项目的不同而存在较大的差异。此外，硬件、软件和工具发展迅速，因此后续的物理设计活动和考虑仅仅能提供简单的参考。

1. 开发命名及数据库标准

表和列名是用户体验的关键因素，用于数据模型和BI 应用的导航，因此它们对业务来说应该是有意义的。您还需要围绕键的定义来建立标准以及确定是否允许存在空值。

2. 开发物理数据库模型

物理数据库模型应该尽早建立在开发服务器中，以便能够被 ETL 开发小组使用。几个附加的表集合应该作为 DW/BI 系统的组成部分而被设计和部署,这些表集合包括支持 ETL 过程的临时表，ETL 过程和质量的审计表，支持安全访问数据仓库子集的结构等。

3. 开发初始索引规划

除了要理解关系数据库的查询优化器和索引工作原理外，数据库管理员还应当敏锐地意识到 DW/BI 需求与联机事务处理(OLTP)需求存在显著的差别。因为维度表具有单列主键，所以可以建立唯一索引。如果可以用位图索引的话，通常可以在维度属性中增加一个位图索引列，用于过滤和分组，特别是当需要属性联合约束时。否则，可以考虑针对这些属性使用 B 树索引。同样，第 1 个事实表索引通常是针对主键的 B 树索引或聚集索引,确定日期外键在索引的主导地位可以加快数据加载和查询操作,因为日期通常会被频繁使用。如果数据库管理系统(DBMS)支持高粒度的位图索引,则对事实表中独立的外键使用位图索引是较好的选择，因为当用户以未知方式约束维度时，它们比聚集索引更具有未知性。其他事实表索引的确定依赖于可用的索引及平台的优化策略。尽管联机分析处理(OLAP)数据库引擎也使用索引并且有查询优化器，但与关系世界不同的是，数据库管理员对这些环境的控制能力有限。

4. 设计聚合，包括 OLAP 数据库

与流行的观念不同，增加更多的硬件不一定是性能调整武器库中最好的武器，利用聚集表是使成本更有效的可选方法。无论使用 OLAP 技术还是使用关系聚集表，聚集都是DW/BI 环境中必要的设计，这一点将在第 19 章和第 20 章中深入探讨。当性能度量被聚集后，您要么删减维度，要么将度量与遵守原子基本维度的缩减上卷维度关联。由于不可能建立、仓储、管理所有理论上可能存在的聚集，因此需要考虑两个主要的评价因素。首先，考虑从需求文档中获取的业务用户的访问模式，以及通过监控实际使用模式所获得的输入。其次，通过评价数据的统计分布以提供划算的聚集点。

5. 确定物理存储细节

这包括块、文件、磁盘、分区和表空间以及数据库的具体存储结构细节。大型事实表通常是按照活动日期划分的，数据按月进行分段后放入不同的分区中，但仍然以单一表的

形式呈现给用户。按照日期分区能够为数据加载、维护和查询性能带来好处。

聚集、索引及其他性能调整策略将随着对实际使用模式更好的理解而不断改进，因此要对不可避免的持续更新有思想准备。然而，您必须为最初的上卷发布适当的索引和聚集数据，以确保 DW/BI 环境从开始就能具备合理的查询性能。

17.4.3　ETL 设计与开发

生命周期的数据路径结束于 ETL 系统设计和开发。第 19 章描述了所涉及的各种因素，列举了 34 个子系统，它们都是在设计过程中必须考虑的。第 20 章提供了更多的关于 ETL 系统设计和开发过程及相关任务的详细指导。敬请期待更多涉及 ETL 细节的讨论。

17.5　生命周期 BI 应用路径

紧随图 17-1 所示的业务需求定义之后的并行活动中的最后一个部分是 BI 应用路径，在此，您可以通过设计和开发应用来解决用户对分析的部分需求。正如 BI 应用开发者曾说的，"记住，这是有趣的部分！"您最终利用对技术和数据的投资来帮助用户制定更好的决策。

尽管某些人可能认为数据仓库应该是完全随时的、自服务的查询环境，发布参数驱动的 BI 应用将满足大部分业务团队的需求。对多数商业用户来说，"随时的"意味着改变报表的参数来建立他们个人的版本的能力。没有必要让所有用户都从头开始。构建一系列的 BI 应用为组织建立了一个一致的分析框架，而不会让每个报表都存在差异。BI 应用还服务于获取组织的分析知识，从监控性能到识别例外，确定因果因素，建模可替代的响应，这种封装提供了更少的分析性趋向的跳跃。

17.5.1　BI 应用规范

业务需求定义完成后，需要评审形成的产物并收集示例报表以确定初始集合中包含的大约 10～15 个 BI 报表和分析应用。将着眼点收缩到关注最为关键的能力，对期望进行管理并及时发布。对这一优先过程来说，业务团队的输入是非常关键的。尽管 15 个应用听起来不算多，但仅仅改变简单模板的变量就可能会产生大量的分析。

开始设计初始应用时，建立标准(例如，常见的下拉菜单和一致性的输出的外观和感觉)是非常有益的。利用这些标准，定义每个应用模板并获得足够的有关布局、输入变量、计算、拆分的信息，这样应用开发人员和业务代表都能够获得共同的理解。

在 BI 应用规范活动过程中，还应当考虑应用的组织。需要确定用于访问应用的结构化的导航路径，要反映用户考虑其业务的方式。利用可定制的信息门户或仪表盘是传播路径的主要策略。

17.5.2　BI 应用开发

当您进入 BI 应用开发阶段时，需要再次关注标准、命名规则、计算、库和编码标准的建立工作以最小化未来的修改工作。数据库开发工作结束后，BI 工具和元数据安装完成，部分历史数据也已经加载完成，此时可以开展应用开发活动。尽管模板定义已经完成，仍然应该重新考虑 BI 应用模板定义，以应对不可避免的模型修改。

每个 BI 工具都有特定的产品技能，因此可能需要重新加以考虑。我们建议，与其通过反复试验获取经验，不如为开发小组投资特定工具的教育培训或补充资源的工作。

开发 BI 应用时，一些辅助工作将有利于获得良好的结果。BI 应用开发人员采用健壮的访问工具，将能够在数据的草堆中快速发现针尖小的问题，尽管 ETL 应用已经对数据质量进行了验证工作。这也是我们为什么推荐在 BI 应用开发活动开展前，ETL 系统已经完成的原因。开发者还将首先开展对查询响应时间的实际测试工作。现在是评审主要的性能调整策略的时候了。

BI 应用质量保证活动在数据稳定前是不会停止的。您必须确保足够的调度时间，超过最后的 ETL 截止时间，以允许顺序完成 BI 应用开发任务。

17.6　生命周期总结活动

后续部分提供确保项目达到有序结论的建议，同时确保您能够为未来的扩展做好准备。

17.6.1　部署

技术、数据和 BI 应用路径收敛于部署。遗憾的是，这一收敛并不能自然发生，需要预先进行大量的规划。也许更为重要的是，成功的部署需要胆略和毅力以诚实地评价项目的部署准备。部署与在假日里为亲朋好友制作一份大餐类似。要准确地预测烹调主菜所需要的时间是非常困难的事情。当然，如果主菜尚未完成，厨师不得不在叫所有人上桌之前，放慢配菜速度以补偿延迟。

就 DW/BI 部署来说，数据就是主菜。在 ETL 厨房中"烹调"数据是最难以预测的任务。遗憾的是，即使数据没有完全准备好，您通常仍然会继续执行部署工作，因为您告诉数据仓库的使用者，他们将会在特定的日期和时间得到服务。由于您并未放慢部署的步伐，所以带着尚未"烹调好"的数据进入客户的办公室。难怪用户有时不再回来而去寻找其他的帮助。

尽管在 DW/BI 开发任务期间，毫无疑问会进行测试，但您需要执行端到端的系统测试，包括数据质量保证、操作处理、性能和可用性测试。除了批判性地评价 DW/BI 发布物的准备情况外，还需要通过教育对其进行包装且支持部署。因为用户团体必须接受注定会取得成功的 DW/BI 系统，因此教育是至关重要的。DW/BI 支持策略依赖管理层的期望和现实的发布物的结合。支持通常是按照层次结构组织的。第 1 层是网站和自助服务支持；第 2 层由业务区域中的强力用户支持；来自 DW/BI 小组的集中式支持提供最后一道防线。

17.6.2　维护和发展

部署工作完成，您已经准备放松休息了。别太着急！尽管部署结束，但工作远未完成。您需要通过投资下列各类资源不断地管理已有的环境：

- **支持**：部署后，为确保业务团队能够喜欢使用它们，用户支持立即成为关键。您不能坐在房间中并认为没有来自业务团队的消息就是好消息。如果没有来自他们的消息，只可能是没有人使用 DW/BI 系统。关注(至少临时地)业务团体，使用户能够非常方便地使用支持资源。如果数据或 BI 应用有错误被发现了，要诚实地告知，这样才能建立相互的信任关系，同时立刻采取行动以改正存在的问题。如果 DW/BI 发布物质量不高，难以想象的对数据调整和应用返工予以支持的请求将会占到问题的大多数。
- **教育**：必须持续不断为 DW/BI 系统提供教育程序。课程应该包括正规的进修和高级课程，以及不断重复的入门课程。可以为开发者和强力用户提供更多的非正规教育以鼓励思想交流。
- **技术支持**：应当将 DW/BI 系统视为具有服务级别许可的生产环境。当然，技术支持应当主动地监控性能和系统容量趋势。您当然不希望由业务团体来告诉您性能下降的情况。
- **程序支持**：DW/BI 程序不是一个阶段就能够完成的。您必须密切监视，然后推销您的成功经验。必须持续不断地与不同的 DW/BI 支持者进行交流。还必须确保已有的实现能够不断地解决业务的需要。不间断的检查点评审是评价和确定改进机会的关键工具。

如果您正确地开展工作，不可避免地会存在发展的需求，可能源于新用户、新数据、新的 BI 应用，或对已有的发布物进行重大的改进。与传统的开发计划不同，DW/BI 变化应该被视为是成功的，而不是失败的信号。正如我们在前面讨论项目范围时提出的建议那样，DW/BI 小组不要凭空臆想发展选项而做出决定。业务需要按照优先过程来处理。现在可以利用图 17-2 所示的优先级网格。如果您还没有开展这一工作，应该建立执行董事会来设置 DW/BI 优先级以剪裁组织的总体目标。在新的优先级确定后，返回到生命周期起始点，重新开展所有的工作，利用已经存在的技术、数据、BI 应用基础，并重新建立它们，当然注意力要转到满足新的需求上。

17.7 应当避免的常见错误

尽管我们能够提供有关数据仓库和BI 方面的积极的建议，一些读者最好关心一下常见错误清单。下面是我们提出的在建立 DW/BI 系统时需要避免的 10 个常见错误：

- **错误10**：过于迷恋技术和数据，而没有将重点放在业务需求和目标上。
- **错误9**：没有或无法找到一个有影响的、平易近人的、明白事理的高级管理人员作为 DW/BI 工作的发起人。
- **错误8**：将项目处理为一个巨大的持续多年的项目，而不是追求更容易管理的、虽然仍然具有挑战性的迭代开发工作。
- **错误7**：分配大量的精力去构建规范化数据结构，在基于维度模型建立可行的展现区前，用尽所有的预算。

- 错误6：将主要精力投入到后端操作型性能和易开发性，而没有重点考虑前端查询的性能和易用性。
- 错误5：使存在于展现区的所谓的可查询数据极端复杂。喜欢提供复杂展现的数据库设计者花费大量时间支持业务用户，他们的确应该通过简化解决方案开发出更适合需要的产品。
- 错误4：将维度模型放入单一基础之上，不考虑使用可共享的、一致性维度通过数据结构将这些模型联系在一起。
- 错误3：只将汇总数据加载到展示区的维度结构中。
- 错误2：臆想业务、业务需求及分析，其涉及的数据及支持技术都是静态的。
- 错误1：忽略承认 DW/BI 系统的成功直接来源于业务的认可。如果用户未将 DW/BI 系统当成他们制定决策的基础，那么您所做的工作就是徒劳无益的。

17.8 本章小结

本章为 DW/BI 项目的 Kimball 生命周期方法提供了速成课程。我们谈到了关键过程和最佳实践。尽管每个项目或多或少会存在一些差异，但仍然需要注意讨论过的主要任务以确保获得成功的举措。

下一章提供更多用于与业务代表一起迭代设计维度模型的 Kimball 生命周期协作工作方法的详细内容。第 19 章和第 20 章深入讨论 ETL 系统设计方面的考虑并推荐开发过程。

维度建模过程与任务

本书从第 1 章开始到第 16 章为止，描述了大量的维度建模模式。现在将注意力转向维度建模过程所涉及的任务和策略方面。

本章将凝练 *The Data Warehouse Lifecycle Toolkit, Second Edition*(Wiley, 2008)一书的内容，开始实际讨论初期准备活动，例如，确定参与者(包括业务代表)和物流安排。建模小组开发最初的高级模型图表，采用详细模型的迭代开发、评审和验证。通过这一过程，您可以再次确认对业务需求的理解。

本章主要涉及以下概念：

- 维度建模过程概述
- 建模任务的策略性建议
- 关键建模发布物

18.1   建模过程概述

开始讨论维度建模设计工作前，必须考虑正确的人选。最值得注意的是，我们强烈主张业务代表参加建模会议。他们的加入与合作必然会增加最终模型解决用户需求的可能性。同样，组织的业务数据管理人员也应该参加，特别是当讨论涉及那些由他们来管理的数据时。

维度模型的构建是一个具有高度动态性且需要迭代产生的过程。最初的准备过程完成后，设计工作将开始处理从总线架构获取的图形化模型，确定设计范围并澄清所提出的事实表及相关维度表的粒度。

高级模型设计完成后，设计小组将开展针对维度表属性、领域值、来源、关系、数据质量关注点和转换等方面的工作。确定维度后，将建模事实表。建模过程的最后阶段是与感兴趣的伙伴，特别是业务代表们一起对模型进行评审和验证工作。主要目标是建立满足用户需求的模型，检验加载到模型中的数据的可用性，为 ETL 小组提供最初的源到目标的映射。

维度模型通过一系列设计会议展开，每一次会议将产生更详细、更健壮的按照业务需求反复测试过的设计结果。当模型清楚地满足用户需求后，结束建模过程。通常需要三四周时间完成一次业务过程维度模型的设计，当然需要的时间会随着小组的经验、详细业务需求的可用性、涉及的业务代表或授权负责管理组织数据的人员、数据源的复杂程度、利用现存一致性维度的能力等的差异而存在较大的差异。

图 18-1 展示的是维度建模过程流程图。维度建模过程的关键输入是初始的总线矩阵和详细的业务需求。建模过程主要的交付成果是高级维度模型、详细维度表和事实表设计以及问题日志。

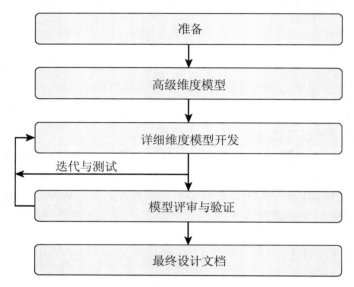

图 18-1　维度建模过程流程图

尽管图中描绘的工作看起来像线性开展的，实际上过程是迭代完成的。从高级维度模型开始，通过研究每个表和每一列，消除差异，增加更多细节，并基于新信息对设计进行修改，反复多遍，形成最终的维度模型。

如果约请了外部专家来帮助指导维度建模工作，坚持让他们与小组一起促进过程，而不是经常缺席，只是在设计完成时才出现。这样才能确保整个小组理解设计和相关的权衡工作。这一过程也提供了一个学习机会，因此小组可以不断改进模型并独立地处理其他模型。

18.2　组织工作

开始构建模型前，为使维度建模过程能够顺利开展，必须开展适当的准备工作。除准备好适当的资源外，还需要考虑后勤保障问题，以便能够富有成效地开展设计工作。

18.2.1　确定参与人，特别是业务代表们

最好的维度模型往往是小组努力协同工作的结果。没有哪个个人能够掌握有效地建立模型所需要的业务需求的所有知识以及源系统的所有特性。尽管数据建模人员能够使建模

过程更加容易并专门负责交付物，但我们相信让业务出身的主题业务专家参与其间是至关重要的；他们的见识是无价之宝，特别是因为他们是那些能够指出如何从源数据中得到数据并将这些数据转换为有价值的分析信息的人员。尽管在设计活动中加入更多的人会增加过程变慢的风险，但得到丰富的、完整的设计可以证明这一额外的开销是值得的。

让某些具备实际涉及的源系统的知识的人参与是非常有益的。您可以将数据库管理员(DBA)和 ETL 小组代表加入到小组中，这样他们既能够学习到建模工作过程中揭示的知识，又能够抵制应用第 3 范式(3NF)概念的诱惑或按照 BI 应用的复杂性努力使 ETL 过程更加合理。记住目标是在 ETL 过程的复杂性与 BI 展现层的简单性和可预测性之间取得平衡。

深入讨论建模过程前，应该花点时间考虑正在开展的 DW/BI 环境问题。如果组织正在考虑数据治理和管理计划，那么现在正是开展这一计划的合适时间。如果没有相关的管理计划，则正好是开始这一计划的良机。企业 DW/BI 工作致力于维度建模同时也必须致力于一致性维度策略以确保整个企业业务过程的一致性。有效的数据管理程序能够帮助组织实现一致性维度策略。在大型企业中要实现一致性维度是非常困难的。问题通常主要不在技术方面，而是组织交流和达成共识的挑战。

企业中不同的小组通常致力于自己专有的业务规则和定义。数据管理人员必须与相关的小组紧密合作，开发公共的业务规则和定义，然后在组织中游说，让大家都使用公共规则和定义以获得企业的一致认可。多年来，始终有人在批评一致性维度"太强硬"。是的，让企业中不同领域的人们同意采用公共的属性名称、定义及数值是非常困难的事情，但这样做的要义在于能够获得统一的、集成的数据。如果每个人都使用自己的标识和业务规则，就没有办法发布一种 DW/BI 系统承诺提供的统一版本的真实集合。最后，Kimball 方法时常被批评说它对那些希望找寻快速解决方案的人来说非常困难的原因之一是我们阐述了实际完成工作的详细步骤。第 19 章将讨论这些散落在第 17 章和第 18 章中的细节。

18.2.2　业务需求评审

开始建模之前，小组必须熟悉业务需求。第 1 步是仔细评审业务需求文档，正如第 17 章中所讨论的那样。将业务需求转换为灵活的维度模型，用于支持范围广泛的分析，而不是仅仅支持特定的报表。某些设计人员试图跳过需求评审直接进入设计，如果这样做，最后建立的模型通常是源数据驱动的而没有考虑业务团体需要的增加的价值。让业务代表加入到建模小组中有助于避免此类数据驱动的方法。

18.2.3　利用建模工具

开始建模活动前，准备一些工具是非常必要的。使用电子报表作为最初的文档工具是有效的，因为利用它可以在反复迭代过程中方便并快速地实施变更。

在建模活动进入最后阶段后，可以方便地将工作转换到企业所使用的任何类型的建模工具中。多数建模工具都支持建立维度模型的维度设计功能。在详细设计完成后，建模工具可帮助 DBA 将设计的模型置换到数据库中，包括建立表、索引、分区、视图及数据库的其他物理元素。

18.2.4　利用数据分析工具

在整个建模过程中，小组需要随着理解深入不断地开发源数据结构、内容、关系和获取规则。需要对处于可用状态的数据进行验证，或者至少可以对缺陷进行管理，了解在将它们转换到维度模型时需要做些什么。数据分析(data profiling)利用查询能力探索源数据系统中实际存在的内容和关系，而不要依靠那些不完整的或过期的文档。简单的数据分析工作可以通过编写简单的 SQL 语句实现，复杂的数据分析工作可以通过专用工具来实现。主要的 ETL 提供商提供的产品一般都包括数据分析功能。

18.2.5　利用或建立命名规则

在建立维度模型的过程中，不可避免地会遇到命名规则的问题。数据模型的标识必须是描述性的并且与业务场景一致。表和列名是 BI 应用接口的关键元素。类似"描述(Description)"这样的列名在数据模型环境中可能已非常清楚了，但对于报表环境来说，这样的命名显然达不到交流的效果。

设计维度模型的部分过程集中于对公共定义和标识的认定。由于不同的业务小组可能对同一个名称具有不同的理解(同名异义)，或者不同的名称表示的是同种含义(异名同义)，结果使命名工作非常困难。人们一般都不愿意放弃自己熟悉的词汇而采用新的词汇。在命名规则上花费时间是一种看起来意义不大，但从长远来看意义重大的任务。

大型组织通常设有 IT 部门，专门负责命名规则。常用的方法是采用包含三个部分的命名标准：主词、限定词(如果适合的话)、类词。利用 IT 部门的工作成果，充分理解对有时已经存在的命名规则进行扩展能够支持形成更有利于商业交流的表和列名。如果组织没有现成的命名规则，则必须在维度建模过程中建立命名规则。

18.2.6　日历和设施的协调

最后但并非不重要的是，需要按照参与者的日程安排来设计会议日程。不一定要利用整天的时间，可以每周利用三四天的上午和下午召开持续时间为两三个小时的会议，这是比较现实的。这一方法充分考虑到小组成员可能会有其他工作需要处理，这样留出会前、会间和会后的时间让他们能够处理手头的工作。设计小组可以利用非会议时间研究源数据并确认需求，留出时间让数据建模人员在每次会议前更新设计文档。

如前所述，建模过程通常会用三四周的时间对单一过程开展建模工作，例如，销售订单，或对紧密相关的业务过程开展建模工作，例如，处于不同的但密切相关的事实表中的健康设施和专业要求事务。多种因素会对工作量造成影响。最终，先前已经存在的核心维度的可用性使建模工作能够特别关注事实表的性能度量，这样能够显著地降低开展工作所需要的时间。

最后，您必须保留适当的设施。在设计工作期间，最好能够保留一个专用的会议室，当然在大多数组织中，这一想法不易实现，因为会议室总是不够用。如果会议室的四壁都有从地板到天花板的白板那就更好了。除了会议设施外，小组还需要一些基本的用品，例如，自粘白板纸。会议期间通常需要电脑投影仪，设计评审绝对离不开它。

18.3 维度模型设计

正如第 3 章所概述的那样，在设计维度模型期间存在 4 个关键决策：

- 确定业务过程
- 声明业务过程的粒度
- 确定维度
- 确定事实

第 1 步确定业务过程通常按照需求获取的结果来确定。第 17 章讨论的优先活动可以确立哪个总线矩阵行(以及由此产生的业务过程)将首先被建模。以此为基础，小组可以开展相关的设计任务。

建模工作通常按照以下所列的任务和交付物顺序开展，如图 18-1 所示。

- 定义模型范围和粒度的高级模型
- 详细设计每个表的属性和度量
- IT 和业务代表的评审和验收
- 设计文档定稿

要完成所有的数据建模工作，维度建模要采取迭代方式开展。对需求和源细节要反复考虑以进一步精炼模型，随着理解的不断深入，对模型进行必要的修改。

本节将描述每个主要的工作。根据设计小组的经验和对维度建模概念的理解，在开始具体工作前，可以从基本的维度建模教育培训开始，确保每个参与者对标准维度术语和最佳实践有共同的理解。

18.3.1 统一对高层气泡图的理解

设计会议的初始任务是建立目标业务过程的高层维度模型图。由于您是从总线矩阵开始的，所以第 1 个草图的建立相对比较直接。尽管有经验的设计人员可能会设计出初始的高层维度模型并展示给小组用于评审，但我们仍然建议不要采用这种方法，因为它没有使整个小组参与到过程中。

高层图图形化地表示了业务过程的维度和事实表，如图 18-2 所示。出于明显可见的原因，我们将其称为气泡图。这一实体级的图形化模型确定了事实表和与之相关的维度表的粒度，清楚地展现给非技术人员。

粒度描述需要建模小组考虑满足业务需求需要什么以及物理数据源能够提供什么数据。气泡图必须根据可用的物理数据设计。总线矩阵的一行可能会用多个气泡图表示，每个气泡图对应具有特定粒度的特定事实表。

大多数主要的维度在确定了粒度后可以自然地获得。清楚的事实表粒度声明的重要影响之一是可以精确地以图示化方法表示有关的维度。维度的选择也可能会导致您重新思考粒度声明。如果提出的维度无法匹配事实表的粒度，那么要么不用该维度，改变事实表的粒度，要么考虑使用多值设计解决方案。

图 18-2 所示的图形化表示可用于实现几种目的。气泡图方便设计小组内部在进入细节设计前的讨论，保证每个人在被细节淹没前能够具有共同的理解。它也有助于在与利益相

关方交流时介绍项目、项目范围以及数据内容。

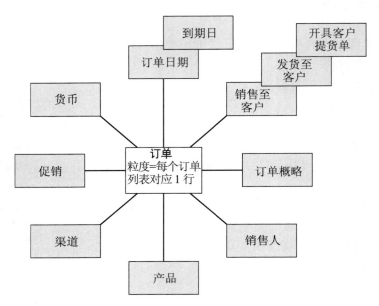

图 18-2　高层模型图示例

　　为帮助理解,在给定业务过程的多个高层模型图之间保持一致性是非常有益的。尽管每个事实表被文档化到不同的页面中,将相关的涉及多个气泡图的维度安排到一个相似的系列中是非常有用的。

18.3.2　开发详细的维度模型

　　在高层气泡图设计完成后,就可以开始关注细节了。小组应该定期见面,以便逐表逐列地定义详细的维度模型。业务代表应该参加此类交互会议,您需要他们对属性、过滤器、分组、标识和度量的反馈。

　　最有效的方法是先开始设计维度表,然后考虑设计事实表。我们建议在开始细节设计过程时已经具备明确的维度表。日期维度一般可以作为首选开始考虑的维度表。这样能够确保建模小组更早地获得成功,理解建模过程,并学会作为一个小组而共同工作。

　　详细建模确定每个维度内有趣且有用的属性,并确定每个事实表应该具有的适当的度量。您也希望获取源、定义以及如何获得这些属性和度量的基本业务规则。在设计会议期间对源系统和系统化数据概要的持续分析,将有助于小组更好地理解其拥有的源数据的实际情况。

1. 确定维度及其属性

　　在详细设计阶段,将定义关键的一致性维度。因为 DW/BI 系统是企业的资源,所以这些定义必须为整个企业所接受。数据管理人员和业务分析师是获得组织一致认可的表和属性命名、描述和定义的关键资源。设计小组将主导该过程的展开并利用命名规则(如果存在的话)。但是对标准业务定义和名称达成一致是最终的业务任务,其列名对业务用户来说必须具有意义。这一过程可能需要一定的时间才能完成，但这一投资可以获得巨大回报，其结果是用户愿意并接受维度模型。毫无疑问，管理指导委员会必须参与解决一致性维度和命名问题。

在此点上，建模小组通常还需要充分考虑维度模型中可能包含的杂项维度和微型维度。直到小组深入开展设计工作后，这些更关注性能的模式才可能会有存在的必要性。

2. 确定事实

声明粒度是对事实表度量讨论的成果，因为事实都必须与粒度保持一致。数据分析工作确定了由源系统的度量事件建立的计数和数量。然而，事实表并不会受制于这些基表。可能会存在业务需要分析的来自基表的其他度量。

3. 确定缓慢变化维度技术

根据高层模型图初步设计好维度和事实表后，应当再次考虑维度表的设计。针对维度表的每个属性，需要定义在源系统数据发生变化时，对维度表会产生何种影响。再次强调，业务数据管理员是建立适合的规则的重要来源。有益的方法是询问源系统专家是否能够确定某个数据元素的变化是由于源数据变化所引起的。

4. 建立详细的表设计文档

详细建模阶段的关键交付品是设计工作单，如图 18-3 所示。在我们的网站 www.kimballgroup.com 上，从书名 *The Data Warehouse Lifecycle Toolkit, Second Edition* 下面的 Tools and Utilities 可以获得其数字化模板。通过与感兴趣的业务相关方以及其他分析型业务用户、BI 应用开发人员，以及最重要的参与设计任务的 ETL 开发人员交流获取工作单的各个细节。

应该为每个维度和事实表建立不同的工作单。支持信息至少应该包含属性/事实名称、描述、示例值、每个维度属性的缓慢变化维度类型标识。此外，详细的事实表设计应该确认每个外键关系、适当的退化维度，以及表明每个事实是可加、半可加还是不可加的相关规则。

维度设计工作单是建立源到目标映射文档的第 1 步。物理设计小组将不断充实物理表以及列名、数据类型和有关键的声明。

5. 对模型出现的问题进行跟踪

在设计过程中发现的所有问题、定义、转换规则和数据质量挑战必须记录到问题跟踪日志中。会议期间应指派专人获取并跟踪相关问题。如果项目经理参与设计会议，则通常由他们担负这一责任，因为他们通常精于更新有关问题并负责推进解决发现的问题。协调人在每次会议结束前应该留出适当的时间用于评审和验证新的问题条目并为发现的问题指派负责人。在两次会议期间，设计小组通常忙于分析数据，澄清并达成大家认可的定义，与源系统专家会面以解决突出的问题。

表　名	**DimOrderProfile**
表 类 型	Dimension
显示名称	OrderProfile
描　述	Order Profile is the "junk" dimension for miscellaneous information about order transactions
应用的模式	Orders
大　小	12 行

	目　标					源			
列　名	描　述	数据类型	大小	示 例 值	SCD 类型	源 系 统	源　表	源字段名	源数据 类型	ETL 规 则
OrderProfileKey	Surrogate primary key	smallint		1, 2, 3…		Derived				Surrogate key
OrderMethod	Method used to place order (phone, fax, internet)	varchar	8	Phone, Fax, Internet	1	OEI	OrderHeader	Ord_Meth	int	1=Phone, 2=Fax, 3=Internet
OrderSource	Source of the order (reseller, direct sales)	varchar	12	Reseller, Direct Sales	1	OEI	OrderHeader	Ord_Src	char	R=Reseller, D=Direct Sales
CommissionInd	Indicates whether order is commissionable or not	varchar	14	Commission, Non-Commission	1	OEI	OrderHeader	Comm_Code	int	0=Non-Commission, 1=Commission

图 18-3　详细的维度设计工作单示例

6. 维护并更新总线矩阵

在详细建模过程中，通常对被建模的业务过程会有新的发现。常见的情况是，这些新发现可能会引入新事实表以支持业务过程，可能产生新维度，也可能需要重新划分或合并维度。在整个设计过程中，必须始终保持对总线矩阵的更新，因为总线矩阵是关键的交流和规划工具。正如在第 16 章所讨论的那样，详细的总线矩阵通常获取有关事实表粒度和度量的额外信息。

18.3.3　模型评审与验证

一旦设计小组对模型充满信心后，过程将进入到评审与验证阶段，以从其他有关小组获得针对模型的反馈意见，包括：

- IT 资源，例如，未参加建模工作的 DW/BI 小组成员、源系统专家以及 DBA 等
- 未参与建模工作的分析或强力商业用户
- 范围广泛的商业用户团体

1. IT 评审

通常，对详细维度模型的第 1 次评审主要由 IT 组织同行参与。评审人员通常由非常熟悉目标业务过程的人员组成，因为他们设计或管理运行的系统。至少他们可能熟悉部分的目标数据模型，因为您已经就与源数据相关的问题和他们打过交道。

IT 评审是极具挑战性的，因为参与者通常都不太了解维度模型。实际上，他们中的大多数人可能都是精通并狂热的第 3 范式(3NF)支持者。他们趋向采用面向过程的事务型建模规则处理维度模型。与其将大量时间放到争论不同建模方法的优缺点上，不如在评审过程中积极主动地提供一些维度建模教育。

当每个人都了解一些基本概念后，首先应该从总线矩阵开始评审。这样做可以让参与人对项目范围和整个的数据结构有一些理解，阐明一致性维度的作用，展示相关的业务活动优先顺序。接下来，描述如何从总线矩阵上选择行，并将其直接转换到高层维度模型图中。这样做，可以让所有人看到实体级别的模型映射，有利于后续讨论的开展。

多数评审会议主要通过浏览维度和事实表工作单细节开展。在会议期间，讨论模型时，对每个表存在的问题进行评审也是非常好的办法。

会议可能会对模型进行修改。记住要指定小组成员专门负责获取相关的问题和建议。

2. 核心用户评审

在多数项目中，并不需要这样的评审，因为核心商业用户都是建模小组的成员且已经对维度模型有深刻的理解。如果核心商业用户未成为建模小组成员，则核心用户评审会议与 IT 评审会议的范围和结构类似。核心商业用户具有比普通商业用户更强的技术背景并能够处理模型的细节。在小型组织中，经常将 IT 评审和核心用户评审合并到一个会议中。

3. 广泛的业务用户评审

这样的会议与其说是设计评审，不如说是教育与培训。您希望就相关内容给人们以教

育和启迪而不是强迫他们接受，同时应该描述维度模型如何能够支持业务需求。应当从企业 DW/BI 数据路标的总线矩阵开始，评审高层模型气泡图，最后，评审关键维度，例如客户和产品维度等。有时，在讲解气泡图时辅以如图 18-4 所示的描述维度中的层次下钻路径。

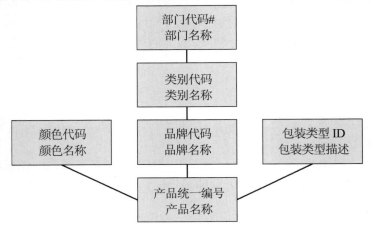

图 18-4　为业务用户描述层次属性关系

记得在这样的教育/评审会上要分配一定的时间用于描述如何使用模型来回答有关业务过程的范围广泛的问题。我们通常会在需求文档中加入一些示例，并简略地说明如何解决这些示例的问题。

18.3.4　形成设计文档

在模型稳定后，应该对设计小组的工作文件进行编制，形成设计文档。该文档通常包括：

- 项目的简短描述
- 高级数据模型图
- 详细的针对每个事实和维度表的维度设计工作单
- 开放的问题

18.4　本章小结

维度建模是一个迭代设计过程，需要具有不同技能的人员通力合作，当然也包括业务代表。设计工作以从总线矩阵中抽取的实体级别的初始图形化模型开始。详细建模过程要深入到定义、资源、关系、数据质量问题以及每张表的需求转换。主要的目标是建立满足用户需求的模型，检验可加载到模型中的数据，为 ETL 小组提供明确的方向。

确定列和表名的工作始终与设计过程交织开展。组织作为一个整体必须对名称、定义和从维度模型中获得的所有表和列达成共识。它更像一个政治上的协商过程而不是一个技术过程，需要所有参与交流的小组成员高度重视。最后提供给 BI 工具的列名必须是业务团体能够理解的。

详细建模工作之后需要开展评审。最终结果是维度模型要通过业务需求和数据现实两方面的验证。

第19章

ETL 子系统与技术

在建立 DW/BI 环境时，获取、转换、加载(Extract Transformation Load，ETL)系统是最耗费时间和工作的部分。ETL 系统的开发具有挑战性，因为其设计有太多的外部约束所带来的压力：业务需求、源数据的实际情况、预算、处理窗口以及现有员工的技能等。很难理解为什么 ETL 会是如此复杂和资源密集型的系统。每个人都理解 ETL 三个字母的含义：从原始的源数据中获得数据(E)，对其加工(T)，然后将其加载到最终给业务用户查询用的表集合中(L)。

在被问到设计和构建 ETL 系统的最佳方案时，多数设计人员会说"嘿，看情况再说。"最佳方案依赖数据来源；受到数据的限制；受到描述语言和 ETL 工具可用性的影响；受管理人员技能的限制；受 BI 工具的限制。但这些"受到限制"的结果是非常危险的，因为这些限制因素将成为采用无结构方法开发 ETL 系统的借口，这种借口将导致产生类似意大利面条式的未分类的混乱的表、模块、过程、脚本、触发器、报警和工作安排等。"有创意"的方法难以就此开展。从大量成功的数据仓库所取得的经验来看，ETL 最佳实践的宗旨在于，不要采用无结构的方法。

仔细考察这些最佳实践揭示出了在几乎所有维度数据仓库后端需要考虑的 34 个子系统。难怪 ETL 系统会占用如此多的 DW/BI 开发资源。

本章主要参考 *The Data Warehouse Lifecycle Toolkit, Second Edition*(Wiley，2008)一书的相关内容。在本章中，我们将标出 Kimball 小组的 Web 网站的指针，用于更深入地学习一些 ETL 技术。

本章主要包括以下概念：

- 在开始设计 ETL 系统前要考虑的需求和约束
- 关注从源系统获取数据的 3 个子系统
- 处理增值的清洗和整合的 5 个子系统，包括监控质量误差的维度结构
- 将数据发布到我们已经熟悉的维度结构所涉及的 13 个子系统，例如，实现缓慢变化维度技术的子系统
- 用于帮助管理 ETL 环境中产品的 13 个子系统

19.1 需求综合

ETL 系统结构的建立始于处理一个最棘手的问题：需求综合。需求综合的含义是收集并理解所有已知的将会影响 ETL 系统的需求、现实和约束等。需求的列表可能会很长，但在开始 ETL 系统开发前应该都已经收集到了表中。

ETL 需求是必须面对的主要约束且必须要与系统适应。在此需求框架下，可以指定相关决策、做出判断和开展创新工作，但是需求描述了 ETL 系统必须发布的核心元素。19.1.1 小节~19.1.10 小节描述了影响 ETL 系统设计和开发的主要需求域。

在开始 ETL 设计和开发工作前，应当提供针对以下所有 10 个需求的应答。我们为每个需求提供了检查列表示例，方便您开始工作。这一练习的要点是确保您对每个需求都进行了考虑，因为缺乏其中的任何一个，项目都有可能会被打断。

19.1.1 业务需求

从 ETL 设计者的角度来看，业务需求是 DW/BI 系统用户的信息需求。我们使用受限的术语"业务需求"意味着商业用户用于制定明智的商业决策所需要的信息内容。因为商业需求直接驱动对数据源的选择以及选择的数据源在 ETL 系统中转换的结果，ETL 小组必须理解并仔细验证商业需求。

注意：
在项目将要支持的业务需求定义期间，必须维护一个揭示关键性能指标(KPI)的列表，以及业务用户需要研究某个 KPI "为什么"发生变化时，所需要的下钻和跨钻目标。

19.1.2 合规性

改变法律条文和报表需求要求多数组织严格地对待其报表并证明这些报表的数字是准确的、完整的且未被篡改的。当然，受到严格管理的业务的 DW/BI 系统，例如电讯，会花费数年时间编辑报表需求。但是金融报表的整体氛围对每个人来说会越来越严格。

注意：
在与法律部门或首席合规官(CCO)(如果有的话)和BI发布小组咨询讨论时，应该列出所有的数据以及最终报表主题要遵守的法律限制。列出这些数据输入和数据转换步骤，需要维护"监管链"，显示并证明最终报表是来自发布的数据源的原始数据。列出的数据，必须提供您所控制的副本的安全性证明，无论是在线的还是离线的。列出您所归档的数据副本，列出这些归档的预期使用周期。完成这些工作会带来好运。这就是值得您去做的原因。

19.1.3 数据质量

三种强有力的力量融合将数据质量问题推到高管们最关注问题的列表顶部。首先，长期文化趋势认为"我只有看到数据，才能更好地管理业务"，这一思想持续增长；今天的知识工作者直觉地相信数据是他们工作的关键需求。其次，多数组织理解其数据源是分布的，通常处于不同的地点，集成不同数据源是非常有必要的。第三，不断增长的对合规性的需求意味着不仔细处理数据将不可忽略或原谅。

注意：

您需要将那些已经知道的不中意的数据元素记录下来，描述是否与源系统达成共识以便在获取数据之前进行更正。列举数据分析期间发现的那些需要在 ETL 过程中持续监控和标记的数据元素。

19.1.4 安全性

过去几年，安全意识在 IT 行业中一直在不断增长，但是对大多数 DW/BI 小组来说，安全通常处于事后考虑的位置且被视为负担而不受欢迎。数据仓库的基本节律与安全心理并不相符，数据仓库寻求为决策制定者发布范围广泛的数据，安全利益认为数据应该被限制发送给那些需要知道的人。此外，安全必须扩展到物理备份。如果介质可以方便地从备份库移出，则当在线密码被泄露时，安全性将受到威胁。

在需求综合期间，DW/BI 小组应该寻求高管层的明确指示，指明 DW/BI 系统的哪些方面应该运用额外的安全措施。如果这些问题从未被检验过，则可能会被扔回给小组。这也是为什么需要一个有经验的安全管理员参与到设计小组的原因。合规性需求可能与安全需求存在交叉，在需求综合期间将这两个主题合并到一起是比较明智的选择。

注意：

应当将合规性列表扩展，使其包含熟知的安全和隐私需求。

19.1.5 数据集成

对 IT 来说，数据集成是一个大课题。因为其最终目标是将所有系统无缝地连接到一起来开展工作。对数据集成来说，"企业全景视图"是一个大家耳熟能详的名称。在多数案例中，严格的数据集成必须能够在数据到达数据仓库后端前，将组织中主要的事务系统集成。但是全面的数据集成往往很难实现，除非企业具有全面的、集中式的主数据管理(Master Data Management，MDM)系统，但即使这样，也仍然可能会有一些重要的操作型系统并未进入到主 MDM 中。

数据集成通常具有数据仓库中一致性维度和事实的形式。一致性维度意味着跨不同数据库建立公共维度属性，只有这样才能使用这些属性构建横向钻取报表。一致性事实意味着对公共业务度量达成一致，公共业务度量包括跨不同数据库的关键性能指标(KPI)，只有这样，才能使用这些数据通过计算差异和比率来开展数学比较工作。

注意：

应当利用业务过程的总线矩阵建立一致性维度(总线矩阵的列)的优先列表。对每个总线矩阵的行进行标注，指明参与到集成过程中的业务过程是否有明确的执行需求，以及是否由 ETL 小组负责这些业务过程。

19.1.6 数据延迟

数据延迟描述通过DW/BI系统发布给业务用户的源系统数据的速度。显然，数据延迟需求对ETL架构具有较大的影响。高效的处理算法、并行化以及强大的硬件系统可以加快传统的面向批处理的数据流。但是在有些情况下，如果数据延迟需求非常紧迫，ETL系统的架构就必须从批处理方式转换为微批处理方式或面向流处理的方式。这一转换不是一种渐进的转变，而是一种重大的风格转变，数据发布流水线的所有步骤几乎都需要重新实现。

注意：

您应当列举所有合法的和审核过的针对以日为基础、或者以天为基础多次发生、以秒为基础、或者即时提供的数据的业务需求。标注每个需求，明确业务团体是否了解与他们的特定选择相关的数据质量的权衡。在第20章的结尾部分，将讨论由低延迟需求所导致的对数据质量折中的考虑。

19.1.7 归档与世系

其实在19.1.2和19.1.4小节的讨论中，已经隐含了关于归档与世系的需求。即使没有存储数据的法律要求，每个数据仓库也都需要有以往数据的各种副本，要么与新数据比较以便建立发生变化的记录，要么重新处理。我们建议在每个ETL流水线的主要活动发生后暂存数据(将其写入磁盘)：在数据被获取、清洗和一致化及发布后。

那么什么时候将暂存转入归档，也就是数据被无限期地保存到某种形式的持久性介质中呢？我们的回答是比较保守的。所有暂存数据应该被归档，除非有专门的定义明确认为特定的数据集合未来将不再需要。从持久性介质上读取数据与过后通过ETL系统重新处理数据比较，前者要容易得多。当然，利用过去的处理算法重新处理数据是不可能的，因为时间发生了变化，原始的获取不能够被重建。

当处于实际情况时，每个暂存/归档数据集合都应该包含描述来源和建立数据的处理步骤的元数据。此外，按照某些合规性需求的要求，对该世系的跟踪是明确需要的，应该成为每个归档环境的一部分内容。

注意：

应当记录数据源和归档的中间数据步骤以及保留政策、合规性、安全和隐私方面的约束。

19.1.8 BI发布接口

ETL过程的最后一步将切换到BI应用。我们认为这种切换应当处于强有力且具有纪律性的位置上。我们认为与建模小组密切合作的ETL小组，必须负责使数据的内容和结构能够使BI应用简单而快速。这一态度超过了那种母性式的模糊的说明。我们相信以模糊的方式将数据推到BI应用是不负责任的表现，将会增加应用的复杂性，减缓查询或报表的构建，不必要地增加了商业用户使用数据的复杂性。最基本和严重的错误是支持成熟的、规范化的物理模型并脱离实际工作。这也是为什么需要花这么长的时间讨论构建包含最终切换的维度模型的原因。

ETL 小组和数据建模人员需要与 BI 应用开发人员密切合作，确定数据切换的具体需求。如果物理数据以正确的格式表示的话，则每种 BI 工具都有某些需要避免的敏感性，都包含某些可以利用的特征。同样，在为 OLAP 多维数据库准备数据时，也需要考虑这些因素。

注意：

应当列出所有将会直接被BI工具利用的事实和维度表。可以直接从维度模型定义着手。列出 BI 工具需要的所有 OLAP 多维数据库和特定的数据库结构。列出所有您已经打算建立并用于支持 BI 性能的已知的索引和聚集。

19.1.9　可用的技能

某些 ETL 系统设计决策必须基于建立和管理系统的可用源的情况制定。如果这些编程技能不是内部的或有合理的需要的话，就不应该基于关键的 C++处理模块来构建系统。同样，如果您已经掌握了这些技能并找到如何管理类似项目，那么您可能会认为围绕主要提供商的 ETL 工具来建立 ETL 系统更可靠。

考虑一个关键的决策问题，是否需要通过手工编码构建 ETL 系统或者使用供应商的 ETL 包。先将技术问题和许可证书的成本放在一边，不要因为未能考虑决策的长期影响而走上雇员和经理都发现不熟悉的方向。

注意：

应该清查您所在部门的操作系统、ETL 工具、脚本语言、编程语言、SQL、DBMS 以及 OLAP 技能，这样可以理解如何暴露出您缺乏这些技能。列出需要支持当前系统以及未来可能有的系统的那些技能。

19.1.10　传统的许可证书

最后，在许多情况下，多数设计决策的制定隐约地受到管理层坚持认为应当使用现有许可证书的影响。多数情况下，这一需求是可以考虑采用的，因为环境的有利条件对每个人来说都是非常明确的。但也存在一些情况，使用现有许可证书来开发 ETL 系统是一个错误的决定。如果出现这种情况，而且您感觉必须要做出正确的决定时，您可能需要以您的工作打赌。如果您必须着手处理高管层的意见，挑战使用现存许可证书的原则，则需要为做出的决定进行充分的准备，要么接受最终的决定，要么准备离开。

注意：

您应当列出现有操作系统、ETL 工具、脚本语言、编程语言、SQL、DBMS 和 OLAP 的许可证书，无论它们是独家使用授权还是仅仅被建议使用的情况。

19.2　ETL 的 34 个子系统

在充分理解了现存的需求、现状和相关约束后，就可以准备学习形成每个 ETL 系统架构的 34 个关键子系统。本章将不分重点地描述 34 个子系统。下一章将描述在特定环境中实现这些子系统的实际步骤。虽然我们采用了行业术语——ETL——来描述这些步骤，过程实际上包含 4 个主要的组成部分：

- **获取**：从源系统中收集原始数据并通常在所有明显的数据重构发生之前将收集的数据写到 ETL 环境的磁盘上。子系统 1~子系统 3 用于支持获取过程。
- **清洗及转换**：将获取的源数据通过 ETL 系统的一系列处理步骤，改进从源系统获得数据的质量。将来自两个或多个数据源的数据融合，用于建立和执行一致性维度和一致性度量。子系统 4~子系统 8 描述了支持清洗和转换工作所需要的结构。
- **发布**：物理构建并加载数据到展现服务器的目标维度模型中。子系统 9~子系统 21 提供了将数据发布到展现服务器的功能。
- **管理**：以一致的方法管理与 ETL 环境相关的系统和过程。子系统 22~子系统 34 描述了用于支持 ETL 系统持续管理所需要的各种部件。

19.3 获取：将数据插入到数据仓库中

毫无疑问，最初的 ETL 子系统结构将解决理解数据源、获取数据、将获取的数据转换到 ETL 系统能够操作且独立于操作型系统的数据仓库环境等问题。尽管即将讲述的子系统关注转换、加载以及 ETL 环境的系统管理，但最初讨论的子系统将主要用于与源系统的接口并获得需要的数据。

19.3.1 子系统 1：数据分析

数据分析是对数据的技术分析，包括对数据内容、一致性和结构的描述。从某种意义来看，无论何时执行 SELECT DISTINCT 查询数据库字段，都是在进行数据分析。存在大量的特定工具用于执行强大的数据分析工作。投资采用某种工具而不是自己构建是有意义的，因为利用工具可以使用简单的用户接口探索大多数数据关系。使用工具而不是自己手工编程开发，会大大提高数据分析阶段的效率。

数据分析扮演两种不同的角色：战略与战术。一旦确定了候选数据源，就应该开展轻量级的分析评估工作,确定其作为数据仓库包含物的适用性并尽早提供用或是不用的决定。理想情况下，这种战略性的分析应该在业务需求分析阶段确定了候选数据源后立即开展。尽早确定数据源的可用性资格问题是必须开展的负责任的一个步骤，能够让您赢得其他小组成员的尊敬，即使做出的决定是放弃使用某个数据源。较晚发现数据源无法支持任务将使 DW/BI 工作偏离其应有的轨道(将会成为您职业生涯的致命错误)，特别是如果这一发现发生在项目已经启动数月后。

将数据源包含在项目中这一基本战略决策制定完成后，将开展较长时间的数据分析工作，尽可能将大多数问题挤出去。通常，这一任务始于数据建模过程，并延伸到 ETL 系统设计过程。有时，ETL 小组可能希望将某一尚未进行内容评估的源包含进来。这些系统可能支持生产过程的需求，然而面临 ETL 的挑战，因为不是生产过程中心的字段对分析目的来说可能是不可靠和不完整的。出现在该子系统中的问题将导致详细的规格说明，这些规格说明要么返回到数据来源地要求改进，要么成为 4～子系统 8 所描述的数据质量过程的输入。

分析步骤能够指导 ETL 小组，多少数据清洗机制用于提醒并保护他们，在由于需要处理脏数据而导致的意想不到的系统构建迁移中不会丢失主要的项目里程碑。预先开展数据分析工作！使用数据分析结果设置业务资助人有关现实的开发计划、对源数据的限制、投资更好的源数据获取实践的期望。

19.3.2　子系统 2：变化数据获取系统

在数据仓库进行最初的历史数据加载时，获取源数据内容的变化并不重要，因为您将会按照某一时间点，将该时间点之前的所有数据都加载进来。然而，由于大多数数据仓库的表都非常庞大，以至于无法在每个 ETL 周期都能够将这些表加载一次。因此必须具备能够将上一次更新后发生变化的源数据加载进来的能力。将最新的数据源分离出来被称为变化数据获取(Change Data Capture CDC)。隐藏在 CDC 背后的思想比较简单：仅仅传输那些上次加载后发生变化的数据。但是建立一个好的 CDC 系统并不像听上去那么容易。变化数据获取子系统的主要目标包括：

- 分离变化数据以允许可选择加载过程而不是完全更新加载。
- 获取源数据所有的变化(删除、更新和插入)，包括由非标准接口所产生的变化。
- 用变化原因标记变化了的数据，以区分对错误更正和真正的更新。
- 利用其他的元数据支持合规性跟踪。
- 尽早执行 CDC 步骤，最好是在大量数据传输到数据仓库前完成。

获取数据变化不是一件小事。您必须仔细评估针对每个数据源的获取策略。确定适当的策略以区分变化的数据要采用一些侦察性的工作。前面讨论的数据分析任务有助于做出这样的决定。获取源数据变化可以采取几种方式，每种方式都适合不同的环境，下面具体介绍它们。

1. 审计列

某些情况下，源系统包含审计列，这些列存储着一条记录被插入或修改的日期和时间。这些列一般是在数据库记录被插入或更新时，激活触发器而自动产生的。有时，出于性能方面的考虑，这些列由源系统的应用而不是通过触发器产生的。当这些不是由触发器而是由其他任何方式建立的字段被加载时，一定要注意它们的完整性，分析并测试每一列以确保它们是表示变化的可靠来源。如果发现存在空值，则一定要找到其他用于检测变化的方法。最常见的阻碍 ETL 系统使用审计列的情况是，当这些字段由源系统应用建立时，DBA 小组允许在后端用脚本对数据进行更新。如果这种情况在您的环境中存在，则会面临在增量加载期间丢失变化数据的风险。最后，您需要理解当一个记录被从源中删除时会发生何种反应，因为查询和审计列可能无法获得删除事件。

2. 定时获取

在采用定时获取方法时，通常会选择所有那些建立日期或修改日期字段等于 SYSDATE-1 (意思是昨天的记录)的行。听起来很完美，真是这样吗？错误。纯粹按照时间加载记录是那些没有经验的 ETL 开发者常犯的错误。这一过程非常不靠谱。基于时间选择加载数据的方式，当中间过程出现错误需要重启会多次加载行。这意味着无论加载过程由于何种原因失败，都需要人工干预并对数据进行清洗。同时，如果晚间加载过程失败并推迟了一天，那就意味着丢失的数据将无法再进入数据仓库中。

3. 全差异比较

全差异比较将保存所有昨天数据的快照，并与之进行比较。将其与今天的数据逐个比较，找到那些发生了变化的数据。这一技术的好处是它非常严密：可保证找到所有的变化。明显的缺点在于，多数情况下，采用这一技术对资源的消耗巨大。如果需要使用全差异比较，则尽力利用源机器，这样不需要将整张表或数据库保存在 ETL 环境中。当然，这样做会招致源支持方的意见。同样，可以研究使用循环冗余校验(Cyclic Redundancy Checksum, CRC)算法快速检测出某个复杂的记录是否发生了改变而不需要对每个字段进行检验。

4. 数据库日志抓取

有效的日志抓取利用时间计划点(通常是午夜时间)的数据库重做日志快照并在那些 ETL 加载用到的受影响的表的事务中搜寻。检测包括轮询重做日志，实时获取事务。抓取日志事务可能是所有技术中最杂乱的技术。事务日志经常会被装满并阻碍过程中新事务的加入。当这种情况发生在生产事务环境时，负责任的DBA 可能会立即清空日志，以便能够让业务操作继续开展，但是一旦日志被清空，日志中包含的所有事务都会丢失。如果您耗尽精力使用所有技术，并最终发现日志抓取是您发现新的或变化的记录的最后手段，一定要告诉 DBA，请他为满足您的特殊要求建立一个专门的日志。

5. 消息队列监控

在一个基于消息的事务系统中，监视所有针对感兴趣表的事务的队列。流的内容与日志探索差不多。这一过程的好处之一是开销相对较低，因为消息队列已经存在。然而，消息队列没有回放功能。如果与消息队列的连接消失，将会丢失数据。

19.3.3   子系统 3：获取系统

显然，从源系统中获取数据是 ETL 结构的基础部件。如果所有的源数据都在一个系统中，且可以使用 ETL 工具随意获取，那您真是太幸运了。多数情况下，每个源都位于不同的系统中，处于不同的环境并采用不同的数据库管理系统。

ETL 系统可能会被要求从范围广泛的系统中获取涉及多种不同类型和固有难题的数据。组织需要从常会遇到像 COBOL 复制手册、EBCDIC 到 ASCII 转换、压缩十进制、重新定义、OCCURS 字段以及多个可变记录类型等问题的主机环境中获取数据。另外一些组织可能需要从关系 DBMS、平面文件、XML 源、Web 日志或复杂的 ERP 系统中获取。每种获取都具有一定的难度。有些源，特别是那些比较古老的遗留系统，可能需要使用不同的过程语言，而不是 ETL 工具或小组的经验可以支持的。在此情况下，请求所有者将他们的源系统转换为平面文件格式。

注意：

尽管使用自描述的 XML 格式数据有很多好处，但您仍然无法忍受大量的、频繁的数据转换。XML 格式文件的有效部分还不到整个文件的 10%。本建议的例外可能是 XML 有效负载是复杂的深度层次 XML 结构，例如，工业标准数据交换。在此情况下，DW/BI 小组需要决定是否"分解"XML 为大量的目标表或者坚持在数据仓库中使用 XML 结构。最近关系数据库管理系统(RDBMS)提供商提供了通过 XPath 支持 XML，使后一种选择可操作性更强。

从源系统中获取数据通常可以采用两种方法：以文件方式或者以流方式。如果源处于古老的主机系统中，最容易的办法是采用文件方式，并将这些文件移动到 ETL 服务器上。

注意：

如果源数据是无结构、半结构甚至是包含多种结构的"大数据"，那么与其将这些数据以无法解释的"blob"类型加载到 RDBMS 中，不如建立更有效的 MapReduce/Hadoop 获取步骤，作为 ETL 从源数据中获取事实的获取器，直接发布可加载的 RDBMS 数据。

如果要在数据库中使用 ETL 工具且源数据在数据库(不限于 RDBMS)中，您可以将获取按照流来设置，其中数据流出源系统，通过转换引擎，以单一过程进入过渡数据库。相比之下，文件获取方法包括三四个不同的步骤：获取文件、将文件移动到 ETL 服务器，转换文件内容以及加载转换后的数据到过渡服务器。

注意：

尽管流获取更有吸引力，但文件获取方式还是存在一些有利条件。可以方便地在不同点重新开始。只要保存了获取的文件，就可以重新运行加载，而不会对源系统产生任何影响。将数据通过网络传输时，可以方便地加密和压缩数据。最后，验证所有数据在移动过程中保持了正确性可以通过比较传输前后的文件行计数获得。一般来说，我们建议采用数据传输实用程序，如 FTP，来传输获取的文件。

如果要通过公共网络或在距离比较长的情况下传输大量数据，对数据进行压缩后再传输是非常重要的。在此情况下，通讯链路通常会成为瓶颈。如果传输数据花费大量的时间，则压缩可以减少 30%～50%或更多的传输时间，效果如何要看原始数据文件的属性。

如果数据要通过公共网络传输或者在某些情况下，即使在内部传输，也需要对数据进行加密。处于这样的环境，最好考虑使用加密链路，这样就不用考虑哪些需要加密，哪些不需要加密。记住在加密前压缩，因为加密后的文件压缩效果不好。

19.4　清洗与整合数据

清洗与整合数据是 ETL 系统的关键任务。在这些步骤中,ETL 系统将增加值到数据中。其他一些活动，获取和发布数据，显然也是必须存在的，但它们仅仅是移动和加载数据。清洗和整理子系统对数据做出了实际的改变，并增加了数据对组织的价值。此外，这些子系统可以被构建来建立用于诊断系统何处出现问题的元数据。此类诊断最终会导致业务流程再造以解决脏数据产生的根本原因并随时间不断改进数据质量。

19.4.1　提高数据质量文化与过程

对所有出现在流程中的错误,都试图批评原始数据源的问题。若数据录入员再仔细一点该多好哇!我们应该对那些将产品和客户信息录入其订单表格的受到键盘挑战的销售人员多些宽容。也许应当通过在数据录入用户接口增加限制性约束的方式来改善数据质量问题。该方法提供了有关如何考虑改进数据质量的提示,因为技术方面的解决方案通常能够避免真正问题的出现。假定客户的社会安全号码字段常常出现空白或保存的是屏幕输入的垃圾信息。有些人对此提出了一种聪明的解决方法,要求输入必须满足 999-99-9999 这样的格式,以此方式巧妙地避免了录入类似条目全部是 9 的情况发生。会发生什么情况呢?数据录入员必须输入合法的社会安全号,否则无法进入下一屏幕,因此当他们没有客户的号码时,只好通过人工号码避免这一障碍。

Michael Hammer 在其革命性的书籍 *Reengineering the Corporation*(Collins,2003 年版)中,用睿智的观察直击数据质量问题的核心。Hammer 解释道:"看起来不起眼的数据质量问题,实际上是拆散业务流程的重要标志。"这一思想不仅能够引起您对数据质量问题的重视,而且还指明了解决之道。

从技术的角度解决数据质量问题难以取得成功,除非它们是来自组织顶层的质量文化的一部分。著名的日本汽车制造业对质量的态度渗入到企业的每个层次中,从 CEO 到装配线工人,所有层次都非常关注质量。将其引入到数据环境中,设想某个大型连锁药店,一组买方与成千上万的提供库存的供应商签订合同。买方助理的工作是键入每个购买药物的买方的详细信息。这些药方包含大量的属性。但问题是助理的工作非常繁重并且要考察买方们每小时输入的条目的数量。助理几乎意识不到谁在利用这些数据。偶尔,助理会因为出现明显的错误而受到批评。但更可怕的是,提供给助理的数据本身是不完整和不可靠的。例如,毒性等级没有规范的标准,因此这一属性会随着时间或产品分类而发生明显的变化。药店应该如何改进其数据质量呢?这里提供一个包含 9 个步骤的模板,不仅适用于药店,也可用于其他需要解决数据质量问题的企业:

- 定义一个针对数据质量文化的高级别的承诺。
- 在执行层面上发起过程再造。
- 投资用于改进数据录入环境。
- 投资用于改进应用集成。
- 投资用于改变工作过程。
- 促进端到端的团队意识。
- 促进部门间合作。
- 大力褒奖卓越的数据质量。
- 不断度量并改进数据质量。

针对药店,需要加大投入,改进数据录入系统,为买方助理提供他们需要的内容和选择。公司经理需要让买方助理意识到他们的工作非常重要并认识到企业价值的最终目标源于数据质量。

19.4.2　子系统 4：数据清洗系统

ETL 数据清洗过程通常希望订正脏数据，同时希望数据仓库能够提供对组织生产系统中的数据的准确描述。在各种冲突的目标之间实现平衡是基本的要求。

在描述清洗系统时，目标之一是提供清洗数据、获取数据质量事件，以及度量并最终控制数据仓库中的数据质量的全面结构。一些组织可能发现实现这种结构具有挑战性，但我们相信对 ETL 小组来说，努力工作尽力争取将这些能力尽可能具体化是非常重要的。如果您是一位 ETL 方面的新手并发现实现这一工作具有严峻的挑战，那么您可能想知道"我应该关注的最小内涵是什么？"答案就是以实现最好的数据轮廓分析为起点。这一工作的结果有助于理解改善潜在的脏数据和不可靠数据的风险，并有助于确定您的数据清洗系统需要完成的工作的复杂程度。

清洗子系统的目标是汇总技术用于支持数据质量。子系统的目标包括：

- 尽早诊断并分类数据质量问题。
- 为获得更好的数据而对源系统及集成工作的需求。
- 提供在 ETL 中可能遇到的数据错误的专门描述。
- 获取所有数据质量错误以及随时间变化精确度量数据质量矩阵的框架。
- 附加到最终数据上的质量可信度度量。

1.　质量屏幕

ETL 结构的核心是用于诊断过滤数据流流水线的质量屏幕集合。每个质量屏幕就是一个测试。如果针对数据的测试成功，就不会有事发生，并且屏幕没有副作用。如果测试失败，则一定会在错误事件模式中出现错误行，并做出选择，是终止过程，将错误数据发送到挂起状态，还是对数据进行标记。

尽管所有质量屏幕在结构上是类似的，但将其划分为以升序形式展现的三种类别可方便处理。Jack Olson 在其有关数据质量的开创性著作 *Data Quality: The Accuracy Dimension* (Morgan Kaufmann，2002)中，将数据质量屏幕划分为三种类型：列屏幕、结构屏幕和业务规则屏幕。

列屏幕测试单一列中的数据。这些测试通常是简单的、比较明显的测试，例如，测试某列是否包含未预期的空值，某个值是否超出了规定的范围，或者某个值是否未能遵守需要的格式。

结构屏幕测试数据列之间的关系。测试两个或更多的列以验证它们是否满足层次要求，例如，一系列多对一关系。结构屏幕也对两个表之间存在的外键/主键的约束关系进行测试，还包括对整个列块的测试，验证它们的邮政编码是否满足合法性。

业务规则屏幕实现由列和结构测试无法适应的更复杂的测试。例如，可能需要测试与客户档案有关的复杂的与时间关联的业务规则，例如，需要测试那些申请终身白金飞行常客的成员，要求至少有 5 年乘机历史并且飞行距离超过 200 万公里。业务规则屏幕也包括聚集阈值数据质量检查，例如，磁共振成像检查是否存在某个统计上不可能出现的数字，来源于极少出现的有关手肘扭伤的诊断。在此情况下，屏幕将会在达到此类磁共振成像检查阈值时弹出错误。

2. 对质量事件的响应

我们已经讨论了在错误发生时决定如何操作的每种质量屏幕。可选择的方式为：①终止过程；②将错误记录发送到搁置文件中，以便后续处理；③仅对数据进行标注并将其放到流水线的下一个步骤中。无论处于何种情况，第 3 种选择是目前为止最好的选择。终止处理显然不够好，因为诊断问题、重启或恢复作业或者完全中止等工作都需要人工参与处理。将记录发送到搁置文件通常也不是好的解决方案，因为并不清楚何时或者是否这些记录将被更正并重新进入流水线中。在这些记录被恢复到数据流中之前，数据库的完整性无法得到保证，因为丢失了记录。我们建议在少量数据错误时不要使用搁置文件。以标记数据为错误数据的第 3 种选择方法通常效果较好。不好的维度数据也可以使用审计维度进行标记，或者在面对丢失或垃圾数据的情况下，可以在属性上标记唯一错误值。

19.4.3 子系统 5：错误事件模式

错误事件模式是一种集中式的维度模式，其目的是记录 ETL 流水线中所有质量屏幕出现的错误事件。尽管我们主要关注的是数据仓库的 ETL 过程，但该方法也可应用于一般的需要在遗留应用之间传输数据的数据集成应用中。错误事件模式如图 19-1 所示。

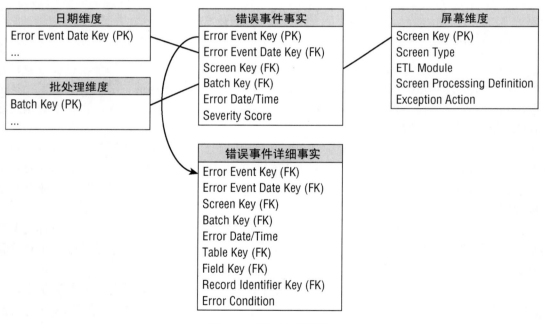

图 19-1 错误事件模式

在该模式中，主表是错误事件事实表。其粒度是每个由 ETL 系统的质量屏幕抛出的(产生的)错误。记住事实表的粒度是对每个事实存在的原因的物理描述。每个质量屏幕错误在表中用一行表示，表中每行对应一个观察到的错误。

错误事件事实表的维度包括错误的日历日期、错误产生的批处理作业以及产生错误的屏幕。日历日期不是产生错误的分或秒时间戳，相反，日历日期按照日历的通常属性(例如，平日或某财务周期的最后一天)提供一种约束并汇总错误事件的方法。错误日期/时间事实是一种完整关联的日期/时间戳，精确地定义了错误发生的时间。这种格式可方便计算错误事件发生的时间间隔，因为可以通过获得两个日期/时间戳之间的差别获得不同事件发生的间隔时间。

批处理维度可被泛化为针对数据流的处理步骤，而不仅仅是针对批处理。屏幕维度准确地识别是何种屏幕约束以及驻留在屏幕上的是何种代码。它也能够定义在屏幕抛出错误时采取了什么措施。例如，停止过程、发送记录到挂起文件或标记数据。

错误时间事实表还包含一个单列的主键，作为错误事件的键。此代理键类似于维度表主键，是一种随着行增加到事实表中而顺序分配的整数。该键列同时被增加到错误事件事实表中。希望这种情况未发生在您所处的环境中。

错误事件模式包括另外一种粒度更细的错误事件细节事实表。该表中每行确定与错误有关的某个特定记录的个体字段。这样某个高级别的错误事件事实表中的单一错误事件行所激活的复杂的结构或业务规则错误将会在错误细节事实表中用多行表示。这两个表提供错误事件键关联，该键是低粒度表的外键。错误事件细节表可区分表、记录、字段和准确的错误条件。因此复杂的多字段、多记录错误的完整描述都将保存在这些表中。

错误事件细节事实表也可以包含准确的日期/时间戳，提供对聚集阈值错误事件的完整描述。聚集阈值错误事件中的错误条件涉及某个时间段内的多条记录。您现在应当能够感觉到每个质量屏幕具有在错误发生时将错误添加到表中的功能了。

19.4.4　子系统 6：审计维度装配器

审计维度是一种特殊的维度，用于在后端装配 ETL 系统的每个事实表，正如第 6 章中所描述的那样。如图 19-2 所示的审计维度包含当建立特定事实行时的元数据环境。您可能会说我们将元数据提升到实际数据了。考虑如何建立审计维度行，设想该货运事实表将按照批处理文件每天更新一次。假设您今天工作顺利没有产生错误标记，此时，将建立唯一的一行审计维度，将被附加到今天所加载的所有事实行。所有的分类、分数和版本号都将相同。

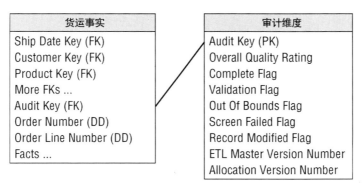

图 19-2　附加到事实表的审计维度示例

现在，让我们去掉工作顺利的假设。如果某些事实行由于折扣值出现出界错误而被激活，则需要不止一个审计维度行用于标记这一情况。

19.4.5 子系统7：重复数据删除(deduplication)系统

通常维度来自多个源。多个面向客户的源系统建立并管理不同的客户主表，这种情况在组织中比较常见。客户信息可能需要从多个业务项和外部数据源中融合获得。有时，数据可以通过匹配同一键列的相同值获得。然而，即使在定义的匹配发生时，数据的其他列相互之间也可能存在矛盾，需要确定保留哪些数据。

遗憾的是，很少存在统一的列能使融合操作更方便。有时，唯一可用的线索是几个列的相似性。需要集成不同的数据集合，已经存在的维度表数据可能需要对不同的字段进行评估以实现匹配。有时，匹配可能基于模糊评判标准，例如，对包含少量拼写错误的名字和地址进行近似匹配。

数据保留(survivorship)是合并匹配记录集合到统一视图的过程，该统一视图将从匹配记录中获得的具有最高质量的列合并到一致性的行中。数据保留包括建立按照来自所有可能源系统的列值而清楚定义了优先顺序的业务规则，用于确保每个存在的行具有最佳的保留属性。如果维度设计来自多个系统，则必须维护带有反向引用的不同列，例如自然键，用于所有参与的源系统行的构建工作。

考虑到重复数据删除、匹配和数据保留等问题的困难性，目前有大量的数据集成和数据标准工具可用。这些工具非常成熟且应用非常广泛。

19.4.6 子系统8：一致性系统

一致性处理包含所有需要调整维度中的一些或所有列的内容以与数据仓库中其他相同或类似的维度保持一致的步骤。例如，在大型组织中，可能有一个获取发票和客户服务呼叫同时又都利用了客户维度的事实表。通常发票和客户服务的数据来自不同的客户数据库。通常情况下，来自两个不同客户信息源的数据很少能保证具有一致性。需要对来自这两个不同客户源的数据进行一致性处理，使某些或所有描述客户的列能够共享相同的领域。

注意：
建立一致性维度的过程要采用敏捷方法。对两个需要一致性处理的维度，它们必须至少有一个具有相同名称和内容的公共属性。您必须考虑使用单一的一致性属性，例如，客户分类，让其不受任何影响地添加到每个面向客户的过程中的客户维度中。在添加每个面向客户的过程时，扩展可以集成的过程列表并使其能够参与横向钻取查询过程。还可以增量式添加一致性属性的列表，例如，城市、州和国家等。所有这些都可以分阶段采用更敏捷的方法实现。

一致性子系统负责建立并维护第4章所描述的一致性维度和一致性事实。要实现这些工作，需要合并且集成从多个源输入的数据，因此需要其内容行具有相同的结构、重复数据删除、过滤掉无效数据、标准化等特点。一致性处理的主要过程是如前所述的重复数据删除、匹配和数据保留处理过程。一致性过程流对重复数据删除和数据保留过程的合并如图19-3所示。

定义和发布一致性维度和事实的过程将在后续的子系统17(维度管理器)和子系统18(事实提供者)中描述。

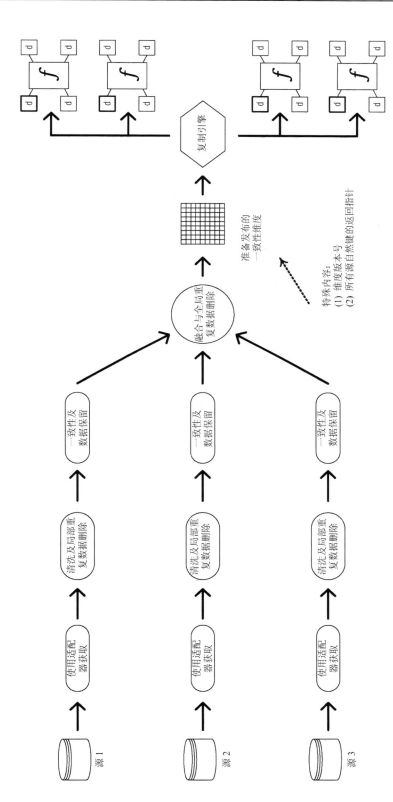

图 19-3 一致性维度构建的重复数据删除和数据保留过程

19.5　发布：准备展现

ETL 系统的主要任务是发布阶段切换维度和事实表。出于这样的原因，发布子系统是 ETL 结构中最为重要的子系统。尽管数据源结构和清洗以及一致性逻辑有相当大的变化，但准备维度表结构的发布处理技术更加明确且严格。使用这些技术对建立一个成功的维度数据仓库，使其具备可靠、可扩展和可维护的性能是至关重要的。

大多数此类子系统关注维度表处理过程。维度表是数据仓库的核心。它们为事实表及所有的度量提供环境，尽管维度表通常比事实表小得多，但它们对 DW/BI 系统的成功起关键的作用，因为它们为事实表提供了接入点。发布过程始于刚刚描述的子系统对清洗和对数据的一致性处理。对多数维度来说，基本加载规划相对要简单一些：执行基本的对数据的转换并建立维度行，加载到目标展现表中。这一过程通常包括代理键分配、代码查找以提供适当的描述、划分或合并列以表示适当的数据值，或连接底层的符合第 3 范式格式的表结构使其成为非规范的平面型维度。

事实表的准备也非常重要，因为事实表拥有用户希望看到的针对业务的关键度量。事实表可能非常大并且需要大量的加载时间。然而，准备用于展现的事实表通常更为明确。

19.5.1　子系统 9：缓慢变化维度管理器

ETL 结构中最为重要的元素之一是实现缓慢变化维度(Slowly Changing Dimension，SCD)逻辑的能力。ETL 系统必须确定当已经存在于数据仓库中的属性值发生变化时的处理方法。如果确定当被修改的描述是合理的且需要更新原有信息时，必须应用适当的 SCD 技术。

正如在第 5 章中所描述的那样，当数据仓库收到通知，维度中存在的行发生变化时，可以采用 3 种基本响应：类型 1 重写；类型 2 增加新行；类型 3 增加新列。在使用这 3 种技术以及其他 SCD 技术时，SCD 管理器应该系统化地处理维度中的时间差异。此外，SCD 管理器应该为类型 2 变化维护适当的管理列。图 19-4 展示了在处理 SCD 时，处理代理键管理的整个处理流程。

在表达变化数据的 SCD 处理中，子系统 2 中所描述的变化数据获取过程显然扮演了一种重要的角色。如果变化数据获取过程有效地发布了适当的变化，SCD 处理就可以采取适当的行动。

1. 类型 1：重写

类型 1 技术简单地在已有维度行中重写一个或多个属性。将从变化数据获取系统中获取的修改后的数据重写到维度表中的相应内容。当需要改正数据或对先前值没有保存的业务需求时，类型 1 是比较适当的。例如，您可能需要改正客户的地址。在此情况下，重写是正确的选择。注意，如果维度表包含类型 2 变化跟踪，应当重写该客户的所有受影响的列。类型 1 更新必须传播到前面早期已经永久存储的阶段表，并重写所有受影响的阶段表中的数据，这些阶段表如果被用于重建最终的加载表时，才会体现出重写的影响效果。

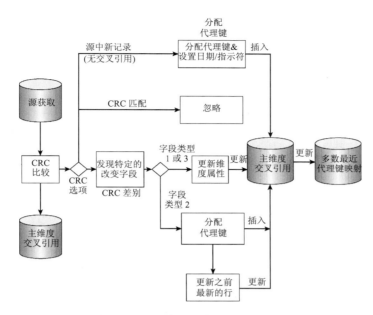

图 19-4　SCD 代理键管理的处理流程

某些 ETL 工具包含"UPDATE else INSERT"功能。该功能可能给开发者带来方便，但可能会成为性能杀手。为了最大程度地提高性能，对已经存在的行的更新应该与对新行的插入操作分离。如果类型 1 更新引起性能问题，可考虑禁用数据库日志或使用 DBMS 批量加载功能。

类型 1 更新会使所有建立在改变列上的聚集操作都失效，因此维度管理器(子系统 17)必须通知受影响的事实提供者(子系统 18)删除并重建受影响的聚集。

2. 类型 2：增加新行

类型 2 SCD 是一种用于跟踪维度变化并将其与正确的事实行关联的标准技术。支持类型 2 变化需要强大的变化数据获取系统，用于检测发生的变化。对类型 2 更新来说，复制先前维度行的版本，从头开始建立新行。然后更新行中发生变化的列并增加所需要的其他列。这一技术是处理需要随时间而跟踪的维度属性变化的主要技术。

如果 ETL 工具不提供更新多数最近的代理键映射表这样的功能的话，类型 2 ETL 处理需要具备该功能。在加载事实表数据时，这些包含两列的小型表具有巨大的作用。子系统 14，即代理键流水线，支持这一处理。

参考图 19-4，观察在获取过程期间处理变化维度行的查询和键分配逻辑。在该示例中，变化数据获取过程(子系统 2)使用循环冗余校验(CRC)比较方法来确定上次更新以来，源数据的哪些行发生了变化。幸运的话，您已经知道哪些维度记录发生了变化，可以忽略 CRC 比较步骤。在确认变化的行涉及类型 2 变化后，可以按照键序列建立新的代理键并更新代理键映射表。

当新的类型 2 行被建立后，至少需要一对时间戳，以及一个可选的描述变化的属性。时间戳对定义了从开始有效时间到结束有效时间之间的时间范围，这一范围指明了整个维度属性的合法期。建立类型 2 SCD 行更复杂的方法是增加 5 个附加的 ETL 管理列。参考图 19-4,这需要类型 2 ETL 过程找到先前有效的行并对这些管理列进行适当的更新。

- 改变日期(改变日期作为日期维度支架表的外键)
- 行有效日期/时间(准确的发生变化时的日期/时间戳)
- 行截止日期/时间(准确的下一次变化的日期/时间戳,大多数当前维度行的默认值为 12/31/9999)
- 列变化原因(可选属性)
- 当前标志(当前/失效)

注意:

在事务数据库中运行的后端脚本有可能会修改数据,而没有更新相应的元数据字段,例如,last_modified_date。维度时间戳使用这些字段时可能在数据仓库中产生不一致的结果。因此要始终坚持使用系统或截止日期来获取类型 2 有效时间戳。

类型 2 处理不会像类型 1 那样对历史情况做出改变,因此类型 2 变化不需要重建受影响的聚集表,只要变化是"今天"而不是之前发生的。

注意:

Kimball Design Tip #80(可在 www.kimballgroup.com 网页中本书题目下的 Tools and Utilities 标签进入获得)提供了对增加行变化原因代码属性到维度表中的详细指导。

3. 类型 3:增加新属性

类型 3 技术用于支持属性发生"软"变化的情况,允许用户既可以使用属性旧值也可以使用新值。例如,如果销售小组被分配了新的销售区域名称,则有可能既需要跟踪原区域名的情况,还需要跟踪新区域名的情况。如果未预先考虑这种情况,那么使用类型 3 技术需要 ETL 系统对维度表做出改变,在模式中增加新列。当然,与 ETL 小组共同工作的 DBA 最有可能负责这一工作。您需要将已经存在的列值添加到新增加的列中,并在原列中存储 ETL 系统提供的新值。图 19-5 展示了实现类型 3 SCD 的方法。

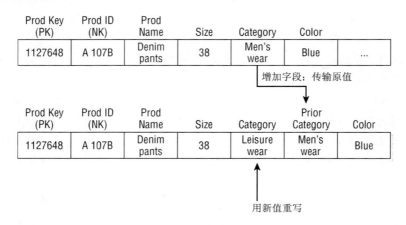

图 19-5 类型 3 SCD 处理

与类型 1 处理类似，类型 3 变化更新将会导致所有针对更新列所做的聚集失效。维度管理器必须通知受影响的事实提供者，使他们能够删除并重新建立受影响的聚集。

4. 类型 4：增加微型维度

在维度中的一组属性变化非常快的情况下，需要将它们划分到微型维度上，此时将采用类型 4 技术。这种情况有时被称为快速变化超大维度。与类型 3 一样，这种情况要求改变模式，希望在设计阶段就做好。微型维度需要有自己的唯一主键，主维度的主键和微型维度的主键都必须出现在事实表中。图 19-6 展示了类型 4 SCD 的实现。

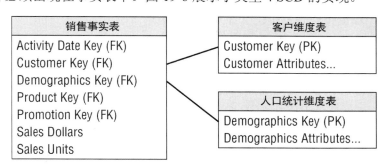

图 19-6　类型 4 SCD 处理

5. 类型 5：增加微型维度和类型 1 支架

类型 5 技术建立在类型 4 微型维度基础之上，同时在主维度的微型维度上嵌入类型 1 引用。这样可允许直接通过主维度访问微型维度上的当前值，而不需要通过事实表连接。只要微型维度的当前状态随时间而发生了变化，ETL 小组就必须在主维度上增加类型 1 键引用且必须在所有主维度的副本上重写该键引用。图 19-7 展示了类型 5 SCD 的实现情况。

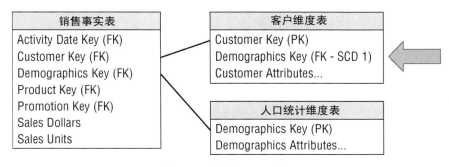

图 19-7　类型 5 SCD 处理

6. 类型 6：在类型 2 维度中增加类型 1 属性

类型 6 技术包含一个嵌入属性，用于作为通常的类型 2 属性的替换值。通常该属性就是类型 3 的另一种实现，但是在此情况下，一旦属性被更新，该属性将被系统性地重写。图 19-8 展示的是类型 6 SCD 的实现。

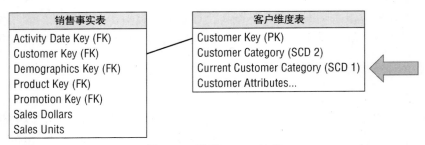

图 19-8　类型 6 SCD 处理

7. 类型 7：双重类型 1 及类型 2 维度

类型 7 技术是一种常见的类型 2 维度，与特定构建的事实表成对出现，它们均有一个与维度关联的常态化的外键，用于处理类型 2 历史过程，另外也包含一个持久性外键(参考图 19-9)，用于替换类型 1 当前过程，连接到维度表的持久键标记为 PDK。维度表还包含当前行标识，表示该行是否用作 SCD 类型 1 场景。ETL 小组必须增加一个正常构建的包含该常量值持久性外键的事实表。图 19-9 表示了类型 7 SCD 的实现情况。

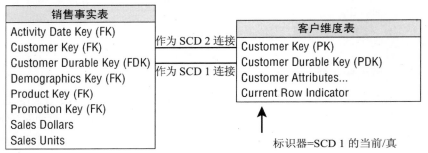

图 19-9　类型 7 SCD 处理

19.5.2　子系统 10：代理键产生器

回忆第 3 章的内容，我们强烈建议在所有维度表中使用代理键。要实现这一工作，需要一个为 ETL 系统产生代理键的健壮的机制。代理键产生器应能独立地为所有维度产生代理键；它应当独立于数据库示例并能够为分布式客户提供服务。代理键产生器的目标是产生无语义的键，通常是一个整数，将成为维度行的主键。

尽管可以通过数据库触发器建立代理键，但使用该技术可能会产生性能瓶颈。如果由 DBMS 来分派代理键，这样对 ETL 过程是最好的，不需要 ETL 直接调用数据库序列产生器。从提高性能的角度考虑，可让 ETL 工具建立并维护代理键。要避免级联源系统的操作型键与日期/时间戳的诱惑。尽管该方法看起来很简单，但始终会存在问题，最终无法实现可扩展性。

19.5.3　子系统 11：层次管理器

在维度中通常具有多个同时存在的、嵌入的层次结构。这些层次以属性的形式简单地共存于同一个维度表中。作为维度主键的属性必须具有单一值。层次可以是固定的也可能是参差不齐的。固定深度的层次具有一致的层次号，简单地将其建模并将不同的维度属性添加到每个层次上就可以。类似通信地址这样轻微参差不齐的层次往往被建模成固定层次。

参差不齐程度较深的层次通常都存在于组织结构中，具有不平衡及不确定的深度。数据模型和 ETL 解决方案若需要支持此类需求，则需要采用包含组织映射的桥接表。

不建议采用雪花或规范化数据结构表示层次。然而，在 ETL 过渡区使用规范化设计可能是比较适合的，可用于辅助维护 ETL 数据流以添加或维护层次属性。ETL 系统负责强化业务规则以确保在维度表中加入适当的层次。

19.5.4　子系统 12：特定维度管理器

特定维度管理器是一种全方位的子系统：一种支持组织特定维度设计特征的 ETL 结构的占位符。一些组织的 ETL 系统需要这里将讨论的所有能力，另外一些可能仅需要其中的一些设计技术。

1. 日期/时间维度

日期和时间维度是唯一一种在数据仓库项目开始时就完整定义的维度，它们没有约定的来源。这很好！通常，这些维度可能是在某个下午与报表一起构建的。但是当处理的是跨国组织环境时，考虑到多个财务报表周期或多种不同的传统日历，即使这样一个简单的维度也会带来挑战。

2. 杂项维度

杂项维度涉及那些当您从事实表中删除所有关键属性后遗留下来的文本和繁杂的标识。在 ETL 系统中可以采用两种方式建立杂项维度。如果维度中行的理论上的号码确定并已知，则可以预先建立杂项维度。其他情况下，可能需要在处理事实行输入时匆忙地建立新观察到的杂项维度行。如图 19-10 所示，这一过程需要聚集杂项维度属性并将它们与已经存在的杂项维度行比较，以确定该行是否已经存在。如果不存在，将组建新的维度行，建立代理键，在处理事实表过程中适时地将该行加载到杂项维度中。

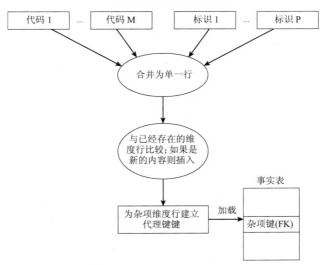

图 19-10　建立杂项维度行的结构

注意：

Kimball Design Tip #113(可在 www.kimballgroup.com 网页中本书书名下的Tools and Utilities 标签进入获得)提供了更多有关建立并维护杂项维度表的详细指导。

3. 微型维度

正如在子系统 9 中所讨论的那样，微型维度是一种用于在大型维度中当类型 2 技术不可用时，例如，客户维度，跟踪维度属性变化的技术。从 ETL 的角度来看，建立微型维度与刚刚讨论过的杂项维度处理类似。再次说明，存在两个选择：预先建立所有的合法组合或重组并及时建立新的组合。尽管杂项维度通常是根据事实表输入建立，但微型维度往往是在维度表输入时建立。ETL 系统负责维护多列代理键查询表以确定基本维度号码和适当的微型维度行，支持子系统 14 中将要描述的代理流水线过程。记住，非常大的、复杂的客户维度通常需要多个微型维度。

注意：

Kimball Design Tip #127(可在www.kimballgroup.com网页中本书书名下的Tools and Utilities 标签进入获得)提供了更多有关建立并维护微型维度表的详细指导。

4. 缩减子集维度

缩减维度是一种一致性维度，其行与/或列是基维度的子集。ETL 数据流应当根据基维度建立一致性缩减维度，而不是独立于基维度，以确保一致性。然而，缩减维度的主键必须独立地构建，如果试图使用来自于"样例"基维度行的键，则当该键被弃用或废除时将会带来麻烦。

注意：

Kimball Design Tip #137(可在www.kimballgroup.com网页中本书题目下的Tools and Utilities 标签进入获得)提供了更多有关建立并维护缩减维度表的详细指导。

5. 小型静态维度

某些维度可能是由 ETL 系统在没有真实的外部来源的情况下建立的。这些维度通常是小型的查询维度，在该维度中操作型代码被转换为字词。在此情况下，并不存在真正的 ETL 处理。查询维度简单地由 ETL 小组直接建立，其最终格式为关系表。

6. 用户维护的维度

通常数据仓库需要建立全新的"主"维度表。这些维度没有正式的记录系统。它们是由业务报表和分析过程建立的自定义描述、分组和层次。ETL 小组建立这些维度通常是出于受托责任，但是这样做往往不会成功，因为 ETL 小组并不知道这些自定义分组的变化情况，因此这些维度会变得令人烦恼且低效。最佳应用情况是由适当的业务用户部门负责维护这些属性。DW/BI 小组需要为维护工作提供适当的接口。通常，这一工作呈现出简单应用的形式并使用公司的标准可视化编程工具建立。ETL 系统应该为新行添加默认属性值，然后由负责维护的用户进行更新。如果这些行在没有发生变化的情况下被加载到数据仓库中，则它们仍然会以默认描述的方式出现在报表中。

注意：
ETL 处理应该建立唯一的默认维度属性描述，以体现某些人的受托工作尚未完成。我们赞成标签采用"Not Yet Assigned(尚未分配)"短语与代理链值连接起来的方式："Not Yet Assigned 157"。这样的话，多个未分配值不会在聚集表或报表中被无意地集中到一起。这种方式也有利于区分那些后期更正的行。

19.5.5　子系统 13：事实表建立器

事实表拥有组织的度量。维度模型将围绕这些数字度量构建。事实表建立器关注 ETL 结构化需求以有效地建立三种主要的事实表类型：事务、周期快照和累积快照。在加载事实表时一个主要的需求是维护相关维度表之间的参照完整性。代理键流水线(子系统 14)就是设计来帮助实现该需求的。

1. 事务事实表加载器

事务粒度表示一种以特定时刻定义的度量事件。发票的列表项就是一种事务事件的示例。现金收款台的扫描设备事件是另外一种示例。在这些示例中，事实表的时间戳非常简单。要么是一种简单的日历粒度外键，要么是一对包含日期/时间戳的日期粒度的外键，这取决于源系统提供的是什么以及分析需求。该事务表的事实必须与粒度吻合并且仅应该描述在那个时刻发生了什么。

事务粒度事实表是三类事实表中最大且最详细的事实表。事务事实表加载器从变化数据获取系统接收数据并以适当的维度外键进行加载。仅仅加载最新记录是最容易的情况：简单地批量加载新行到事实表中。多数情况下，目标事实表应当按照时间分区，以方便管理和提高表的性能。应当包含审计键、系列化 ID 或日期/时间戳列以方便备份或重新开始加载工作。

添加后续到达的数据要困难得多，需要在子系统16 中讨论的额外的处理能力。如果需要更新已经存在的行，该过程应当采取两步处理。第 1 步是插入更正的行，不需要重写或删除原始行，然后在第 2 步中删除原始行。在事实表中采用顺序分配的单一代理键，能够使先执行插入后删除的两步过程得以实现。

2. 周期快照事实表加载器

周期快照粒度表示一种常规重复的度量或度量集合，类似银行账户每月报表。该事实表还包含一个单一日期列，表示整个周期。周期快照的事实必须满足粒度需求，仅描述适合于所定义周期的时间范围的度量。周期快照是一种常见的事实类型，通常用于表示账户余额、每月财务报表以及库存余额等。周期快照的周期通常可以是天、周或月等。

周期快照通常具有与事务粒度事实表类似的加载特性。插入和更新的过程相同。假定数据被及时发送到 ETL 系统中，每个加载周期的所有记录可以以最近时间分区聚类。传统上，周期快照在适当的时期结束时将被集体加载。

例如，信用卡公司可以在每月结束时按照有效余额加载每月账户余额快照表。更常见的是，组织将添加热轧制周期快照。每月结束时除了加载行外，还需要加载一些前一天的包含最新有效余额的特殊行。随着月的变化，当前月行不断地以最新信息更新且连续不断地进行。如果周期结束时计算余额的业务规则非常复杂的话，注意热轧制快照实现有时可能非常困难。通常这些复杂的计算依赖于数据仓库之外的其他周期的处理结果，对ETL系统来说，没有足够的可用信息来更频繁地执行这些复杂的计算。

3. 累积快照事实表加载器

累积快照粒度表示一个有明确的开始和结束的过程的当前发展状态。通常，这些过程持续时间较短，因此无法将它归类到周期快照中。订单处理是一种典型的累积快照示例。订单在一个报告期内被发出、货运及支付。事务粒度提供了太多的细节，分布在个体事实表行中，报告这些数据采用周期快照是错误的方式。

累积快照的设计和管理与其他两类事实表存在较大的差异。所有累积快照事实表都包含一系列日期，用于描述典型的处理工作流。例如，订单可能包含订单日期、实际发货日期、交货日期、最终付款日期以及退货日期等。在该示例中，这5个不同的日期是以5个不同的日期值代理键外键出现的。当订单行首次建立时，起初这些日期定义非常好，但是也许其他的都还没有发生。当订单在订单流水线上蜿蜒穿过时，同一个事实行被顺序访问。每当有事情发生时，累积快照事实行被修改。日期外键被重写，各类事实被更新。通常起初的日期仍然未受到影响，因为它描述的是行被建立的情况，但是所有其他日期都可以被重写，有时不止一次被重写。

多数RDBMS利用可变长度的行。对累积快照事实行的重复更新可能会导致这些可变长度行增加，对磁盘块造成影响。有时偶尔在更新活动发生后，删除并重新加载行有利于改善性能。

累积快照事实表是一种表示具有良好定义的开始和结束的有限过程的有效方式。然而，根据定义，累积快照是最近的视图。通常利用三种事实表类型来满足各种需要。周期历史可以通过周期获取，在该过程中涉及的所有无限的细节可以被获取到关联事务粒度事实表中。在这个过程中，许多情况下存在的违反标准场景或涉及重复循环的情况将阻止对累积快照的使用。

19.5.6　子系统14：代理键流水线

所有ETL系统都包含一个将输入事实表行的操作型自然键替换为适当的维度代理键的步骤。参照完整性(Referential Integrity，RI)意味着对事实表的每个外键，都在对应的维度表中有一个入口。如果在销售事实表中包含一行，其产品代理键为323442，则需要在产品维度表中具有同样的键，否则就无法知道卖出的产品是什么。您卖出的产品是不存在的产品。更糟的是，如果在维度中没有产品键，商业用户构建的查询将会由于无法意识到它的存在而忽略这一销售。

键查找过程应对每个输入自然键或默认值进行匹配。如果在查询过程中，存在一个无法解决的参照完整性错误，则需要反馈这些错误到负责处理的ETL过程去解决，如图19-11所示。同样，ETL过程需要解决所有在键查询过程中可能出现的键冲突。

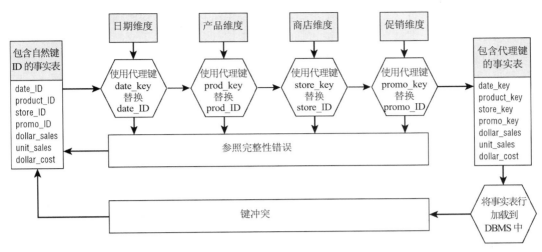

图 19-11　用维度代理键替换事实记录的操作型自然键

事实表数据被处理后，在被加载到展现层前，需要开展代理键查找工作以用适合的当前代理键替换事实表中的操作型自然健。为实现参照完整性，首先需要完成对维度表的更新。这样，维度表始终是必须替换的事实表的主键的合法来源(参考图 19-11)。

最直接的方法是使用实际的维度表作为代理键的最新值替换对应的自然键。每当需要当前代理键时，用自然键查询与其值相等的维度中的所有行，然后利用当前行标识或开始及结束有效日期选择与事实表行历史环境对齐的代理键。当前的硬件环境提供几乎无限的可编址地址空间，使该方法具有实用性。

在处理过程中，输入事实记录的每个自然键被用正确的当前代理键替换。不要将自然键保存在事实表行中，事实表仅需要保留唯一的代理键。在所有事实行经过全部处理步骤之前不要将输入数据写入磁盘。如果可能，所有需要的维度表应当被固定在内存中，这样每个输入记录的自然键都能够随机访问相关的事实行。

正如图 19-11 底部所描述的那样，在试图加载重复行的情况下，代理键流水线需要处理键冲突。这一情况适合于采用传统结构数据质量屏幕处理的数据质量问题，如子系统 4 所描述的那样。如果发现键冲突，代理键流水线过程需要选择终止过程，将出现问题的数据置于挂起状态，或者应用适当的业务规则确定是否可能改正这一错误，加载行并将一个解释行写入错误事件模式中。

需要注意的是，如果需要加载历史记录或者如果有一些最近到来的事实行，那么在处理代理键查询的工作时存在一些轻微的差别,因为您并不需要将最新值映射到历史事件上。在此情况下，需要建立一种发现当事实记录被建立时应用代理键的逻辑。这意味着需要发现那些事实事务时期处于键的有效开始日期和结束日期之间的代理键。

当事实表的自然键被代理键替换时，准备加载事实表行。要保证事实表行中的键相对于维度表具有参照完整性。

19.5.7　子系统 15：多值维度桥接表建立器

有时事实表必须支持具有多值的最低粒度事实表的维度，如 8 章所讨论的。如果无法改变事实表的粒度以直接支持这种维度，则必须采用桥接表来实现多值维度与事实表的连接。桥接表在医疗保健行业中，在销售佣金环境中比较常见，用于支持可变深度层次，正如子系统11所讨论的那样。

建立和维护桥接表是ETL小组将面临的挑战。当遇到事实表行存在的多值关系时，ETL系统可选择将每个观察值集合构建唯一组或当相同观察值集合发生时重用该组。遗憾的是，如何选择没有简单的答案。如果多值维度为类型2属性，桥接表也必须随时间变化，例如，病人的随时间变化的诊断。

第10章讨论过的一种桥接表构件是包含权重因子以支持桥接表中适当的权重报表。多数情况下，权重因子是一种熟悉的分配因子，但也存在一些其他情况，确定适当的权重因子非常困难，因为没有合理的分配权重因子的基础。

注意：
Kimball Design Tip #142(可在 www.kimballgroup.com 网页中本书书名下的 Tools and Utilities 标签进入获得)提供了更多有关建立及维护桥接表的详细指导。

19.5.8　子系统16：迟到数据处理器

数据仓库通常建立于一种理想的假设情况，就是数据仓库的度量活动(事实记录)与度量活动的环境(维度记录)同时出现在数据仓库中。当您同时拥有事实记录和正确的当前维度行时，您能够从容地首先维护维度键，然后在对应的事实表行中使用这些最新的键。然而，各种各样的原因会导致需要ETL系统处理迟到的事实或维度数据。

在某些环境中，可能需要对标准的处理过程进行特殊的修改以处理迟到的事实，即延迟很久才到达数据仓库的事实记录。这是一种混乱的局面，因为不得不反向搜索历史以确定在活动发生时，哪些维度表键受到影响。此外，需要调整后续事实行中的所有半可加余额。在高度依赖的环境中，还需要与依赖的子系统有接口，因为您需要改变历史数据。

当行为度量(事实记录)达到数据仓库而其环境尚未获得时，将产生维度迟到。换句话说，与行为度量关联的维度状态在某些周期时间内是模糊的或未知的。如果您处于一两天的延迟的传统批处理更新周期中，通常能够等待维度的到来，例如，新客户的确定可能会存在几个小时的延迟，您可以等待直到依赖关系被解决为止。

但多数情况下，特别是在实时环境中，这种延迟是无法接受的。您无法悬挂行并等待直到维度更新发生。业务需求需要您在获知维度环境前使事实行可见。ETL系统需要额外的能力以支持此类需求。以客户为问题维度，ETL系统需要支持两种环境。第1种环境是支持迟到的类型2维度更新。在此情况下，需要在维度中增加一个具有新代理键的修订客户行，然后更新所有后续事实行与客户表关联的外键。受影响维度行的有效日期也需要被重置。此外，需前向扫描维度以观察在客户维度中是否存在任何后续类型2行，并修改受影响行中的列。

第2种情况在当您接受某个具有有效客户自然键的事实但却不能加载该客户到客户维度中时发生。可以加载该行作为维度中的默认行。该方法同样具有如前所述的不良副作用，在最终处理维度行更新时，需要破坏性地更新事实行外键。作为一种选择，如果您认为客户是有效的，但是是尚未处理的客户，则应当分配一个新的包含一系列哑元属性值的新客户维度行的客户代理键。然后以最近时间返回该哑元属性行并在获得完整的新客户信息时对该属性做出类型 1 重写改变。这一步骤至少避免了对事实表的破坏性改变。

无法避免维度"不正确的"简短的临时周期。但是这些维护步骤可以最小化不可避免的对键和列的更新的影响程度。

19.5.9　子系统 17：维度管理器系统

维度管理器是负责为数据仓库社团准备和发布一致性维度的集中负责之处。一致性维度是一种被集中管理的资源：每个一致性维度必须具有单一的、一致性的来源。在组织中管理并发布一致性维度是维度管理器的责任。在组织中可能会存在多个维度管理器，每个维度管理器负责一个维度。维度管理器的责任包括下列 ETL 处理：

- 实现在维度设计期间由数据管理人员和利益共同体许可的公共描述性标识。
- 在新源数据产生后，在一致性维度中增加新行，建立新的代理键。
- 当已存在的维度条目发生类型 2 变化时，建立新的代理键。
- 在类型 1 和类型 3 变化发生时，修改涉及的行，但不需要改变代理键。
- 在类型 1 和类型 3 变化发生时，更新维度的版本号。
- 将更新的维度同时复制到所有事实表提供者。

在单一表空间 DBMS 中管理一致性维度是比较容易的，因为只有一个维度表副本。然而，当存在多个表空间、多个 DBMS 或处于多机分布式环境时，管理一致性维度将变得非常困难。在这些情况下，维度管理器必须仔细管理以确保向每个事实提供者同时发布维度的新版本。每个一致性维度的每行都应该具有一个版本号列，在维度管理器发布新版本时需要对每行进行重写操作。该版本号应该被充分利用，支持所有横向钻取查询，保证使用的是同一个维度版本。

19.5.10　子系统 18：事实提供者系统

事实提供者负责从维度管理器接收一致性维度。事实提供者拥有一个或多个事实表的管理权限并负责建立、维护和使用它们。如果事实表被用于横向钻取应用，则按照定义，事实提供者必须使用维度管理器提供的一致性维度。事实提供者的责任更为复杂，具体包括：

- 从维度管理器接收或下载复制的维度。
- 在某些环境中，维度无法被简单地复制而必须采用本地更新方法，此时，事实提供者必须处理标识为新的和当前的维度记录，并在代理键流水线中更新当前键映射，同时需要处理标识为新的但包含迟填日期的维度记录。
- 在将自然键替换为正确的代理键后，在事实表中增加新行。
- 修改由于错误更正、累积快照和迟到维度变化所涉及的所有事实表中的行。
- 将那些因为发生改变而失效的聚集删除。
- 重新计算受影响的聚集。如果维度的新版本没有改变版本号，仅需扩展聚集以处理那些新加载的事实数据。如果维度的版本号发生了改变，则整个历史聚集可能都需要重新计算。
- 确保所有基本和聚集事实表的质量，这取决于对聚集表的正确计算。
- 将更新后的事实和维度表在线发布。

● 通知用户数据库被更新了。如果发生了重大变化则告诉他们，包括维度版本改变、迟填日期记录被增加，历史聚集发生了变化。

19.5.11　子系统 19：聚集建立器

在大型数据仓库环境中，聚集是影响性能的最富有戏剧性的方式。聚集与索引类似，它们是为改善性能而建立的特殊的数据结构。聚集对性能具有显著的影响。ETL 系统需要在不造成重大干扰或消耗大量资源及处理周期的情况下，有效地建立并使用聚集。

应当避免将聚集导航的结构建立在专用的查询工具中。从 ETL 的视角来看，聚集建立器需要加入并维护聚集事实表行并缩减聚集事实表需要的维度表。最快的更新策略是增量式更新，但对维度属性的主要挑战可能是需要删除并重建聚集。在某些环境下，更好的方法是将数据转储到 DBMS 之外，使用实用程序建立聚集而不是在 DBMS 中建立聚集。可加数字事实在获取阶段的早期利用软件包中的计算拆行方便地被聚集。聚集必须与原子基本数据保持一致性。当聚集与基本数据出现一致性问题时，由事实提供者(子系统 18)负责将这些聚集离线。

用户反馈查询速度缓慢是设计聚集的关键输入。尽管能够在某种程度上依靠非正式的反馈，但经常导致运行缓慢的查询应当由日志捕获。还应当努力区分那些从未进入到日志中的不存在的运行缓慢的查询，它们不会完成运行，或者它们根本未成为已知的性能挑战。

19.5.12　子系统 20：OLAP 多维数据库建立器

OLAP 服务器以一种更直观的方式展现维度数据，确保一些分析用户能够对数据进行切片和切块操作。OLAP 与建立在关系数据库之上的维度星型模式类同，都包含定义在服务器之上的关系和计算的智能，能够确保使用范围广泛的查询工具获得良好的查询性能和更有趣的分析。不要将 OLAP 服务器当成关系数据仓库的竞争者，但也不要仅仅将其当成是对关系数据仓库的扩展。让关系数据库去做它们最擅长的工作：提供存储及管理功能。

如果您在结构中选择了关系型维度模式和 OLAP 多维数据库，应将关系型维度模式视为 OLAP 多维数据库的基础。从维度模式中获取数据的过程是 ETL 系统的一个组成部分；关系模式是 OLAP 多维数据库最好的和首选的来源。因为多数 OLAP 系统并不直接解决参照完整性或数据清洗，所以首选的结构是在传统的 ETL 处理执行完成后，加载 OLAP 多维数据库。注意某些 OLAP 工具比关系模式对层次更加敏感。在加载 OLAP 多维数据库前，强化维度内层次结构的完整性是非常重要的。类型 2 SCD 适合 OLAP 系统，因为新的代理键被视为新成员。类型 1 SCD 由于重申了历史而不适合 OLAP。对属性值的重写可能会导致所有的使用此经过再加工背景的维度的多维数据库被损坏，或者被删除。请再次阅读最后这句话以引起重视。

19.5.13　子系统 21：数据传播管理器

数据传播管理器负责需要将一致的、集成的企业数据从数据仓库展现服务器发送到其他环境中以应对特殊目的的 ETL 过程。多数组织需要从展现层获取数据供业务合作方、客户以及特定目的供应商共享。类似地，一些组织还需要提交数据到各种政府组织以完成支付目的，例如，参与医疗保险项目的保健组织。多数组织都有分析应用软件包。通常，这些应用不能直接访问现存的数据仓库表，因此需要从展现层获取数据并加载分析应用需要的专用数据结构。最后，多数数据挖掘工具无法直接在展现服务器运行。它们需要数据仓库的数据以满足特定格式需要的数据挖掘工具。

前面描述的所有情况需要从 DW/BI 展现服务器获取，可能需要轻微的转换并加载到目标格式——换句话说，需要 ETL 处理。数据传播应该被当成 ETL 系统的一部分。应利用 ETL 工具提供这些能力。在此情况下，不同之处在于目标的需求是很难兑现的。您必须提供由目标指定的数据。

19.6　管理 ETL 环境

DW/BI 环境可能包含一个巨大的维度模型、仔细部署的 BI 应用以及强大的管理支持。但在它作为业务决策支持的可以依赖的可靠数据来源前，这种环境还远未成功。DW/BI 系统的目标之一是为了授权业务而建立及时的、一致的和可靠的数据提供的保障。为实现这一目标，ETL 系统必须不断工作以实现以下三个标准：

- **可靠性**。ETL 过程必须始终在运行。它们必须运行以完成提供及时的数据，这些数据的所有细节级别都是值得信任的。
- **可用性**。数据仓库必须满足其服务级别协议(Service Level Agreement，SLA)。数据仓库应做出承诺。
- **可管理性**。成功的数据仓库是永远无法实现的。它将随着业务的发展而不断发展变化。ETL 过程需要不断改进。

ETL 管理子系统是帮助实现可靠性、可用性和可管理性目标的结构的关键部件。以专业的方式操作和管理数据仓库与其他系统操作并无大的区别：遵循标准最佳实践、建立应对灾难的预案，加以实践。对您来说，后续讨论的大多数必要的管理子系统可能是非常熟悉的。

19.6.1　子系统 22：任务调度器

所有企业数据仓库应该具有一个健壮的ETL调度器。整个ETL过程在可能的范围内应该是可管理的，主要是通过元数据驱动的任务控制环境来实现。主要的 ETL 工具提供商在他们提供的环境中都包含调度能力。如果您选择使用包含在 ETL 工具中的调度器，或者不使用 ETL 工具，都需要利用现存的生产调度或手工编码 ETL 任务来执行。

调度不只涉及按照计划分派任务。调度器需要意识到并能够控制 ETL 任务之间的关系和依赖。需要认识到何时将处理某个表或文件。如果组织工作处理为实时处理，则需要调度器支持您所选择的实时结构。任务控制处理还必须获取有关进展情况和执行过程中 ETL 处理的统计情况的元数据。最后，调度器需要支持完整的自动化过程，包括在任何情况下需要解决的通知升级系统的问题。

管理这些的基础可简单地采用 SQL 存储过程，或复杂地采用为管理并协调多平台数据获取和加载过程而设计的集成工具。如果使用 ETL 工具，它应当提供这种能力。无论哪种情况，都需要设置建立、管理和监视 ETL 任务流的环境。

任务控制服务需要包含：

- **任务定义**。建立操作过程的第 1 步是采用某些方式定义任务的步骤并定义任务之间的关系。该步编写 ETL 过程的执行流程。多数情况下，如果给定表的加载出现问题，则将影响加载那些与之关联的表的能力。例如，如果客户表无法正确更新，则加载尚未存在于客户表中的新客户的销售事实将存在风险。在有些数据库中，这种加载将无法实现。

- **任务调度**。至少，环境需要提供标准能力，例如，基于时间或基于事件的调度。ETL 过程通常基于某些上游系统的事件，例如，成功完成总分类账或对昨天的销售指标成功应用销售调整。这些工作包含监视数据库标识、检查现存文件并比较建立日期等工作。

- **元数据获取**。没有人能够容忍黑盒式的调度系统。负责运行加载的工作人员梦想能够使用工作流监控系统(子系统 27)以了解发生了什么事情。任务调度器需要获取有关加载步骤进展情况的信息，该加载步骤的开始时间，加载进行了多长时间。在手工操作的 ETL 系统中，这一信息的获取是通过将每一步骤写入日志文件来实现的。

- **日志记录**。日志记录意味着收集有关整个 ETL 过程的信息，不只包含某一时刻发生了什么。日志信息支持一旦在任务执行期间发生错误时的恢复和重启过程。将日志记录到文本文件中是可接受的最低要求。我们宁愿将日志记录到数据库中，因为数据库的日志结构使其能够方便地建立图和报表。也可以建立时间序列研究以帮助分析和优化加载过程。

- **通知**。ETL 过程开发并部署之后，就可以不需要人参与地执行。其运行不需要人的干预也不会出现错误。如果有问题发生，控制系统需要与问题升级系统(子系统 30)交互。

注意：

有人需要知道在加载过程中是否有未预期的事情发生，特别是如果某个响应对后续工作完成是至关重要的情况下。

19.6.2　子系统 23：备份系统

数据仓库与其他计算机系统一样易遭受同样的风险，例如，磁盘驱动器错误，电源供应中断，自动喷水灭火系统意外开启。除这些风险外，仓库还需要存储比操作型系统更多的长期数据。尽管通常不是由 ETL 小组来管理，但备份和恢复过程通常是 ETL 系统设计的一部分工作。其目标是允许数据仓库在发生错误后能够继续工作。这一工作包括备份需要的中间数据以便能够重启发生错误的 ETL 任务。存档与检索处理被设计用来确保用户能够访问已经从数据仓库移出到开销较低的、性能较差的介质中的历史数据。

1. 备份

即使有一个完整的具有通用电源的冗余系统，完整的 RAID 磁盘，并行处理器处理故障转移，一些系统危机也仍然会如期而至。即使采用了最好的硬件，人们也仍然会需要删除错误的表(甚至是数据库)。上述陈述中存在的风险是显然的，为这些可能出现的问题做好准备而不是在匆忙中处理它们效果会更好。完整的备份系统应该提供如下能力:

- **高性能。**备份需要与分配的时间符合。可能包括在线备份，这种方式不会对性能造成显著的影响，也包括实时分区。
- **简单的管理。**管理接口应该提供允许用户方便地区分备份对象(包括表、表空间、重做日志等)的工具，建立调度计划，维护备份验证并为随后的恢复建立日志。
- **自动化的、远程代理操作。**备份实用程序必须提供存储管理服务、自动调度、介质与设备处理、报告、通知等。

数据仓库的备份通常是物理备份。这是数据库系统在某一时间点的完整映像，包括索引和物理规划信息。

2. 归档与检索

确定将什么信息移出数据仓库是一个涉及成本效益的问题。保存数据需要成本——它会占用磁盘空间并使加载和查询时间变慢。另一方面，业务用户可能仅仅需要这些数据来完成一些关键的历史分析。同样，审计师可能需要归档数据进行合规检查。解决方案是不要将这些数据抛弃，但要将其放入开销更低但仍然能够访问的地方。归档是数据仓库的数据安全保障。

在撰写本书时，在线磁盘存储的开销快速下降，因此多数归档任务的规划可以简单地将它们写到磁盘中。特别是如果磁盘存储由不同的 IT 资源处理的情况下，对"迁移并恢复"的需求被"恢复"所替代。您需要确保未来能够从不同的角度解释数据。

数据需要被保持多久与行业、业务以及考虑中的特定数据有关。某些情况下，以往的数据显然已经几乎没有什么价值。例如，在新产品和竞争者不断变化的行业，历史数据无法帮助您理解现状并预测未来。

在将某些数据进行归档的决策制定完成后，问题就变为"归档数据的长期影响是什么?"显然，您需要利用现存的机制，将其从当前介质移动到另外的介质中，确保能够将其恢复，保留负责访问并替换数据的审计线索。但是"保留"过去的数据意味着什么呢?给定不断增长的审计和合规性关注，您可能会面对归档需求，考虑将其保存 5 年或 10 年，甚至 50 年。您将利用何种介质?在未来的岁月中您还能读取这些介质吗?最终，您可能会发现自己实现了一个图书馆系统，能够归档并定期恢复数据，然后将其迁移到当前结构和介质中。

最后，如果您正在从系统中归档不再需要使用的数据，您可能需要将其以独立于原始应用的普通格式写入。如果应用所使用的许可将被中断，您可能需要采用这样的方式。

19.6.3　子系统 24: 恢复与重启系统

ETL 系统投入实际工作后，在控制 ETL 过程时，会有无数的原因可能会导致错误的发生。ETL 处理发生错误的常见原因包括:

- 网络错误
- 数据库错误
- 磁盘错误

- 内存错误
- 数据质量错误
- 突然发生的系统升级

为使您能够不受这些错误的影响，需要一个固定的备份系统(子系统 23)以及与之相伴的恢复和重启系统。您必须为加载过程中可能出现的不可恢复错误制订规划，因为它们一定会发生。系统应当能够预见这些情况并提供灾难恢复、停止和重启能力。首先，寻找合适的工具并设计将灾难的影响最小化的处理方法。例如，加载过程应该一次提交相对小的记录集合并对提交的过程进行跟踪。记录集合的大小应该是可调整的，因为对不同的 DBMS来说，事务大小对性能具有潜在的影响。

当然，恢复和重启系统要么继续进行停止了的工作，要么回滚所有的工作并重新开始。这一系统显然依赖于备份系统的能力。在错误发生时，最初的本能反应是试图保留已经处理过的任务并从错误点重新开始。这样做需要 ETL 工具具有稳定可靠的检查点机制，可以准确地确定什么已经被处理过，什么还未被处理。多数情况下，最好的办法是对那些作为一个过程被加载的行进行回滚操作并重新开始。

我们通常建议在设计事实表时，让其带有一个单列代理键主键。该代理键是一个简单的按照顺序分配的整数，在行添加到事实表时建立。利用事实表代理键，可以方便地恢复被终止的加载或通过限制代理键范围回滚加载中的所有行。

注意：
事实表代理键在 ETL 后段有许多作用。首先，如前所述，它们可用作回滚或重启被中断的加载的基础。其次，它们提供了单一行的直接和明确的标识，不需要约束多个维度以获取唯一一行。第三，更新事实表行可以用插入加删除来实现，因为事实表代理键是事实表的一个实际可用的键。因此，包含更新列的行可以被插入到事实表中而无须重写需要被替换的行。在所有插入操作完成后，利用一步过程直接将所有涉及的原始行删除。第四，事实表代理键是一种理想的应用于父/子设计的父键。事实表代理键可作为子节点的外键，也可以作为父维度外键。

ETL 运行的过程越长，您必须意识到出现错误的可能就越大。设计针对灾难和未预期中断的具有弹性的高效过程构成的模块化 ETL 系统，可以减少导致大量恢复工作的错误的风险。仔细考虑何时物理地将数据写到磁盘上，仔细设计恢复和加载日期/时间戳，顺序化事实表代理键，从而确保定义合适的重启逻辑。

19.6.4　子系统 25：版本控制系统

版本控制系统是一种针对 ETL 流水线中所有逻辑和元数据进行归档和恢复时具有"快速拍照"能力的系统。它控制所有 ETL 模块和任务的签出及签入处理。它应当支持对源的比较工作以揭示版本之间的差别。该系统提供图书馆功能，用于保存和恢复单一版本的完整的 ETL 环境。在某些高度一致的环境中，归档完整的 ETL 系统环境以及相关归档和备份数据是同样重要的。注意需要为整个的 ETL 系统分配主版本号，就像软件发布版本号一样。

注意:

对每个 ETL 组成部分都有一个主版本号,该版本号对整个系统都一样吗? 如果当前的版本存在较大的错误,您可以恢复昨天的完整的 ETL 元数据环境吗? 如果是这样,感谢您能让我们放心。

19.6.5　子系统 26:版本迁移系统

在 ETL 小组完成了设计和开发 ETL 过程并建立了加载数据到数据仓库的任务后,按照组织所采纳的生命周期,任务必须被绑定并迁移到下一个环境——从开发到测试到最终投入运营。版本迁移系统需要与版本控制系统建立接口,以控制过程及在必要时备份迁移。应当为整个版本提供单一的接口以设置连接信息。

多数组织将开发、测试、运营环境分离。要能够迁移 ETL 流水线的整个版本,从开发到测试,最终到运营环境中。理想的情况是,测试系统与其对应的运营环境具有相同的配置。运营系统中的所有工作应当在开发环境中设计完成并在测试环境中部署脚本测试。所有后端操作应该进行严格的测试并脚本化,无论是部署新的模式、增加列、改变索引、改变聚集设计、修改数据库参数、备份还是恢复。对前端操作实行集中式管理,在 BI 工具许可的情况下,部署新的 BI 工具、部署新的公司报表、改变安全计划都应当执行严格的测试和脚本化。

19.6.6　子系统 27:工作流监视器

成功的数据仓库具有一致且可靠的可用性,并得到商业团体的认可。为实现这一目标,ETL 系统必须持续监视,保证 ETL 过程操作的有效性,保证数据仓库能够连续及时地进行加载。任务调度器(子系统 22)应在每次ETL过程开始时获取性能数据。该数据是从ETL系统获取元数据的过程的组成部分。工作流监视器利用任务调度器获取的元数据提供考虑到的 ETL 系统的各个方面的工作控制板和报告系统。您将监视任务调度器发起的任务的状态,包括处于挂起、运行、完成和延迟等状态的任务,获取历史数据以支持随时间变化的性能趋势。关键性能度量包括被处理的记录的数量、错误摘要、采取的措施等。多数 ETL 工具获取度量用于评估 ETL 性能。一旦 ETL 任务花费比历史记录更少或更多的时间时就触发报警。

与任务调度器配合,工作流监视器还应当跟踪性能并获取基础部件的性能,包括 CPU 使用情况、内存分配与争夺情况、磁盘利用与争夺情况、缓冲池使用情况、数据库性能、服务器使用与争夺情况。多数此类信息会处理与 ETL 系统相关的元数据,应当被作为整个的元数据策略(子系统 34)加以考虑。

工作流监视器能够起到比您想象的更多的策略性作用。它是整个 ETL 流水线性能问题分析的基础。ETL 性能瓶颈可能会存在于多个地方。第 20 章将讨论在 ETL 流水线中改善性能的主要方法,以下列表或多或少地列出了最重要的瓶颈问题:

- 针对源系统或中间表的低效索引查询
- SQL 语法导致优化器做出错误的选择
- 随机访问内存(RAM)不足导致的内存颠簸

- 在 RDBMS 中进行的排序操作
- 缓慢的转换步骤
- 过多的 I/O 操作
- 不必要的读写
- 重新开始删除并重建聚集而不是增量式地执行这一操作
- 在流水线中过滤(改变数据获取)操作应用太迟
- 未利用并行化和流水线方式
- 不必要的事务日志,特别是在更新时存在的事务日志
- 网络通信及文件传输的开销

19.6.7　子系统 28:排序系统

某些常见的 ETL 过程调用需要按照特定的顺序对数据进行排序,例如,聚集和连接平面文件资源。由于排序是非常基础的 ETL 处理能力,所以将其拿出作为一个不同的子系统以确保其作为一个 ETL 结构的组件而受到适当的关注。一系列的技术可提供排序能力。毫无疑问,ETL 工具能够提供排序能力,DBMS 可以通过 SQL SORT 子句提供排序能力,存在大量排序实用程序可以使用。

使用专用排序软件包排序简单分隔的文本文件非常快。这些软件包通常允许简单读操作产生多达 8 个不同的排序输出。排序可以产生聚集,其中每个给定排序的中断行成为聚集表的一行,排序加计数通常是一种用于诊断数据质量问题的良好方式。

关键是选择最有效的排序资源以支持您的基本需求。对多数组织来说,简单的方式是利用 ETL 工具的排序功能。尽管 ETL 和 DBMS 提供商声称存在较大的性能差异,然而,在某些环境下,使用专用排序软件包效果会更好。

19.6.8　子系统 29:世系及依赖分析器

在 ETL 系统中两个重要性逐渐增加的元素是跟踪 DW/BI 系统中存在的数据世系和依赖:

- **世系**。以中间表或 BI 报表的特定数据元素开始,识别数据元素的来源、包含该元素及其来源的其他上游的中间表,以及该元素及其来源的所有转换。
- **依赖**。从包含在源表或中间表的特定数据元素开始,识别所有包含该元素或根据其推导产生的下游中间表和最终的 BI 报表,还包含所有应用到该数据元素的转换和其派生元素。

世系分析通常是高度兼容环境中的重要组件,必须解释改变数据结果的完整的处理流程。这意味着 ETL 系统必须展示任何被选择的数据元素的最终的物理来源以及所有后续的转换,要么从 ETL 流水线中间开始,要么从最终发布的报表开始选择。在对源系统的变化以及对数据仓库和 ETL 系统下游的影响进行评估时,依赖分析是非常重要的手段。这意味着展示所有受影响的下游数据元素和受到潜在改变影响的最终报表字段,要么从 ETL 流水线中间要么从原始来源开始(依赖)。

19.6.9　子系统 30:问题提升系统

通常,ETL 小组开发 ETL 过程,质量保证小组对相关工作进行全面测试,然后移交给

负责日常系统操作的小组。为使工作顺利开展，ETL 结构需要包括一个主动设计的、与其他生产系统功能类似的问题提升系统。

在 ETL 过程被开发完成并通过测试后，ETL 系统操作型支持的第 1 个层次是专门监视上线系统应用的小组。只有当操作型支持小组无法解决上线系统的问题时，ETL 开发小组才会涉及其中。

理想情况下，您开发了 ETL 过程，用自动调度器对它们进行包装，具有健壮的工作流监视能力用于监视 ETL 过程的执行。ETL 系统的执行是一种自动操作过程。它以类似时钟那样的方式精确地无须人类干预地开展工作。如果有问题产生，ETL 系统会自动将那些需要注意和解决的问题通知问题提升系统。这一自动反馈可以采用错误日志、操作员通知消息、监督人通知消息、系统开发者消息等简单的方式。ETL 系统可以根据问题的严重程度或涉及的过程情况通知个人，也可以通知小组。ETL 工具可支持各种类型的消息能力，包括电子邮件报警、发送操作员消息以及通过移动设备发送通知。

每个通知事件都应当被写入数据库中，用于理解产生的问题的类型、问题的状态以及解决问题的方案。这些数据是由 ETL 系统(子系统 34)获取的过程元数据的组成成分。您需要保证组织的过程能够被适当地提升，这样才能使问题得到适当的解决。

一般来说，ETL 系统的支持结构应当遵循一个相当标准的支持结构。首先，帮助台是层次支持的第一个级别，是用户通知错误时的第一个接触点。帮助台负责确定有用的解决方案。如果帮助台无法解决问题，第二个支持级别将会得到通知。这个层次通常是在线系统控制技术人员中的系统管理员或DBA，能够对一般的基础设施方面的错误提供支持。ETL管理人员是第三层支持，可以对 ETL 生产过程中出现的大多数问题提供解决方案。最后，当所有支持都无法奏效时，应该去找 ETL 开发人员，以分析形势并协同解决相关问题。

19.6.10　子系统 31：并行/流水线系统

ETL 系统的目标，除了提供高质量的数据以外，还包括在分配的处理窗口内加载数据仓库。在大型组织中，包含大量的数据、大型的维度和大量的事实，在这些限制条件下加载数据是极富挑战性的工作。并行/流水线系统提供了在面对这些限制时保证 ETL 系统得以发布的能力。该系统的目标是利用多个处理器或可用的网格计算资源。并行化和流水线化是非常可取的，多数情况下是需要的，在 ETL 过程中自动被激活，除非特殊的条件阻碍了该方式的利用，例如，过程中出现的等待条件等。

并行化是一种 ETL 流水线的每个阶段都可以采用的强大的改善性能的技术。例如，在获取阶段，按照针对属性范围的逻辑分区并行化。需要验证源 DBMS 处理并行化的正确性且不会产生冲突的过程。如果可能，应选择 ETL 工具自动处理中间转换过程的并行化工作。但某些工具可能需要手动建立并行处理过程。这是非常好的方式，当然需要增加额外的处理器，ETL 系统无法利用更大的并行化机会，除非手动增加并行处理流的数量。

19.6.11　子系统 32：安全系统

安全是 ETL 系统需要考虑的重要因素之一。严重违反安全的情况最有可能来自组织内部而不是来自外部黑客。尽管我们不愿意提及，但 ETL 小组的成员比组织中的其他小组造成的潜在威胁更大。我们建议对ETL系统中的所有数据和元数据采取基于角色的安全管理。

为支持合规性要求，您可能需要证明 ETL 模块的版本未被改变或展示谁对模块进行了修改。您应当对 ETL 数据和元数据按照个人或角色执行全面的授权访问。另外一个需要考虑的问题是批量数据移动过程。如果是通过网络移动数据，即使是在组织的防火墙内进行这一工作，也需要高度关注。确保使用数据加密或应用安全传输协议的文件传输实用程序。

另外一个需要考虑的后端安全问题是管理员访问生产数据仓库服务器或软件。我们发现很多情况下，小组中无人具有安全权限，此外，在某些情况下还存在每个人都具有访问一切的权限。显然，小组的多数成员应该具有访问开发环境的权限。另一方面，如果出现严重错误，DW/BI 小组的人员需要能够重置数据仓库服务器。最后，备份介质应当受到保护。备份介质应当受到与在线系统一样的安全保护。

19.6.12　子系统 33：合规性管理器

在高度兼容的环境中，支持合规性需求对 ETL 小组来说显然是比较新的需求。数据仓库的合规性涉及数据的"维护监管链"。与警察部门必须仔细维护证据的监管链以确认证据未被改变或篡改一样，数据仓库也必须仔细保护合规性敏感的数据从其到来后具有可信度。此外，数据仓库还必须始终显示此类数据在任何时间点的精确的环境和内容，保证其能够处于数据仓库的掌控中。最后，当疑点审计人员审计数据时，您必须反向连接数据的归档和时间戳版本，展示其原始获取时的情况，尽管当前已经远程存储于可信的第三方机构中。如果数据仓库准备满足所有这些合规性需求，则来自充满敌意的政府机构和手持传票的律师的要求进行审计的压力将会大大减少。

合规性需求可能意味着无论有何种理由，您实际上都不能改变任何数据。如果数据必须被改变，被改变记录的新版本必须插入到数据库中。表中每行必须包含开始和结束时间戳，准确地表示记录是"当前事实"的时间范围。数据仓库中这些合规性需求的巨大影响可以采用简单的维度建模术语来表达。类型 1 和类型 3 变化是无法采用的。换句话说，所有的变化都变成插入。没有删除和重写。

图 19-12 展示了如何强化事实表以便重写变化能够按照类型 2 变化被转换到事实表中。表中原始事实表的后 7 列从活动日起开始到净利润结束。原始事实表可以被重写。例如，也许存在一条业务规则，在行最初被建立后更新折扣与净利润。在表的原始版本中，当重写改变发生时，历史情况将不复存在，维护监管链将会断裂。

为将事实表转换为合规性使能的表，增加了 5 个列，如图中粗体字所表示的列。为每个未改变的事实表行建立了事实表代理键。这一代理键类似维度表代理键，仅仅是一个在原始事实表建立时分配的具有唯一性的整数。开始版本的日期/时间戳表示的是事实表中每行建立时的准确时间。最初，最终版本的日期/时间被设置为虚拟的未来日期/时间。变化引用被设置为"初始"，源引用被设置为操作型源。

在重写发生后，包含类似的事实表代理键的新行被添加到事实表中，适当的固定列发生改变，例如，折扣额度与净利润。当数据库发生变化时，日期/时间列的开始版本被设置为准确的日期/时间。日期/时间的结束版本现在被设置为未来的虚拟日期/时间。当数据库发生变化时，原始事实行的日期/时间的结束版本被设置为准确的日期/时间。变化引用现在可以提供对变化的一种解释，源引用提供修改后的列表示的源。

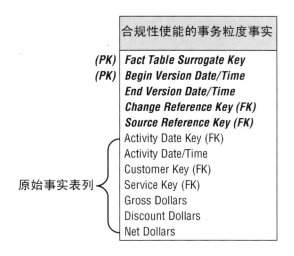

图 19-12 合规性使能的事务事实表

参考图 19-12 的设计，可以选定特定时刻，以及通过约束事实表获得其此时包含的准确的行。给定行的改变可以通过约束特定事实表代理键并按照开始版本的日期/时间进行验证。

合规性机制是对普通事实表的明显改进(参考图 19-12)。如果合规性使能的表仅仅为表示合规性而被实际应用，则包含原始列的事实表的普通版本可以作为主要的操作型表而保留，其合规性使能表仅存在于背景中。出于性能方面的考虑，合规性使能表不需要被索引，因为传统的 BI 环境并不会使用它。

不要认为所有的数据现在受到严格的合规性约束。在采取任何严格的步骤前，您会接收到来自 CCO(首席合规官)的严格的指导。

合规性系统的基础是几个已经被描述过的采用一些关键技术和能力的子系统之间的交互：

- **世系分析**。表示最终数据块的出处，证明原始源数据增加了包括存储过程和手动改变的转换。这需要针对所有转换和技术能力的所有文档，以确保能够重现针对原始数据的转换。
- **依赖分析**。展示原始数据源的数据在何处被使用过。
- **版本控制**。可能还需要通过当时有效的 ETL 系统重新运行源数据，需要任何给定数据源的 ETL 系统的准确版本。
- **备份与恢复**。当然，请求的数据可能多年前就已经被归档了，出于审计的目的，可能需要被恢复。希望在归档时除了归档数据外，还对 ETL 系统进行归档，这样无论是数据还是系统都可以被恢复。有必要证明归档的数据未被修改。在归档过程中，数据可能是采用散列编码归档的，散列表和数据是分开存放的。将散列编码归档于不同的可信第三方组织中。这样，在需要时，恢复原始的数据，重新进行散列，然后与存储在可信第三方的散列编码进行比较，以证明数据的真实性。
- **安全**。展示谁访问或修改了数据和转换。准备展示用户的角色和权限。采用一次写入介质来确保安全日志未被修改。
- **审计维度**。审计维度将运行时的元数据环境直接与加载时获取的质量事件的数据联系起来。

19.6.13 子系统 34：元数据存储库管理器

ETL 系统负责使用并建立 DW/BI 环境中的大多数元数据。整个元数据策略的部分工作涉及专门获取 ETL 元数据，包括过程元数据、技术元数据和业务元数据。需要在什么都不做和什么都做之间设计出一种平衡的策略。确保在 ETL 开发任务中有时间来获取和管理元数据。最后，确保在 DW/BI 小组中指派人员作为元数据管理员并负责建立并实现元数据策略。

19.7 本章小结

本章主要讨论了 ETL 系统中的关键构件。您可能会对建立 ETL 系统面临的非同寻常的挑战具有更深刻的理解，ETL 系统必须解决一系列苛刻的需求。本章区分并概述了 ETL 的 34 个子系统，并按照 ETL 过程的 4 个关键领域进行了分类：获取、清洗和转换、发布、管理等。对 ETL 架构中所有涉及元素的仔细考虑是获得成功的关键。您必须对需求有全面的理解，然后设置适当的、有效的架构。ETL 不仅仅是简单的获取、转换、加载，它还包含一大堆复杂而重要的任务。下一章将描述建立 ETL 系统的过程和任务。

第**20**章

ETL 系统设计与开发过程和任务

开发获取、转换、加载(Extract、Transformation、Load，ETL)系统是大多数 DW/BI 项目隐藏在冰山下的部分。在数据源及系统中隐藏如此多的挑战，导致 ETL 应用的开发不可避免地要比预期花费更多的时间。本章构建了一个包含 10 个步骤的规划，用于创建数据仓库的 ETL 系统。本章所描述的概念和方法，*来自 The Data Warehouse Lifecycle Toolkit, Second Edition*(Wiley，2008)一书的相关内容，也包含手工编码的系统。

本章主要包含以下概念：

- ETL 系统规划和设计考虑
- 有关一次性历史数据加载的建议
- 增量加载过程的开发任务
- 有关实时数据仓库的考虑

20.1 ETL 过程概览

本章将按照 ETL 系统规划与实现的流程组织讨论。其中隐含地讨论第 19 章所讨论的 34 个 ETL 子系统，大致按照获取数据、清洗与一致性、用于展现的发布、ETL 环境的管理等分类。

在开始谈论针对维度模型的 ETL 系统设计前，您应当已完成了逻辑设计、勾画完成了高层结构规划并勾画出有关源到目标的所有数据的映射。

ETL 系统设计过程至关重要。收集所有的相关信息，包括处理从操作型数据源中获取的代价，测试某些关键的替代品。将转换过程驻留到源系统、目标系统或其本身的平台上是否有意义？在每种情况下，可以使用哪些工具？这些工具的有效性如何？

20.2 ETL 开发规划

ETL 开发从高层次的计划开始，该技术独立于所有特定技术或方法。然而，在开始制定详细的规划前，决定采用某种 ETL 工具是一种好办法，这样做可以在后续过程中避免重新设计和返工。

20.2.1 第1步：设计高层规划

设计过程始于规划的已知片段的简单示意图：源和目标，如图20-1所示。该示意图表示虚拟公用事业公司的数据仓库，其主要的数据源来自于已有30年历史的COBOL系统。如果多数或所有数据来自于一个现代关系型事务处理系统，那么图中的框通常表示事务系统模型中的表的逻辑分组。

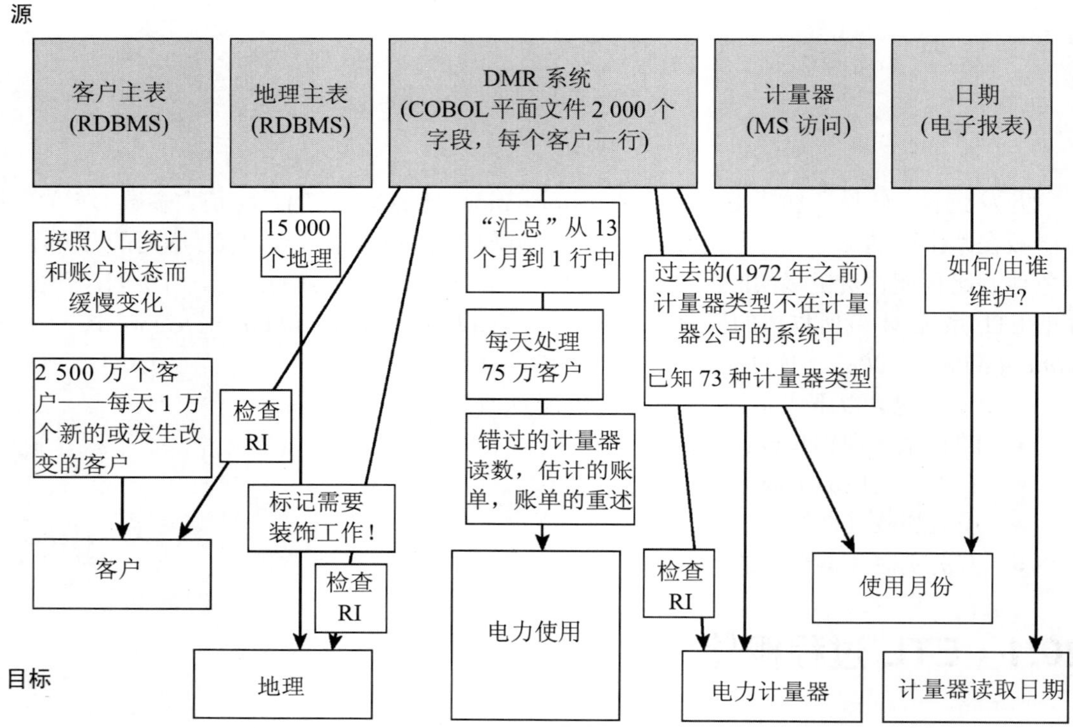

源

图20-1　高层数据分阶段规划方案示例

在开发详细的ETL系统定义时，高层视图需要额外的细节。图20-1详细强调了当前的问题和尚未解决的问题，该规划将会被频繁地更新和发布。有时需要保留该示例的两个版本：一个与小组外人员交互的图以及一个作为内部DW/BI小组文档的详细版本。

20.2.2 第2步：选择ETL工具

在数据仓库市场中存在多种可应用的ETL工具。大多数主要的数据仓库提供商都提供ETL工具，通常需要额外的许可权开销。第三方提供商也提供优异的ETL工具。

ETL工具从一系列数据源中读取数据，包括平面文件、ODBC、OLE DB以及大多数关系数据库本身自带的数据库驱动程序。它们可以将数据写入到各种各样的目标文件格式。它们都包含一些功能用于管理ETL系统的整体逻辑流程。

如果源系统是关系型的，那么转换需求就比较直接，在具有优秀员工的前提下，ETL

工具的价值可能不会立即显现出来。然而，使用 ETL 工具是行业标准的最佳实践，其原因如下：

- 使用图形工具可自动构建文档。硬代码系统通常是造成临时表、SQL 脚本、存储过程、操作系统脚本混乱的主要原因。
- ETL 过程的所有步骤的元数据基础。
- 多人开发环境需要使用的版本控制，版本控制还可实现备份和恢复一致性的版本。
- 高级转换逻辑，例如模糊匹配算法、对名称和地址集成访问的重复数据删除(deduplication)实用程序，以及数据挖掘算法等。
- 以最基本的经验改进系统性能。真正能够成为使用关系数据库处理大数据且能具备良好经验的专家型 SQL 开发人员相对较少。
- 复杂的处理能力，包括自动实现任务并行化，以及当处理源不可用时具有自动容错能力等。
- 将图形化数据转换模块一步转化为其物理等价物。

不要指望在 DW/BI 项目的第 1 阶段就能收回 ETL 工具的投资。由于学习曲线非常陡峭，导致开发者有时感觉通过编码的方式可能会使项目开发更快。对 ETL 工具投资的好处在后续的过程中，特别是在未来对系统改进时才能逐渐显现出来。

20.2.3 第 3 步：开发默认策略

对什么可能会发生以及什么是 ETL 工具的基本需求进行总体考虑，应当针对 ETL 系统中的公共活动开发默认策略。这些活动包括：

- **从每个主要的源系统获取数据**。在设计过程的这一点上，您能决定从每个源系统获取数据的默认方法。您通常将来自源系统的数据放入平面文件中吗？是从数据流获取的吗？是利用工具读取数据库日志吗？是采用其他方法吗？这一决定可以逐表进行修改。如果使用 SQL 访问源系统数据，则确保利用本地数据获取器而不是使用 ODBC，如果存在这样的选项的话。
- **归档获取的数据或分级的数据**。获取的或分级的数据在被转换前，应该被归档至少一个月。有些组织对获取的和分级的数据采取永久归档的策略。
- **监管维度和特定事实的数据质量**。应在 ETL 处理过程中监控数据质量，而不应当在用户发现问题时才开始监控数据质量。第 19 章从子系统 4 到子系统 8 描述了度量和响应数据质量问题的完整结构。
- **维度属性变化的管理**。在第 19 章中，我们在 ETL 子系统 9 中描述了管理维度属性变化所需要的逻辑。
- **确保数据仓库和 ETL 系统满足系统可用性需求**。满足可用性需求的第 1 步是将它们文档化。当每个数据源开始使用时以及在高层任务序列中被完成时，应当将它们文档化。
- **设计数据审计子系统**。数据仓库表中的每行应该用相关审计信息标记，用以描述数据如何进入系统。

- **组织 ETL 过渡区**。多数 ETL 系统在 ETL 处理过程中至少有 1 次或 2 次将数据放入过渡区中。通过过渡方式，数据将被写入磁盘中，用于后续的 ETL 步骤以及系统恢复和归档工作。

20.2.4 第 4 步：按照目标表钻取数据

在开发完所有的公共 ETL 任务后，应当开始深入研究详细的转换工作，以填充数据仓库中的目标表。在完成源到目标的映射后，您将完成更多的数据概要描述工作，以完整理解每个表和列所需要的数据转换。

1. 确保层次的清楚性

研究维度数据中存在的层次关系是否被清楚地描述是非常重要的工作。考虑包含从产品库存单元(SKU)到产品分类层次上卷的产品维度。

以我们的经验来看，最可靠的层次应当在源系统中管理。最好的源系统规范化层次，将不同级别放入多个表中，两个级别间以外键关联。在此情况下，可以相信层次级别是清楚的。如果源系统没有被规范化，特别是如果包含层次的源是业务用户的台式电脑的 Excel 电子报表时，则您必须要么对其进行清洗，要么承认没有层次存在。

2. 开发详细的表示意图

图 20-2 描述了可方便用于特定表下钻的细节层次，该图描述了前述公用事业公司案例的一个表。

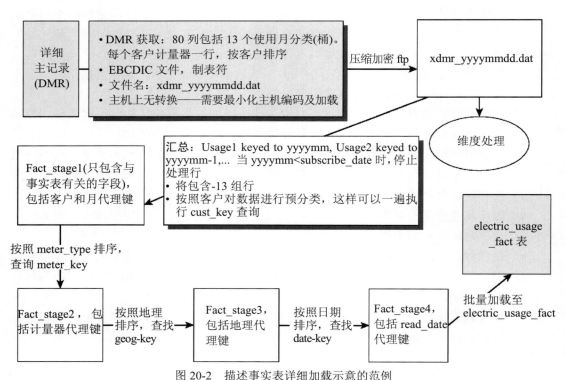

图 20-2　描述事实表详细加载示意的范例

在对事实表执行关键查询步骤前，所有维度表必须经过处理。维度表相互之间通常是无关的，但有时它们也存在过程依赖。分清这些依赖是非常重要的，因为它们是任务控制流程的固定点。

20.2.5 开发 ETL 规范文档

我们已经讨论了一些用于 ETL 系统的高层规划和物理设计的一般策略。现在应该考虑将所有情况统一起来并为整个 ETL 系统开发详细规范。

到目前为止，所有文档开发——源到目标的映射、数据档案报表、物理设计决策——都应当进入 ETL 规范的第一部分。然后文档化所有本章所讨论的相关决策，包括：

- 从每个主要的源系统获取的默认策略。
- 归档策略。
- 数据质量跟踪和元数据。
- 管理维度属性变化的默认策略。
- 系统可用性需求与策略。
- 数据审计子系统的设计。
- 过渡区的定位。

ETL 规范的下一个部分描述每个表的历史和增量加载策略。好的规范其每个表都包括几页细节，文档化下述信息和决策：

- 表设计(列名、数据类型、键和约束)。
- 历史数据加载参数(月数)和容量(行计数)。
- 增量数据容量，对每个加载周期涉及的新的和更新的行。
- 处理事实表和维度表的迟到数据。
- 加载频率。
- 处理每个维度属性的缓慢变化维度(SCD)变化。
- 表分区，例如按月。
- 数据来源概述，包括讨论所有不常见的源特征，例如不常见的简短存取窗口。
- 详细的源到目标的映射。
- 源数据概要，包括每个数字列的最小值和最大值，每个列中出现的不同值的计数，包括空值的发生率。
- 源数据获取策略(例如，源系统的 API、直接从数据库查询或转储到平面文件)。
- 依赖，包括某个表在处理前必须加载哪些其他表。
- 文档化转换逻辑。该部分最好用伪代码或图表来撰写，而不是试图手工编制完整的句子。
- 避免产生错误的前提条件。例如，在继续开展工作前，ETL 系统必须检查文件或数据库空间。
- 清洗步骤，例如删除工作文件。
- 估计该部分 ETL 系统实现是容易、中等程度或难于实现。

注意:

尽管多数人赞同 ETL 系统规范文档中描述的所有项都是必要的,但要将这些文档汇总到一起需要花费大量的时间,当变化发生时,要保持当前状态需要更多的工作。实际上,如果您将"一份"高层流程图、数据模型和数据源到目标的映射,以及有关您计划做什么的几页描述放在一起,您将会获得比其他大多数小组更好的开始。

开发一个沙箱源系统

在ETL 开发过程中,需要对源系统数据进行深入的调查。如果源系统加载数量较大,且不存在操作型查询的报表实例,DBA 可能愿意为 ETL 开发小组设置数据库静态快照。在开发过程初期,浏览源系统的沙箱版本是比较方便的,不需要担心会推出一种致命的查询。

建立沙箱源系统比较容易,可简单地拷贝源系统。只有当数据容量非常巨大时,才建立一个包含数据子集的沙箱。好处是,这种沙箱在系统投产后,可成为培训教材和教程的基础。

20.3 开发一次性的历史加载过程

ETL 规范建立完成后,您通常会关注开发一次性加载历史数据的 ETL 过程。偶尔,同样的 ETL 代码可用于完成初始历史数据加载和后续的增量加载,但通常会为初始历史数据加载和后续加载建立不同的 ETL 处理过程。历史和增量加载过程有许多共同点,与 ETL 工具有关,主要的功能是可以重用的。

20.3.1 第5步:用历史数据填充维度表

一般来说,在开始建立 ETL 系统时,会采用最简单的维度表。在这些简单的维度表被成功建立后,可以处理包含一个或多个其列具有SCD类型2的维度表的历史数据加载工作。

1. 填充类型1维度表

最简单的表填充类型是那些所有属性都包含类型1重写的维度表。在只包含类型1的维度中,直接从源系统获取每个维度属性的当前值。

2. 维度转换

即使是最简单的维度表也可能需要大量的数据清洗工作并需要为其分配代理键。

1) 简单数据转换

最常见、最简单的数据转换形式是数据类型转换。所有ETL 工具都具有丰富的数据类型转换功能。执行该任务是非常乏味的工作,但几乎不会出现麻烦。我们强烈建议以默认值替换维度表中可能存在的空值。正如前文所讨论的那样,在直接对其进行查询时,空值可能会出问题。

2) 不同源的数据合并

通常维度来自几个源。客户信息可能需要融合几个业务项，且这些业务项可能来自外部源。通常不同源很少具有通用的预先嵌入的键，这种情况会导致融合操作非常困难。

如果首先将名称和地址分解为组成部件，则多数整合和重复数据删除工具及过程用起来非常方便。然后可以使用多遍模糊逻辑发现拼写错误、打字错误，并对拼写进行整合，例如整合诸如 I.B.M.、IBM 或 International Business Machines 这样的拼写。多数组织中，都具有大型的一次性项目用于整合现存客户。对主数据库管理系统来说，这一工作具有巨大的价值。

3) 产品码解码

数据预处理中常见的融合工作是为产品码查找文本等价解释。有时，文本等价物是来自非产品源，例如电子报表的非正式来源。代码查找通常存储在过渡区的数据库表中。确保 ETL 系统包含建立默认解码文本等价物的逻辑，不要出现产品码不在查找表中的情况。

4) 验证多对一和一对一关系

最主要的维度可能具有一个或多个上卷路径，例如产品上卷到产品模型、子分类和分类，如图 20-3 所示。针对这些层次的上卷需要非常清楚的层次。

产品维度
Product Key (PK)
Product SKU
Product Name
Product Description
Product Model
Product Model Description
Subcategory Description
Category Description
Category Manager

图 20-3　具有层次关系的产品维度表

属性间的多对一关系，例如产品到产品模型，可以通过排序"多"属性检验并验证"一"属性具有唯一值。例如，下列查询返回包含多个产品模型的产品：

```
SELECT Product_SKU,
count[*] as Row_Count,
count(distinct Product_Model) as Model_Count
FROM StagingDatabase.Product
GROUP BY Product_SKU
HAVING count(distinct Product_Model) > 1 ;
```

数据库管理员有时希望通过将数据加载到过渡区数据库中的规范维度表雪花版本来验证多对一关系，如图 20-4 所示。注意规范版本需要在层次的每个级别上具有独立键。如果源系统支持该键，则不会出现任何问题，但是如果您将 ETL 环境中的维度表规范化，则需要建立这些键。

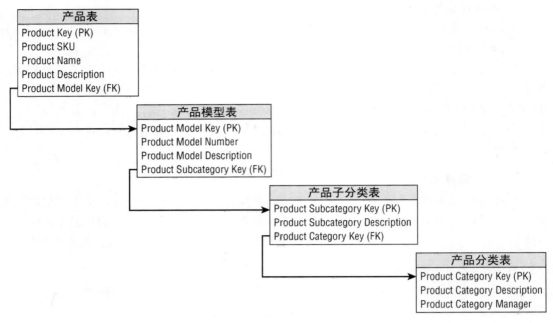

图 20-4　产品维度中的雪花型层次关系

雪花结构在过渡区中具有某种价值：它可以防止您加载那些违反多对一关系的数据。然而，一般来说，正如刚刚讨论过的那样，关系应该预先被验证，这样就不会将坏数据加载到维度表中。在数据已经经过预先验证的情况下，在加载表时是否需要数据库引擎重新证实表之间的关系就显得不那么重要了。

如果维度层次的源系统是一种规范化的数据库，通常在 ETL 过渡区不需要重建规范化的结构。然而，如果层次信息来自非规范的数据源，例如市场部门管理的报表，则可能会从对 ETL 层次的规范化工作中受益。

5) 维度代理键分配

在确信维度表中每一行都是真正唯一的维度成员后，可以开始分配代理键的工作。应当在 ETL 过渡区数据库中维护一张匹配代理键与生产键的表,这样可以在后续的事实表处理期间利用表中的键映射。

代理键通常以整数形式分配，对每个新键，其代理键进行加 1 处理。如果过渡区包含在 RDBMS 中，代理键分配可通过建立序列方便地实现。尽管不同的关系引擎可能会有语法上的差异，但过程都是首先建立序列，然后填充键映射表。

以下给出了一次性建立序列的语法：

```
create sequence dim1_seq cache=1000; — choose appropriate cache level
```

后续填充键映射表的语法如下：

```
insert into dim1_key_map (production_key_id, dim1_key)
select production_key_id, dim1_seq.NEXT
from dim1_extract_table;
```

3. 维度表加载

维度数据准备完成后，加载到目标表的过程相当直接。即使第 1 个维度表相对较小，也可利用数据库的批量或快速加载实用程序或接口。对大多数表插入操作来说，可以使用快速加载技术。有些数据库对 SQL 语法进行了扩展，包括了 BULK INSERT 子句。而有些数据库发布了 API 以通过数据流将数据加载到表中。

批量加载实用程序和 API 包含一系列参数，包括以下的转换能力：

- **关闭日志**。事务日志显著地增加了开销，在加载数据仓库表时几乎没有什么价值。ETL 系统应该设计一个或多个具有可恢复性的点，一旦出现错误，您可在此重新开始处理过程。
- **快速模式批量加载**。然而，多数数据库引擎的批量加载实用程序或 API 需要目标表满足几个严格的条件，才能执行快速模式的批量加载。如果这些条件未被满足，则加载将会失败。不使用"快速"模式要简单得多。
- **文件预排序**。按照主索引顺序对文件进行排序将显著地加快索引操作。
- **谨慎转换**。某些情况下，加载器支持数据转换、计算，以及字符串和日期/时间操作。使用这些特性时要仔细并注意要测试性能。某些情况下，这些转换操作会导致加载器关闭高速模式，进入对加载文件按行处理的模式。
- **在开始完全刷新之前执行截断表操作**。TRUNCATE TABLE 是最有效的删除表中所有行的子句。在开始一天的 ETL 处理前通常可使用该子句清除过渡区数据库中表的内容。

4. 加载类型 2 维度表历史

回忆第 5 章所讨论过的内容，维度表属性变化通常是按照类型 1(重写)或类型 2(通过在维度表中增加新行以跟踪历史)管理的。多数维度表包含类型 1 和类型 2 属性。第 5 章曾讨论过更多的高级 SCD 技术。

在历史加载期间，需要重建那些按照类型 2 来管理的维度属性的历史。如果业务用户确定某个属性对跟踪历史来说非常重要，则他们希望能够及时获得历史情况，而不是仅仅从数据仓库实现的时间开始。通常重新建立维度属性历史是非常困难的工作，有时甚至是不可能实现的工作。

该过程并不适合用标准 SQL 处理。最好利用数据库游标构件，甚至更好的处理方法是，使用过程语言(例如 Visual Basic、C 或 Java)来执行这一工作。多数 ETL 工具使用脚本处理流过 ETL 系统的数据。

重构历史的工作完成后，最后一遍要浏览数据以设置行结束日期列。重要的是在此序列中没有差异。如果行的日期粒度为整天的话，我们宁愿将旧版本的维度成员的行结束日期设置为新行的行生效日期。如果生效日期和结束日期包含准确的日期/时间戳，其精度到分或秒，则结束日期/时间必须被设置为下一行的开始日期/时间，这样就消除了行间的差异。

5. 对日期和其他静态维度的填充

几乎所有数据仓库都包含日期维度，通常其粒度为每天一行。日期维度通常涉及数据的历史范围，从数据仓库中最早的事务事实开始。为历史数据设置日期维度是比较容易的，因为您知道被加载的历史事实数据的日期范围。多数项目通过手工建立日期维度，通常建立在一个电子报表中。

大量其他维度可以以同样的方式建立。例如，您可以建立包含实际和预算值的预算场景维度。业务数据管理代表应当对所有构建的维度表签字负责。

20.3.2 第 6 步：完成事实表历史加载

一次性事实表历史数据加载与后续的增量加载过程有比较大的差别。在加载历史数据时最大的疑虑是数据量，有时其加载的数据量是日常增量加载数据量的几千倍。另一方面，您有幸将那些未在生产系统中的数据加载到表中。如果历史数据的加载需要几天的时间才能完成，您就会感到难以忍受。

1. 历史事实表获取

当您确定了那些满足获取基本参数的记录后，要确认这些记录是否对数据仓库有用。多数事务系统在其源系统中所保存的操作型信息可能从业务角度来看没有什么意义。

在该步骤中，积累审计统计信息是一个好主意。当通过获取建立结果集后，通常可以获得小记、总计和行计数信息。

2. 审计统计信息

在 ETL 系统的规划阶段，您会确定各种针对数据质量的度量。这些度量通常是可计算的，例如计数和汇总，可以比较数据仓库和源系统的数据以交叉检查数据的完整性。这些数值可联系操作型报表及数据仓库加载过程的结果。能够回朔到操作型系统是非常重要的，因为它是建立可信任数据仓库的基础。

注意：

在某些场景中，想要从数据仓库建立与源系统的反向联系是不大容易实现的。多数情况下，数据仓库获取包括未被应用到源系统的业务规则。更令人苦恼的是源系统中的错误。另外，时间上的差异也使得交叉检查变得异常困难。如果无法实现数据的反向联系，则需要解释其中的差异。

3. 事实表转换

多数项目中，事实数据相对比较干净。ETL 系统开发者花费大量的时间改进维度表的内容，但是事实通常需要适度的转换。多数情况下，当来自事务系统的事实被用于组织的执行时，这一工作非常有意义，

针对事实表最常见的转换包括空值转换、旋转或逆透视数据，以及预先计算导出计算。此后，所有事实行进入 ETL 系统代理键流水线以将自然键转换为 ETL 系统管理需要的维度代理键。

1) 空事实值

所有数据库引擎都支持空值。然而，在大多数源系统中，空值都被表示为合法事实的一个特殊的值。也许用特殊值-1 表示空值。对大多数事实表度量来说，其场景中的"-1"应该被真正的 NULL 取代。空值用于数字度量在多数事实表中是合理的、常见的。在跨事实行计算汇总和平均时，空值能够执行"正确的事情"。仅在维度表中您应当尽力将空值替换为特殊的专门制定的默认值。最后，不应当允许以事实表列中的空值引用维度表键。这些外键列应当始终被定义为非空(NOT NULL)。

2) 改进事实表内容

正如我们所强调的那样，最终事实表行的所有事实必须以同一粒度表示。这意味着在以天为粒度的事实表中不会存在表示年汇总情况的事实，也不会存在对某些地理情况的汇总比事实表粒度大的情况。如果获取包括不同粒度的交错的事实，则必须要消除这些聚集，或者将它们移入适当的聚集表中。

事实行包括导出的事实，尽管在多数情况下，在视图中或联机分析处理(OLAP)多维数据库中而不是在物理表中计算导出事实效率会更高。例如，包含收入和成本的事实行可能希望表示净利润的事实。重要的是尽量在用户需要获取净利润时通过计算得到。如果数据仓库要求所有用户通过视图访问数据，则最好在视图中计算净利润。如果允许用户直接访问物理表，或者如果用户经常过滤净利润从而使您想要对它进行索引时，则最好是预先计算出净利润并物理地存储它。

类似地，如果一些事实需要同时表示多种度量单位，可以采用同样的逻辑。如果业务用户通过视图或 OLAP 多维数据库访问数据，最好在用户访问时计算各种不同版本的事实。

3) 维度代理键查询流水线

在事实表与维度表之间保持参照完整性是非常重要的，事实行不会引用不存在的维度成员。因此，事实表中的所有外键不应存在空值，所有事实行对任何维度不会违反参照完整性。

代理键流水线是将数据加载到目标事实表的最终操作。此时所有清洗、转换和处理都已经完成。输入数据看起来类似维度模型中的目标事实表，只是其仍然包含从数据源获得的自然键而没有用数据仓库的代理键替代。代理键流水线过程负责交换自然键与代理键并处理所有参照完整性错误。

在事实数据进入代理键流水线前，维度表必须处理完成。任何新的维度成员或已经存在的维度成员的类型 2 变化必须都处理完成，这样它们的键对代理键流水线来说才是可用的。

首先来讨论与参照完整性有关的问题。确认维度表中每个历史数据事实包含自然键是非常简单的事情。这一步骤是手工完成的步骤。此时，历史加载暂停，以便您能够在处理前检查并修改任何的参照完整性问题。要么修改维度表，要么重新设计事实表获取以过滤错误行，具体可视情况而定。

现在已确信不存在参照完整性错误，您可以设计历史代理键流水线，如图 19-11 所示。在此场景中，在加载历史事实度量时，您可以针对所有受到影响的包含类型 2 变化的维度使用 BETWEEN 逻辑以定位维度行。

可以采用几种方法设计历史加载的代理键流水线以提高其性能，其设计取决于所使用的 ETL 工具的特性、需要处理的数据容量以及维度设计。理论上说,您可以定义一个查询,通过自然键实现事实过渡表与每个维度表的连接,该查询返回事实和来自所有维度表的代理键。如果历史数据容量不是很大,假定您将过渡事实数据放在关系数据库中并且为支持该大型查询对维度表建立了索引,则这种方法效果很好。使用该方法的好处包括:

- 该方法利用了关系数据库的强大功能。
- 使用并行技术完成代理键查找。
- 该方法简化了获得正确的类型 2 维度的维度键存在的问题。连接到类型 2 维度必须包含定义为表中维度成员的事务日期分类在行有效日期和行失效日期之间的子句。

如果历史事实数据容量大到几百 GB 或几 TB 时,没有人愿意采用上述方法。与类型 2 维度表的复杂连接对系统资源构成了巨大的威胁。大多数维度设计包括数量巨大(但每个表本身不大)的类型 1 维度表,只有少量的维度包含类型 2 属性。您可以使用这一关系技术一遍执行对所有的类型 1 维度的代理键查找,然后对类型 2 维度另行处理。您应当确保对有效日期和结束日期列建立了适当的索引。

如果不使用数据库连接技术,可以采用 ETL 工具的查找操作符。

当所有事实源的键被用代理键替换后,就可以加载事实行了。事实表行中的键被选为不同维度表的适当外键,事实表与维度表满足参照完整性要求。

4) 分配审计维度键

事实表的每个行通常都包含一个审计键。审计键指向描述加载特征的审计维度,审计维度包括相对静态的环境以及数据质量度量。审计维度可以很小。最初设计的审计维度仅包含两个环境变量(主 ETL 版本号和利益分配的逻辑号)和一个质量标志,该标志的值是 Quality Checks Passed(质量检查通过)和 Quality Problems Encountered(发生质量问题)。随着时间的推移,这些变量和诊断指标可能会变得非常复杂和详细。增加到事实表的维度审计键要么在代理键流水线之前立即增加,要么在之后立即增加。

4. 事实表加载

加载事实表时主要关注的是加载性能。一些数据库技术支持包含特定批量大小的快速加载。可通过查阅有关快速加载技术的文档学习如何设置这一参数。您可以通过实验发现理想的以行数量计的批量大小以及服务器内存配置。多数人不愿意为实现准确执行而采取一种简单地选择数量(例如,10 000、100 000 或 1 000 000)的方式。

除了使用批量加载器以及合理的批量大小(适合数据库引擎的)外,改进加载历史数据性能的最好方式是加载到分区表中,理想情况可以并行加载多个分区。加载到分区表的步骤包括:

(1) 在加载数据前,禁用事实表与每个维度表之间的外键(参照完整性)约束
(2) 删除或禁用事实表的索引
(3) 使用快速加载技术加载数据
(4) 建立或启用事实表索引
(5) 如果有必要,将分区表合并到一起
(6) 确认每个维度表在代理键列具有唯一索引
(7) 启用事实表与维度表之间的外键约束

20.4　开发增量式 ETL 过程

　　增量 ETL 过程的最大挑战之一是区分新的、发生变化的以及被删除的行。在插入、删除、更新流处理之后，ETL 系统可以按照几乎相同的历史数据加载业务规则执行转换工作。

　　维度和事实的历史加载包含大量的或整个的插入工作。在增量处理过程中，主要执行插入，但对维度表和某些事实表的更新是不可避免的。更新和删除在数据仓库环境中是非常昂贵的操作，因此我们将描述改进这些任务执行性能的技术。

20.4.1　第 7 步：维度表增量处理过程

　　正如您所期望的，增量 ETL 系统开发是从维度表开始。维度增量处理与前文描述的历史处理类似。

1. 维度表获取

　　多数情况下，客户主文件或产品主文件都可以成为维度的单一来源。另外也存在一些情况，原始来源数据既涉及维度也涉及事实数据。

　　通常最简单的方法是将维度表当前快照组织为一个整体并通过转换步骤确定什么发生了变化以及如何处理变化。如果维度表非常大，可能需要使用 20.4.2 小节描述的区分变化记录集合的事实表技术。在大型维度表中查找每个条目需要花费大量的时间，即使变化发生在存在的条目上。

　　如果可能，构建只获取那些发生变化的行。如果源系统维护一个变化类型的指示器的话，这样做特别方便且有价值。

2. 识别新的和变化的维度行

　　DW/BI 小组将识别新的、更新的、删除的行的责任推给源系统拥有者将带来巨大的问题。在此情况下，ETL 过程需要执行昂贵的比较操作以发现新的和变化的行。

　　若输入数据是干净的，则非常容易发现新的维度行。原始数据具有操作型自然键，该键必须与当前维度行的同样的列匹配。记住，维度表中的自然键就是一个普通的维度属性，它不是维度的代理主键。

　　通过针对主维度的输入流执行查询，比较自然键，可以发现新的维度成员。不满足查询条件的所有行均为新的维度成员，应该将它们插入到维度表中。

　　如果维度包含类型 2 属性，将行中有效日期列设置为维度成员出现在系统中的日期。如果是在晚间处理该工作，那么这个时间通常是昨天。将行结束日期列设置为当前行的默认值。这个值通常是系统能够支持的，指向遥远未来的最大的日期。应当避免在结束日期列使用空值，因为如果试图将某一特定值与空值进行比较，则关系数据库可能会产生错误或返回未知的特殊值。

　　下一步是确定到来的维度行是否有变化。最简单的技术是一列一列地对输入数据与存储在主维度表中的当前对应成员进行比较。

　　如果维度比较大，包含 100 万行，采用简单的列间比较的技术可能太慢，特别是如果维度表中的列还比较多的情况下。比较好的替换策略是使用哈希或校验功能加快比较处理的速度。可以在维度表中增加两个新的管理列：哈希类型1和哈希类型2。应当在哈希类型1列放置连接类型1属性的哈希值，同样道理应用于哈希类型2。哈希算法将非常大的字符串转换为相对小得多的且几乎具有唯一性的值。哈希值在维度表中计算及存储。然后用完全相同的方法对输入行集合计算哈希值，并将它们与存储的值比较。与单一的、相对较短的字符串列比较比成对比较大量不同列的方法更有效。另外，关系数据库引擎可能包含类似 EXCEPT 语法能够确保高性能地执行发现改变行的查询。

作为一种一般性的原则，不应当删除已经在源系统中被删除的维度行，因为这些维度成员仍然可能与数据仓库中的事实表数据存在关联。

3. 处理维度属性的变化

ETL 应用包含确定如何处理已经存储在数据仓库中的属性值变化的业务规则。如果修改的描述被认定是对先前信息的合法的且可靠的更新，则必须使用缓慢变化维度技术。

准备维度行的第1步是决定是否已经拥有该行。如果所有的输入维度信息与维度表中的对应行匹配，则不需要采取进一步的行动。如果维度信息发生了变化，则可以将变化应用到维度中，例如类型1或类型2。

注意：

您可能会回想起第5章有关跟踪属性值变化的三个主要方法，以及高级混合技术。类型3需要改变维度表结构，建立新的列集合以拥有该属性的"先前"与"当前"版本。此类结构化改变很少应用到 ETL 系统中，更常见的是作为数据模型的一次性变化来处理。

处理获取阶段的变化维度记录的查询和键分配逻辑如图 20-5 所示。在此情况下，逻辑流程并不能使输入数据流限制于仅仅针对新的或变化的行。

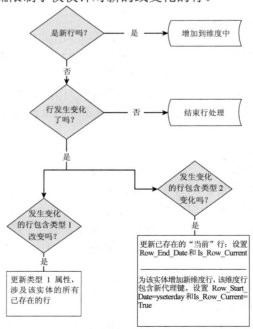

图 20-5　处理维度更新的逻辑流程

20.4.2 第 8 步：事实表增量处理过程

多数数据仓库都非常巨大，因此要在一个单一时间窗口内完全替换事实表是很难实现的。相反，新的和更新的事实行都采用增量处理方式。

注意：

只加载那些在上一次加载完成后发生变化和新增的记录是非常有效的方法。这种情况特别适合具有杂志风格的系统，其历史绝不会发生改变，仅允许对当前期进行调整。

事实表增量处理的 ETL 处理过程与历史加载不同，历史 ETL 处理不需要完全实现自动化，您可以暂停该过程以检查数据并为下一阶段做好准备。作为比较，增量处理必须完全自动地完成。

1. 事实表获取与数据质量检查点

一旦从源系统获得了发生变化的和被更新的事实行，就必须在过渡区中建立一个未转换数据的拷贝。同时，对有关原始获取数据的数据质量度量开展计算工作。数据过渡包含三种意图：

- 为实现审计归档。
- 为后续的数据质量验证提供开始点。
- 为重启过程提供开始点。

2. 事实表转换与代理键流水线

增量事实数据的代理键流水线与历史数据的代理键流水线类似。主要的差别在于违反参照完整性的错误处理方面，增量事实处理必须自动化执行。处理违反参照完整性的方法有以下几种：

- **终止加载**。这不是一个常用的方法，但在大多数 ETL 工具中，该方法常常是默认的配置方法。
- **抛弃错误行**。某些情况下，丢失维度值是一种信号，表明数据与底层数据仓库的业务需求不相关。
- **将错误行写入文件或表中以便后续分析**。设计一种机制将需要改正的行移入挂起文件中。对财务系统来说，该方法不是一个好的选择，在这样的系统中，所有的行都需要加载。
- **通过建立虚拟维度行并返回其代理键到流水线中对错误行进行修改**。在增量代理键流水线中最有吸引力的处理违反参照完整性错误的方法是在执行过程中为未知的自然键建立虚拟维度行。自然键是有关维度成员的仅有的信息块，所有其他属性必须被设置为默认值。当有关维度成员的详细信息可用时，该虚拟维度行将以类型 1 进行更新。
- **通过映射到每个维度中单一的未知成员修改错误行**。该方法不是我们推荐的方法。问题是，对所有事实表获取中得到的未知自然键值，所有错误行被映射到同一个维度成员上。

对大多数系统来说，针对查询、视图或物理表(维度表的子集)来执行代理键查找。维度表行被过滤，以便能够仅针对当前版本的每个维度成员进行查找工作。

3. 延迟到来的事实与代理键流水线

在大多数数据仓库中，增量加载过程都是在午夜后不久开始，同时需要处理前一天发生的所有事务。然而，也存在一些事实延迟到达的情况。这种情况通常发生在数据源是分布式的，处于多台机器上甚至是全球范围内的，连接或延迟问题导致不能及时完成数据收集工作。

如果所有维度都以类型 1 重写模式被管理的话，延迟到达事实不会存在什么特别的挑战。但是多数系统都同时包含类型 1 和类型 2 属性。延迟到达的事实必须与事实发生时有效的维度成员版本关联。要实现这一工作需要对维度表中的行开始和结束有效日期进行查询。

4. 增量事实表加载

在历史事实加载时，重要的是采用快速加载技术。在大多数数据仓库中，对增量加载来说，这些快速加载技术是无法执行的。快速加载技术通常对目标表有严格的条件要求(例如，空或未索引)。对增量加载来说，使用非快速加载技术通常比完全插入或索引表更快。对小型到中型系统来说，插入操作的性能通常是比较适合的。

若事实表非常大，出于管理方面的考虑，应当对事实表进行分区。如果增量数据始终被加载到空的分区中，则可以使用快速加载技术。在每天加载的情况下，您可能会在每年建立 365 个新的事实表分区。这样做，对那些包含较长历史的事实表来说，可能会建立了太多的分区。因此考虑设计一个将日分区合并为按周或按月进行分区的处理方法。

5. 加载快照事实表

最大的事实表通常是事务型的。事务事实表通常仅通过插入进行加载。周期快照事实表通常在月末被加载。当前月的数据有时会在当前月至今的每一天被更新。在此情况下，按月的事实表的分区使重新加载当前月的工作具有极高的性能。

累积快照事实表监控相对较短的存活过程，例如订单填充。累积快照事实表的每个事实行在其整个生命周期中会多次发生改变。尽管累积快照几乎总是比其他两类事实表小得多，但对该表维护需要较高的成本。

6. 加速加载周期

仅处理那些发生变化的数据是加速 ETL 周期的办法之一。下面介绍几种其他技术。

1) 提高加载频率

尽管从按月或按周加载处理转变到每晚加载是一个巨大的飞跃，但缩短加载窗口的确不失为一种有效的方法。每天晚上处理与每月处理比较，仅需要处理后者 1/30 的数据量。多数数据仓库都采用每晚加载一次的周期。

如果晚间加载成本太高，可以考虑在白天执行一些针对数据的预处理工作。白天时间，将数据移动到过渡数据库或操作型数据库并在此执行数据清洗任务。午夜后，将维度成员的多个变化合并，执行最后的数据质量检查，分配代理键，最后将数据移入数据仓库中。

2) 并行处理

另外一种缩短加载时间的方法是并行化 ETL 过程。并行化可以以两种方式展开：多步并行化运行和单步并行化运行。

- **多步加载**。ETL 任务流被划分为几个同时提交的独立任务。您需要仔细考虑每个任务涉及何种工作；主要的目标是建立独立的任务。
- **并行执行**。数据库本身也可以识别特定的能够并行执行的任务。例如，建立索引通常可以在机器上可用的多个处理器中并行处理。

注意：

将过程划分为并行执行的步骤包含好的方法和不好的方法。并行化的简单方法是获取所有源数据，然后加载并转换维度，最后同时在事实表和维度表中检查参照完整性。遗憾的是，该方法可能不够快——也许会比更简单的顺序方法慢得多，因为每个并行处理的步骤都需要竞争系统资源，例如网络带宽、I/O 和内存。要构建良好的并行任务，不仅需要考虑步骤的逻辑顺序，也需要考虑系统资源。

3) 并行结构

您可能设置一种三方镜像或两个服务器的集群配置以维护对数据仓库的连续加载，一个服务器管理加载，另外一个处理查询。维护窗口将缩减到每天几分钟，用于交换附加在每个服务器上的磁盘。这种方式是提供系统高可用性的最佳方式。

按照对需求和可用性预算的要求，可以采用几种类似的方式实现表、分区和数据库。例如，可以离线加载分区或表，并以最小的停机时间交换它，使其在线可用。其他系统包含数据仓库数据库的两个版本，一个版本用于加载，一个版本用于查询。虽然这样的方式效率并不高，但成本低，想要的功能可以由集群服务器提供。

20.4.3　第 9 步：聚集表与 OLAP 加载

从逻辑上来看，聚集表易于建立。聚集表是将大型聚集查询结果存储到一个表中。从针对事实表的查询来建立聚集表的问题，当然发生在事实表太大以至于无法在加载窗口内处理的时候。

如果聚集表包括对日期维度的聚集结果，也许以月为粒度，聚集维护过程将更加复杂。当前月数据必须被更新，或者删除及重建，以反映当前天的数据。

如果聚集表是按照作为类型 1 重写的维度属性定义的，类似问题将会发生。维度属性的所有类型 1 变化将会影响所有的事实表聚集以及按照该属性定义的 OLAP 多维数据库。ETL 过程必须将原有聚集层次的事实删除并以新值替代。

保持聚集与底层的事实数据同步是聚集管理系统中极其重要的工作。如果查询直接面对底层细节事实或来自预先计算的聚集，则不要指望建立一个返回不同结果集的系统。

20.4.4 第 10 步：ETL 系统操作与自动化

理想的 ETL 操作以熄灯的方式运行定期加载过程，而不需要人为干预。尽管这是一个很难达到的目标，但我们可以尽力接近这一理想。

1. 调度任务

调度任务通常是比较明确的。ETL 工具应当包含调度任务并在一定时间开始的功能。大多数 ETL 工具还包含在第一个任务成功执行完成后，协调执行第二个任务的功能。通常将 ETL 任务流设置为在一定时间发起，然后查询数据库或文件系统，观察某个事件是否已经发生。

还可以编写脚本执行此类控制任务。每个 ETL 工具具有从操作系统命令行激活任务的途径。多数组织非常愿意使用脚本语言，例如 Perl，来管理任务调度工作。

2. 自动处理预料之中的例外和错误

尽管开始工作是比较容易的，但要保证这些任务能够顺利完成，优雅地处理数据错误和例外，就比较困难了。综合错误处理在 ETL 任务的一开始就需要加以考虑并建立。

3. 优雅地处理未知的错误

有些错误是可以预料到的，例如，接受早到的事实或列中存在空值都是比较常见的。对这些错误，一般可以设计 ETL 系统来修改数据并继续处理。而有些错误是完全无法预测的，其范围包括在处理过程中，由于经历停电导致接受混乱的数据

我们希望得到 ETL 工具特性和系统设计实践来帮助克服这些例外。一般建议在事实表上为被加载的新记录配备单一的顺序分配的代理键列。如果某个大型加载任务遭遇到意外的停机，事实表代理键允许重新从可靠点开始加载，或者通过对范围连续的代理键进行约束延后加载。

20.5 实时的影响

实时处理是数据仓库中日益增长的常见需求之一。数据仓库系统可能会存在强烈的实时性需求。一些业务用户希望数据仓库能够连续不断地按天更新，对过时数据一点也不感兴趣。建立实时 DW/BI 系统需要收集对实时数据业务需求的准确的理解并确认适当的 ETL 结构，包括与固定平台配搭的范围广泛的技术。

20.5.1 实时分类

询问业务用户他们是否希望"实时"发布数据对于 DW/BI 小组来说是一个令人沮丧的经历。在没有任何约束的前提下，多数用户回答说，"听起来不错，放手去做吧！"这样的回答基本上没有什么价值。

为避免出现这种情况，我们建议将实时设计面临的挑战划分为三个类别，分别称为即时、日内和每天。在与业务用户讨论他们的需求和之后在设计我们的数据发布流水线时，

都采用不同的选项进行讨论，并使用这些术语。表 20-1 总结了不同的发布速度环境下将产生的问题。

表 20-1　低延迟发布的数据质量权衡

每　　日	日　　内	即　　时
批处理 ETL	微批处理 ETL	数据流 EII/ETL
等待文件准备使用	查询探测或订阅消息总线	从源应用驱动用户展现
传统的文件表时间分区	日热点事实表时间分区	与事实表分离
调整	临时	临时
完整的事务集合	独立的事务	事务片段
列检查	列检查	列检查
结构检查	结构检查	--
业务规则检查	--	--
最终结果	更新的结果，午夜改正	更新的结果，可能在午夜被否定

即时(instantaneous)意味着屏幕上所见的数据表示的是源事务系统每个时刻的真实状态。当源系统状态发生改变时，屏幕将实时且同步响应。即时性的实时系统通常作为企业信息集成(Enterprise Information Integration，EII)解决方案被实现，其源系统本身负责主持远程用户的屏幕更新并对查询请求提供服务。显然，该类系统必须限制查询请求的复杂性，因为所有的处理都是在源系统完成的。EII 解决方案通常包括不需要在 ETL 流水线上缓存数据，因为按照定义，EII 解决方案在源系统与用户屏幕之间没有延迟。某些情况下，可能选择采用即时性的实时解决方案。库存状态跟踪可能是一个好的例子，其决策人员具有为客户实时提交可用库存的权利。

日内(intra-day)意味着屏幕上可见的数据每天被更新多次，但是不能保证这些当前被显示的数据肯定是最新的真实数据。我们中的多数人都熟悉股票市场报价数据是当前 15 分钟内的数据，但并不是即时数据。以一定频率发布实时数据(以及更慢一些的每天数据)的技术与即时实时数据发布的技术具有较大的差别。以一定频率发布数据通常被作为传统 ETL 结构中的微批量处理。这意味着数据将经历各种各样的变化数据的捕获、获取，过渡到 ETL 后端数据仓库的文件存储，清洗并执行错误检查，遵守企业数据标准，分配代理键以及可能的其他一些转换工作使数据准备好可以加载到展现服务器中。几乎所有这些步骤，在一个 EII 解决方案中必须被忽略或基本不存在。日内发布数据和每天发布数据的主要差别在于前两步：变化数据捕获和获取。为每天从源系统中多次捕获数据，数据仓库通常必须利用高带宽通信通道，例如遗留应用的消息队列流量，累积事务日志文件，或每当有事情发生时来自事务系统低级别的数据库触发器等。

每日(daily)意味着屏幕上可见的数据被当作批文件而在前一个工作日结束后从源系统中下载或调整是合法的。对每日数据我们提供一些建议。更正原始数据的过程通常在工作日结束时在源系统上运行。当该调整可实现时，也标志着 ETL 系统执行一个可靠和平稳的数据下载。如果您处于这样的环境中，应当向业务用户解释如果他们要求即时或日内被更新的数据时，他们将经历何种妥协。每日更新数据通常涉及获得由源系统准备的批文件或者当源系统的就绪标志被设置后，通过执行获取查询获得。当然，这是一种最简单的获取场景，因为您只需要等待源系统准备好并可用。

20.5.2　实时结构权衡

对实时需求的响应意味着您需要改变 DW/BI 结构，加快数据到用户屏幕的速度。结构性的选择涉及对影响数据质量和管理的问题的权衡。

您可能认为ETL 系统所有者的总体目标是不要发生变化或通过转移到实时系统进行折中。您可能一如既往地考虑数据质量、集成、安全、兼容性、备份、恢复和归档等问题，这些问题在开始设计实时系统前已经在做。如果您有同感，那么请仔细阅读后续部分！后续部分讨论当需要构建具有更实时性的结构时需要考虑的典型权衡。

1. 替换批处理文件

考虑将批处理文件获取替换为从消息队列或事务日志文件中获取。源系统发布的批处理文件可以表示一种被清洗且具有一致性的源数据。批处理文件可包含那些完成的事务的结果的记录。批处理文件中的外键可能被分解，例如当文件包含某个其完整的身份可能被发布到批处理文件中的新客户的订单时。另一方面，消息队列和日志文件数据是原始的即时数据，可能并不属于任何源系统中的更正过程或业务规则执行。最坏的情况下，这样的原始数据有三种可能：①因为额外的事务可能尚未到达而未被更正或完成；②包含 DW/BI 系统尚未处理的未分解的外键；③需要并行化的面向批处理的 ETL 数据流来更正甚至替换每天 24 小时的最新的实时数据。如果源系统随后对消息队列或日志文件中的输入事务应用复杂的业务规则，则您真的不希望在 ETL 系统中重新执行这些业务规则。

2. 限制数据质量检查

考虑限制仅针对列检查的数据质量检查并简化解码查询。由于通过 ETL 流水线的数据处理时间被缩减了，因此可能需要去掉一些高开销的数据质量检查，特别是结构方面的以及业务规则方面的检查。记住列检查涉及单一字段测试与/或简单查询以替换或扩展已知值。即使在最为激进的实时应用中，也应当保留大多数的列检查。但是按照定义，结构检查和业务规则检查需要多个字段，可能涉及多个表。您可能没有时间传递字段的地址块到某个地址分析器中去。您可能不需要检查表间的参照完整性。您可能无法通过 Web 服务执行远程信用检查。所有这些可能都需要通知用户，他们使用的数据是临时的且存在不可靠状态的原始实时数据，可能需要您实现并行的面向批处理的 ETL 流水线，用于周期性地以检查后的数据重写实时数据。

3. 连接事实与维度

应当允许早先得到的事实与旧版本的维度共存。在实时环境下，通常事务事件被接收到了，而其环境尚未更新(例如客户的身份)。换句话说，事实在维度到达前就先到了。如果实时系统不能等待维度，则如果维度可用的话，必须使用维度的旧拷贝，或者使用具有一般性的空的维度版本。如果收到修改后的维度版本，则数据仓库可能会决定将它们放入热分区或延迟更新维度直到批处理过程接管为止，可能在一天的结束时。无论如何，用户需要理解可能会存在短暂的时间窗口，其维度无法准确地描述事实。

4. 消除数据过渡区

某些实时结构，特别是 EII 系统，流数据直接从生产源系统到用户的屏幕，并未将数据写入 ETL 流水线中的持久性存储中。如果此类系统是由 DW/BI 小组负责的，则小组应当与高级主管就是否需要备份、恢复、归档，以及兼容性是否能够满足或者这些责任现在是否是生产源系统唯一的关注等进行严肃的讨论。

20.5.3 展现服务器上的实时分区

为支持对实时性的需求，数据仓库必须无缝地扩展其已经存在的历史事件序列到当前时刻。如果客户在前一个小时发出订单，那么您需要在完整的客户关系环境中看到这一订单。此外，您想要跟踪这些最新订单每小时的状态以及在一天中的变化情况，即使生产事务处理系统与 DW/BI 系统之间存在的差别已缩减到 24 小时，业务用户的即时性需求也仍然需要数据仓库以实时数据填充其间存在的差异。

响应这一处理的设计解决方案之一是建立实时分区，将其作为传统的静态数据仓库的一种扩展。为实现实时报表，建立一种特殊的分区，其物理存在和管理与传统数据仓库表分开。理想情况下，实时分区是一种真实的数据库分区，其中正在考虑的事实表按照活动日期分区。

无论发生何种情况，理想的实时分区应当满足下列难办的需求集合：

- 包括上一次更新静态数据仓库以来发生的所有活动。
- 尽可能无缝连接静态数据仓库事实表的粒度和内容，作为理想的真正的事实表物理分区。
- 被轻巧地索引而到达的数据能够不断地"滴入"。理想情况下，实时分区应当完全不用索引。然而，这在某些 RDBMS 中是不可能实现的，其建立的索引与分区模式逻辑上是不同的。
- 即使缺乏索引，通过将实时分区放入内存中，也可以支持高度敏感的查询。

是在事务和周期快照事实表中，实时分区都可以被有效地使用。我们还未发现需要将这种情况用于累积快照事实表的情况。

1. 事务实时分区

如果静态数据仓库事实表存在事务粒度，那么它对源系统中的每个独立事务从"被记录的历史"开始包含确切的一行。这样的实时分区与其底层的静态事实表具有同样的维度结构。它仅包含上一次您定期加载事务事实表直到午夜为止的事务。实时分区可能完全未被索引，原因可能是因为您想要维护一个不断开放的加载窗口，也可能是因为没有时间序列(因为表中仅保持今天的数据)。

在相对比较大的零售业环境中，大约每天会产生 1 000 万事务。静态事实表会很大。假设每个事务粒度行包含 40 个字节宽(7 个维度加上 3 个事实，都被包装到 4 个字节的列中)。每天将会积累 400MB 的数据。一年后，这一数据会达到大约 150GB 的原始数据。此类事实表包含大量的索引并支持聚集。但是 400MB 的每日实时分片可以放在内存中。实时分区趋向非常快的加载性能，但是同时提供快捷的查询性能。

2. 周期快照实时分区

如果静态数据仓库事实表具有周期粒度(例如按月)，则实时分区可被视为当前热滚动月。假设有一个包含 1 500 万账户的大型零售银行。账户的静态事实表粒度是以月为基础的。36 个月的时间序列将在事实表中产生 5.4 亿行事实。另外，该表可能存在大量聚集索引以提供良好的查询性能。另一方面，实时分区仅仅是当前月的图像，随着月的变化，会不断被更新。半可加的余额和完全可加的事实在报告期被频繁地调整。在零售银行，涉及所有的账户类型的超类事实表可能非常窄，也许包括 4 个维度和 4 个事实，产生的实时分区可能有 480MB。实时分区仍然可以放入内存中。

在月末的那一天，周期实时分区可以比较幸运地仅仅融合大多数当前月中少量的不稳定的事实表，再次开始时可以将实时分区清空。

20.6 本章小结

上一章介绍了可能会在综合性 ETL 实现中出现的 34 个子系统。本章详细提供了建立和部署 ETL 系统的实践性指导。也许最有趣的观点是将最初的历史加载与后续的增量加载区分开的思想。这些过程存在较大的差异。

通常我们建议使用商业 ETL 工具来维护脚本库，即使 ETL 工具可能非常昂贵且学习起来比较困难。ETL 系统，超过 DW/BI 大厦的任何其他部分，是需要随着人员的流动以及时间的流动被长期维护和扩展的遗留系统。

本章结束部分讨论了实时(低延迟)数据发布的一些设计观点，不仅实时结构与传统批处理过程不同，而且数据质量也会受到数据延迟的影响而逐渐降低。业务用户需要成为这一设计权衡中有思想的参与者。

大数据分析

本章将介绍闪亮登场的大数据及展示如何利用大数据扩展 DW/BI 系统的任务。并将详细列举针对大数据的最佳实践。

第 21 章主要讨论下列概念：

- 比较两种处理大数据分析的结构化方法
- 处理大数据管理、架构、建模和治理的最佳实践

21.1 大数据概览

什么是大数据？所谓的"大"实际上并不是大数据的最有趣的特征。大数据是结构化、半结构化、非结构化以及众多不同格式的原始数据，某些情况下，它看起来与您 30 多年来在数据仓库中存储的清楚的标量数字和文本存在巨大差异。多数大数据不能用任何看起来类似 SQL 的方法来分析。但最重要的是，大数据是一种模式的转变，涉及如何考虑数据资产、从何处获取、如何分析它们以及如何从分析中获得有价值的知识。

从大量的用例中积聚了动力的大数据运动，可划分到大数据分析的类别中。这些用例包括：

- 搜索排序
- 广告跟踪
- 位置与距离跟踪
- 因果关系发现
- 社会化客户关系管理(CRM)
- 文档相似性测试
- 基因分析
- 群组发现
- 飞机飞行状态
- 智能测量仪表
- 建立传感器

- 卫星图像分析
- CAT 扫描比较
- 金融账户欺诈检测与干预
- 计算机系统黑客检测与干预
- 在线游戏姿态跟踪
- 大型科学数据分析
- 通用名称-值对分析
- 贷款风险分析及保单承保分析
- 客户流失分析

考虑到潜在用例的广泛程度，本章主要关注处理大数据的结构化方法，以及我们推荐使用的最佳实践，并不专门考虑每个用例的维度设计。

传统的 RDBMS 和 SQL 几乎无法存储或分析此类范围广泛的用例。要实现对大数据的综合处理，系统需要具备如下能力：

(1) 方便处理 PB(1000TB)数据的能力。

(2) 包含多达数千个分布的处理器，地理不同，且异构。

(3) 以原始的获取格式存储数据，支持查询和分析应用而不需要转换或移动数据。

(4) 以亚秒级响应时间响应高约束的标准 SQL 查询。

(5) 在处理请求中方便地嵌入复杂的用户自定义函数(User-Defined Function，UDF)。

(6) 采用业界标准的过程语言来实现 UDF。

(7) 组装跨多数或所有用例的可重用 UDF 扩展库。

(8) 在几分钟内，以关系扫描方式对 PB 级别数据集执行用户自定义函数。

(9) 支持范围广泛的数据类型包括越来越多的图像、波形、任意层次的数据结构以及名称-值对集合。

(10) 为数据分析高速加载数据，至少达到 GB 级别每秒。

(11) 从多个数据源高速(GB/sec)加载数据以集成数据。

(12) 在定义或发现其结构前加载数据至数据库。

(13) 实现对加载数据的实时数据流分析查询。

(14) 全速更新数据。

(15) 不必预先聚类维度表和事实表，实现十亿级别的维度表与万亿级别事实表的连接。

(16) 调度和执行复杂的上百个节点的工作流。

(17) 配置工作不会受到单点故障的影响。

(18) 在节点发生错误时能够实现容错和不间断过程。

(19) 支持极端的、混合的工作负载，包含数千个地理分布的在线用户和程序，同时执行即席查询和战略分析，以批处理和流处理方式加载数据。

为实现这些具有挑战性的问题，需要将两种结构融合，这两种结构是：扩展的 RDBMS 和 MapReduce/Hadoop。

21.1.1　扩展的 RDBMS 结构

当前 RDBMS 提供商对经典的关系数据类型进行了扩展，增加了一些处理大数据需要的新数据类型，如图 21-1 中的箭头所示。

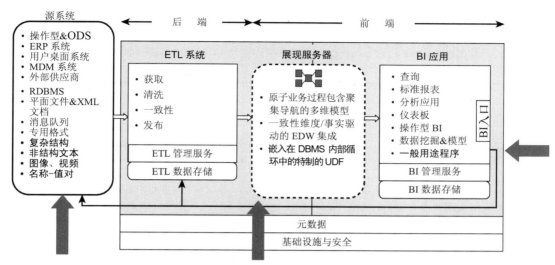

图 21-1　展示大数据扩展的 RDBMS 结构

现在的 RDBMS 必须扩展以便能够加载和处理包含复杂结构的广泛的数据类型，例如向量、矩阵和自定义超结构数据。RDBMS 需要支持加载和处理无结构和半结构文本，以及图像、视频、名称-值对集合，有时将其称为数据包。

但是支持类似"二进制大数据文件"这样的仅仅能够在可解释这些数据的BI 应用之后交付的新数据类型，对RDBMS来说仍然是不够充分的。要真正拥有大数据，RDBMS 必须允许在数据库管理系统内部循环中，利用特定的由业务用户分析人员编写的用户自定义函数(UDF)处理新数据类型。

最后，有意义的用例是通过 RDBMS 处理数据两遍，第 1 遍通过 RDBMS 从原始数据中获取事实，第 2 遍将获取的结果作为传统的关系行、列和数据类型，自动反馈到 RDBMS。

21.1.2　MapReduce/Hadoop 结构

另外一种结构是 MapReduce/Hadoop 结构，它是一种开放源代码的，包含定量组件的 Apache 顶级项目。MapReduce 是一种由 Google 在 2000 年初开发的处理框架，主要用于从大量不同机器中搜索 Web 页面。MapReduce 方法具备良好的通用性。完整的 MapReduce 系统可以用多种语言实现，最著名的实现是通过 Java 实现的。MapReduce 实际上是一种 UDF 扩展框架，其中的"函数"可以非常复杂。目前最常见的 MapReduce 框架是 Apache Hadoop，简称为 Hadoop。Hadoop 项目有大量的参与者，并运用于所有的应用中。Hadoop 运行在其 Hadoop 分布式文件系统(Hadoop Distributed File System，HDFS)之上，也能够被 Amazon S3 和其他系统所理解。传统的数据库提供商实现了与 Hadoop 的接口，允许大量的 Hadoop 任务通过接口在其数据库之上运行大量的分布式实例。

注意：

关于 MapReduce/Hadoop 结构更详细的讨论已超出了本书的范围。有兴趣的读者可以访问网站 www.kimballgroup.com，以获得更多有关大数据的资源。

21.1.3 大数据结构比较

上述两种大数据结构都有不同的长期优势，并有可能在未来共存。在本书写作时，两种结构的特征可以通过表 21-1 汇总。

表 21-1 RDBMS 与 MapReduce/Hadoop 结构比较

扩展 RDBMS	MapReduce/Hadoop
多数情况下，专用	开放源
昂贵	较便宜
数据必须被结构化	数据不需要结构化
强大的快速索引查询	强大的海量全数据扫描
对关系语义的深度支持	间接支持关系语义，例如 Hive
间接支持复杂数据结构	支持复杂数据结构
间接支持迭代、复杂分支	支持迭代、复杂分支
支持事务处理	很少或不支持事务处理

21.2 推荐的应用于大数据的最佳实践

尽管大数据市场尚不成熟，但从行业来看已经具有10年的经验积累。在这段时间，产生了大量针对大数据的最佳实践。本节试图将这些最佳实践介绍给读者，在高级的专家告诫与针对单一工具的草根级别的细枝末节之间开辟一个中间地带。

话虽如此，还是应该认识到，30 年来，针对与大数据有关的关系型数据仓库的设计开发提出了许多经过实践考验的最佳实践。以下简单将它们列举出来：

- 从业务需求出发选择构建数据仓库需要的数据源。
- 始终关注简化用户接口和改善性能。
- 从维度角度考虑问题：将世界划分为维度和事实。
- 以一致性维度集成不同的数据源。
- 利用缓慢变化维度跟踪时间变化。
- 使用持久性代理键确定所有维度。

本节以下内容，我们将按照 4 个分类划分大数据最佳实践：管理、结构、数据建模和治理。

21.2.1 面向大数据管理的最佳实践

下列最佳实践运用于大数据环境的整体管理。

1. 围绕分析构建大数据环境

考虑围绕分析而不是即席查询或标准报表构建大数据环境。从原始来源到分析师屏幕这一数据路径上的每个步骤必须支持将复杂的分析例程以UDF方式或通过元数据驱动的能够为所有分析类型编程的开发环境来实现。其内容包括加载、清洗、集成、用户接口，以及最终的 BI 工具，将在 21.2.2 小节详细讨论。

2. 延迟构建遗留环境

此时试图建立遗留大数据环境不是好的想法。大数据环境变化太快而无法考虑建立一个长期的遗留基础。相反，应该从各个方面规划革命性的变革：新数据类型、竞争挑战、编程方法、硬件、网络技术，以及由大量新型大数据提供者提供的服务。在可预见的未来，需要维护多种实现方法的共存。这些实现方法包括 Hadoop、传统网格计算、优化的 RDBMS、定制计算、云计算和大型机。长远来看，每种方法都难以独占鳌头，平台即服务(Platform as a Service，PaaS)提供商通常提供有吸引力的选择，用于装配可兼容的工具集合。

设想将 Hadoop 作为多种格式 ETL 处理的灵活及通用的环境，目的是为大数据增加充分的结构和环境，以便能够加载到 RDBMS 中。Hadoop 中同样的数据可以被访问并转换为以各种语言编写的 Live、Pig、HBase 和 MapReduce 代码，甚至可以同时进行。

实现上述目标需要具备灵活性。假设您能够在两年内重新编写并重新部署大数据应用。选择适当的方法以重新编程并部署。可以考虑使用元数据驱动的无代码开发环境以增加效率并有助于隔绝基本技术变化所带来的问题。

3. 从沙箱结果中构建

考虑使用沙箱，并建立实际可用的沙箱结果。允许数据科学家构建他们的数据环境并使用他们熟悉的语言和编程环境构建原型。然后，完成概念证明后，与某个 IT 更新小组系统化地重新编写这些实现。以下将使用一系列案例描述这一建议：

自定义分析编程的生产环境可以是 MatLab 和 PostgreSQL，或者是 SAS 和 Teradata RDBMS，但数据科学家可能利用其熟悉的语言和结构建立其概念证明。关键的知识是：IT 必须非同寻常地容忍数据科学家所使用的技术范畴并在多数情况下需要准备以能够被长期支持的标准技术集重新实现数据科学家的工作。沙箱开发环境可能会使用自定义 R 代码直接访问 Hadoop，但由元数据驱动的 ETL 工具所控制。然后，当数据科学家准备交付概念证明时，多数逻辑可能需要立即被重新部署到可扩展的、高度可用的、安全的、运行于网格环境中的 ETL 工具。

4. 首先从尝试简单应用着手

可以先从简单的应用开始，例如备份与归档。在开始执行大数据项目时，搜索有价值的、风险小的商业用例，贮备必要的大数据技能，考虑使用 Hadoop 作为成本低、灵活的备份和归档技术。Hadoop 可以存储和检索多种格式的数据，从完全非结构化的到高度结构化的专用格式。该方法还能确保解决夕阳问题，所谓夕阳问题是指原先的应用可能在遥远的未来变得不可用(也许因为授权限制)，您可以将这些应用的数据转储到您的文件格式中。

21.2.2　面向大数据结构的最佳实践

下列最佳实践将影响整个大数据环境的结构和组织。

1. 规划数据通道

应该为逻辑数据通道规划多个增加延迟的缓存。仅仅物理上实现那些适合您的环境的缓存。数据通路可以包括多达5个缓存以增加数据延迟，每个缓存都具有独特的好处和权衡，如图21-2所示。

图21-2　增加延迟和数据质量的大数据缓存

以下是5个数据缓存的潜在的示例：

- **原始来源应用**：信用卡欺诈检测，实时复杂事件处理(Complex Event Processing，CEP)，包括网络稳定性和网络攻击检测。
- **实时应用**：Web页广告选择，个性化价格促销，在线游戏监控。
- **业务活动应用**：推送给用户的低延时关键性能指标(KPI)仪表板，麻烦跟踪，过程完成跟踪，综合CEP报表，客户服务门户与仪表板，汽车销售广告。
- **优先应用**：战术报表，促销跟踪，基于社会媒体声音的中途修正。优先应用指高级管理人员能够快速观察到24小时内企业发生的最重要情况的公共实践。
- **数据仓库和长时间序列应用**：所有格式的报表，即席查询，历史分析，主数据管理，大容量时间动态，马尔科夫链分析。

存在于给定环境中的每个缓存物理上不同于其他缓存。从原始来源获得的数据，沿着这条通道通过ETL过程。从原始数据来源到中间缓存可能存在多条路径。例如，数据可能会在实时缓存驱动某个零延迟类型用户接口，但同时被直接获取到看起来像经典的操作型数据存储(Operational Data Store，ODS)的每日优先缓存。然后ODS数据可能被用于构建数据仓库。数据也可以沿着通路的相反方向运动。本章后面将讨论回流的实现。

运动于该通路的多数数据必须保持非关系格式，包括非结构化文本和复杂的多格式数据，例如图像、数组、图、连接、矩阵以及名称-值对集。

2. 建立针对大数据的事实获取器

将大数据分析作为一个事实获取器，将数据移动到下一个缓存，这是一个非常好的想法。例如，非结构文本信息的分析可以产生大量数字化的、有趋向的情感度量，包括声音的共享、观众参与、会话到达、积极的倡导者、主张的影响、支持影响、分辨率、分辨时间、满意度、主题趋势、情感比例和观点影响等。

3. 建立完整的生态系统

可以利用大数据集成建立完整的生态系统，集成传统的结构化的RDBMS数据、文档、电子邮件，以及内部的面向业务的社会网络。来自大数据的有效信息之一是集成不同格式的不同的数据源。可以从新数据制造通道获得数据流，例如社会网络、移动设备和自动提醒处理。假设某个大型金融机构处理几百万账户，与之关联的纸质文档数千万，组织内部包含数千专业人员以及该领域的合作伙伴和用户。现在，为所有受到信任的团体建立一个安全的社会网络以进行通信已经成为现实的应用。多数此类通信显然都需要以可查询的方式存储。可以在 Hadoop 中获取此类信息，对其维度化(21.2.3 小节将讨论此问题)，在业务中使用它们，然后对其备份并归档。

4. 制定数据质量规划

可以对数据质量制定规划以更好地应用于数据通道中。这是一种典型的针对延迟与质量的权衡。分析员和用户必须接受非常低延迟的(也就是说，实时)数据所造成的不可避免会出现的脏数据的现实。因为非常短的时间间隔限制了清洗和诊断工作。针对独立字段内容的测试和纠正可以以最快的数据转换率执行。针对字段和跨数据源的结构化关系的测试和纠正需要花费大量时间。测试和纠正涉及从瞬时(例如一定顺序的日期集合)到任意长时间(例如等待观察某个非寻常事件是否超过门槛值)的复杂业务规则。最后，缓慢的 ETL 工程，例如那些需要满足每日优先缓存的处理，通常基于更完整的数据建立，例如，不完整的事务集与拒绝事务集将被删除。此时，简单获得的瞬时数据通常是错误的信息。

5. 尽可能提高数据价值

应该尽可能早地在切入点应用过滤、清洗、剪枝、一致性、匹配、连接和诊断等。这是前述最佳实践的必然结果。数据通道中每个步骤提供了更多时间来提高数据价值。针对数据的过滤、清洗、剪枝等操作减少迁移到下一个缓存的数量并消除不相关或损坏的数据。公平地说，很多人认为只需要在分析运行阶段应用清洗逻辑，因为清洗可能会删除了"有趣的孤立点"。一致性以积极的步骤将高度可管理的企业属性放入到主要的实体中，例如客户、产品和日期等。这些一致性属性的存在允许在不同应用领域执行高价值的连接。该步骤的简短名称是"集成!"诊断允许将许多有趣的属性增加到数据中，包括特定信任度标识和由数据挖掘专业人员识别的表示行为聚类的文本标识符。

6. 实现前期缓存的回流

应当实现回流，特别是从数据仓库到数据高速路上早期的缓存。数据仓库中高度可管理的维度，例如客户、产品和日期，应当与早期缓存中的数据连接。理想情况下，所需要的是在所有缓存中的这些实体的唯一持久性键。此处的推论是，从一个缓存到下一个缓存的每个 ETL 步骤的首要工作是用具有唯一性的持久键替换特定的专用键，以便每个缓存的分析能够通过与唯一性持久键的简单连接来利用丰富的上游内容。这一 ETL 步骤能将行源数据以低于 1 秒的时间转换到实时缓存中执行吗？也许能。

维度数据并不是唯一将通过高速路回流到源的数据。从事实表导出的数据，例如历史汇总和复杂的数据挖掘结果，可以被当成简单的指标或汇总传播，然后传送到数据高速路上的早期缓存中。

7. 实现数据流

您应当针对选择的数据流实现流式数据分析。低延迟数据的一个有趣的方面是需要针对流中的数据开始严格的分析，但是可能需要在数据转换过程结束前。对流分析系统的兴趣非常强烈，允许执行类似 SQL 查询处理流中的数据。在某些用例中，当流查询的结果超过某个阈值时，将停止分析工作，不需要将任务执行完。一种学术方面的工作，被称为连续查询语言(Continuous Query Language，CQL)，目前在定义流数据处理需求方面已取得了引人注目的成就，包括在流数据中动态移动时间窗口的智能化的语义。在 DBMS 和 HDFS 的加载程序中利用 CQL 语言扩展和流数据查询能力部署数据集合。理想的实现既能开展流数据分析工作，又能以每秒几 GB 的速度加载数据。

8. 避免无法扩展的限制

您应当实现强大的可扩展能力以避免达到扩展的极限。在早期计算机编程时，那时机器的硬盘和实际的内存都很小，边界冲突比较常见，是应用开发中令人烦恼的事情。当应用用尽了磁盘空间或实际内存时，开发者需要采取具体的措施，通常需要大量的编程工作，这些工作并未增强应用的主要功能。一般的数据库应用的边界冲突已经没有什么问题了，但是大数据再次将这一问题推向前台。Hadoop 是一种极大地减少了编程可扩展性问题的结构，因为在大多数情况下，可以无限制地增加商业化硬件。当然，即使是商业化硬件也需要配置、连接和具备高带宽的网络连接。需要为未来规划这一问题，要能够扩展到巨大的容量和吞吐率。

9. 将原型移动到私有云

考虑在公有云上完成大数据原型然后将其移动到私有云上。公有云的好处是具有可配置能力和立即扩展的能力。对那些存在数据敏感性问题需要快速进出的原型，公有云非常有效。记住在周末程序员们都离开的情况下，不要让巨大的数据集在公有云在线可用。然而，需要记住的是，某些情况下，当您试图利用局部数据及可预知机架的 MapReduce 过程时，可以不使用公有云服务，因为它不存在对数据存储控制的需要。

10. 尽力改进性能

不断寻找并希望得到十倍到百倍的性能改进，认识那些能够提高分析速度的案例。大数据市场的开放将遇到大量的特定目标，这些目标与特定分析的解决方案紧紧关联。这既带来好处，也存在问题。如果未受到大型提供商的 RDBMS 优化器和内部循环的控制，聪明的开发人员可以实现具体的比标准技术快 100 倍的解决方案。例如，针对臭名昭著的"大型连接"操作方面，取得了一些令人激动的进步。这些大型连接需要将具有 10 亿行的维度与一个包含 10 000 亿行的事实表连接。存在的困难是这些单独的特定解决方案可能不是统一的体系结构中的一部分。

当前非常重要的一个大数据主题是数据集合的可视化。"围绕" PB 级别的数据需要特殊的性能！大数据可视化是一个令人激动的新开发领域，利用它可保证分析和发现未知特征以及数据分析。

另外一个令人激动的将带来巨大性能需求的应用是"不需要预先聚集的语义缩放"，分析师可以分析非结构化和半结构化数据的高度聚集的级别直到逐步细节化的层次，类似于在图上缩放。

该最佳实践之后隐藏的重要课题是您拥有的具有分析和使用大数据的革命性进步的能力将带来 10～100 倍的性能增益，您需要为工具套件准备这些开发能力。

11. 监视计算资源

应当将大数据分析工作与传统的数据仓库分开以保持服务级别的协议。如果大数据驻留在 Hadoop 上，则可能不会与传统的基于 RDBMS 的数据仓库竞争资源。然而，如果大数据分析运行在数据仓库机器上，则要引起高度的注意，因为大数据需求变化快速且对计算资源的需求不断增长这一趋势是不可避免的。

12. 利用内置数据库分析

记住要利用内置数据库分析的独特能力。主要的 RDBMS 厂商都在内置数据库分析方面投入巨大。在您花费大量成本将数据加载到关系数据库表中后，可以对 SQL 与分析扩展合并，获得极其强大的能力。特别是 PostgreSQL，它是一种开放源数据库，包含的扩展语法可用于在内循环中增加强大的用户定义功能。

21.2.3　应用于大数据的数据建模最佳实践

以下最佳实践影响数据的逻辑和物理结构。

1. 维度思考

从维度角度考虑，我们将世界划分为维度和事实。业务用户可自然且直接地发现维度概念。无论数据的形式如何，基本的关联实体，例如客户、产品、服务、位置或时间，都能被发现。在后续的最佳实践中，经过一些训练，您将发现维度可用于集成数据源。但在达到集成的终点线前，必须识别每个数据源中的维度并将它们与每个低层的原子级别的数据观察关联。这一维度化的过程是大数据分析的很好应用。例如，简单的推特语句"哇！这太可怕了！"也许没有包含有价值的维度特性，但是在某些分析中，您可能会得到客户(或市民或病人)、位置、产品(或服务或合同或事件)、市场条件、提供商、天气、支持者组(或统计聚类)、会话、触发先前的事件、最终结果以及其他结果。保持领先的数据流需要某些形式的自动维度化。正如我们将在后续的最佳实践中指出的那样，输入数据应当在最早的获取步骤中尽可能实时地被完全维度化。

2. 集成不同的包含一致性维度的数据源

一致性维度是将不同数据源捏合到一起的粘合剂，确保合并不同的数据源并用于单一的分析。一致性维度也许是大数据从传统的 DW/BI 世界中可继承的最强有力的最佳实践。

隐藏在一致性维度之后的基本思想是维度不同版本中的一个或多个企业属性(字段)与不同数据源的关联。例如，企业中每个面向客户的过程将包含一些变化的客户维度。客户维度的这些变化可能涉及不同的键，不同的字段定义，甚至不同的粒度。即使数据不兼容的情况非常显著，一个或多个企业属性仍可被嵌入到所有不同的客户维度中。例如，客户统计分类是一个合理的选择。这类描述符可以被定义到差不多每个客户维度中，即使在那些高级别的聚集维度中。在实现该设计后，针对这样的客户统计维度的分析，可以在针对不同数据源分别运行不同的查询后，通过排序融合过程跨多个数据源开展。最好的情况下，引入不同的企业属性到不同的数据库中的步骤可以以第 8 章和第 19 章中所描述的增量的、敏捷的、非破坏性的方式完成。当一致性维度内容可用后，所有已有的分析应用可以继续运行。

3. 使用持久性代理键定位维度

如果说在数据仓库世界中包含一个我们需要吸取的教训的话，这个教训就是，不是采用特定应用所定义的自然键来定位客户、产品及时间。这些自然键将成为现实世界中一个骗人的圈套。多个应用之间的自然键是不兼容的且难于管理，这些自然键是由那些不关心数据仓库应用的其他人员所管理的。在每个数据源中，首要的步骤是使用企业范围的持久性代理键来扩展来自于源的自然键。持久性的意思是业务规则无法对该键做出改变。持久性键属于 DW/BI 系统，而不属于数据源。代理意味着该键本身是简单的整数，该数要么是按顺序分配的，要么是通过能够保证唯一性的健壮的哈希算法建立的。孤立的代理键不涉及与应用有关的内容，它仅仅是一个标识符。

大数据世界充满了各种各样的维度，这些维度必须拥有持久性代理键。在本章前面的内容中，当提出将数据推入数据高速公路时，我们依靠持久性代理键来实现这一过程。我们还指出，每个从源数据获取的过程，其首要的任务是在适当的维度中嵌入持久性代理键。

4. 期望集成结构化与非结构化数据

大数据极大地拓宽了集成面临的挑战。许多大数据不会存储在关系数据库中，一般会存储在 Hadoop 或网格中。但在您考虑并实现了一致性维度和代理键后，在单一分析中可以分析所有形式的数据。例如，医学研究可以选择一组具有统计特征和身体状况属性的病人，然后将其传统的 DW/BI 数据与图像数据(图片、X 射线影像、心电图等等)、自由文本数据(医嘱)、社会媒介的意见(治疗建议)、队列组分类(具有类似情况的病人)以及具有类似病人的医生等信息合并。

5. 使用缓慢变化维度

应当跟踪随时间变化的缓慢变化维度(SCD)情况。跟踪维度随时间变化的情况是一种已有的受到广泛赞誉的数据仓库世界中的最佳实践。第 5 章讨论了使用 SCD 技术处理时间差异的完整案例。与在传统的数据仓库世界中一样，该技术在大数据世界中也非常重要。

6. 在分析时定义数据结构

您必须习惯在分析时定义数据结构。大数据的魅力之一是将数据结构定义推迟到加载到 Hadoop 或网格时进行。这样做会带来很多好处。数据结构在加载时尚未被理解。数据具有如此富有变化的内容，以至于单一的数据结构要么没有意义，要么迫使您修改数据以适合某一结构。例如，如果可以将数据加载到 Hadoop，不定义结构，则可以避免资源密集的步骤。最后，不同的分析师可以合法地以不同的方式看到同样的数据。当然，某些情况下会存在一些问题，因为没有明确定义的结构可能比较困难或者难以为 RDBMS 中快速查询建立索引。然而，多数大数据分析算法处理完整的数据集，不需要精确地过滤数据子集。

这一最佳实践与传统的 RDBMS 方法论冲突,传统方法强调在加载前细致地建模数据。但这样做不会导致产生致命的冲突。对那些将去往 RDBMS 中的数据，从 Hadoop 或网格环境或者从名称-值对结构转换到 RDBMS 命名列中可以当作是有价值的 ETL 步骤。

7. 以简单的名称-值对加载数据

考虑围绕名称-值对数据源的建立技术。大数据源充满惊喜。多数情况下，您打开消防水管将发现意想不到的或未文档化的数据内容，尽管如此，您必须以每秒几 GB 的速度加载。避免产生这一问题的方法是以简单的名称-值对方式加载数据。例如，如果某个申请者暴露了其金融财产，如图 8-7 和图 8-8 所示，他可能会定义某些意想不到的事情，例如"稀有邮票=\$10 000"。在名称-值对数据集中，这一信息将被轻松地加载，即使您决不会看见"稀有邮票"且不知道加载时会对其做些什么工作。当然，这一实践与前述的推迟到数据加载时定义数据结构的实践结合得很好。

多数 MapReduce 编程环境需要将数据展现为名称-值对，这样做使大数据具有完全可能的一般性。

8. 利用数据虚拟化的快速原型

考虑采用数据虚拟化以获得快速原型开发和模式转换。数据虚拟化是一种针对基本物理数据定义不同逻辑数据结构的强有力技术。以 SQL 方式定义的标准视图是数据虚拟化的良好实例。理论上讲，数据虚拟化可以以任何分析需要的格式展现数据，但是使用数据虚拟化要考虑权衡运行时计算的开销与运行前建立物理表的 ETL 开销。数据虚拟化是构建原型数据结构、快速建立可选方法或提供不同选择的强有力的方法。最好的数据虚拟化策略是在需要测试和审查以及分析人员希望改进实际物理表性能时物化虚拟模式。

21.2.4　大数据的数据治理最佳实践

以下最佳实践应用于管理大数据，以使其成为有价值的企业资产。

1. 没有作为大数据治理这样的事情

数据治理必须是一种针对企业整个数据生态的综合处理方法，不是大数据某个孤立点的解决方案。大数据的数据治理应当是用于管理所有企业数据的扩展方法。至少，数据治理包含隐私、安全、兼容性、数据质量、元数据管理、主数据管理以及向业务团体提供定义和环境的业务术语表。

2. 应用治理前的数据维度化

以下是一个有趣的挑战大数据的介绍：即使您尚不知道希望从数据内容中得到什么，也必须应用数据治理原则。您可能每分钟接收几 GB 的数据，通常都是以名称-值对方式的意料之外的内容。对您所承担的数据治理责任来说，最好的分类数据的方法是尽可能在数据流水线的早期阶段将其维度化。分析内容、匹配内容并同时应用身份识别。在争论数据集成的效益时我们给出了同样的策略，但这里主张在维度化步骤前反对使用数据。

3. 隐私是最重要的治理考虑

如果您分析的数据集包括有关个人或企业的辨识信息，则隐私是最重要的治理考虑。

尽管数据治理的每个方面交织在一起都显得非常重要，但在这些情况下，隐私富有最重要的责任和业务风险。个人或小组的隐私如果发生令人震惊的事件，其影响可能会破坏您的名誉，降低市场的信任，导致民事诉讼，使您陷入违犯法律的困境。至少，对多数分析形式来说，个人细节必须被屏蔽，数据将会被聚集以便无法区分个人的情况。截至撰写本书时，在将敏感数据存储到 Hadoop 时，必须特别注意，因为数据在被写入 Hadoop 后，Hadoop 不能很好地管理数据更新。在写数据时，数据应该被屏蔽或加密(持久性数据屏蔽)，在读取数据时，数据应当被屏蔽(动态数据屏蔽)。

4. 不要选择大数据治理

不要将大数据治理推迟到使用大数据的高峰期开展。即使是开展大数据原型项目，也要维护问题列表，用于考虑什么时候需要进行下一步工作。您不想成为低效的官僚机构，但也许您能够提供一个灵活的官僚机构。

21.3　本章小结

大数据给 IT 带来许多变化和机遇，容易想到的是必须建立一套全新的规则。但从大数据使用中获得的利益出发，产生了许多最佳实践。这些最佳实践中的大多数是从 DW/BI 世界的可识别的扩展，有不少是考虑数据和 IT 任务获得的新的和变革的方式。但是认识到任务已经扩展是比较受欢迎的且是早就应该考虑完成的。目前数据收集渠道、新的数据类型和新的分析机会的爆炸性扩展意味着最佳实践的列表将会以有趣的方式不断增长。